Research of Some Problems in Number Theory

基础数论中一些问题的研究

朱玉扬 著

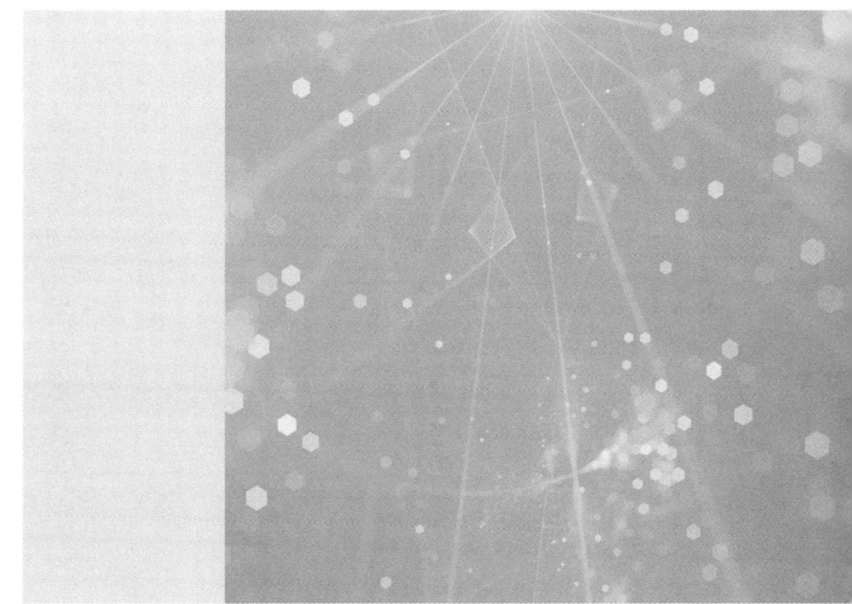

中国科学技术大学出版社

内 容 简 介

本书主要探讨基础数论中的一些问题，介绍了素数的判别方法、孪生素数的一个公式、Giuga 猜想、伪素数的几个公式、同余与整除中的一些问题、数论函数的一些问题、Riemann 假设与 Robin 不等式、奇完全数与孤立数的一些性质、无理不定方程、一类无理数与超越数的构造等.

本书可供大学本科及以上学历学生与数学爱好者阅读.

图书在版编目(CIP)数据

基础数论中一些问题的研究/朱玉扬著. —合肥：中国科学技术大学出版社，2017. 1(2017. 8 重印)

ISBN 978-7-312-04072-6

Ⅰ. 基…　Ⅱ. 朱…　Ⅲ. 数论—研究　Ⅳ. O156

中国版本图书馆 CIP 数据核字(2016)第 298447 号

出版　中国科学技术大学出版社
安徽省合肥市金寨路 96 号，230026
http://press. ustc. edu. cn
https://zgkxjsdxcbs. tmall. com

印刷　合肥市宏基印刷有限公司

发行　中国科学技术大学出版社

经销　全国新华书店

开本　710 mm×1000 mm　1/16

印张　18. 75

字数　368 千

版次　2017 年 1 月第 1 版

印次　2017 年 8 月第 2 次印刷

定价　54. 00 元

前　言

自古以来，数论就被称为数学中的皇冠，美丽华贵．人们曾普遍认为她受看不受用，但随着现代社会的发展，这种观点已被彻底颠覆，她不仅美丽诱人，更是在众多科学领域中具有重要且难以替代的作用．例如数论中的同余理论在计算机科学中的应用无处不在，如果没有数论，很难想象会有当今的现代信息时代．她为推动现代文明进步起到了关键作用．

人类几千年的文明史，始终贯穿着数论的发展史，她是开启现代文明的密码．人们自识数始，就从自然数，逐步认识整数、有理数、无理数、复数、多元数、代数数、超越数等，这些数的认识，几乎都源自数论．众所周知，Euclid 的《几何原本》是影响人类文明进程的经典之作，其中有几章专述数论，指出一些研究的问题与方向；18 世纪，德国数学家 Gauss 所著《算术探讨》标志着现代数论的诞生，代数数论的研究起源于此，同余理论日臻精善，书中指出待研究的问题与方向影响直至今天．

数论中的问题很多，可谓层出不穷，著名的问题也不胜枚举，大多有如下特点：看起来简单易懂而有趣，但解决的困难令人生畏而又让人不甘心．早在几千年前，人们就提出完全数的问题，Euclid 与 Euler 虽然给出了偶完全数的充要条件，但人们仍不知是否有无穷多个偶完全数，更不知是否存在奇完全数．Fermat 大定理的证明历经几个世纪，由此研究，诞生了新的数学理论与方法，大大促进了现代数学的发展．1859 年德国数学家 Riemann 研究素数定理时提出：函数 $\zeta(s)=\sum_{n=1}^{\infty}\frac{1}{n^s}$ 的所有非平凡零点都分布在复平面中 $\mathrm{Re}(s)=\frac{1}{2}$ 的这条直线上．这个问题经许多数学家的研究，不断向前推进，但至今仍未解决，这一问题的解决，其意义绝不亚于人类发现暗物质或登上火星漫步．Goldbach 于 1792 年指出，不小于 4 的偶数皆可表示为两个素数之和，这个问题至今仍未解决，最好的结果是我国数学家陈景润于 1967 年证明的结论：任一充分大的偶数必能表示为一个素数与两个素数乘积的和．时至今日，仍难看出解决的希望，除非有新的理论与方法的诞生．

本书是作者对数论中某些问题研究的成果．第 1 章讨论素数的几个判别方法、孪生素数的公式及其推广、Giuga 猜想、伪素数的几个公式等．第 2 章讨论同余与整除方面的一些问题，推广 Wolstenholme 定理，给出一个与二次剩余理论相关的求和公式，给出 $a+b+c$ 整除 a^n+bn+c 的充要条件等. 第 3 章讨论奇完全数与孤立数问题，对 Riemann 假设的一个等价命题进行研究，给出几个结论，由此结论即知 Riemann 假设成立的可能性很大. 第 4 章考察某些数列方面的问题，给出 Farey 分数的一个均值公式，对 Franel 和进行初步估计，给出自然数方幂和一个新的快速计算方法，给出几个组合序列求和公式等. 第 5 章讨论不定方程 $t^3 = n^2 - \left(\frac{3t+1}{2}\right)^2$ 的正整数解问题、一类无理根式方程的解等问题. 第 6 章给出数论问题的几个应用，讨论无理数与超越数的构造问题等.

由于作者的学术水平与能力所限，所研究的问题覆盖面不宽，许多重要问题都未涉及，当然这也与个人的兴趣有关. 书中的错误也在所难免，恳请读者批评指正.

本书的出版得到合肥学院人才科研基金计划项目(14RC12)、合肥学院自然科学基金重点项目(12KY04ZD)、合肥学院重点建设学科项目(2014XK08)、安徽省高等学校省级质量工程项目(2015gxk059)资助.

朱玉扬

2016 年 8 月

符 号 说 明

$\mathbf{N}, \mathbf{Z}_+$	全体自然数集(不包括 0),即正整数集合
$\mathbf{Z}$	全体整数集
$\mathbf{Q}$	全体有理数集
$\mathbf{R}$	全体实数集
$\mathbf{C}$	全体复数集
$\mathbf{P}$	全体素数集
$\mathbf{Z}[x]$	全体一元整系数多项式所组成的集合
$a \mid b$	整数 a 整除 b
$a \nmid b$	整数 a 不能整除 b
$a^k \parallel b$	表示 $a^k \mid b$ 但 $a^{k+1} \nmid b$
$a \equiv b \pmod{n}$	表示 a,b 关于模 n 同余,或者 $n \mid (a-b)$
$a \not\equiv b \pmod{n}$	表示 a,b 关于模 n 不同余,或者 $n \nmid (a-b)$
$(a_1, a_2, \cdots, a_n)$, $\gcd(a_1, a_2, \cdots, a_n)$	表示整数 $a_1, a_2, \cdots, a_n$ 的最大公约数
$[a_1, a_2, \cdots, a_n]$	表示整数 $a_1, a_2, \cdots, a_n$ 的最小公倍数
$\sigma(n)$	n 的所有因子之和
$d(n)$	n 的因子个数,即 $\sigma_0(n)$
$\varphi(n)$	与 n 互素且不超过 n 的所有自然数的个数,即 Euler 函数
$\pi(x)$	表示不超过 x 的所有素数的个数
$\mu(x)$	表示 Möbius 函数
$[x]$, $\lfloor x \rfloor$	表示不超过 x 的最大整数
$\lceil x \rceil$	表示不小于 x 的最小整数
$\left(\dfrac{q}{p}\right)$	表示 Legendre 符号
C_n^m, $\dbinom{n}{m}$	表示从 n 个元素中取出 m 个元素的组合数
$\overline{a_1 a_2 \cdots a_m}$ $(m \geqslant 2)$	表示按位值原则所写的数

目　　录

第 1 章　素数中的一些问题

本章 1.1 节与 1.2 节介绍素数的几个判别法，1.3 节给出孪生素数的一个生成公式，1.4 节研究 Giuga 猜想，1.5 节给出伪素数的几个新公式，1.6 节给出两个广义 Fermat 数素性判别条件，1.7 节研究广义 Fermat 数与广义 Mersenne 数的方幂性问题.

1.1　关于素数的一个判别法

1969 年，Dudley U 指出了下述素数判别法[1].

命题 1.1　若 n 为大于 5 的奇数，且存在互素的正整数 a,b，使得

$$a-b=n,\quad a+b=p_1p_2\cdots p_k,$$

其中 $p_1,p_2,\cdots,p_k$ 是小于$\sqrt{n}$的奇素数，则 n 是素数.

实际上，这个判别法是失效的，即命题 1.1 是错误的.

例 1.1　若 $a=998,b=157$，那么

$$(a,b)=1,\quad n=a-b=841=29^2,\quad a+b=1\,155=3\times5\times7\times11,$$

其中 $p_1=3,p_2=5,p_3=7,p_4=11$ 都为素数，但 $n=a-b=841=29^2$ 为合数，故命题 1.1 是错误的.

如将这个命题的条件加强，则有下述素数判别法.

定理 1.1　若 n 为正奇数，且存在互素的正整数 a,b，使得

$$a-b=n,\quad a+b=p_1p_2\cdots p_k,$$

其中 $p_1,p_2,\cdots,p_k$ 是小于或等于$\sqrt{n}$的所有奇素数，则 n 是素数.

证明　（用反证法）如 n 为合数，则存在一个奇素数 p 使得$p\mid n$，且 $1<p\leqslant\sqrt{n}$，由于 $p_1,p_2,\cdots,p_k$ 是小于或等于$\sqrt{n}$的所有奇素数，因此

$$p\in\{p_1,p_2,\cdots,p_k\}.$$

所以$p\mid p_1p_2\cdots p_k$，即$p\mid(a+b)$. 又$p\mid n$，即$p\mid(a-b)$，因此

$$p\mid((a+b)\pm(a-b)),$$

即$p\mid 2a$,$p\mid 2b$.由于 p 是奇素数,有$(p,2)=1$,因此$p\mid a$,$p\mid b$,即$(a,b)\geqslant p>1$,这与条件$(a,b)=1$矛盾.故 n 必为素数.证毕.

值得指出的是,定理 1.1 中“其中 $p_1,p_2,\cdots,p_k$ 是小于或等于$\sqrt{n}$的所有奇素数”这个条件中的“或等于”不能少,有如下反例即可表明.

例 1.2 若 $a=662$,$b=493$,那么

$$(a,b)=1,\quad n=a-b=169=13^2,\quad a+b=1\,155=3\times5\times7\times11,$$

其中 $p_1=3$,$p_2=5$,$p_3=7$,$p_4=11$ 都为素数,但 $n=a-b=13^2$ 为合数.

定理 1.1 实际上蕴含于如下定理之中:

定理 1.2 若 a,b 都是正整数,$n=a-b$ 为正奇数,$a+b=p_1p_2\cdots p_k$,其中 $p_1,p_2,\cdots,p_k$ 是小于或等于$\sqrt{n}$的所有奇素数,则 n 是素数的充要条件是$(a,b)=1$.

证明 充分性由定理 1.1 即可证明,下用反证法证明必要性.若$(a,b)=m>1$,则$m\mid(a+b)$,$m\mid(a-b)$,于是$m\mid p_1p_2\cdots p_k$,$m\mid n$.由于 $m>1$,故 m 必有素因子$p\mid m$,于是$p\mid p_1p_2\cdots p_k$,而 $p,p_1,p_2,\cdots,p_k$ 都是素数,故

$$p\in\{p_1,p_2,\cdots,p_k\},$$

即存在 $i\in\{1,2,\cdots,k\}$使得 $p=p_i(1\leqslant i\leqslant k)$,所以$p_i\mid n$.而 $1<p_i\leqslant\sqrt{n}$,故 n 为合数,这与 n 是素数相矛盾,故必有$(a,b)=1$.证毕.

定理 1.2 为我们提供了判定一个任意给定的正整数是否为素数的一种方法.

例 1.3 试判断 283 是否为素数.

解 因$\sqrt{283}<17$,令

$$n=a-b=283,\quad a+b=3\times5\times7\times11\times13=15\,015,$$

由此解得 $a=7\,649$,$b=7\,366$.由辗转相除法得

$$(a,b)=(7\,649,7\,366)=(7\,366,283)=(283,8)=(8,3)=1.$$

由定理 1.2 知,283 是素数.

例 1.4 试判断 287 是否为素数.

解 因$\sqrt{287}<17$,令

$$n=a-b=287,\quad a+b=3\times5\times7\times11\times13=15\,015,$$

由此解得 $a=7\,651$,$b=7\,364$.由辗转相除法得

$$\begin{aligned}(a,b)&=(7\,651,7\,364)=(7\,364,287)=(287,187)\\&=(189,98)=(98,91)=(91,7)=7.\end{aligned}$$

由定理 1.2 知,287 是合数.

由定理 1.2,判断一个正奇数 n 是否为素数,在知道所有小于或等于$\sqrt{n}$的素数$p_1,p_2,\cdots,p_k$ 的情形下,关键是要判断 a,b 是否互素.我们熟知,计算 a,b 的

最大公约数(a,b)的步骤不超过$\min\{2\log_2 a, 2\log_2 b\}$. 但用 Eratosthenes 筛法，则需用 k 次除法运算. 由素数定理知，当 n 较大时，$k \approx \dfrac{\sqrt{n}}{\ln\sqrt{n}}$，所以 $\min\{a,b\}$较小时，运用定理 2 判断 n 是否为素数，比用 Eratosthenes 筛法判断更快.

下面考虑命题 1.1 的相反问题.

定理 1.3　存在无穷多个奇合数 n 以及互素的正整数a，b，使得

$$a-b=n,\quad a+b=p_1p_2\cdots p_k,$$

其中 $p_1,p_2,\cdots,p_k$ 是小于$\sqrt{n}$的奇素数.

为证明定理 1.3，需要用 Bertrand 假设.

引理 1.1[1]（Bertrand 假设）　设自然数 $n>1$，则在$[n,2n]$内必有素数.

推论 1.1　自然数中第 m 个素数p_m 与第$m+1$ 个素数 p_{m+1}有如下关系：

$$2p_m>p_{m+1}.$$

定理 1.3 的证明　对任一自然数 $k(k\geqslant 4)$，设前 $k+1$ 个所有奇素数按大小顺序排列依次为 $p_1,p_2,\cdots,p_k,p_{k+1}$（这里 $p_1=3,p_2=5,\cdots$）. 令

$$a=\frac{1}{2}(p_1p_2\cdots p_k+p_{k+1}^2),\quad b=\frac{1}{2}(p_1p_2\cdots p_k-p_{k+1}^2).$$

所以 a，b 皆为整数，$a>0$. 下面证明 $b>0$，即证明

$$p_1p_2\cdots p_k-p_{k+1}^2>0.$$

由于前 $k+1$ 个所有奇素数依次为 $p_1,p_2,\cdots,p_k,p_{k+1}$，由推论 1.1 知

$$2p_i>p_{i+1}\quad(2\leqslant i\leqslant k).$$

因 $k\geqslant 4$，即 $k-1\geqslant 3$，所以 $p_1\neq p_k$，$p_2\neq p_{k-1}$，于是

$$p_1p_k=3p_k>2p_k>p_{k+1},$$
$$p_2p_{k-1}=5p_{k-1}>2\cdot 2p_{k-1}>2p_k.$$

所以

$$p_1p_2\cdots p_k>p_{k+1}^2,$$

即 $b>0$.

下面证明$(a,b)=1$. 若$(a,b)=t$，则$t\mid a$，$t\mid b$. 于是

$$t\mid(a+b),\quad t\mid(a-b).$$

但$(a+b,a-b)=(p_1p_2\cdots p_k,p_{k+1}^2)=1$，所以$t\mid 1$，即得$(a,b)=t=1$.

总之，对一切自然数 $k\geqslant 4$，都有互素的正整数 a，b，使得 $a+b=p_1p_2\cdots p_k$，$n=a-b=p_{k+1}^2$为合数，且 $p_1,p_2,\cdots,p_k$ 都是小于$\sqrt{n}=p_{k+1}$的奇素数. 这样，对不同的自然数 $k\geqslant 4$，就能构造出不同的合数 n. 于是定理获证.

此定理的证明是构造性的，故命题 1.1 的反例可以很方便地找出.

参考文献

[1] Dudley U. Elementary Number Theory[M]. 2nd ed. San Francisco: W. H. Freeman and Company, 1978: 20-21.

[2] 华罗庚. 数论导引[M]. 2 版. 北京: 科学出版社, 1979.

1.2 素数的另一个判别法

素数可由著名的 Wilson 定理来判别,但用此定理来判别自然数 n 是否为素数是非常困难的. 若 n 是 3 位自然数,$(n-1)!+1$ 就是超过了 100 位的数,计算量非常大. 郝稚传给出了素数的另一个判别法(两个定理)[1].

定理 1.4 p 是素数的充要条件为

$$\binom{p}{k} \equiv 0 \pmod p \quad (1 \leqslant k \leqslant p-1).$$

定理 1.5 当 p 是奇数时,p 是素数的充要条件为

$$\binom{p}{2k-1} \equiv 0 \pmod p \quad \left(1 \leqslant k \leqslant \left[\frac{\sqrt{p}}{2}\right]\right).$$

为此,先证两个引理.

引理 1.2 设 p 为自然数 $n(n \geqslant 2)$ 的最小质因数,则

$$\binom{n}{p} \equiv (-1)^{p-1} \cdot u \pmod n \quad (n = pu).$$

证明 因为二项式系数 $\binom{n}{p}$ 是整数,又

$$\begin{aligned}\binom{n}{p} &= \frac{n(n-1)(n-2)\cdots(n-(p-1))}{p!} \\ &= \frac{pu(pu-1)(pu-2)\cdots(pu-(p-1))}{p!} \\ &= u\,\frac{(pu-1)(pu-2)\cdots(pu-(p-1))}{(p-1)!},\end{aligned}$$

p 是 $n=pu$ 的最小质因数,所以 $((p-1)!,u)=1$. 从而有

$$(p-1)! \mid (pu-1)(pu-2)(pu-3)\cdots(pu-(p-1)).$$

又

$$(pu-1)(pu-2)(pu-3)\cdots(pu-(p-1))$$

$$= (pu)^{p-1} - A_1 (pu)^{p-2} + A_2 (pu)^{p-3} - \cdots + A_{p-2} \cdot (-1)^{p-2}(pu) + (-1)^{p-1}(p-1)!$$
$$= p(p^{p-2} \cdot u^{p-1} - A_1 \cdot p^{p-3} \cdot u^{p-2} + \cdots + (-1)^{p-2} \cdot A_{p-2} \cdot u) + (-1)^{p-1} \cdot (p-1)!,$$

且

$$(p-1)! \mid (pu-1)(pu-2)\cdots(pu-(p-1)),$$
$$(p-1)! \mid (-1)^{p-1} \cdot (p-1)!,$$

所以

$$(p-1)! \mid p(p^{p-2} \cdot u^{p-1} - A_1 \cdot p^{p-3} \cdot u^{p-2} + \cdots + (-1)^{p-2} \cdot A_{p-2} \cdot u).$$

又由于

$$((p-1)!, u) = 1,$$

所以

$$(p-1)! \mid (p^{p-2} \cdot u^{p-1} - A_1 \cdot p^{p-3} \cdot u^{p-2} + \cdots + (-1)^{p-2} \cdot A_{p-2} \cdot u).$$

设其商为 $M \in \mathbf{Z}$，于是有

$$\binom{n}{p} = u(p \cdot M + (-1)^{p-1}) \quad (n = pu)$$
$$= n \cdot M + (-1)^{p-1} u,$$

所以

$$\binom{n}{p} \equiv (-1)^{p-1} \cdot u \pmod{n}.$$

证毕.

引理 1.3　设 p 是自然数 $n(n \geqslant 2)$ 的最小质因数，则

$$\binom{n}{k} \equiv 0 \pmod{n} \quad (1 \leqslant k \leqslant p-1).$$

证明　(1) 当 $n=2$ 时，结论显然成立.

(2) 当 $n \geqslant 3$ 时，$1 \leqslant k \leqslant p-1$. 由于 $(n,k)=1$，所以 $(n,k!)=1$.

熟知 $\binom{n}{k} = \dfrac{n(n-1)(n-2)\cdots(n-k+1)}{k!}$ 是整数，且 $(n,k!)=1$，所以

$$k! \mid (n-1)(n-2)\cdots(n-k+1).$$

设其商为 $M \in \mathbf{Z}$，故有

$$\binom{n}{k} = n \cdot M \equiv 0 \pmod{n} \quad (1 \leqslant k \leqslant p-1).$$

定理 1.6　p 是素数的充要条件为

$$\binom{p}{k} \equiv 0 \pmod{p} \quad (1 \leqslant k \leqslant p-1).$$

证明 （必要性）p 是素数，那么 p 的最小质因数就是 p，于是应用引理 1.3（这时 $n=p$）得

$$\binom{p}{k} \equiv 0 \pmod p \quad (1 \leqslant k \leqslant p-1).$$

（充分性）设 $\binom{p}{k} \equiv 0 \pmod p$，其中 $1 \leqslant k \leqslant p-1$. 要证 p 是素数，采用反证法. 若满足上述条件的 p 是一个合数，那么 p 一定有一个最小质因数 $q(1<q<p)$. 设 $p=q \cdot u$.

根据引理 1.2 得

$$\binom{p}{q} \equiv (-1)^{q-1} \cdot u \neq 0 \pmod p.$$

这与上述已知条件矛盾，故 p 一定为素数.

由 $\binom{p}{k} = \dfrac{p!}{k!(p-k)!} = \dfrac{p!}{(p-k)!\,k!} = \binom{p}{p-k}$ 可得如下推论.

推论 1.2 p 是素数的充要条件为

$$\binom{p}{k} \equiv 0 \pmod p \quad \left(1 \leqslant k \leqslant \left[\frac{p}{2}\right]\right). \tag{1.1}$$

推论 1.3 p 是素数的充要条件为

$$\binom{p}{k} \equiv 0 \pmod p \quad (1 \leqslant k \leqslant [\sqrt{p}]). \tag{1.2}$$

证明 若 p 是素数，显然满足条件(1.2). 反之，若 p 满足条件(1.2)，那么 p 一定是素数. 若不然，p 是合数，p 就有最小质因数 q.

$$p = q \cdot u \quad (1 < q \leqslant [\sqrt{p}]),$$

$\binom{p}{q} \equiv (-1)^{q-1} \cdot u \pmod p$ 与已知矛盾.

故满足条件(1.2)的 p 一定是素数.

推论 1.4 p 是素数的充要条件为

$$\begin{cases} \dbinom{p-1}{2k-1} \equiv 0 \pmod p \\ \dbinom{p-1}{2k} \equiv 0 \pmod p \end{cases} \quad \left(1 \leqslant k \leqslant \left[\frac{p-1}{2}\right]\right). \tag{1.3}$$

事实上

$$\binom{p-1}{0} + \binom{p-1}{1} = \binom{p}{1} \equiv 0 \pmod p,$$

$$\binom{p-1}{1}+\binom{p-1}{2}=\binom{p}{2}\equiv 0(\bmod p),$$

$\cdots,$

$$\binom{p-1}{k-1}+\binom{p-1}{k}=\binom{p}{k}\equiv 0(\bmod p),$$

$$\begin{aligned}\binom{p-1}{1}\equiv p-1\equiv -1(\bmod p)&\Rightarrow\binom{p-1}{2}\equiv 1(\bmod p)\\&\Rightarrow\binom{p-1}{3}\equiv -1(\bmod p)\\&\Rightarrow\binom{p-1}{4}\equiv 1(\bmod p)\\&\Rightarrow\cdots\Rightarrow\\&\Rightarrow\binom{p-1}{2k-1}\equiv -1(\bmod p)\\&\Rightarrow\binom{p-1}{2k}\equiv 1(\bmod p).\end{aligned}$$

推论 1.5　当 p 是奇数时，p 是素数的充要条件为

$$\binom{p}{2k-1}\equiv 0(\bmod p)\quad\left(1\leqslant k\leqslant\left[\frac{p}{2}\right]\right).\tag{1.4}$$

证明　若 p 是素数，显然满足条件(1.4). 反之，若 p 是奇数且满足条件(1.4)，那么 p 一定是素数. 若不然，当 p 为合数时，p 一定有一个最小质因数 q $(1<q<p)$. 设 $p=q\cdot u$.

① 当 q 为偶素数时，则 $q=2$，$p=2\cdot u$ 与 p 是奇数矛盾.

② 若 q 是奇素数，由引理 1.2 知

$$\binom{p}{q}\equiv(-1)^{q-1}\cdot u(\bmod p).$$

这与条件(1.4)矛盾.

综上所述，满足条件(1.4)的奇数 p 一定是素数.

由推论 1.5 利用推论 1.3 得定理 1.7.

定理 1.7　当 p 是奇数时，p 是素数的充要条件为

$$\binom{p}{2k-1}\equiv 0(\bmod p)\quad\left(1\leqslant k\leqslant\left[\frac{\sqrt{p}}{2}\right]\right).$$

例如，若 $p=101$，是奇数，$\left[\frac{\sqrt{p}}{2}\right]=5$.

由定理 1.7,只需检查$\binom{101}{3}$,$\binom{101}{5}$,$\binom{101}{7}$,$\binom{101}{9}$是否关于模 101 的余为 0.

$$\binom{101}{1}\equiv 0(\mathrm{mod}\ 101),$$

$$\binom{101}{3}=\frac{101\times 100\times 99}{1\times 2\times 3}=101\times 50\times 33\equiv 0(\mathrm{mod}\ 101),$$

$$\binom{101}{5}=\frac{101\times 100\times 99\times 98\times 97}{1\times 2\times 3\times 4\times 5}=101\times 97\times 33\times 5\times 49\equiv 0(\mathrm{mod}\ 101),$$

$$\binom{101}{7}=\frac{101\times 100\times 99\times 98\times 97\times 96\times 95}{1\times 2\times 3\times 4\times 5\times 6\times 7}=101\times 97\times 95\times 33\times 16\times 7\times 5$$
$$\equiv 0(\mathrm{mod}\ 101),$$

$$\binom{101}{9}=\frac{101\times 100\times 99\times 98\times 97\times 96\times 95\times 94\times 93}{1\times 2\times 3\times 4\times 5\times 6\times 7\times 8\times 9}$$
$$=101\times 97\times 95\times 94\times 31\times 11\times 7\times 5\times 2\equiv 0(\mathrm{mod}\ 101).$$

由定理 1.7 得 $p=101$ 是素数.

若利用 Wilson 素数判别法,100! +1 是一个 100 多位的大数,计算量大,比上面的方法麻烦得多.

参考文献

[1] 郝稚传.质数的另一判别法[J].数学通报,1983,10:27-29.
[2] 华罗庚.数论导引[M].北京:科学出版社,1957:36.
[3] 熊全淹.近世代数[M].上海:上海科学技术出版社,1963:125.
[4] 杜德利.基础数论[M].周仲良,译.上海:上海科学技术出版社,1980:48.
[5] 陈景润.初等数论Ⅰ[M].北京:科学出版社,1978.

1.3　孪生素数的一个公式及其推广

如果自然数 n 与 $n+2$ 都是素数,则称 n 与 $n+2$ 为孪生素数.孪生素数是否有无穷多个?这是数论中一个著名的未解问题.以下将给出孪生素数的一个公式并加以推广.设全体素数所成的集合为 $P=\{p_1,p_2,\cdots,p_k,\cdots\}$,约定 p_k 为全体素数中按自小到大顺序排列的第 k 个元素,所以 $p_1=2,p_2=3,p_3=5,\cdots$.

定理 1.8　对于全体素数的集合 $P=\{p_1,p_2,\cdots,p_k,\cdots\}$,其中 p_k 为全体素数中按自小到大顺序排列的第 k 个元素.自然数

$$n = p_1 a_1 + b_1 = p_2 a_2 + b_2 = \cdots = p_k a_k + b_k, \tag{1.5}$$

这里 $a_j \in \mathbf{Z} \backslash \mathbf{Z}_-$，$b_j \in \mathbf{N}$，$b_j \neq 0, p_j - 2$，$j = 1, 2, \cdots, k$，且 $n < p_{k+1}^2 - 2$，那么 n 与 $n+2$ 是一对孪生素数.

证明　因 $n + 2 < p_{k+1}^2$，由式(1.5)知

$$(n, p_1 p_2 \cdots p_k) = (n + 2, p_1 p_2 \cdots p_k) = 1,$$

即 n 与 $n+2$ 不能被不大于 $\sqrt{n+2}$ 的任一素数整除. 由 Eratosthenes 筛法知 n 与 $n+2$ 都是素数，所以 n 与 $n+2$ 是一对孪生素数. 证毕.

定理 1.8 给出了求孪生素数的一个公式，利用此公式可以求出在区间 (p_k, p_{k+1}^2) 内的孪生素数.

例如 $k=1$ 时，$n = 2a_1 + 1$，解得 $a_1 = 1, 2$ 时，对应的 $n = 3, 5 < 3^2 - 2$，所以 3 与 3+2，5 与 5+2 都是孪生素数. 即在区间 $(2, 3^2)$ 内的孪生素数有两组.

$k=2$ 时，$n = 2a_1 + 1 = 3a_2 + 2$，在区间 $(3, 5^2)$ 内解得

$$(a_1, a_2) = (2,1),\quad (a_1, a_2) = (5,3),\quad (a_1, a_2) = (8,5),$$

对应的 $n = 5, 11, 17 < 5^2 - 2$，所以 5 与 5+2，11 与 11+2，17 与 17+2 都是孪生素数. 即在区间 $(3, 5^2)$ 内的孪生素数有三组.

$k=3$ 时，

$$n = 2a_1 + 1 = 3a_2 + 2 = \begin{cases} 5a_3 + 1, \\ 5a_3 + 2, \\ 5a_3 + 4. \end{cases}$$

在区间 $(5, 7^2)$ 内解得

$$(a_1, a_2, a_3) = (5,3,2),\quad (a_1, a_2, a_3) = (20,13,8),$$
$$(a_1, a_2, a_3) = (8,5,3),\quad (a_1, a_2, a_3) = (14,9,5),$$

对应的 $n = 11, 41, 17, 29 < 7^2 - 2$，所以 11 与 11+2，41 与 41+2，17 与 17+2，29 与 29+2 都是孪生素数. 即在区间 $(5, 7^2)$ 内的孪生素数有四组.

$k=4$ 时，

$$n = 2a_1 + 1 = 3a_2 + 2 = \begin{cases} 5a_3 + 1 \\ 5a_3 + 2 \\ 5a_3 + 4 \end{cases} = \begin{cases} 7a_4 + 1, \\ 7a_4 + 2, \\ 7a_4 + 3, \\ 7a_4 + 4, \\ 7a_4 + 6. \end{cases}$$

在区间 $(7, 11^2)$ 内解得

$$(a_1, a_2, a_3, a_4) = (35,23,14,10),\quad (a_1, a_2, a_3, a_4) = (14,9,5,4),$$
$$(a_1, a_2, a_3, a_4) = (53,35,21,15),\quad (a_1, a_2, a_3, a_4) = (50,33,20,14),$$
$$(a_1, a_2, a_3, a_4) = (8,5,3,2),\quad (a_1, a_2, a_3, a_4) = (29,19,11,8),$$

$$(a_1,a_2,a_3,a_4)=(5,3,2,1),\quad (a_1,a_2,a_3,a_4)=(20,13,8,5),$$

对应的 $n=71,29,107,101,17,59,11,41<11^2-2$，所以 71 与 $71+2$，29 与 $29+2$，107 与 $107+2$，101 与 $101+2$，17 与 $17+2$，59 与 $59+2$，11 与 $11+2$，41 与 $41+2$ 都是孪生素数. 即在区间$(7,11^2)$内的孪生素数有八组.

定理 1.9 $p,p+2$ 是孪生素数的充要条件是

$$4((p-1)!+1)+p\equiv 0(\bmod p(p+2)).$$

引理 1.4 设 p 为素数，那么 $p+2$ 为素数的充要条件是

$$4((p-1)!+1)+p\equiv 0(\bmod (p+2)).$$

证明 由于

$$p(p+1)\equiv -2\times(-1)\equiv 2(\bmod (p+2)),$$

所以

$$p^2(p+1)\equiv -4(\bmod (p+2)).$$

于是

$$\begin{aligned}4((p-1)!+1)+p&\equiv -p^2(p+1)((p-1)!+1)+p\\&\equiv -p((p+1)!+(p+1)p)+p(\bmod (p+2)).\end{aligned}$$

因此，当 $p+2$ 为素数时，由 Wilson 定理有

$$(p+1)!\equiv -1(\bmod (p+2)).$$

于是

$$\begin{aligned}4((p-1)!+1)+p&\equiv -p^2(p+1)((p-1)!+1)+p\\&\equiv -p(-1+(p+1)p)+p\\&\equiv -p(-1+2)+p\equiv 0(\bmod (p+2)).\end{aligned}$$

反之，若 $4((p-1)!+1)+p\equiv 0(\bmod (p+2))$，那么有

$$\begin{aligned}4((p-1)!+1)+p&\equiv -p^2(p+1)((p-1)!+1)+p\\&\equiv -p((p+1)!+2)+p\\&\equiv 0(\bmod (p+2)).\end{aligned}$$

又$(p,p+2)=1$，于是

$$((p+1)!+2)+p\equiv 1(\bmod (p+2)),$$

即

$$(p+1)!\equiv -1(\bmod (p+2)).$$

由 Wilson 定理知 $p+2$ 为素数. 证毕.

定理 1.9 的证明 （必要性）当 $p,p+2$ 都是素数时，显然 $p,p+2$ 都是奇素数，由 Wilson 定理有

$$(p-1)!\equiv -1(\bmod p),$$
$$(p+1)!\equiv -1(\bmod (p+2)).$$

于是

$$4((p-1)!+1)+p\equiv 0 \pmod p.$$

由于

$$p(p+1)\equiv -2\times(-1)\equiv 2 \pmod{(p+2)},$$

所以

$$\begin{aligned} &p^2(p+1)\equiv -4 \pmod{(p+2)},\\ &4((p-1)!+1)+p\equiv -p^2(p+1)((p-1)!+1)+p\\ &\qquad\equiv -p((p+1)!+(p+1)p)+p\\ &\qquad\equiv -p(-1+(p+1)p)+p\\ &\qquad\equiv -p(-1+2)+p\equiv 0 \pmod{(p+2)}. \end{aligned}$$

又$(p,p+2)=1$,所以

$$4((p-1)!+1)+p\equiv 0 \pmod{p(p+2)}.$$

（充分性）先证明满足条件的整数 p 不可能是偶数. 若 $2\parallel p$,则$\frac{p}{2}$是奇数. 由

$$4((p-1)!+1)+p\equiv 0 \pmod{p(p+2)},$$

得

$$2((p-1)!+1)+\frac{p}{2}\equiv 0\left(\bmod \frac{p}{2}(p+2)\right).$$

由于 p 是偶数,故$\frac{p}{2}(p+2)$是偶数,但$2((p-1)!+1)+\frac{p}{2}$是奇数,所以上式不能成立.从而不可能有 $2\parallel p$.若$4\mid p$,由

$$4((p-1)!+1)+p\equiv 0 \pmod{p(p+2)},$$

得

$$((p-1)!+1)+\frac{p}{4}\equiv 0\left(\bmod \frac{p}{4}(p+2)\right).$$

由此得

$$(p-1)!+1\equiv 0\left(\bmod \frac{p}{4}\right).$$

而$\frac{p}{4}\Big|(p-1)!$,由上式得$\frac{p}{4}\Big|1$,所以$\frac{p}{4}=1$,即 $p=4$,于是 $p+2=6$.但是

$$4((4-1)!+1)+4\not\equiv 0 \pmod{4(4+2)},$$

与条件矛盾,故 p 也不能被4整除.总之,p 不可能是偶数.由此知 p 只能是奇数.

由于

$$4((p-1)!+1)+p\equiv 0 \pmod{p(p+2)}.$$

由此得

$$4((p-1)!+1)+p\equiv 0(\bmod p).$$

因此

$$4((p-1)!+1)\equiv 0(\bmod p),$$

但 p 是奇数,从而有

$$(p-1)!+1\equiv 0(\bmod p).$$

由 Wilson 定理知,p 为素数,由引理 1.4 知 $p+2$ 为素数.证毕.

若 $p,p+2,p+6$ 都是素数,则定义它们为三胞素数,那么我们有类似定理1.8的结论:

定理 1.10 对于全体素数的集合 $P=\{p_1,p_2,\cdots,p_k,\cdots\}$,其中 p_k 为全体素数中按自小到大顺序排列的第 k 个元素.自然数

$$n=p_1a_1+b_1=p_2a_2+b_2=\cdots=p_ka_k+b_k, \tag{1.6}$$

这里 $a_j\in\mathbf{Z}\backslash\mathbf{Z}_-$,$b_j\in\mathbf{N}$,$b_j\neq 0,p_j-2,p_j-6$,$j=1,2,\cdots,k$,且 $n<p_{k+1}^2-6$,那么 n 与 $n+2$ 以及 $n+6$ 是一组三胞素数.

证明 因 $n+6<p_{k+1}^2$,由式(1.6)知

$$(n,p_1p_2\cdots p_k)=(n+2,p_1p_2\cdots p_k)=(n+6,p_1p_2\cdots p_k)=1,$$

即 n 与 $n+2$ 以及 $n+6$ 不能被不大于 $\sqrt{n+6}$ 的任一素数整除.由 Eratosthenes 筛法知 n 与 $n+2$ 以及 $n+6$ 都是素数,所以 n 与 $n+2$ 以及 $n+6$ 是一组三胞素数.证毕.

类似地,可定义 k 胞素数,即若 $p,p+2,p+6,p+2m_3,\cdots,p+2m_{k-1}$ 都是素数,则称它们为一组 k 胞素数(这里 $m_1=1,m_2=3,m_3,\cdots,m_{k-1}$ 是一组递增的自然数).于是我们有下列结论.

定理 1.11 对于全体素数的集合 $P=\{p_1,p_2,\cdots,p_k,\cdots\}$,其中 p_k 为全体素数中按自小到大顺序排列的第 k 个元素.自然数

$$n=p_1a_1+b_1=p_2a_2+b_2=\cdots=p_ka_k+b_k,$$

这里 $a_j\in\mathbf{Z}\backslash\mathbf{Z}_-$,$b_j\in\mathbf{N}$,$b_j\neq 0,p_j-2m_j$,$j=1,2,\cdots,k-1$,且 $n<p_{k+1}^2-2m_{k-1}$,那么 $n,n+2,n+6,n+2m_3,\cdots,n+2m_{k-1}$ 是一组 k 胞素数.

定理 1.11 的证明完全类似于定理 1.9 与定理 1.10,证明略.

下面再来考虑定理 1.9.由式(1.6)知有下面结论:

定理 1.12 对于全体素数的集合 $P=\{p_1,p_2,\cdots,p_k,\cdots\}$,其中 p_k 为全体素数中按自小到大顺序排列的第 k 个元素.若

$$n\equiv b_j(\bmod p_j),\quad b_j\neq 0,p_j-2,\quad j=1,2,\cdots,k, \tag{1.7}$$

且 $n<p_{k+1}^2-2$,那么 n 与 $n+2$ 是一对孪生素数.

由孙子剩余定理知,对每一数组 $(b_1,b_2,\cdots,b_k)$,式(1.7)有唯一解.另一方面,如果数组 $(b_1,b_2,\cdots,b_k)$ 不同,则式(1.7)对应的解也不同.因为两向量组不同

时，即有$(b_{j_1},b_{j_2},\cdots,b_{j_k})\neq(b'_{j_1},b'_{j_2},\cdots,b'_{j_k})$，则存在$t\in\{1,2,\cdots,k\}$使得$b_{j_t}\neq b'_{j_t}$，但由式(1.7)得

$$n\equiv b_{j_t}(\mathrm{mod}\ p_j),\quad n\equiv b'_{j_t}(\mathrm{mod}\ p_j).\tag{1.8}$$

又$0<b_{j_t},b'_{j_t}<p_j$，$b_{j_t}\neq b'_{j_t}$，所以$b_{j_t}\not\equiv b'_{j_t}(\mathrm{mod}\ p_j)$，这与式(1.8)矛盾.由此即证明了如果数组$(b_1,b_2,\cdots,b_k)$不同，则式(1.7)对应的解也不同.故由$b_j(j=1,2,\cdots,k)$的取值知，式(1.7)有$(p_1-1)(p_2-2)(p_3-2)\cdots(p_k-2)$个解.这些解都小于$p_1p_2\cdots p_k$.

如能证明在区间(p_k,p_{k+1}^2-2)内一定存在解，那么可证明孪生素数必有无限个，当然这个问题的解决将是很困难的.

对于定理1.10有类似的结论：

定理1.13　对于全体素数的集合$P=\{p_1,p_2,\cdots,p_k,\cdots\}$，其中$p_k$为全体素数中按自小到大顺序排列的第$k$个元素.自然数

$$n\equiv b_j(\mathrm{mod}\ p_j),\quad b_j\neq 0,p_j-2,p_j-6,\quad j=1,2,\cdots,k,\tag{1.9}$$

且$n<p_{k+1}^2-6$，那么n与$n+2$以及$n+6$是一组三胞素数.

类似于对定理1.12的讨论，式(1.9)有$(p_1-1)(p_2-2)(p_3-3)(p_4-3)\cdots\cdot(p_k-3)$个解.这些解都小于$p_1p_2\cdots p_k$.同样地，如能证明在区间$(p_k,p_{k+1}^2-6)$内一定存在解，那么可证明三胞素数必有无限个.

猜想　三胞素数必有无限个.

1.4　Giuga猜想的几个命题

当p为素数时，则由Fermat定理知

$$1^{p-1}+2^{p-1}+\cdots+(p-1)^{p-1}\equiv-1(\mathrm{mod}\ p).\tag{1.10}$$

1950年Giuga问其反命题是否成立？即若自然数$n>1$，并且n整除

$$1^{n-1}+2^{n-1}+\cdots+(n-1)^{n-1}+1,$$

n是否必为素数？这个问题至今未获解决.由于这是一个反映素数的本质问题，故这方面的研究文献有很多，我国康继鼎与周国富于20世纪80年代，证明了Giuga猜想关于Fermat数是正确的，但证明Giuga猜想关于Mersenne数也正确时，其证明有误.实际上利用Giuga原文的结论，可以证明Giuga猜想关于Mersenne数也正确.下面来讨论这些问题，并给予推广.

定理1.14[3-4]　式(1.10)成立的充要条件是：或p为素数，或$p=\prod_{j=1}^{n}p_j$.其

中 $p_1,\cdots,p_n$ 为不同的奇素数，$n>100$，且

$$(p_1-1)\mid(p-1),\quad p_j\mid(m_j-1)\quad(j=1,\cdots,n),$$

此处 $m_j=\dfrac{p}{p_j}$.

形式为 $F_m=2^{2^m}+1$ 的数称为 Fermat 数. 当 $m=0,1,2,3,4$ 时 F_m 都是素数. 欧拉(Euler L)证明了 F_5 不是素数. 到今天为止，人们只知道上面 5 个 Fermat 数是素数，此外还证明了 46 个 Fermat 数不是素数. 因此在 Fermat 数中，是否有无穷多个素数，或者是否有无穷多个复合数，都是没有解决的问题[1]. 本节的另一个内容，借助定理 1.14 证明下列定理.

定理 1.15 $F_m=2^{2^m}+1$ 是素数的充要条件为

$$\sum_{k=1}^{F_m-1}k^{F_m-1}+1\equiv 0(\bmod F_m).\tag{1.11}$$

为证明这两个定理，需要一些引理.

引理 1.5[2] 若 p 为素数，$p\nmid\alpha$，n 为任一自然数，则

$$\alpha^{p-1}\equiv 1(\bmod p),\quad \alpha^{n(p-1)}\equiv 1(\bmod p).$$

引理 1.6[3] 若 p 为奇素数，$(p-1)\nmid m$，则

$$\sum_{k=1}^{p-1}k^m\equiv 0(\bmod p).$$

引理 1.7 若 $p=p^*m$，p^* 为素数，且 $(p^*-1)\mid(p-1)$，则

$$\sum_{k=1}^{p-1}k^{p-1}+1\equiv 1-m(\bmod p^*).$$

证明 由于在 $1,\cdots,(p-1)$ 中有且只有 $\left[\dfrac{p-1}{p^*}\right]=\left[\dfrac{p^*m-1}{p^*}\right]=m-1$ 个数是 p^* 的倍数，因此在 $1,\cdots,(p-1)$ 中有且只有 $(p-1)-(m-1)=p-m$ 个数与 p^* 互素. 记 $p-1=n(p^*-1)$，由于 p^* 是素数，于是根据引理 1.5 就有

$$\sum_{k=1}^{p-1}k^{p-1}+1=\sum_{k=1}^{p-1}k^{n(p^*-1)}+1\equiv\sum_{\substack{k=1\\(k,p^*)=1}}^{p-1}1+1\equiv(p-m)+1$$
$$\equiv 1-m(\bmod p^*).$$

引理 1.8 若 $p=\prod_{j=1}^{n}p_j$，其中 $p_1,\cdots,p_n$ 为不同的奇素数，$n\geqslant 2$，且

$$(p_j-1)\mid(p-1),\quad p_j\mid(m_j-1)\quad(j=1,\cdots,n),$$

此处 $m_j=\dfrac{p}{p_j}$，则 $n>100$.

证明 由于 $p_j\mid(m_j-1)(j=1,\cdots,n)$，故

$$p \left| \sum_{j=1}^{n} (m_j - 1). \right.$$

从而

$$\sum_{j=1}^{n}\left(\frac{1}{p_j}-\frac{1}{p}\right)=\frac{\sum_{j=1}^{n}(m_j-1)}{p}\geqslant 1,$$

因此

$$\sum_{j=1}^{n}\frac{1}{p_j}>1. \tag{1.12}$$

又由于$(p_j-1)|(p-1)$，而$p_j \nmid (p-1)$，因此

$$(p_i,p_j-1)=1 \quad (i,j=1,\cdots,n). \tag{1.13}$$

若$n=2$，式(1.12)显然不成立．设$n\geqslant 3$．以下分六种情况讨论，在此，记全体奇素数所组成的集合为$\bar{P}$．

① 若p有因子3,5．

置$Q=\{q_i\}$是$\bar{P}$中去掉所有形如$3k+1$及$5k+1$的素数后所形成的集合．不妨设$q_1<q_2<\cdots$．于是由式(1.13)有

$$\sum_{j=1}^{100}\frac{1}{p_j}\leqslant\sum_{j=1}^{100}\frac{1}{q_j}\leqslant 0.93<1. \tag{1.12(a)}$$

② 若p有因子3，但无因子5．

置$Q=\{q_i\}$是$\bar{P}$中去掉5及所有形如$3k+1$的素数后所形成的集合．不妨设$q_1<q_2<\cdots$．于是由式(1.13)有

$$\sum_{j=1}^{100}\frac{1}{p_j}\leqslant\sum_{j=1}^{100}\frac{1}{q_j}\leqslant 0.77<1. \tag{1.12(b)}$$

③ 若p无因子3，但有因子5,7．此时仿上讨论，知

$$\sum_{j=1}^{100}\frac{1}{p_j}\leqslant\sum_{j=1}^{100}\frac{1}{q_j}\leqslant 0.98<1. \tag{1.12(c)}$$

④ 若p无因子3,5，但有因子7．此时仿上讨论，知

$$\sum_{j=1}^{100}\frac{1}{p_j}\leqslant\sum_{j=1}^{100}\frac{1}{q_j}\leqslant 0.99<1. \tag{1.12(d)}$$

⑤ 若p无因子3,7，但有因子5．此时仿上讨论，知

$$\sum_{j=1}^{100}\frac{1}{p_j}\leqslant\sum_{j=1}^{100}\frac{1}{q_j}\leqslant 0.92<1. \tag{1.12(e)}$$

⑥ 若p无因子3,5,7．此时仿上讨论，知

$$\sum_{j=1}^{100}\frac{1}{p_j}\leqslant\sum_{j=1}^{100}\frac{1}{q_j}\leqslant 0.94<1. \tag{1.12(f)}$$

现在,由式(1.12)及式 1.12(a)～(f),则知 $n>100$.

引理 1.9[5] 费马数 $F_m=2^{2^m}+1$ 的素约数必形如 $2^{m+1}x+1$.

定理 1.14 的证明 (1)(充分性)若 p 为素数.此时由引理 1.5 知

$$\sum_{k=1}^{p-1} k^{p-1}+1\equiv(p-1)+1\equiv 0(\bmod p),$$

即式(1.10)成立.

若 p 不为素数,此时由引理 1.7 知

$$\sum_{k=1}^{p-1} k^{p-1}+1\equiv 1-m_j\equiv 0(\bmod p_j)\quad(j=1,\cdots,n).$$

因此 $\sum_{k=1}^{p-1} k^{p-1}+1\equiv 0(\bmod p)$.即 式(1.10)成立.

(2)(必要性)设式(1.10)成立.若 p 不为素数,我们分以下四步进行讨论:

① $p=2m(m>1)$.

此时 $p-1$ 为奇数.由二项式定理知,对于任何正整数 k 有

$$k^{p-1}+(p-k)^{p-1}\equiv 0(\bmod p)\equiv 0(\bmod m).\tag{1.14}$$

从而根据式(1.14)有

$$\begin{aligned}\sum_{k=1}^{p-1} k^{p-1}+1&=\sum_{k=1}^{\frac{p}{2}-1}(k^{p-1}+(p-k)^{p-1})+\left(\frac{p}{2}\right)^{p-1}+1\\&=\sum_{k=1}^{m-1}(k^{p-1}+(p-k)^{p-1})+m^{p-1}+1\\&\equiv 1(\bmod m).\end{aligned}\tag{1.15}$$

式(1.15)的左端既然不能被 m 除尽,故必然不能有式(1.10),与式(1.10)成立相矛盾.因此 $p\neq 2m(m>1)$,即 p 无素数因子 2.

② $p=p^*m(m>1)$,p^* 为奇素数,且$(p^*-1)\nmid(p-1)$.

此时 $p=p^*m=(m-1)p^*+p^*$.由引理 1.6 有

$$\begin{aligned}\sum_{k=1}^{p-1} k^{p-1}+1&\equiv\sum_{k=1}^{p} k^{p-1}+1\equiv\sum_{l=1}^{m-1}\sum_{\gamma=1}^{p^*}(lp^*+\gamma)^{p-1}+1\\&\equiv m\sum_{\gamma=1}^{p^*}\gamma^{p-1}+1\equiv m\sum_{\gamma=1}^{p^*-1}\gamma^{p-1}+1\\&\equiv 1(\bmod p^*).\end{aligned}\tag{1.16}$$

式(1.16)的左端既然不能被 p^* 除尽,故必然不能有式(1.10),与式(1.10)成立相矛盾.因此对 p 的奇素数因子 p^* 必然有$(p^*-1)\mid(p-1)$,以下进一步证明 p 的奇素数因子互不相等.

③ $p=(p^*)^2m(m>1)$,p^* 为奇素数,且$(p^*-1)\mid(p-1)$.

此时由引理 1.7 有

$$\sum_{k=1}^{p-1} k^{p-1} + 1 \equiv 1 - p^* m \equiv 1 \pmod{p^*}. \tag{1.17}$$

与前同理,知式(1.17)与式(1.10)矛盾,故 p 的奇素数因子 p^* 必互不相同,且皆有 $(p^*-1)\mid(p-1)$.

④ $p = \prod_{j=1}^{n} p_j (n \geqslant 2)$, 其中 $p_1,\cdots,p_n$ 为不同的奇素数,且

$$(p_j - 1) \mid (p - 1) \quad (j = 1,\cdots,n).$$

此时由引理 1.7 及式(1.10)有

$$1 - m_j \equiv \sum_{k=1}^{p-1} k^{p-1} + 1 \equiv 0 \pmod{p_j} \quad (j = 1,\cdots,n).$$

于是得到

$$p_j \mid (m_j - 1) \quad (j = 1,\cdots,n).$$

再由引理 1.8 知 $n>100$. 至此,定理 1.14 证毕.

其次证明定理 1.15.

定理 1.15 的证明　(1)(充分性)若 F_m 是素数. 于是由式(1.10)知式(1.11)成立.

(2)(必要性)若 F_m 不是素数,则由定理 1.14 知 $F_m = \prod_{j=1}^{n} p_j$, 其中 $p_1,\cdots, p_n (n \geqslant 2)$ 为不同的奇素数,且

$$(p_j - 1) \mid 2^{2^m} \quad (j = 1,\cdots,n). \tag{1.18}$$

不妨设 $p_1<\cdots<p_n$. 由引理 1.9 知,可设

$$p_j = 2^{m+1} x_j + 1 \quad (j = 1,\cdots,n).$$

于是 $p_j - 1 = 2^{m+1} x_j$. 再由式(1.18)知 $2^{m+1} x_j \mid 2^{2^m}$. 因此可设

$$p_j = 2^{\alpha_j} + 1 \quad (j = 1,\cdots,n),$$

其中

$$0 < \alpha_1 < \alpha_2 < \cdots < \alpha_n < 2^m. \tag{1.19}$$

从而

$$F_m = 2^{2^m} + 1 = \prod_{j=1}^{n} (2^{\alpha_j} + 1). \tag{1.20}$$

由于 $2^{2^m} + 1 \equiv 1 \pmod{2^{\alpha_2}}$, 由式(1.19)有

$$\prod_{j=1}^{n} (2^{\alpha_2} j + 1) \equiv 2^{\alpha_1} + 1 \pmod{2^{\alpha_2}}.$$

于是由式(1.20)有

$$1 \equiv 2^{\alpha_1} + 1 \pmod{2^{\alpha_2}},$$

即 $2^{\alpha_1}\equiv 0 \pmod{2^{\alpha_2}}$，与 $\alpha_1<\alpha_2$ 相矛盾，故 F_m 必是素数.

至此，定理 1.15 证毕.

记 $F(b,m)=b^{2^m}+1$，b 为偶数，称 $F(b,n)$ 为广义的 Fermat 数. 显然当 $b=2$ 时 $F(b,n)$ 即是 Fermat 数，故 Fermat 数是 $F(b,n)$ 的特例. 作者于 1984 年推广了定理 1.15，即给出了定理 1.16 与定理 1.17.

定理 1.16　对于广义的 Fermat 数 $F(b,m)$，如果 $b<(2^{m+1}\cdot 100\mathrm{e}^{-1})^{\frac{1}{2^m}\mathrm{e}^{2^{m+1}-1}}$，那么 $F(b,m)$ 是素数的充要条件为

$$\sum_{k=1}^{F(b,m)-1} k^{F(b,m)-1}+1\equiv 0(\operatorname{mod} F(b,m)). \tag{1.21}$$

定理 1.17　对于广义的 Fermat 数 $F(b,m)$，如果 $b\leqslant 200^{\mathrm{e}}\mathrm{e}^{-\mathrm{e}}$，那么 $F(b,m)$ 是素数的充要条件为

$$\sum_{k=1}^{F(b,m)-1} k^{F(b,m)-1}+1\equiv 0(\operatorname{mod} F(b,m)).$$

由定理 1.16 或定理 1.17 知，定理 1.15 是定理 1.16 或定理 1.17 的特例. 所以定理 1.16 或定理 1.17 推广了定理 1.15. 为证明定理 1.16 与定理 1.17，需要几个引理.

引理 1.10　$F(b,m)$ 的素因数必是形如 $2^{m+1}x+1(x\in\mathbf{N})$ 的自然数.

证明　设 q 是 $F(b,m)$ 的素因数，那么

$$q\,|\,F(b,m)\Rightarrow b^{2^m}\equiv -1(\operatorname{mod} q)\Rightarrow b^{2^{m+1}}\equiv 1(\operatorname{mod} q). \tag{1.22}$$

下证 $(b,q)=1$. 若不然，因 q 为素数，$(b,q)>1$，所以 $(b,q)=q$，从而 $q\,|\,b$，$q\,|\,F(b,m)$，得到 $q\,|\,1$，这与 q 为素数相矛盾. 故 $(b,q)=1$. 由此，根据式(1.22)以及同余的次数定理知 $2^{m+1}\,|\,\varphi(q)$，所以

$$2^{m+1}\,|\,(q-1)\Rightarrow q\equiv 1(\operatorname{mod} 2^{m+1}).$$

从而 $F(b,m)$ 的素因数必形如 $2^{m+1}x+1$.

引理 1.11[5-6]　若合数 M 满足同余式 $\sum\limits_{k=1}^{M-1} k^{M-1}+1\equiv 0(\operatorname{mod} M)$，则

$$\sum_{p\,|\,M}\frac{1}{p}-\prod_{p\,|\,M}\frac{1}{p}\in\mathbf{N}.$$

引理 1.12　(1) $\sum\limits_{k=1}^{n}\dfrac{1}{k}<1+\ln n$；

(2) $\sum\limits_{k=1}^{n}\ln k>n\ln n-n+1$.

证明　(1) 由定积分的定义知，各个小矩形的面积和 $\sum\limits_{k=2}^{n}\dfrac{1}{k}$ 小于定积分

$\sum_{k=2}^{n}\int_{k-1}^{k}\frac{1}{x}\mathrm{d}x$，所以

$$\sum_{k=1}^{n}\frac{1}{k}=1+\sum_{k=2}^{n}\frac{1}{k}<1+\sum_{k=2}^{n}\int_{k-1}^{k}\frac{1}{x}\mathrm{d}x=1+\int_{1}^{n}\frac{1}{x}\mathrm{d}x=1+\ln n.$$

(2) 由定积分的定义知，各个小矩形的面积和 $\sum_{k=1}^{n}\ln k$ 大于定积分 $\sum_{k=2}^{n}\int_{k-1}^{k}\ln x\mathrm{d}x$，所以

$$\sum_{k=1}^{n}\ln k>\sum_{k=2}^{n}\int_{k-1}^{k}\ln x\mathrm{d}x=\int_{1}^{n}\ln x\mathrm{d}x=n\ln n-n+1.$$

定理 1.16 的证明　(1)（充分性）若 $F(b,m)$ 是素数，于是由 Fermat 小定理知式(1.21)成立.

(2)（必要性）若 $F(b,m)$ 不是素数，且 $F(b,m)$ 满足式(1.21). 则由定理1.14 知 $F(b,m)=\prod_{j=1}^{n}p_j$，其中 $p_1,\cdots,p_n(n>100)$ 为不同的奇素数，且

$$(p_j-1)\mid b^{2^m}\quad(j=1,\cdots,n).$$

不妨设 $p_1<\cdots<p_n$. 由引理 1.10 知，$F(b,m)$ 的素因数必形如 $2^{m+1}x+1$. 故可设

$$p_j=2^{m+1}x_j+1\quad(j=1,\cdots,n),\quad 1\leqslant x_1<x_2<\cdots<x_n.$$

于是由引理 1.10 得

$$\sum_{p\mid F(b,m)}\frac{1}{p}=\sum_{k=1}^{n}\frac{1}{p_k}=\sum_{k=1}^{n}\frac{1}{2^{m+1}x_j+1}<\sum_{k=1}^{n}\frac{1}{2^{m+1}k}$$
$$=\frac{1}{2^{m+1}}\sum_{k=1}^{n}\frac{1}{k}<\frac{1}{2^{m+1}}(1+\ln n).\tag{1.23}$$

另一方面，

$$b^{2^m}+1=F(b,m)=\prod_{j=1}^{n}p_j=\prod_{j=1}^{n}(2^{m+1}x_j+1).\tag{1.24}$$

由于 $n>100$，由式(1.24)得

$$b^{2^m}>\prod_{j=1}^{n}(2^{m+1}x_j)=2^{n(m+1)}\prod_{j=1}^{n}x_j,$$

两边取自然对数得

$$2^m\ln b>n(m+1)\ln 2+\sum_{j=1}^{n}\ln x_j.\tag{1.25}$$

由于 $1\leqslant x_1<x_2<\cdots<x_n$，$x_j$ 为正整数，所以 $\sum_{j=1}^{n}\ln x_j\geqslant\sum_{k=1}^{n}\ln k$. 由式(1.25)有

$$2^m\ln b>n(m+1)\ln 2+\sum_{k=1}^{n}\ln k;\tag{1.26}$$

由式(1.26)与引理 1.12(2)得

$$2^m \ln b > n(m+1)\ln 2 + n\ln n - n + 1; \tag{1.27}$$

由式(1.27)得

$$n < \frac{2^m \ln b}{(m+1)\ln 2 + \ln n - 1 + \dfrac{1}{n}}; \tag{1.28}$$

由 $n>100$ 以及式(1.28)得

$$n < \frac{2^m \ln b}{(m+1)\ln 2 + \ln 100 - 1}; \tag{1.29}$$

由式(1.29)得

$$1 + \ln n < 1 + \ln \frac{2^m \ln b}{(m+1)\ln 2 + \ln 100 - 1}.$$

所以,当

$$1 + \ln \frac{2^m \ln b}{(m+1)\ln 2 + \ln 100 - 1} \leqslant 2^{m+1}, \tag{1.30}$$

即

$$b \leqslant (2^{m+1} \cdot 100\mathrm{e}^{-1})^{\frac{1}{2^m}\mathrm{e}^{2^{m+1}-1}} \tag{1.31}$$

时,$1+\ln n<2^{m+1}$,于是由式(1.23)有

$$\sum_{p \mid F(b,m)} \frac{1}{p} < \frac{1}{2^{m+1}}(1 + \ln n) < 1,$$

由引理 1.11 知,矛盾. 证毕.

定理 1.17 的证明 令

$$f(x) = (2x \cdot 100\mathrm{e}^{-1})^{\frac{1}{x}\mathrm{e}^{2x-1}},$$

那么

$$f'(x) = (2x \cdot 100\mathrm{e}^{-1})^{\frac{1}{x}\mathrm{e}^{2x-1}}\left(\frac{-1}{x^2}\mathrm{e}^{2x-1}\ln(200\mathrm{e}^{-1}x) + \frac{2}{x}\mathrm{e}^{2x-1}\ln(200\mathrm{e}^{-1}x) + \frac{\mathrm{e}^{2x-1}}{x}\right).$$

由此知,当 $x\geqslant 1$ 时,$f'(x)>0$,所以 $f(x)$ 的最小值为 $f(1)=(200\mathrm{e}^{-1})^{\mathrm{e}}$. 当 $x=2^m$ 时,式(1.31)的右端即为 $f(x)$,从而 $m=0, x=1$,此时 $f(1)=(200\mathrm{e}^{-1})^{\mathrm{e}}$. 由式(1.31),定理 1.17 得证.

定理 1.18 对于广义的 Fermat 数 $F(b,m)$不是素数,且

$$\sum_{k=1}^{F(b,m)-1} k^{F(b,m)-1} + 1 \equiv 0 \pmod{F(b,m)}, \tag{1.21}$$

那么 $F(b,m)$的素因数的个数 n 满足如下不等式:

$$n < \frac{1}{2^{m+1}}\mathrm{e}b^{2^m \mathrm{e}^{1-2^{m+1}}}.$$

证明 这里的记号仍用定理 1.16 证明中的记号. 由定理 1.16 的证明知,如果

$F(b,m)$是合数，且$F(b,m)$满足式(1.21)，则由定理1.14知$F(b,m)=\prod_{j=1}^{n}p_j$，其中$p_1,\cdots,p_n(n>100)$为不同的奇素数，且

$$(p_j-1)\mid b^{2^m}\quad (j=1,\cdots,n).$$

不妨设$p_1<\cdots<p_n$.由引理1.10知，$F(b,m)$的素因数必形如$2^{m+1}x+1$.故可设

$$p_j=2^{m+1}x_j+1\quad (j=1,\cdots,n),\quad 1\leqslant x_1<x_2<\cdots<x_n.$$

于是由式(1.23)知

$$\sum_{p\mid F(b,m)}\frac{1}{p}=\sum_{k=1}^{n}\frac{1}{p_k}<\frac{1}{2^{m+1}}(1+\ln n).$$

所以当$1+\ln n\leqslant 2^{m+1}$，即$n\leqslant e^{2^{m+1}-1}$时，有$\sum_{p\mid F(b,m)}\frac{1}{p}=\sum_{k=1}^{n}\frac{1}{p_k}<1$.这样与引理1.11矛盾.

根据式(1.28)：

$$n<\frac{2^m\ln b}{(m+1)\ln 2+\ln n-1+\frac{1}{n}},$$

所以，当$n<\frac{2^m\ln b}{(m+1)\ln 2+\ln n-1+\frac{1}{n}}\leqslant e^{2^{m+1}-1}$时，则有$\sum_{p\mid F(b,m)}\frac{1}{p}=\sum_{k=1}^{n}\frac{1}{p_k}<1$.由

$$\frac{2^m\ln b}{(m+1)\ln 2+\ln n-1+\frac{1}{n}}\leqslant e^{2^{m+1}-1}$$

知，当

$$\frac{2^m\ln b}{(m+1)\ln 2+\ln n-1}\leqslant e^{2^{m+1}-1}\tag{1.32}$$

时，则有

$$\frac{2^m\ln b}{(m+1)\ln 2+\ln n-1+\frac{1}{n}}<\frac{2^m\ln b}{(m+1)\ln 2+\ln n-1}\leqslant e^{2^{m+1}-1}.$$

由式(1.32)得

$$2^m e^{1-2^{m+1}}\ln b\leqslant (m+1)\ln 2+\ln n-1,$$

即

$$\ln\left(eb^{2^m e^{1-2^{m+1}}}\right)\leqslant \ln(2^{m+1}n),$$

于是当

$$n\geqslant \frac{e}{2^{m+1}}b^{2^m e^{1-2^{m+1}}}$$

时，有 $\sum_{p \mid F(b,m)} \frac{1}{p} = \sum_{k=1}^{n} \frac{1}{p_k} < 1$. 故由引理 1.11，$n < \frac{1}{2^{m+1}} \mathrm{e} b^{2^m \mathrm{e}^{1-2^{m+1}}}$. 证毕.

推论 1.6　若奇数 $b+1$ 不是素数，且

$$\sum_{k=1}^{b} k^b + 1 \equiv 0 (\bmod (b+1)),$$

那么 $b+1$ 的素因数的个数 n 满足如下不等式：

$$n < \frac{\mathrm{e}}{2} b^{\mathrm{e}^{-1}}.$$

证明　在定理 1.18 中当 $m=0$ 时，$F(b,m) = b+1$，且

$$n < \frac{1}{2^{m+1}} \mathrm{e} b^{2^m \mathrm{e}^{1-2^{m+1}}} = \frac{\mathrm{e}}{2} b^{\mathrm{e}^{-1}}.$$

证毕.

推论 1.6 给出任意奇合数 $b+1$ 若满足 $\sum_{k=1}^{b} k^b + 1 \equiv 0 (\bmod (b+1))$，则它的因子个数 n 的一个上界为 $\frac{\mathrm{e}}{2} b^{\mathrm{e}^{-1}}$. 从上面的证明中可以看出，这个上界还可以进一步改进. 由文献[4]知，n 的一个下界为 470.

下面考虑 Mersenne 数.

定理 1.19　Mersenne 数 $M_p = 2^p - 1$（$p \geqslant 3$ 且为素数）是素数的充要条件为

$$\sum_{k=1}^{M_p - 1} k^{M_p - 1} + 1 \equiv 0 (\bmod M_p). \tag{1.33}$$

证明　若 M_p 是素数. 由 Fermat 小定理立知式(1.33)成立.

设式(1.33)成立，若 M_p 不是素数，则由定理 1.14 知 $M_p = 2^p - 1 = \prod_{j=1}^{n} p_j$，其中 $p_1, p_2, \cdots, p_n$ 为不同的奇素数，且

$$p_j \mid (m_j - 1) \quad (j = 1, \cdots, n),$$

此处 $m_j = \frac{M_p}{p_j}$. 由引理 1.11 得

$$\sum_{j=1}^{n} \frac{1}{p_j} - \frac{1}{M_p} \in \mathbf{Z}_+,$$

因此

$$\sum_{j=1}^{n} \frac{1}{p_j} > 1. \tag{1.34}$$

然而由文献[2]知 Mersenne 数 M_p 的任何素因子形式皆为 $p_j = 2px_j + 1$（$p \geqslant 3$ 且为素数，x_j 为自然数），因此

$$M_p = 2^p - 1 = \prod_{j=1}^{n} p_j = \prod_{j=1}^{n} (2px_j + 1) > 2^n,$$

故 $p>n$,从而

$$\sum_{j=1}^{n}\frac{1}{p_j}=\sum_{j=1}^{n}\frac{1}{2px_j+1}<\frac{n}{2p}<\frac{1}{2}<1. \tag{1.35}$$

式(1.34)与式(1.35)矛盾.故 M_p 是素数.证毕.

实际上,我们可以进一步推广定理1.19.

记 $M(a,p)=\dfrac{a^p-1}{a-1}$,$a\in\mathbf{N}$,$a>1$,$p$ 为素数,称 $M(a,p)$为广义的 Mersenne 数.显然当 $a=2$ 时 $M(a,p)$即为 Mersenne 数,故 Mersenne 数是 $M(a,p)$的特例.作者于1984年推广了定理1.19,即给出了定理1.20与定理1.21.

定理1.20 对于广义的 Mersenne 数 $M(a,p)$,p 为奇素数,如果 $M(a,p)$是合数,且

$$\sum_{k=1}^{M(a,p)-1}k^{M(a,p)-1}+1\equiv 0(\bmod M(a,p)), \tag{1.36}$$

那么 $M(a,p)$的素因子的个数 n 满足如下不等式:

$$\frac{1}{2p}(\mathrm{e}^{2p}-1)<n<\ln\left(\frac{a^p-1}{a-1}\right)^{\frac{1}{2p-1}}-\frac{1}{2p-1}.$$

引理1.13[8] 若 m,r 是正整数,$a\in\mathbf{N}$,$a>1$,那么$(a^m-1,a^r-1)=a^{(m,r)}-1$.

引理1.14 对于广义的 Mersenne 数 $M(a,p)=\dfrac{a^p-1}{a-1}$,$a\in\mathbf{N}$,$a>1$,$p$ 为奇素数,那么 $M(a,p)$的素因子 q 满足同余式$q\equiv 1(\bmod 2p)$.

证明 由于[2] a^p-1 的素因子 q 或者是$a-1$ 的因子,或者满足同余式 $q\equiv 1(\bmod 2p)$,由引理1.13与引理1.14得证.

定理1.20的证明 设式(1.36)成立,若 $M(a,p)$不是素数,则由定理1.14知

$$M(a,p)=\frac{a^p-1}{a-1}=\prod_{j=1}^{n}p_j,$$

其中 $p_1,p_2,\cdots,p_n$ 为不同的奇素数,且

$$p_j\mid(m_j-1)\quad(j=1,\cdots,n),$$

此处 $m_j=\dfrac{M_p}{p_j}$.由引理1.11得

$$\sum_{j=1}^{n}\frac{1}{p_j}-\frac{1}{M(a,p)}\in\mathbf{Z}_+,$$

因此

$$\sum_{j=1}^{n}\frac{1}{p_j}>1. \tag{1.37}$$

然而由引理1.14知,$M(a,p)$的任何素因子形式皆为 $p_j=2px_j+1$($p\geqslant 3$ 且为素

数,x_j 为自然数),由于 $p_1,p_2,\cdots,p_n$ 为不同的奇素数,所以

$$\sum_{p_j \mid M(a,p)} \frac{1}{p_j} = \sum_{j=1}^{n} \frac{1}{p_j} = \sum_{j=1}^{n} \frac{1}{2px_j+1} \leqslant \sum_{k=1}^{n} \frac{1}{2pk+1}. \tag{1.38}$$

由定积分的定义,类似于引理 1.12 的证明可知

$$\sum_{k=1}^{n} \frac{1}{2pk+1} < \int_0^n \frac{\mathrm{d}x}{2px+1} = \frac{1}{2p}\ln(2pn+1). \tag{1.39}$$

由式(1.39)与式(1.38)知,当$\frac{1}{2p}\ln(2pn+1)\leqslant 1$,即 $n\leqslant\frac{\mathrm{e}^{2p}-1}{2p}$时,有

$$\sum_{p_j \mid M(a,p)} \frac{1}{p_j} = \sum_{j=1}^{n} \frac{1}{p_j} < 1.$$

这与式(1.37)相矛盾,故

$$\frac{1}{2p}(\mathrm{e}^{2p}-1) < n. \tag{1.40}$$

另一方面,

$$M(a,p) = \frac{a^p-1}{a-1} = \prod_{j=1}^{n} p_j = \prod_{j=1}^{n}(2px_j+1),$$

所以

$$\ln M(a,p) = \sum_{j=1}^{n}\ln(2px_j+1),$$

由于 $p_1,p_2,\cdots,p_n$ 为不同的奇素数,根据定积分的定义以及类似于引理 1.12 的证明得

$$\begin{aligned}\ln M(a,p) &= \sum_{j=1}^{n}\ln(2px_j+1) \geqslant \sum_{k=1}^{n}\ln(2pk+1) > \int_0^n \ln(2pk+1)\mathrm{d}x \\ &= \frac{1}{2p}(2pn+1)(\ln(2pn+1)-1)+\frac{1}{2p},\end{aligned}$$

即

$$\ln M(a,p) > \frac{1}{2p}(2pn+1)(\ln(2pn+1)-1)+\frac{1}{2p}. \tag{1.41}$$

由式(1.41)得

$$\frac{M(a,p)^{2p}}{\mathrm{e}} > \left(\frac{2pn+1}{\mathrm{e}}\right)^{2pn+1},$$

两边取自然对数整理得

$$n < \frac{1}{2p}\left(\mathrm{e}\left(\frac{M(a,p)^{2p}}{\mathrm{e}}\right)^{\frac{1}{2pn+1}}-1\right). \tag{1.42}$$

由式(1.39),当

$$n < \frac{1}{2p}\left(\mathrm{e}\left(\frac{M(a,p)^{2p}}{\mathrm{e}}\right)^{\frac{1}{2pn+1}} - 1\right) \leqslant \frac{\mathrm{e}^{2p}-1}{2p},$$

即

$$\mathrm{e}\left(\frac{M(a,p)^{2p}}{\mathrm{e}}\right)^{\frac{1}{2pn+1}} \leqslant \mathrm{e}^{2p} \tag{1.43}$$

时，有 $\sum\limits_{p_j \mid M(a,p)} \frac{1}{p_j} = \sum\limits_{j=1}^{n} \frac{1}{p_j} < 1$. 对式(1.43)两边取自然对数解得

$$n \geqslant \ln\left(\frac{a^p-1}{a-1}\right)^{\frac{1}{2p-1}} - \frac{1}{2p-1},$$

此时 $\sum\limits_{p_j \mid M(a,p)} \frac{1}{p_j} = \sum\limits_{j=1}^{n} \frac{1}{p_j} < 1$，与式(1.37)相矛盾，故必有

$$n < \ln\left(\frac{a^p-1}{a-1}\right)^{\frac{1}{2p-1}} - \frac{1}{2p-1}. \tag{1.44}$$

由式(1.40)与式(1.44)，定理 1.20 得证.

由定理 1.20 的结论知，如下结论成立.

推论 1.7　对于广义的 Mersenne 数 $M(a,p)$，p 为奇素数，如果

$$\frac{1}{2p}(\mathrm{e}^{2p}-1) \geqslant \ln\left(\frac{a^p-1}{a-1}\right)^{\frac{1}{2p-1}} - \frac{1}{2p-1},$$

那么 $M(a,p)$为素数的充要条件是

$$\sum_{k=1}^{M(a,p)-1} k^{M(a,p)-1} + 1 \equiv 0(\mathrm{mod}\, M(a,p)).$$

由于 $a=2$ 时，$M(a,p)$即为 Mersenne 数，易证

$$\frac{1}{2p}(\mathrm{e}^{2p}-1) > \ln(2^p-1)^{\frac{1}{2p-1}} - \frac{1}{2p-1},$$

故定理 1.19 是推论 1.7 的特例.

引理 1.15　当 $a \geqslant 3$ 时，p 为素数，则有

$$\left(\frac{a^p-1}{a-1}\right)^{\frac{1}{2p-1}} < a^{\frac{1}{2}}.$$

证明　由于

$$\left(\frac{a^p-1}{a-1}\right)^{\frac{1}{2p-1}} < a^{\frac{1}{2}} \Leftrightarrow \frac{a^p-1}{a-1} < a^{p-\frac{1}{2}} \Leftrightarrow a^{\frac{1}{2}} - a^{-\frac{1}{2}} + a^{-p} > 1,$$

当 $x \geqslant 3$ 时，令 $f(x) = x^{\frac{1}{2}} - x^{-\frac{1}{2}}$，则 $f'(x) = \frac{1}{2}(x^{-\frac{1}{2}} + x^{-\frac{3}{2}}) > 0$，$f(x)$单调递增，所以 $\min f(x) = 3^{\frac{1}{2}} - 3^{-\frac{1}{2}} > 1$，因此当 $a \geqslant 3$ 时，p 为素数，$a^{\frac{1}{2}} - a^{-\frac{1}{2}} + a^{-p} > 1$. 证毕.

由引理 1.15,若

$$\frac{1}{2p}(e^{2p}-1)\geqslant \ln a^{\frac{1}{2}}-\frac{1}{2p-1},$$

则必有

$$\frac{1}{2p}(e^{2p}-1)\geqslant \ln\left(\frac{a^{p}-1}{a-1}\right)^{\frac{1}{2p-1}}-\frac{1}{2p-1}.$$

所以有如下结论:

推论 1.8 对于广义的 Mersenne 数 $M(a,p)$,p 为奇素数,如果

$$\frac{1}{2p}(e^{2p}-1)\geqslant \ln a^{\frac{1}{2}}-\frac{1}{2p-1},$$

那么 $M(a,p)$为素数的充要条件是

$$\sum_{k=1}^{M(a,p)-1} k^{M(a,p)-1}+1\equiv 0(\operatorname{mod} M(a,p)).$$

下面讨论不等式

$$\frac{1}{2p}(e^{2p}-1)\geqslant \ln a^{\frac{1}{2}}-\frac{1}{2p-1}.$$

由此得

$$a\leqslant e^{\frac{1}{p}\left(e^{2p}+\frac{1}{2p-1}\right)},$$

令 $g(x)=e^{\frac{1}{x}\left(e^{2x}+\frac{1}{2x-1}\right)}(x\geqslant 3)$,那么

$$g'(x)=e^{\frac{1}{x}\left(e^{2x}+\frac{1}{2x-1}\right)}\left(\frac{2}{x}e^{2x}-\frac{1}{x^{2}}e^{2x}-\frac{1}{x^{2}(2x-1)}-\frac{2}{x(2x-1)^{2}}\right).$$

所以当 $x\geqslant 3$ 时,有

$$g'(x)>e^{\frac{1}{x}\left(e^{2x}+\frac{1}{2x-1}\right)}\left(\frac{1}{x}e^{2x}-\frac{3}{x^{3}}\right)>0,$$

即当 $x\geqslant 3$ 时,有 $\min g(x)=g(3)=e^{\frac{1}{3}\left(e^{6}+\frac{1}{5}\right)}\approx e^{135}$. 由此,根据推论 1.8 有如下结论:

推论 1.9 对于广义的 Mersenne 数 $M(a,p)$,p 为奇素数,如果 $a<e^{135}$,那么 $M(a,p)$为素数的充要条件是

$$\sum_{k=1}^{M(a,p)-1} k^{M(a,p)-1}+1\equiv 0(\operatorname{mod} M(a,p)).$$

实际上,由文献[6]的结论知满足 Giuga 条件的合数至少有 12 000 位,因此推论 1.9 中,当 p 为偶素数 2 时,其结论也成立. 因为 $M(a,2)=a+1$,当 $a<e^{135}$时,$M(a,p)$远小于 12 000 位的数. 所以推论 1.9 中"p 为奇素数"可以换为"p 为任意的素数". 即有如下结论:

定理 1.21 对于广义的 Mersenne 数 $M(a,p)$,p 为素数,如果 $a<e^{135}$,那么

$M(a,p)$为素数的充要条件是

$$\sum_{k=1}^{M(a,p)-1} k^{M(a,p)-1} + 1 \equiv 0 (\bmod M(a,p)).$$

2001 年，刘建新[7]给出两个较有意义的结果：

定理 1.22　设 $n \geqslant 2$，且 $n = p_1 p_2 \cdots p_r$，当 $2 \mid r$，且

$$1^{n-1} + 2^{n-1} + \cdots + (n-1)^{n-1} \equiv -1 (\bmod n)$$

时，则必有 $n \equiv 1 (\bmod 6)$.

定理 1.23　设 $n = p_1 p_2 \cdots p_r$（其中 $p_1 p_2 \cdots p_r$ 为素数）且满足条件

$$r(p_r^{r-1} - (p_r - 1)^{r-1} + (p_2 - 1) + \cdots + (p_1 - 1)) < n + 1.$$

则 n 不满足同余式

$$1^{n-1} + 2^{n-1} + \cdots + (n-1)^{n-1} \equiv -1 (\bmod n).$$

下面来考虑 Giuga 猜想成立的一些依据.

引理 1.16　设 m, n 都是正整数，且

$$m^n = \sum_{k=0}^{n} a(n,k) \binom{m}{k}, \tag{1.45}$$

则有

$$a(n,0) = 0, \quad a(n,1) = 1, \quad a(n,n) = n!, \tag{1.46}$$

$$a(n,k) = k(a(n-1,k) + a(n-1,k-1)) \quad (1 \leqslant k \leqslant n-1). \tag{1.47}$$

证明　由于$\binom{0}{0} = 0$，根据式(1.45)以及当 $k \geqslant 1$ 时，有$\binom{0}{k} = 0$，因此

$$0 = 0^n = \sum_{k=0}^{n} a(n,k) \binom{0}{k} = a(n,0),$$

所以

$$a(n,0) = 0. \tag{1.48}$$

由于$\binom{1}{0} = 1$，$\binom{1}{1} = 1$，根据式(1.45)以及当 $k \geqslant 2$ 时，有$\binom{1}{k} = 0$，从而

$$1 = 1^n = \sum_{k=0}^{n} a(n,k) \binom{1}{k} = a(n,0) + a(n,1),$$

由式(1.48)得

$$a(n,1) = 1. \tag{1.49}$$

当 $1 \leqslant k \leqslant n-1$ 时，由式(1.45)、式(1.48)，有

$$\begin{aligned}\sum_{k=1}^{n} a(n,k) \binom{m}{k} &= \sum_{k=0}^{n} a(n,k) \binom{m}{k} = m^n = m \cdot m^{n-1} \\ &= m \sum_{k=0}^{n-1} a(n-1,k) \binom{m}{k} = \sum_{k=0}^{n-1} a(n-1,k) m \binom{m}{k}\end{aligned}$$

$$= \sum_{k=0}^{n-1} a(n-1,k)(k+m-k)\binom{m}{k}$$

$$= \sum_{k=0}^{n-1} ka(n-1,k)\binom{m}{k} + \sum_{k=0}^{n-1} a(n-1,k)(m-k)\binom{m}{k}$$

$$= 0 + \sum_{k=1}^{n-1} ka(n-1,k)\binom{m}{k}$$

$$+ \sum_{k=0}^{n-1} (k+1)a(n-1,k)\frac{(m-k)}{k+1}\binom{m}{k}$$

$$= \sum_{k=1}^{n-1} ka(n-1,k)\binom{m}{k} + \sum_{k=0}^{n-1} (k+1)a(n-1,k)\binom{m}{k+1}$$

$$= \sum_{k=1}^{n-1} ka(n-1,k)\binom{m}{k} + \sum_{k=1}^{n} ka(n-1,k)\binom{m}{k}$$

$$= \sum_{k=1}^{n-1} ka(n-1,k)\binom{m}{k} + \sum_{k=1}^{n-1} ka(n-1,k-1)\binom{m}{k}$$

$$+ na(n-1,n-1)\binom{m}{n}$$

$$= \sum_{k=1}^{n-1} k(a(n-1,k)+a(n-1,k-1))\binom{m}{k} + na(n-1,n-1)\binom{m}{n}. \tag{1.50}$$

比较式(1.50)两边得到,当 $1\leqslant k\leqslant n-1$ 时,有

$$a(n,k) = k(a(n-1,k) + a(n-1,k-1)),$$

且

$$a(n,n) = na(n-1,n-1). \tag{1.51}$$

由式(1.49)并且反复运用式(1.51)得

$$\begin{aligned} a(n,n) &= na(n-1,n-1) = n(n-1)a(n-2,n-2) \\ &= \cdots = n(n-1)\cdots 2a(1,1) = n!. \end{aligned} \tag{1.52}$$

由式(1.48)、式(1.49)、式(1.51)、式(1.52),引理 1.16 证毕.

引理 1.17　设 m,n 都是正整数,则

$$\sum_{j=1}^{m} j^n = \sum_{k=1}^{n} a(n,k)\binom{m+1}{k+1}.$$

证明　由式(1.45)与式(1.46),那么

$$\begin{aligned} \sum_{j=1}^{m} j^n &= \sum_{j=1}^{m}\sum_{k=0}^{n} a(n,k)\binom{j}{k} = \sum_{j=1}^{m}\sum_{k=1}^{n} a(n,k)\binom{j}{k} \\ &= \sum_{k=1}^{n} a(n,k)\sum_{j=1}^{m}\binom{j}{k} = \sum_{k=1}^{n} a(n,k)\binom{m+1}{k+1}. \end{aligned}$$

证毕.

在引理 1.17 中,当 $m=n-1$,且将 n 换为 $n-1$ 时,则有如下结论:

引理 1.18　设 m,n 都是正整数,则

$$\sum_{j=1}^{n-1} j^{n-1} = \sum_{k=1}^{n-1} a(n-1,k)\binom{n}{k+1}.$$

由 1.2 节的定理 1.4 知 n 是素数的充要条件为

$$\binom{n}{k} \equiv 0 (\bmod n) \quad (1 \leqslant k \leqslant n-1).$$

所以,如果

$$\binom{n}{k} \equiv 0 (\bmod n) \quad (1 \leqslant k \leqslant n-1).$$

那么

$$\sum_{j=1}^{n-1} j^{n-1} = \sum_{k=1}^{n-1} a(n-1,k)\binom{n}{k+1} \equiv a(n-1,n-1)\binom{n}{n}$$
$$\equiv (n-1)!(\bmod n),$$

由 Wilson 定理知,n 是素数的充要条件为 $(n-1)! \equiv -1(\bmod n)$,即

$$\sum_{j=1}^{n-1} j^{n-1} \equiv (n-1)! \equiv -1(\bmod n).$$

由此可知,Giuga 猜想成立的可能性很大.

参 考 文 献

[1] 王元.谈谈素数[M].上海:上海教育出版社,1978:20-21.

[2] 维诺格拉陀夫 N M.数论基础[M].裘光明,译.北京:高等教育出版社,1956.

[3] 康继鼎,周国富.关于居加猜测与费尔马数为素数的充要条件[J].数学通报,1981,12:20-22.

[4] 康继鼎,周国富.关于 G. Giuga 猜想[J].数学汇刊,1981,1:81-92.

[5] Giuga G. Su una presumibile proprieta caratteristica dei numeri primi[J]. Ist. Lombardo Sci. Lett. Rend. Cl. Sci. Mat. Nat.,1950,14(83):511-528.

[6] Borwein D,Borwein J M,Borwein P B,et al. Giuga's conjecture on primality[J]. Amer. Math. Monthly,1996,103:40-51.

[7] 刘建新.关于 Giuga 猜想的一点探索[J].南京工程学院学报,2001,1(2):9-10.

[8] 柯召,孙琦.数论讲义[M].北京:高等教育出版社,1986,4:156.

1.5 伪素数的几个公式

合数 n 满足 $a^{n-1}\equiv 1(\bmod n)$，$a\geqslant 2$，且 $n>$ 自然数 a，那么称 n 为以 a 为基的伪素数. 关于伪素数较为详尽的研究综述可见 Ribenboim P[1] 所著的《The Little Book of Bigger Primes》一书. 我们可以通过 Fermat 数构造证明伪素数具有任意多个素因子，由此也可以证明伪素数有无穷多个.

Malo 于 1903 年给出以 2 为基的伪素数有无穷多个的最为简单的证明. 指出若 n 是以 2 为基的伪素数，那么 2^n-1 也是以 2 为基的伪素数. 由此可知以 2 为基的伪素数有无穷多个. 1904 年 Cipolla 给出构造以 a 为基的伪素数的方法. 设 $a\geqslant 2$，p 为奇素数，并且 $p\mid a(a^2-1)$. 令

$$n_1=\frac{a^p-1}{a-1},\quad n_2=\frac{a^p+1}{a+1},\quad n=n_1n_2.$$

易证 n 为以 a 为基的伪素数. 由于奇素数有无穷多个，故以 a 为基的伪素数有无穷多个. 以下几个伪素数的公式是作者于 1995 年给出的.

定理 1.24 对任意自然数 t，如果素数 p 满足 $(p,2)=(p,2^{2^t}-1)=1$，则

$$n=\frac{2^{2^tp}-1}{2^{2^t}-1}$$

是以 2 为基的伪素数.

定理 1.25 对任意奇素数 p,q，如果 $(p,q)=(p,2^q-1)=1$，且 $p-1\equiv 0(\bmod (q-1))$，则

$$n=\frac{2^{qp}-1}{2^q-1}$$

是以 2 为基的伪素数.

定理 1.26 若 $a\geqslant 2$，a 为偶数，p 为奇素数，$(p,a)=(p,a^{2^t}-1)=1$，则 $n=\dfrac{a^{2^tp}-1}{a^{2^t}-1}$ 是以 a 为基的伪素数.

定理 1.27 设 p,q 为不同的素数，$a>1$，满足

$$p-1\equiv 0(\bmod (q-1)),$$
$$(p,a)=(q,a)=(p,a-1)=(q,a-1)=(p,a^q-1)=1,$$

那么 $n=\dfrac{a^{qp}-1}{a^q-1}$ 是以 a 为基的伪素数.

引理 1.19[2]（Fermat 小定理） p 为素数，$(p,a)=1$，则 $a^{p-1}\equiv 1(\bmod p)$.

定理 1.24 的证明　(1) 先证明 n 为合数. 令 $a=2^t$, 于是

$$n=\frac{2^{ap}-1}{2^a-1}=\frac{(2^a-1)((2^a)^{p-1}+(2^a)^{p-2}+\cdots+1)}{2^a-1},$$

由此知 n 为整数. 又

$$n=\frac{2^{ap}-1}{2^a-1}=\frac{(2^p-1)((2^p)^{a-1}+(2^p)^{a-2}+\cdots+1)}{2^a-1},$$

由于 $(p,2)=1\Rightarrow(p,2^t)=1\Leftrightarrow(p,a)=1$, 由 1.4 节引理 1.13 知

$$(2^p-1,2^a-1)=2^{(p,a)}-1=2-1=1,$$

而 n 为整数, 所以

$$(2^a-1)\mid((2^p)^{a-1}+(2^p)^{a-2}+\cdots+1).$$

而 $(2^p)^{a-1}+(2^p)^{a-2}+\cdots+1>2^a-1$, 故 $\dfrac{(2^p)^{a-1}+(2^p)^{a-2}+\cdots+1}{2^a-1}$ 为大于 1 的整数. 又 2^p-1 大于 1, 因此 n 为合数.

(2) 由于

$$n-1=\frac{2^{ap}-1}{2^a-1}-1=\frac{2^a((2^a)^{p-1}-1)}{2^a-1},\tag{1.53}$$

因 $(p,2)=1\Rightarrow(p,2^a)=1$, 由引理 1.19 得 $(2^a)^{p-1}-1\equiv0\pmod p$, 即

$$(2^a)^{p-1}-1=pk_1\quad(k_1\text{ 为整数}).\tag{1.54}$$

又

$$(2^a)^{p-1}-1=((2^a-1)+1)^{p-1}-1=(2^a-1)k_2\quad(k_2\text{ 为整数}),\tag{1.55}$$

$$(p,2^a-1)=1.\tag{1.56}$$

由式(1.53)～式(1.56)知

$$(2^a)^{p-1}-1=(2^a-1)pk_3\quad(k_3\text{ 为整数}).\tag{1.57}$$

将式(1.57)代入式(1.53)得

$$n-1=\frac{2^{ap}-1}{2^a-1}-1=\frac{2^a((2^a)^{p-1}-1)}{2^a-1}=2^apk_3=2^{2^t}pk_3.$$

因

$$\begin{aligned}2^{n-1}-1&=2^{2^{2^t}pk_3}-1=(2^{2^t p})^{k_3 2^{2^t-t}}-1=(2^{2^t p}-1)k\\&=(2^{2^t}-1)\frac{(2^{2^t p}-1)}{2^{2^t}-1}k=(2^{2^t}-1)nk,\end{aligned}$$

这里 k 为整数, 所以 $n\mid(2^{n-1}-1)$. 证毕.

定理 1.25 的证明　(1) 先证明 n 为合数. 因

$$n=\frac{2^{qp}-1}{2^q-1}=\frac{(2^q-1)((2^q)^{p-1}+(2^q)^{p-2}+\cdots+1)}{2^q-1},$$

由此知 n 为整数. 又

$$n=\frac{2^{qp}-1}{2^q-1}=\frac{(2^p-1)((2^p)^{q-1}+(2^p)^{q-2}+\cdots+1)}{2^q-1},$$

由 1.4 节引理 1.13 知

$$(2^p-1,2^q-1)=2^{(p,q)}-1=2-1=1,$$

所以

$$(2^q-1)\mid((2^p)^{q-1}+(2^p)^{q-2}+\cdots+1).$$

而$(2^p)^{q-1}+(2^p)^{q-2}+\cdots+1>2^q-1$，故$\frac{(2^p)^{q-1}+(2^p)^{q-2}+\cdots+1}{2^q-1}$为大于 1 的整数. 又 2^p-1 大于 1，因此 n 为合数.

(2) 由于

$$n-1=\frac{2^{qp}-1}{2^q-1}-1=\frac{2^q((2^q)^{p-1}-1)}{2^q-1},\tag{1.58}$$

因$(p,2)=1\Rightarrow(p,2^q)=1$，由引理 1.19 得$(2^q)^{p-1}-1\equiv0(\bmod p)$，即

$$(2^q)^{p-1}-1=ph_1\quad(h_1\text{ 为整数}).\tag{1.59}$$

又 $p-1\equiv0(\bmod(q-1))$，即

$$p-1=(q-1)h_2\quad(h_2\text{ 为整数}),$$

所以

$$(2^q)^{p-1}-1=(2^{qh_2})^{q-1}-1.$$

而 q 为奇素数，于是$(q,2^{qh_2})=1$. 由引理 1.19 知

$$(2^q)^{p-1}-1=(2^{qh_2})^{q-1}-1\equiv0(\bmod q),$$

即

$$(2^q)^{p-1}-1=qh_3\quad(h_3\text{ 为整数}).\tag{1.60}$$

因 q 为奇素数，即

$$(q,2)=1\Rightarrow2^{q-1}-1\equiv0(\bmod q)\Rightarrow2^q-1\equiv1(\bmod q)$$
$$\Rightarrow(q,2^q-1)=1,$$

所以

$$(q,2^q-1)=(p,2^q-1)=(q,p)=1.\tag{1.61}$$

由式(1.59)～式(1.61)知式(1.58)为

$$n-1=\frac{2^q((2^q)^{p-1}+(2^q)^{p-2}+\cdots+1)}{2^q-1}=qph_4\quad(h_4\text{ 为整数},h_4>1),$$

所以

$$2^{n-1}-1=2^{qph_4}-1=(2^{qp}-1)h=(2^q-1)\frac{2^{qp}-1}{2^q-1}h=(2^q-1)nh,$$

这里 h 为正整数，所以$n\mid(2^{n-1}-1)$. 证毕.

从定理 1.24 中可知，当 $t=1$，p 为任意大于 3 的素数时，$n=\frac{2^{2p}-1}{2^2-1}$都是伪素

数. 特别地，当 $p=5$ 时，有 $n=\dfrac{2^{10}-1}{2^2-1}=341$，此即为熟知的最小伪素数. 当 $t=2$ 时即为文献[3]的定理. 当 $t=3$，p 为一切不等于 2，3，5，17，257 的素数时，$n=\dfrac{2^{8p}-1}{2^8-1}$都是伪素数，故在此也证明了伪素数有无穷多个. 当 $t=4,5,6,\cdots$时，相应地我们也能得到无穷多个伪素数. 在定理 1.25 中，当 $q=3$ 时，p 为一切大于或等于 5 的素数，$n=\dfrac{2^{3p}-1}{2^3-1}$都是伪素数，此类最小者当 $p=5$ 时，$n=\dfrac{2^{15}-1}{2^3-1}=31\times151=4\,681$. 当 $q=5$，$p=4k+1(k>1)$型的素数时，$n=\dfrac{2^{5p}-1}{2^5-1}$都是伪素数.

定理 1.26 的证明　(1) 先证明 n 为合数. 由于

$$\begin{aligned} n=\frac{a^{2^tp}-1}{a^{2^t}-1}&=\frac{(a^p-1)((a^p)^{2^t-1}+(a^p)^{2^t-2}+\cdots+1)}{a^{2^t}-1}\\ &=\frac{(a^{2^t}-1)((a^{2^t})^{p-1}+(a^{2^t})^{p-2}+\cdots+1)}{a^{2^t}-1}\end{aligned}$$

为整数，而由 1.4 节引理 1.13 知$(a^p-1,a^{2^t}-1)=a^{(p,2^t)}-1=a-1$，故$(a^{2^t}-1)\nmid(a^p-1)$. 又

$$(a^p)^{2^t-1}+(a^p)^{2^t-2}+\cdots+1>a^{2^t}-1,$$

所以 n 为合数.

(2) 由于

$$n-1=\frac{a^{2^t}((a^{2^t})^{p-1}-1)}{a^{2^t}-1}\quad(a\text{ 为偶数}),$$

所以 $2^t\mid a^{2^t}$. 而 $a^{2^t}-1$ 为奇数，于是$(2^t,a^{2^t}-1)=1$，所以

$$2^t\mid(n-1).\tag{1.62}$$

另一方面，$(a,p)=1\Rightarrow(a^{2^t},p)=1$，由引理 1.19 知$(a^{2^t})^{p-1}-1\equiv0(\mathrm{mod}\ p)$，而$(p,a^{2^t}-1)=1$，故

$$p\mid(n-1).\tag{1.63}$$

因 p 为奇素数，所以$(p,2^t)=1$. 再根据式(1.62)、式(1.63)得 $2^tp\mid(n-1)$，于是

$$n-1=2^tpk\quad(k\text{ 为整数}).\tag{1.64}$$

由式(1.64)有

$$\begin{aligned} a^{n-1}-1=a^{2^tpk}-1&=(a^{2^tp}-1)((a^{2^tp})^{k-1}+(a^{2^tp})^{k-2}+\cdots+1)\\ &=(a^{2^t}-1)\frac{a^{2^tp}-1}{a^{2^t}-1}((a^{2^tp})^{k-1}+(a^{2^tp})^{k-2}+\cdots+1)\\ &=(a^{2^t}-1)n((a^{2^tp})^{k-1}+(a^{2^tp})^{k-2}+\cdots+1),\end{aligned}$$

故 $n\mid(a^{n-1}-1)$，即 $a^{n-1}\equiv1(\mathrm{mod}\ n)$. 证毕.

定理 1.27 的证明 (1) 先证明 n 为合数. 由于

$$n=\frac{a^{qp}-1}{a^q-1}=\frac{(a^p-1)((a^p)^{q-1}+(a^p)^{q-2}+\cdots+1)}{a^q-1}$$
$$=\frac{(a^q-1)((a^q)^{p-1}+(a^q)^{p-2}+\cdots+1)}{a^q-1}$$

为整数,而由 1.4 节引理 1.13 知$(a^p-1,a^q-1)=a^{(p,q)}-1=a-1$,故$(a^q-1)\nmid(a^p-1)$,所以,$a^p-1$ 必有异于 a^q-1 的素因子. 又 p 为素数,$q>1$,故

$$(a^p)^{q-1}+(a^p)^{q-2}+\cdots+1>a^q-1,$$

于是$(a^p)^{q-1}+(a^p)^{q-2}+\cdots+1$ 必有异于 a^q-1 的素因子,所以 n 为合数.

(2) 再证 $n\mid(a^{n-1}-1)$.

$$n-1=\frac{a^q((a^q)^{p-1}-1)}{a^q-1}. \tag{1.65}$$

下证 $pq\mid(n-1)$. 因为$(p,a)=1\Rightarrow(p,a^q)=1$,由引理 1.19 知$(a^q)^{p-1}-1\equiv 0(\bmod p)$,又$(p,a^q-1)=1$,再由式(1.65)得 $p\mid(n-1)$.

因为 $p-1\equiv 0(\bmod (q-1))$,得 $p-1=(q-1)h(h\in\mathbf{Z}_+)$,于是

$$(a^q)^{p-1}-1=(a^{qh})^{q-1}-1.$$

由于$(a,q)=1\Rightarrow(a^{qh},q)=1$,$q$ 为素数,由引理 1.19 知$(a^{qh})^{q-1}-1\equiv 0(\bmod q)$,于是

$$q\mid((a^q)^{p-1}-1). \tag{1.66}$$

另一方面,$(a,q)=1$,q 为素数,由引理 1.19 知 $a^q-1\equiv a-1(\bmod q)$,而$(a-1,q)=1$,故 $q\nmid(a^q-1)\Rightarrow(q,a^q-1)=1$. 再根据式(1.65)、式(1.66),得 $q\mid(n-1)$,所以 $pq\mid(n-1)$,即

$$n-1=qpk\quad(k\in\mathbf{Z}_+).$$

于是

$$a^{n-1}-1=a^{qpk}-1=(a^{qp}-1)((a^{qp})^{k-1}+(a^{qp})^{k-2}+\cdots+1)$$
$$=(a^q-1)\frac{a^{qp}-1}{a^q-1}((a^{qp})^{k-1}+(a^{qp})^{k-2}+\cdots+1)$$
$$=(a^q-1)n((a^{qp})^{k-1}+(a^{qp})^{k-2}+\cdots+1).$$

故 $n\mid(a^{n-1}-1)$,即 $a^{n-1}\equiv 1(\bmod n)$. 证毕.

参 考 文 献

[1] Ribenboim P. The Little Book of Bigger Primes[M]. New York:Springer-Verlag,1991.

[2] 柯召,孙琦. 数论讲义[M]. 北京:高等教育出版社,1986:3.

[3] 陈立功,陈君安. 介绍一个直接求伪素数的定理[J]. 数学通讯,1995,4.

1.6　两个广义 Fermat 数素性判别条件与一个数论问题的关系

由于广义 Fermat 数 $F(a,m)=a^{2^m}+1(a,m\in\mathbf{N})$在计算机科学以及计算数论等方面有重要的应用，近年来，有不少文章探讨它的性质，其中寻找较大的广义 Fermat 素数以及广义 Fermat 数的素因子是主要的研究方向[1-6]. 因此，寻求广义 Fermat 数的素性判别条件就很有意义. 皮新明搜寻广义 Fermat 数当 $a\leqslant 2\,000$，$m\leqslant 10$ 时的素数分布情况[2-3]. Brillhart J 与 Lehmer D H 等证明[5]：设 $M-1=\prod_{i=1}^{s}p_i^{\alpha_i}$，$p_i$ 为素数，$s,\alpha_i\in\mathbf{N}$，若对每个 p_i 存在$a_i\in\mathbf{N}$，使得 $a_i^{M-1}\equiv 1(\bmod M)$ 且 $a_i^{(M-1)/p_i}\not\equiv 1(\bmod M)$，则 M 为素数. 由此即知，设 $a=\prod_{i=1}^{s}p_i^{\alpha_i}$，$p_i$ 为素数，$s,\alpha_i\in\mathbf{N}$，记 $F=F(a,m)$，若对每个 p_i 存在$a_i\in\mathbf{N}$，使得 $a_i^{F-1}\equiv 1(\bmod F)$ 且 $a_i^{(F-1)/p_i}\not\equiv 1(\bmod F)$，则 F 为素数. 本节进一步推广广义 Fermat 数的概念，即称 $F(a,b,m,n)=a^{2^m}+b^{2^n}(a,b,m,n\in\mathbf{N},a\neq b,(a,b)=1)$ 为广义 Fermat 数，给出广义 Fermat 数的两个素性判别条件，利用这两个条件，指出如下四个不定方程：

① $9^x+1=y(4x^2+1)$；　② $9^{x^2}+1=y(4x^2+1)$；

③ $25^x+1=y(4x^2+1)$；　④ $25^{x^2}+1=y(4x^2+1)$

中若存在一个有无穷多组解，那么由此即可推出形如 a^2+1 的素数必有无穷多个.

1. 广义 Fermat 数的两个素性判别条件

对于 Fermat 数是否为素数，有著名的 Pepin T 检验法，对于广义 Fermat 数有如下两个结论：

定理 1.28　如$(a,3)=(b,3)=1$，则 $F(a,b,m,n)$为素数的充要条件是

$$3^{\frac{F(a,b,m,n)-1}{2}}\equiv -1(\bmod F(a,b,m,n)).$$

定理 1.29　如$(a,5)=(b,5)=1$，且 $m,n\geqslant 2$，则 $F(a,b,m,n)$为素数的充要条件是

$$5^{\frac{F(a,b,m,n)-1}{2}}\equiv -1(\bmod F(a,b,m,n)).$$

定理 1.28 的证明　（必要性）由于 $F(a,b,m,n)$为素数，$a\neq b$，所以 a,b 不同奇偶. 不妨设 $a=2k$，$b=2q+1(k,q\in\mathbf{N})$. 由于

$$\begin{aligned}\frac{1}{2}(F(a,b,m,n)-1) &= \frac{1}{2}((2k)^{2^m}+(2q+1)^{2^n}-1)\\ &= 2^{2^m-1}+\frac{1}{2}\sum_{i=0}^{2^n-1}C_{2^n}^i\,(2q)^{2^n-i}\\ &= 2^{2^m-1}+\sum_{i=0}^{2^n-2}C_{2^n}^i\,2^{2^n-i-1}q^{2^n-i}+2^nq,\end{aligned}$$

又 $m,n\in\mathbf{N}$,所以$\frac{1}{2}(F(a,b,m,n)-1)$为偶数,即$(-1)^{\frac{1}{2}(F(a,b,m,n)-1)}=1$. 由 Gauss 二次互反律知

$$\left(\frac{3}{F(a,b,m,n)}\right)=(-1)^{\frac{1}{4}(F(a,b,m,n)-1)(3-1)}\left(\frac{F(a,b,m,n)}{3}\right)=\left(\frac{a^{2^m}+b^{2^n}}{3}\right)$$

(这里$\left(\frac{q}{p}\right)$为 Legendre 符号).

由于$(a,3)=(b,3)=1$,所以可设

$$a=3k_1\pm 1,\quad b=3k_2\pm 1\quad (k_1,k_2\in\mathbf{N}),$$

于是

$$\left(\frac{a^{2^m}+b^{2^n}}{3}\right)=\left(\frac{(3k_1\pm 1)^{2^m}+(3k_2\pm 1)^{2^n}}{3}\right)=\left(\frac{2}{3}\right)=(-1)^{\frac{3^2-1}{8}}=-1,$$

即 $3^{\frac{F(a,b,m,n)-1}{2}}\equiv -1(\mathrm{mod}\ F(a,b,m,n))$.

(充分性)由 $3^{\frac{F(a,b,m,n)-1}{2}}\equiv -1(\mathrm{mod}\ F(a,b,m,n))$知,$3^{F(a,b,m,n)-1}\equiv 1(\mathrm{mod}\ F(a,b,m,n))$. 现在要证 3 对模 $F(a,b,m,n)$的指数 $\delta_{F(a,b,m,n)}(3)=F(a,b,m,n)-1$. 若不然,由于

$$\delta_{F(a,b,m,n)}(3)\,|\,(F(a,b,m,n)-1),$$

所以有

$$\delta_{F(a,b,m,n)}(3)=\frac{1}{2}(F(a,b,m,n)-1)$$

或

$$\delta_{F(a,b,m,n)}(3)\,\Big|\,\frac{1}{2}(F(a,b,m,n)-1),$$

这两种情况都与条件 $3^{\frac{F(a,b,m,n)-1}{2}}\equiv -1(\mathrm{mod}\ F(a,b,m,n))$相矛盾. 所以 3 对模 $F(a,b,m,n)$的指数 $\delta_{F(a,b,m,n)}(3)=F(a,b,m,n)-1$,即 $F(a,b,m,n)$为素数. 证毕.

定理 1.29 的证明 充分性的证明同定理 1.28,只需证必要性. 由于 $a\neq b$,$F(a,b,m,n)$为素数,所以 a,b 不同奇偶. 因此 $F(a,b,m,n)-1$ 是偶数,由 Gauss 二次互反律知

$$\left(\frac{5}{F(a,b,m,n)}\right)=(-1)^{\frac{1}{4}(F(a,b,m,n)-1)(5-1)}\left(\frac{F(a,b,m,n)}{5}\right)$$
$$=\left(\frac{F(a,b,m,n)}{5}\right)=\left(\frac{a^{2^m}+b^{2^n}}{5}\right).$$

因为$(a,5)=(b,5)=1$,所以可设

$$a=5k_1\pm1,5k_1\pm2;\quad b=5k_2\pm1,5k_2\pm2\quad(k_1,k_2\in\mathbf{N}),$$

于是

$$a^{2^m}=(5k_1\pm1)^{2^m},(5k_1\pm2)^{2^m}\equiv(\pm1)^{2^m},(\pm2)^{2^m}\equiv1,2^{2^m}\pmod 5.$$

又当$m\geqslant2$时,$2^{2^m}\equiv1\pmod 5$,所以当$m\geqslant2$时,总有$a^{2^m}\equiv1\pmod 5$.同理当$n\geqslant2$时,总有$b^{2^n}\equiv1\pmod 5$,所以

$$\left(\frac{a^{2^m}+b^{2^n}}{5}\right)=\left(\frac{1+1}{5}\right)=\left(\frac{2}{5}\right)=(-1)^{\frac{5^2-1}{8}}=-1,$$

即$\left(\frac{5}{F(a,b,m,n)}\right)=-1$,故$5^{\frac{F(a,b,m,n)-1}{2}}\equiv-1(\bmod F(a,b,m,n))$.证毕.

例如,$F(20,7,1,2)=2\,801$,$3^{\frac{1}{2}(2\,801-1)}\equiv-1\pmod{2\,801}$,由定理1.28知,2 801是素数.$F(6,7,2,2)=3\,697$且$5^{\frac{3\,697-1}{2}}\equiv-1\pmod{3\,697}$,由定理1.29知,3 697是素数.$F(10,7,1,2)=2\,501$且$3^{\frac{2\,501-1}{2}}\equiv751\not\equiv-1\pmod{2\,501}$,由定理1.28知,2 501是合数.

2. 素性判别条件与一个数论问题的关系

形如a^2+1的素数是否有无穷多个,这是数论中的一个著名问题.由于$a^2+1=F(a,1,1,n)$,由定理1.28知,若$(a,3)=1$,则a^2+1为素数的充要条件是$3^{\frac{1}{2}a^2}\equiv-1(\bmod (a^2+1))$,即$3^{\frac{1}{2}a^2}+1=k(a^2+1)(k\in\mathbf{N})$.因$a^2+1$为素数,所以$a$为偶数,令$a=2x$,则有$9^{x^2}+1=k(4x^2+1)$.由此可知,对于不定方程$9^{x^2}+1=y(4x^2+1)$或不定方程$9^x+1=y(4x^2+1)$中若有一个有无穷多组解$(x,y)$,那么即推出形如$a^2+1$的素数有无穷多个.因此,研究如下猜想,为解决形如$a^2+1$的素数是否有无穷多个的问题提供另一途径.

猜想1　不定方程$9^x+1=y(4x^2+1)$有无穷多组解.

猜想2　不定方程$9^{x^2}+1=y(4x^2+1)$有无穷多组解.

同样地,利用定理1.25,若能证明如下两个猜想中的某一个成立,则也解决了形如a^2+1的素数是否有无穷多个的问题.

猜想3　不定方程$25^x+1=y(4x^2+1)$有无穷多组解.

猜想4　不定方程$25^{x^2}+1=y(4x^2+1)$有无穷多组解.

参考文献

[1] Dubner H, Keller W. Factors of generalized Fermat number[J]. Math. Comput., 1995, 64(209): 397-405.

[2] Pi Xinming(皮新明). Searching for generalized Fermat primes[J]. Journal of Mathematics, 1998, 118(3): 276-280.

[3] Pi Xinming(皮新明). Generalized Fermat primes for $b \leqslant 2\ 000$, $m \leqslant 10$[J]. Journal of Mathematics, 2002, 122(1): 91-93.

[4] Brillhart J, Lehmer D H, Selfridge J L, et al. Factorizations of $b^n \pm 1$, $b = 2, 3, 5, 6, 7, 10, 11, 12$ up to high powers[M]. 2nd ed. Providence: Contemporary Math., 1988.

[5] Brillhart J, Lehmer D H, Selfridge J L. New Primality Criteria and Factorizations of $2^m \pm 1$[J]. Math. Comput., 1975, 29(130): 620-647.

[6] Lenstra A K, Lenstra H W Jr, Manasse M S, et al. The factorization of the ninth Fermat number[J]. Math. Comput., 1993, 61(203): 319-349.

1.7　广义 Fermat 数与广义 Mersenne 数的方幂性

20 世纪 70 年代，美国数学家 Ross Honsberger 指出 Fermat 数 $F_n = 2^{2^n} + 1(n = 0 \cdot 1 \cdot 2 \cdot \cdots)$非平方数也非立方数；也有人提出 Mersenne 数 $M_p = 2^p + 1$(p 为素数)也非平方数. 1994 年曾登高拓广了他们的工作. 作者在曾登高工作的基础上，再次推广了他们的结果.

1. Fermat 数和 Mersenne 数的方幂性

引理 1.20[1]

(1) 方程 $x^2 - 1 = y^p$($p \geqslant 2$ 为素数)仅有正整数解$(x, y, p) = (3, 2, 3)$；

(2) 方程 $x^2 + 1 = y^n$($n > 1$)无正整数解.

引理 1.21[2]

(1) 方程 $y^p + 1 = 2x^2$($p > 3$ 为素数)有正整数解，则除 $x = y = 1$ 外，必有 $2p \mid x$；

(2) 方程 $y^p + 1 = 2x^2$($p > 3$ 为素数)仅有正整数解$(x, y) = (1, 1), (78, 23)$.

引理 1.22[3-4]　对于方程$\dfrac{x^n - 1}{x - 1} = y^m$($n \geqslant 3, m > 1, x > 1$).

(1) 若 $4 \mid m$，则仅有正整数解$(x, y, m, n) = (7, 20, 2, 4)$；

(2) 若 $m=2$,则仅有正整数解 $(x,y,n)=(7,20,4)$ 和 $(3,11,5)$.

定理 1.30　对任何自然数 $k>1$, F_n 不是 k 次方数.

证明　若 $F_n=y^k$,则 $y^k=F_n=2^{2^n}+1=(2^{2^{n-1}})^2+1$,与引理 1.20 的(2)相矛盾.证毕.

Fermat 数有如下性质[5]: $F_n=F_0F_1\cdots F_{n-2}+2$.由

$$F_n = F_0F_1\cdots F_{n-2} = F_n - 2 = (2^{2^{n-1}})^2 - 1$$

及引理 1.20 即得如下定理:

定理 1.31　对任何自然数 $k>1$, $F_0F_1\cdots F_n$ 不是 k 次方数.

还有更强的结论.

定理 1.32　对于任何 $m,n,k>N$, $m>n+1$, $F_{n+1}F_{n+2}\cdots F_m$ 不是 k 次方数.

证明　由 $F_n=F_0F_1\cdots F_{n-2}+2$ 知

$$F_{n+1}F_{n+2}\cdots F_m = \frac{(2^{2^{m+1}})^2+1}{(2^{2^{n+1}})^2+1}.$$

令 $x=2^{2^{n+1}}$,则 $2^{2^{m+1}}=x^{2^{m-n}}$.若 $F_{n+1}F_{n+2}\cdots F_m=y^k$,则有 $\frac{x^{2^{m-n}}-1}{x-1}=y^k$.

因为 $m-n\geqslant 2$,所以 $2^{m-n}>3$, $x>1$.由引理 1.22 知 $x=7$,这与 $x=2^{2^{n+1}}$ 矛盾.证毕.

对于 Mersenne 数我们有如下较强的结论:

定理 1.33　若 p 为素数且 $k>1$,则 M_p 不是 k 次方数.

证明　$M_2=2^2-1=3$ 不是 k 次方数,设 p 为奇素数.若 $M_p=y^k$,则

$$y^k = 2^p - 1 = 2\times(2^{\frac{p-1}{2}})^2 - 1.$$

取任意 k 的素因数 q 有

$$(y^{\frac{k}{q}})^q + 1 = 2\times(2^{\frac{p-1}{2}})^2.$$

由引理 1.21 知,如 $q>3$,则 $2q\mid 2^{\frac{p-1}{2}}$,这不可能;如 $q=3$,只可能 $2^{\frac{p-1}{2}}=1$, $y^{\frac{k}{3}}=1$,则 $p=1$,与 p 为奇素数相矛盾.故只有 $q=2$,从而 k 为偶数且

$$\frac{2^p-1}{2-1} = y^k = (y^{\frac{k}{2}})^2.$$

由引理 1.22 知,此方程无解.

2. 广义 Fermat 数的方幂性

引理 1.23　对任意两个不同的非负整数 m,n,有 $(F(b,m),F(b,n))=1$.

证明　若 $(F(b,m),F(b,n))=d$,不妨设 $m>n$,则 $m=n+k$ $(k\in\mathbf{N})$.令 $b^{2^n}=x$,则有

$$\frac{F(b,m)-2}{F(b,n)}=\frac{b^{2^{n+k}}+1-2}{b^{2^n}+1}=\frac{b^{2^{n+k}}-1}{b^{2^n}+1}=\frac{x^{2^k}-1}{x+1}$$
$$=x^{2^k-1}-x^{2^k-2}+x^{2^k-3}-\cdots-1,$$

故 $F(b,n)\mid(F(b,m)-2)$. 而 $d\mid F(b,n)$，所以 $d\mid(F(b,m)-2)$. 又 $d\mid F(b,m)$，因此 $d\mid 2$. 由于 $F(b,m)$，$F(b,n)$都是奇数，所以 $d=1$. 证毕.

引理 1.24 $F(b,m)-2=(b-1)\prod_{i=0}^{m-1}F(b,i)$.

证明 用数学归纳法原理证明. 当 $m=1$ 时，

$F(b,1)-2=b^{2^1}+1-2=b^2-1=(b-1)(b^{2^0}+1)=(b-1)F(b,0)$，

此时命题正确. 假设 $m=k(k\geqslant 1)$时，命题正确，即

$$F(b,k)-2=(b-1)\prod_{i=0}^{k-1}F(b,i). \tag{1.67}$$

那么 $m=k+1$ 时，

$$\begin{aligned}F(b,k+1)-2&=b^{2^{k+1}}+1-2=b^{2^{k+1}}-1=(b^{2^k}+1)(b^{2^k}-1)\\&=F(b,k)(b^{2^k}+1-2)\\&=F(b,k)(F(b,k)-2).\end{aligned} \tag{1.68}$$

由式(1.67)、式(1.68)得

$$\begin{aligned}F(b,k+1)-2&=F(b,k)(F(b,k)-2)=F(b,k)(b-1)\prod_{i=0}^{k-1}F(b,i)\\&=(b-1)\prod_{i=0}^{k}F(b,i)=(b-1)\prod_{i=0}^{(k+1)-1}F(b,i).\end{aligned}$$

所以 $m=k+1$ 时，命题也正确.

由数学归纳法原理，引理 1.24 得证.

定理 1.34 对任意自然数 $k>1$ 与自然数 m，$F(b,m)$不是 k 次方数.

证明 若 $F(b,m)=y^k$，则 $y^k=F(b,m)=b^{2^m}+1=(b^{2^{m-1}})^2+1$，与引理 1.20 的(2)相矛盾. 证毕.

定理 1.35 对任意自然数 $k>1$ 与非负整数 m，$(b-1)\prod_{i=0}^{m}F(b,i)$ 不是 k 次方数.

证明 由于 $k(k>1)$次方数必是素数次方数，由引理 1.24 知

$$(b-1)\prod_{i=0}^{m}F(b,i)=F(b,m+1)-2=b^{2^{m+1}}+1-2=(b^{2^m})^2-1.$$

由引理 1.20 的(1)即知 $(b-1)\prod_{i=0}^{m}F(b,i)$ 不是 k 次方数. 证毕.

定理 1.36 对任意自然数 $n(n>1)$个不同的非负整数 $m_1,m_2,\cdots,m_n$ 与任

意自然数$k>1$，$\prod_{i=1}^{n} F(b,m_i)$不是k次方数.

证明　由于$m_1,m_2,\cdots,m_n$互不相等,由引理1.23知

$$(F(b,m_i),F(b,m_j))=1\quad(i\neq j,i,j\in\{1,2,\cdots,n\}),$$

所以

$$(F(b,m_1),\prod_{i=2}^{n} F(b,m_i))=1.$$

如果

$$\prod_{i=1}^{n} F(b,m_i)=x^k\quad(x,k\in\mathbf{N},k>1),\tag{1.69}$$

下证式(1.69)不成立.

如果式(1.69)成立,设$F(b,m_1)$的所有不同素因子为$p_1,p_2,\cdots,p_s$,所以$p_1p_2\cdots p_s\mid x$,故

$$x=p_1^{\alpha_1}p_2^{\alpha_2}\cdots p_s^{\alpha_s}r\quad(r,\alpha_1,\alpha_2,\cdots,\alpha_s\in\mathbf{N},(p_i,r)=1,i=1,2,\cdots,s).$$

因为$F(b,m_1)$的所有不同素因子为$p_1,p_2,\cdots,p_s$,所以

$$(F(b,m_1),r)=1.\tag{1.70}$$

另一方面,由$(F(b,m_1),\prod_{i=2}^{n} F(b,m_i))=1$得

$$(p_1^{\alpha_1}p_2^{\alpha_2}\cdots p_s^{\alpha_s},\prod_{i=2}^{n} F(b,m_i))=1.\tag{1.71}$$

再由式(1.69)有

$$F(b,m_1)\prod_{i=2}^{n} F(b,m_i)=x^k=(p_1^{\alpha_1}p_2^{\alpha_2}\cdots p_s^{\alpha_s}r)^k=(p_1^{\alpha_1}p_2^{\alpha_2}\cdots p_s^{\alpha_s})^k r^k.\tag{1.72}$$

由式(1.70)～式(1.72)得

$$F(b,m_1)=(p_1^{\alpha_1}p_2^{\alpha_2}\cdots p_s^{\alpha_s})^k,\quad\prod_{i=2}^{n} F(b,m_i)=r^k,$$

即$F(b,m_1)$是$k(k>1)$次方数,与定理1.34矛盾,所以$\prod_{i=1}^{n} F(b,m_i)$不是k次方数.证毕.

3. Mersenne数的方幂性问题中一个猜想的证明与推广

曾登高于1994年提出如下猜想[6]:若$p_1,p_2,\cdots,p_n,\cdots$是素数数列,$m>n+1$,则$\prod_{i=n+1}^{m} M_{p_i}$不是$k(k>1)$次方数.下面将证明这一猜想是正确的.

定理 1.37 若 $p_1, p_2, \cdots, p_n, \cdots$ 是互不相同的素数数列，$m > n+1$，则 $\prod\limits_{i=n+1}^{m} M_{p_i}$ 不是 $k(k>1)$ 次方数.

证明 若 $i \neq j$，p_i, p_j 是不同素数，那么 $(p_i, p_j) = 1$. 由引理 1.13 知，当 $i \neq j$ 时有 $(2^{p_i}-1, 2^{p_j}-1) = 2^{(p_i, p_j)} - 1 = 2^1 - 1 = 1$，所以数列 $M_{p_{n+1}}, M_{p_{n+2}}, \cdots, M_{p_m}$ 中任意两个数都互素，故 $(M_{p_{n+1}}, M_{p_{n+2}} \cdots M_{p_m}) = 1$. 如果 $M_{p_{n+1}} M_{p_{n+2}} \cdots M_{p_m}$ 是 k $(k>1)$ 次方数，即

$$\prod_{i=n+1}^{m} M_{p_i} = x^k \quad (x, k \in \mathbf{N}, k > 1), \tag{1.73}$$

下证式(1.73)不成立.

如果式(1.73)成立，设 $M_{p_{n+1}}$ 的所有不同素因子为 $q_1, q_2, \cdots, q_t$，所以 $q_1 q_2 \cdots q_t \mid x$，故

$$x = q_1^{\alpha_1} q_2^{\alpha_2} \cdots q_t^{\alpha_t} r \quad (r, \alpha_1, \alpha_2, \cdots, \alpha_t \in \mathbf{N}, (q_i, r) = 1, i = 1, 2, \cdots, t).$$

由于 $(q_1 q_2 \cdots q_t r) = 1$，$M_{p_{n+1}}$ 的所有不同素因子为 $q_1, q_2, \cdots, q_t$，因此

$$(M_{p_{n+1}}, r) = 1. \tag{1.74}$$

另一方面，$(M_{p_{n+1}}, M_{p_{n+2}} \cdots M_{p_m}) = 1$，所以

$$(q_1 q_2 \cdots q_t, M_{p_{n+2}} \cdots M_{p_m}) = 1,$$

即

$$(q_1^{\alpha_1} q_2^{\alpha_2} \cdots q_t^{\alpha_t}, M_{p_{n+2}} \cdots M_{p_m}) = 1. \tag{1.75}$$

由式(1.73)得

$$M_{p_{n+1}} (M_{p_{n+2}} \cdots M_{p_m}) = x^k = (q_1^{\alpha_1} q_2^{\alpha_2} \cdots q_t^{\alpha_t} r)^k = (q_1^{\alpha_1} q_2^{\alpha_2} \cdots q_t^{\alpha_t})^k r^k. \tag{1.76}$$

由式(1.74)～式(1.76)得

$$M_{p_{n+1}} = (q_1^{\alpha_1} q_2^{\alpha_2} \cdots q_t^{\alpha_t})^k,$$

即 $M_{p_{n+1}}$ 是 $k(k>1)$ 次方数，与定理 1.33 矛盾，所以式(1.73)不成立. 证毕.

定理 1.33 表明 Mersenne 数 M_p 不是 $k(k>1)$ 次方数，下面进一步推广这一结果. 即要证明，对任意自然数 n，M_n 不是 $k(k>1)$ 次方数.

定理 1.38 对任意自然数 $n(n>1)$，M_n 不是 $k(k>1)$ 次方数.

证明 先证明 n 为奇数时，M_n 不是 $k(k>1)$ 次方数. 因为 $n>1$，n 为奇数，所以 $n \geqslant 3$. 设 $M_n = y^k$，则

$$y^k = 2^n - 1 = 2 \times (2^{\frac{n-1}{2}})^2 - 1.$$

取任意 k 的素因数 q 有

$$(y^{\frac{k}{q}})^q + 1 = 2 \times (2^{\frac{n-1}{2}})^2.$$

由引理 1.21 知，如 $q>3$，则 $2q \mid 2^{\frac{n-1}{2}}$，这不可能；如 $q=3$，只可能 $2^{\frac{n-1}{2}} = 1$，$y^{\frac{k}{3}} = 1$，

则 $n=1$,与 $n\geqslant 3$ 相矛盾.故只有 $q=2$,从而 k 为偶数且

$$\frac{2^n-1}{2-1}=y^k=(y^{\frac{k}{2}})^2.$$

由引理 1.22 知,此方程无解.总之,我们证明了 n 为奇数时,M_n 不是 $k(k>1)$ 次方数.

下面证明 n 为偶数时,M_n 也不是 $k(k>1)$ 次方数.首先易知,对任意自然数 m,必有 $(2^m-1,2^m+1)=1$,否则设 $(2^m-1,2^m+1)=d>1$,那么 $d\mid(2^m-1)$, $d\mid(2^m+1)\Rightarrow d\mid 2$,但 $2^m-1,2^m+1$ 都是奇数,无偶数因子,矛盾.所以 $(2^m-1,2^m+1)=1$.设 $n=2^th$,h 为奇数,那么

$$M_{2^th}=2^{2^th}-1=(2^{2^{t-1}h}-1)(2^{2^{t-1}h}+1),$$

这里 $(2^{2^{t-1}h}-1,2^{2^{t-1}h}+1)=1$.如 $t=1$,则 $2^{t-1}h$ 是奇数,由前面的证明知 $M_{2^{t-1}h}$ 不是 $k(k>1)$ 次方数.由于 $M_{2^{t-1}h}$ 与 $2^{2^{t-1}h}+1$ 互素,所以 $M_{2^th}=2^{2^th}-1=M_{2^{t-1}h}(2^{2^{t-1}h}+1)$ 不是 $k(k>1)$ 次方数.如 $t\geqslant 2$,那么

$$\begin{aligned}M_{2^th}&=2^{2^th}-1=(2^{2^{t-1}h}-1)(2^{2^{t-1}h}+1)\\&=(2^{2^{t-2}h}-1)(2^{2^{t-2}h}+1)(2^{2^{t-1}h}+1).\end{aligned}$$

由于

$$((2^{2^{t-2}h}-1)(2^{2^{t-2}h}+1),(2^{2^{t-1}h}+1))=1,\quad(2^{2^{t-2}h}-1,2^{2^{t-2}h}+1)=1,$$

这一过程继续下去,有

$$M_{2^th}=2^{2^th}-1=(2^h-1)(2^{2^1h}+1)(2^{2^2h}+1)\cdots(2^{2^{t-1}h}+1).$$

由上面的证明知 $2^h-1,2^{2^1h}+1,2^{2^2h}+1,\cdots,2^{2^{t-1}h}+1$ 这 t 个数两两互素.由于 h 为奇数,由前面的证明知 2^h-1 不是 $k(k>1)$ 次方数,而 $2^h-1,2^{2^1h}+1,2^{2^2h}+1,\cdots,2^{2^{t-1}h}+1$ 这 t 个数两两互素,所以 M_{2^th} 不是 $k(k>1)$ 次方数.总之,n 为偶数时,M_n 也不是 $k(k>1)$ 次方数.证毕.

由定理 1.38,仿定理 1.37 的证明我们即有如下更一般的结论:

定理 1.39　若 $r_1,r_2,\cdots,r_n,\cdots$ 是一列互素的自然数数列,$m>n+1$,则 $\prod_{i=n+1}^{m}M_{r_i}$ 不是 $k(k>1)$ 次方数.

参 考 文 献

[1]　曹珍富.丢番图方程引论[M].哈尔滨:哈尔滨工业大学出版社,1989.

[2]　Cao Z F(曹珍富).On the Diophantine equation $x^{2n}-Dy^2=1$[J].Proc. Amer. Math. Soc.,1986,98(1):11-16.

[3]　Nagell T. Sur I' impossibilite de quelques equations à deux indéterminécs[J]. Norsk Mat. Forenings Skrifter,serie I,1921(13).

[4] Ljunggren W. Sätze über unbestimmte Gleichungen Skr[J]. Norske Vid. Akad. Oslo. I., 1942,9:55.

[5] Rosenbaum J, Finkel D. Problem E152[J]. Amer. Math. Monthly, 1935:569.

[6] 曾登高. 费马数和默森数的方幂性[J]. 中学数学(湖北), 1994,3:28-29.

1.8 一个多项式的素因子性质

对于一个可约多项式 $f(x)=q(x)g(x)$,未知元 $x=n\in\mathbf{Z}$,若 $|q(n)|>1$, $|g(n)|>1$,那么 $f(n)$必为合数. 如果 $f(x)$为不可约多项式,未知元 $x=n\in\mathbf{Z}$,那么 $f(n)$的素性判定就有些困难. 可以证明 $f(x)=2x^3-x^2+x-1$ 是不可约多项式,而

$f(1)=1, f(2)=13, f(3)=47, f(4)=115, f(5)=229, f(6)=401,$

$f(7)=643, f(8)=967, f(9)=1\,385, f(10)=1\,909, f(11)=2\,551,$

$f(12)=3\,323, f(13)=4\,237, \cdots.$

这里 $f(2), f(3), f(5), f(6), f(7), f(8), f(11), f(12), \cdots$都是素数,其余都是合数. 从这里可以看出,无论是何种情形,$f(n)$必有素因子大于 $2n$. 以下先讨论数列

$\{a_0+a_1n^{k_1}+a_2n^{k_2}+\cdots+a_rn^{k_r}\} \quad (a_0, a_1, a_2, \cdots, a_r, k_1, k_2, \cdots, k_r\in\mathbf{Z}_+)$

中的合数个数.

定理 1.40 数列$\{a_0+a_1n^{k_1}+a_2n^{k_2}+\cdots+a_rn^{k_r}\}$($a_0, a_1, a_2, \cdots, a_r\in\mathbf{Z}$, $k_1, k_2, \cdots, k_r\in\mathbf{Z}_+$)有无穷多个合数.

证明 令 $f(n)=a_0+a_1n^{k_1}+a_2n^{k_2}+\cdots+a_rn^{k_r}$.

(1) 若$|f(1)|>1$,即 $|f(1)|=\left|\sum_{i=1}^{r}a_r\right|>1$, 记 $p=|f(1)|$,那么

$$\forall m\in\mathbf{Z}_+, \quad f(mp+1)\equiv\sum_{i=1}^{r}a_r\equiv 0(\bmod p).$$

由于 $m\to\infty$时,$f(mp+1)\to\infty$,故数列$\{a_0+a_1n^{k_1}+a_2n^{k_2}+\cdots+a_rn^{k_r}\}$中有无穷多个项都是 p 的倍数,且互不相同,故此时命题为真.

(2) 若$|f(1)|=1$,由于 $n\to\infty$时,$f(n)\to\infty$,故存在自然数 t,使得$|f(t)|>1$,记 $p=|f(t)|$,那么

$$\forall m\in\mathbf{Z}_+, \quad f(mp+t)\equiv f(t)\equiv 0(\bmod p).$$

由于 $m\to\infty$时,$f(mp+t)\to\infty$,故数列$\{a_0+a_1n^{k_1}+a_2n^{k_2}+\cdots+a_rn^{k_r}\}$中有无穷多个项都是 p 的倍数,且互不相同,故此时命题也为真.

(3) 若$|f(1)|=0$,由于 $n\to\infty$时,$f(n)\to\infty$,故存在自然数 t,使得$|f(t)|>$

1,记 $p=|f(t)|$,那么

$$\forall m \in \mathbf{Z}_+, \quad f(mp+t) \equiv f(t) \equiv 0 \pmod p.$$

由于 $m \to \infty$ 时,$f(mp+t) \to \infty$,故数列 $\{a_0 + a_1 n^{k_1} + a_2 n^{k_2} + \cdots + a_r n^{k_r}\}$ 中有无穷多个项都是 p 的倍数,且互不相同,故此时命题也为真.

综上所述,证毕.

定理 1.41　存在无穷多个正整数 n,使得

$$1 + a_1 n^{2k_1} + a_2 n^{2k_2} + \cdots + a_r n^{2k_r}$$
$$(a_0, a_1, a_2, \cdots, a_r \in \mathbf{Z}\backslash\{0\}, k_1, k_2, \cdots, k_r \in \mathbf{Z}_+)$$

的最大素因子大于 $2n$.

证明　先证明如下命题:存在无穷多个素数,是形如

$$1 + a_1 m^{2k_1} + a_2 m^{2k_2} + \cdots + a_r m^{2k_r}$$
$$(a_0, a_1, a_2, \cdots, a_r, m \in \mathbf{Z}\backslash\{0\}, k_1, k_2, \cdots, k_r \in \mathbf{Z}_+)$$

这样的整数的素因子.

假如只有有限个这样的素数,设它们是 $p_1, p_2, \cdots, p_s$.令 q 为

$$f\left(\prod_{i=1}^{s} p_i\right) = 1 + a_1 \left(\prod_{i=1}^{s} p_i\right)^{2k_1} + a_2 \left(\prod_{i=1}^{s} p_i\right)^{2k_2} + \cdots + a_r \left(\prod_{i=1}^{s} p_i\right)^{2k_r}$$

的任一素因子,那么 q 不同于 $p_1, p_2, \cdots, p_s$,否则素数 $q \mid 1$,不可能.这样导出矛盾,故存在无穷多个素数是形如 $1 + a_1 m^{2k_1} + a_2 m^{2k_2} + \cdots + a_r m^{2k_r}$ 这样的整数的素因子.

现在证明定理 1.41.设 A 是如上命题中所指的所有素数的集合.对于任意素数 $p \in A$,有整数使得 $p \mid (1 + a_1 m^{2k_1} + a_2 m^{2k_2} + \cdots + a_r m^{2k_r})$,令 $m \equiv r \pmod p$,所以有

$$p \mid (1 + a_1 r^{2k_1} + a_2 r^{2k_2} + \cdots + a_r r^{2k_r}),$$
$$p \mid (1 + a_1 (p-r)^{2k_1} + a_2 (p-r)^{2k_2} + \cdots + a_r (p-r)^{2k_r}).$$

取 $n = \min\{r, p-r\}$,那么 $n < \dfrac{p}{2}$,即 $p > 2n$.由于 A 中有无穷多个素数,故定理得证.

注　定理 1.41 的证明中所述的命题可加强为如下定理:

定理 1.42　存在无穷多个素数,是形如

$$\{a_0 + a_1 n^{k_1} + a_2 n^{k_2} + \cdots + a_r n^{k_r}\} \quad (a_0, a_1, a_2, \cdots, a_r, k_1, k_2, \cdots, k_r \in \mathbf{Z}_+)$$

这样的整数的素因子.

猜想　数列 $\{2n^3 - n^2 + n - 1\}$ 中有无穷多个素数而且它的密度为 $\dfrac{1}{2}$.

1.9　丢番图方程与判别素数的充要条件

1. 判定定理

怎样判别素数? 1.1 节与 1.2 节已给出两个判别方法,黄飞燕与王云葵于 1999 年利用丢番图方程来研究素数的判别问题,从而获得了 Fermat 和 Mersenne 数为素数的充要条件[1].

定理 1.43　$N>1$,则 $2N+1$ 为合数的充要条件是,Diophantine 方程

$$2xy + x + y = N \tag{1.77}$$

有正整数解.

证明　(必要性)设 $2N+1$ 为合数,则 $2N+1=a\cdot b$.因为 $N>1$,则 a 与 b 必是大于 1 的奇数,即必存在正整数 m,n,使得 $a=2m+1,b=2n+1$,从而

$$2N + l = (2m + l)(2n + l),$$

即 $N=2mn+m+n$.

这就证明了丢番图方程(1.77)有正整数解 $x=m,y=n$.

(充分性)设方程(1.77)有正整数解 x,y,则

$$2N + 1 = 2(2xy + x + y) + 1 = (2x + 1)(2y + 1),$$

即 $2N+1$ 为合数.

由定理 1.43 的逆否命题可立即得到如下定理:

定理 1.44　$N>1$,则 $2N+1$ 为素数的充要条件是,丢番图方程(1.77)没有正整数解.

2. Mersenne 数为素数的充要条件

形如 $M_p=2^p-1$(p 为素数) 的数称为 Mersenne 数,关于 Mersenne 数的素合性判别,是计算数论的重要课题. 1989 年王健真猜想[3]:p 为奇素数,则阵 $N_p=\frac{1}{3}(2^p+1)$为素数.

1992 年,洪伯阳举出反例:当 $p=29$ 时,$N_{29}=59\cdot 3\,033\,169$ 是合数,从而推翻了王健真的猜想. 如何判别 N_p 的素合性,也是人们颇为关心的问题. 1990 年 Marain F 利用计算机证明了 $N_{3\,539}$是素数. 1989 年,Selfridge 猜想[5]:如果下面三条中有两条是正确的,那么第三条也正确:(1) $p=2^k\pm l$ 或 $4^k\pm 3$;(2) M_p 是素数;(3) N_p 是素数.

引理 1.25[4]　$p>3$ 为素数,则 M_p 和 N_p 的素因子必形如 $q=2pk+1$(k 为自然数).

定理 1.45　$p>3$ 为素数,则 M_p 为合数的充要条件是,丢番图方程

$$p(2pxy+x+y)=2^{p-1}-1 \tag{1.78}$$

有正整数解.

证明　由引理 1.25 知 M_p 的素因子必形如 $2pk+1$,故 M_p 为合数的充要条件是存在正整数 x,y,使得 $M_p=2^p-1=(2px+1)(2py+1)$,其成立的充要条件是方程(1.78)有正整数解 x,y.

定理 1.46　$p>3$ 为素数,则 N_p 为合数的充要条件是,丢番图方程

$$3p(2pxy+x+y)=2^{p-1}-1 \tag{1.79}$$

有正整数解.

证明　由引理 1.25 知 N_p 的素因子必形如 $2pk+1$,故 N_p 为合数 $\Leftrightarrow$ 存在正整数 x,y,使得 $N_p=\frac{1}{3}(2^p+1)=(2px+1)(2py+1)$ $\Leftrightarrow$ 方程(1.79)有正整数解 x,y.

由定理 1.45、定理 1.46 的逆否命题可立即得到如下定理:

定理 1.47　$p>3$ 为素数,则 M_p 为素数的充要条件是,丢番图方程(1.78)没有正整数解.

定理 1.48　$p>3$ 为素数,则 N_p 为素数的充要条件是,丢番图方程(1.79)没有正整数解.

例如,当 $p=11$ 时,方程 $11p(22xy+x+y)=2^{10}-1$ 有正整数解 $x=1,y=4$,故 M_{11} 为合数,且 $M_p=23\cdot 89$;而方程 $33p(22xy+x+y)=2^{10}-1$ 没有正整数解,故 N_{11} 为素数.

3. Fermat 数为素数的充要条件

1640 年,法国数学家 Fermat 发现 $F_0=3,F_1=5,F_2=17,F_3=257,F_4=65\,537$,都是素数,据此费马猜想:任何 Fermat 数 $F_n=2^{2^n}+1$ 都是素数.然而,1732 年,Euler 举出反例:$F_5=641\cdot 6\,700\,417$ 是合数,从而推翻了 Fermat 猜想.至今,人们尚未找到判别 Fermat 数为素数的简便判别法.

引理 1.26[6]　$n\geqslant 2$,则 F_n 的素因子形如 $2^{n+2}k+1$.

定理 1.49　$n\geqslant 2$,则 F_n 为合数的充要条件是,Diophantine 方程

$$2^{n+2}xy+x+y=2^{2^n-n-2} \tag{1.80}$$

有正整数解,并且有解时,

$$F_n=(2^{n+2}x+1)(2^{n+2}y+1).$$

证明 由引理 1.26 知 F_n 的因子必形如 $2^{n+2}k+1$,故 F_n 为合数 $\Leftrightarrow$ 存在正整数 x,y,使得 $F_n=2^{2^n}+1=(2^{n+2}x+1)(2^{n+2}y+1)$ $\Leftrightarrow$ 方程(1.80)有正整数解.

定理 1.50 $n>2$,s 是满足 $2^n\geqslant(2n+4)s$ 的任一自然数,则 F_n 为合数的充要条件是,方程

$$2^{n+2}xy+y-x^{2s}=2^{2^n-(2n+4)s} \tag{1.81}$$

有正整数解,并且有解时,

$$F_n=p\left(2^{2s(n+2)}y-\frac{(p-1)^{2s}-1}{p}\right),$$

其中 $p=2^{n+2}k+1$.

证明 (必要性)设 F_n 为合数,我们对 s 用数学归纳法证明,方程(1.81)都有解.当 $s=1$ 时,由 F_n 为合数及定理 1.49 知,必存在正整数 x,k,使得

$$2^{n+2}kx+k+x=2^{2^n-n-2}. \tag{1.82}$$

由题设 $2^n\geqslant 2n+4$,$2^n-n-2\geqslant n+2$,故$2^{n+2}\mid(k+x)$.令 $x+k=2^{n+2}y(y\in\mathbf{N})$,将 $k=2^{n+2}y-x$ 代入式(1.80)有 $2^{n+2}xy+y-x^2=2^{2^n-(2n+4)}$,即当 $s=1$ 时,方程(1.81)有正整数解 $x,y=a$,即有

$$2^{n+2}xa+a-x^{2m}=2^{2^n-(2n+4)m}. \tag{1.83}$$

则当 $s=m+1$ 时,由题设 $2^n\geqslant(2n+4)(m+1)$,$2^n-(2n+4)m>n+2$,故有 $2^{n+2}\mid(a-x^{2m})$.令 $a-x^{2m}=2^{n+2}b$(b 为整数),将 $a=2^{n+2}b+x^{2m}$代入式(1.83)则有

$$2^{n+2}xb+b+x^{2m+1}=2^{2^n-(n+2)(2m+1)}. \tag{1.84}$$

由于 $2^n-(n+2)(2m+1)\geqslant n+2$,并且 $b+x^{2m}>0$,故$2^{n+2}\mid(b+x^{2m+1})$.令

$$b+x^{2m+1}=2^{n+2}y\quad(y\text{ 为正整数}),$$

将 $b=2^{n+2}y-x^{2m+1}$代入式(1.84)则有

$$2^{n+2}xy+y-x^{2(m+1)}=2^{2^n-(2n+4)(m+1)}. \tag{1.85}$$

即当 $s=m+1$ 时,方程(1.81)也有正整数解.

综上可知,对满足 $2^n\geqslant(2n+4)s$ 的任何自然数 s,丢番图方程(1.81)总有正整数解.

(充分性)设方程(1.81)有正整数解,令 $p=2^{n+2}x+1$,则

$$2^{(2n+4)s}y(2^{n+2}x+1)-(2^{n+2}x)^{2s}=2^{2^n},$$

$$p(2^{(2n+4)s}y)-(p-1)^{2s}=F_n-1,$$

$$F_n=p\left(2^{(2n+4)s}y-\frac{(p-1)^{2s}-1}{p}\right).$$

因 $p>1$,故 F_n 为合数.证毕.

由定理 1.50 可立即得到如下定理:

定理 1.51　$n>3$，则 F_n 为合数的充要条件是，丢番图方程

$$2^{n+2}xy+y-x^2=2^{2^n-(2n+4)} \tag{1.86}$$

有正整数解.

定理1.50和定理1.51的逆否命题即为Fermat数为素数的充要条件.由此可见，要判别 F_n 的素合性，只需选择适当的 s，判别方程(1.81)是否有解即可.例如，当 $n=6$ 时，取 $s=2$，因为方程 $2^8xy+y-x^4=2^{32}$ 有正整数解 $x=1\,071$，$y=4\,814\,401$，故 F_6 为合数，并且

$$F_6=274\,177\times 67\,280\,421\,310\,721.$$

再如当 $n=7$ 时，取 $s=1$，因为方程 $2^9xy+y-x^2=2^{110}$ 有正整数解 $x=116\,503\,103\,764\,643$，$y=21\,761\,889\,840\,218\,569$，故 F_7 为合数，并且

$$F_7=59\,649\,589\,127\,497\,217\times 5\,704\,689\,200\,685\,129\,054\,721.$$

参考文献

[1] 黄飞燕，王云葵.丢番图方程与判别素数的充要条件[J].广西民族学院学报，1999，3：128-131.

[2] 王云葵.绝对伪素数与莱梅猜想[J].数学教学研究(专辑)，1996.

[3] 王健真.论费尔马大定理[M].北京：中国统计出版社，1989.

[4] 洪伯阳.数学宝山上的明珠[M].武汉：湖北科学技术出版社，1993.

[5] 曹珍富.数论中的问题与结果[M].哈尔滨：哈尔滨工业大学出版社，1996.

[6] 王云葵.任何费尔马数都是素数或伪素数[J].玉林师专学报，1998，19(3).

[7] 王云葵.伯努利数与判别素数的充要条件[J].广西民族学院学报，1998，4(1).

[8] 王云葵.关于判别费尔马数为伪素数的充要条件[J].广西民族学院学报，1998，4(4).

第 2 章 同余与整除

2.1 一个同余性质的推广

在同余中有一个重要的性质[1]：设 p 为素数，n 为正整数，那么

$$\sum_{k=1}^{p-1} k^n \equiv \begin{cases} 0(\bmod p), & (p-1) \nmid n, \\ -1(\bmod p), & (p-1) \mid n. \end{cases}$$

对于一般合数 m 是否有类似的性质？首先有如下的定理 2.1：

定理 2.1 设 m, n 都是正整数，g 为模 m 的一个原根，$(g^n-1, m)=r$，则

$$\sum_{\substack{(k,m)=1 \\ 1 \leqslant k \leqslant m-1}} k^n \equiv \begin{cases} 0\left(\bmod \dfrac{m}{r}\right), & \varphi(m) \nmid n, \\ \varphi(m)(\bmod m), & \varphi(m) \mid n. \end{cases}$$

证明 (1) 如果 $\varphi(m) \mid n$，那么 $n=\varphi(m) t(t \in \mathbf{N})$. 当 $(k, m)=1$ 时，由 Euler 定理知 $k^{\varphi(m)} \equiv 1(\bmod m)$，于是

$$\sum_{\substack{(k,m)=1 \\ 1 \leqslant k \leqslant m-1}} k^n = \sum_{\substack{(k,m)=1 \\ 1 \leqslant k \leqslant m-1}} (k^{\varphi(m)})^t \equiv \sum_{\substack{(k,m)=1 \\ 1 \leqslant k \leqslant m-1}} 1^t \equiv \sum_{\substack{(k,m)=1 \\ 1 \leqslant k \leqslant m-1}} 1 \equiv \varphi(m)(\bmod m).$$

(2) 如果 $\varphi(m) \nmid n$，$(g, m)=1$，若 $(k, m)=1$，则 $(gk, m)=1$. 若 k 过模 m 的简化剩余系，则 gk 也过模 m 的简化剩余系（这是因为 $(g, m)=1$，若 $(k_1, m)=(k_2, m)=1$，那么 $gk_1 \equiv gk_2(\bmod m) \Leftrightarrow k_1 \equiv k_2(\bmod m)$）. 所以若 $k_1, k_2, \cdots, k_{\varphi(m)}$ 是模 m 的简化剩余系，则 $gk_1, gk_2, \cdots, gk_{\varphi(m)}$ 是模 m 的简化剩余系. 于是有

$$\sum_{\substack{(k,m)=1 \\ 1 \leqslant k \leqslant m-1}} (gk)^n \equiv \sum_{\substack{(k,m)=1 \\ 1 \leqslant k \leqslant m-1}} k^n(\bmod m),$$

即

$$(g^n-1) \sum_{\substack{(k,m)=1 \\ 1 \leqslant k \leqslant m-1}} k^n \equiv 0(\bmod m).$$

而 $(g^n-1, m)=r$，所以

$$\sum_{\substack{(k,m)=1 \\ 1 \leqslant k \leqslant m-1}} k^n \equiv 0\left(\bmod \frac{m}{r}\right).$$

证毕.

在定理 2.1 中，当 m 为素数时，若 $\varphi(m)\nmid n$，则 $(g^n-1,m)=1$，即有如下推论：

推论 2.1　设 p 为素数，n 为正整数，那么

$$\sum_{k=1}^{p-1} k^n \equiv \begin{cases} 0 \pmod p, & (p-1)\nmid n, \\ -1 \pmod p, & (p-1)\mid n. \end{cases}$$

对于定理 2.1 的条件，要求模 m 是具有原根的这一条件，所以自然数 m 还不具有一般性. 其实从定理 2.1 的证明可以看出，对任意的自然数 m 也有相应的结论.

定理 2.2　设 m,n 都是正整数，如果整数 b 满足 $(b,m)=1$，$(b^n-1,m)=r$，则

$$\sum_{\substack{(k,m)=1\\1\leqslant k\leqslant m-1}} k^n \equiv \begin{cases} 0\left(\bmod \dfrac{m}{r}\right), & \varphi(m)\nmid n, \\ \varphi(m) \pmod m, & \varphi(m)\mid n. \end{cases}$$

证明　(1) 如果 $\varphi(m)\mid n$，那么 $n=\varphi(m)t\ (t\in\mathbf{N})$. 当 $(k,m)=1$ 时，由 Euler 定理知 $k^{\varphi(m)}\equiv 1 \pmod m$，于是

$$\sum_{\substack{(k,m)=1\\1\leqslant k\leqslant m-1}} k^n = \sum_{\substack{(k,m)=1\\1\leqslant k\leqslant m-1}} (k^{\varphi(m)})^t \equiv \sum_{\substack{(k,m)=1\\1\leqslant k\leqslant m-1}} 1^t \equiv \sum_{\substack{(k,m)=1\\1\leqslant k\leqslant m-1}} 1 \equiv \varphi(m) \pmod m.$$

(2) 如果 $\varphi(m)\nmid n$，$(b,m)=1$，若 $(k,m)=1$，则 $(bk,m)=1$. 若 k 过模 m 的简化剩余系，则 bk 也过模 m 的简化剩余系（这是因为 $(b,m)=1$，若 $(k_1,m)=(k_2,m)=1$，那么 $bk_1\equiv bk_2 \pmod m \Leftrightarrow k_1\equiv k_2 \pmod m$）. 所以若 $k_1,k_2,\cdots,k_{\varphi(m)}$ 是模 m 的简化剩余系，则 $bk_1,bk_2,\cdots,bk_{\varphi(m)}$ 是模 m 的简化剩余系. 于是有

$$\sum_{\substack{(k,m)=1\\1\leqslant k\leqslant m-1}} (bk)^n \equiv \sum_{\substack{(k,m)=1\\1\leqslant k\leqslant m-1}} k^n \pmod m,$$

即

$$(b^n-1)\sum_{\substack{(k,m)=1\\1\leqslant k\leqslant m-1}} k^n \equiv 0 \pmod m.$$

而 $(b^n-1,m)=r$，所以

$$\sum_{\substack{(k,m)=1\\1\leqslant k\leqslant m-1}} k^n \equiv 0\left(\bmod \frac{m}{r}\right).$$

证毕.

显然，定理 2.1 是定理 2.2 的特例，即定理 2.2 推广了定理 2.1.

参 考 文 献

[1]　柯召，孙琦. 数论讲义[M]. 北京：高等教育出版社，1986.

2.2 Wolstenholme 定理的几个推广

同余理论中有著名的 Wolstenholme 定理:如果 p 为一个大于 3 的素数,那么分数和 $1+\frac{1}{2}+\frac{1}{3}+\cdots+\frac{1}{p-1}$的分子能被 p^2 整除,即

$$\sum_{k=1}^{p-1}\frac{(p-1)!}{k}\equiv 0(\bmod p^2).$$

这一定理在判断某些整数是否有重素因子时有重要的作用.已有不少文献推广了 Wolstenholme 定理[1-4,8].1996 年作者给出此定理的两个推广.先证明如下结论:

定理 2.3　设素数 $p>k+2$,则有

$$(p-1)!\sum_{m=0}^{k-1}(-1)^m\sum_{1\leqslant i_1<\cdots<i_{k-m}\leqslant p-1}\frac{p^{k-(m+1)}}{\prod\limits_{s=1}^{k-m}i_s}\equiv 0(\bmod p^{k+1}).$$

在定理 2.3 中当 $k=1$ 时,即是 Wolstenholme 定理.

引理 2.1[5]　对于任给素数 p,多项式

$$f(x)=(x-1)(x-2)\cdots(x-p+1)-x^{p-1}+1$$

的所有系数被 p 整除.

定理 2.3 的证明　设

$$\begin{aligned}g(x)&=(x-1)(x-2)\cdots(x-(p-1))\\&=x^{p-1}-s_1x^{p-2}+s_2x^{p-3}+\cdots-s_{p-2}x+(p-1)!,\end{aligned}\tag{2.1}$$

其中 $s_j(j=1,2,\cdots,p-2)$是整数,且

$$s_{p-m}=\sum_{1\leqslant i_1<\cdots<i_{m-1}\leqslant p-1}\frac{(p-1)!}{i_1\cdot\cdots\cdot i_{m-1}},\tag{2.2}$$

这里 $i_1\neq i_2,i_1,i_2\in\{1,2,\cdots n\}$.由引理 2.1 知 $p|s_j(j=1,2,\cdots,p-1)$.在式(2.1)中令 $x=p$,由于 $g(p)=(p-1)!$,故由式(2.1)给出

$$p^{p-1}-p^{p-2}s_1+\cdots+p^2s_{p-3}-ps_{p-2}=0.\tag{2.3}$$

由式(2.3)得

$$\begin{aligned}&p^k(p^{p-k-1}-p^{p-k-2}s_1+\cdots+(-1)^{k-1}s_{p-k-1})+(-1)^kp^{k-1}s_{p-k}+\cdots\\&+p^2s_{p-3}-ps_{p-2}=0.\end{aligned}\tag{2.4}$$

由于 $p>k+2,p|s_j(j=1,2,\cdots,p-1)$,所以

$$p^k(p^{p-k-1}-p^{p-k-2}s_1+\cdots+(-1)^{k-1}s_{p-k-1})\equiv 0(\bmod p^{k+1}).\tag{2.5}$$

故由式(2.4)与式(2.5)得

$$(-1)^k p^{k-1} s_{p-k} + \cdots + p^2 s_{p-3} - p s_{p-2} \equiv 0 (\mathrm{mod}\ p^{k+1}). \tag{2.6}$$

由式(2.6)与式(2.2),定理得证.

引理 2.2[5]　设同余式

$$f(x) = a_n x^n + \cdots + a_1 x + a_0 \equiv 0 (\mathrm{mod}\ p)$$

的解的个数大于 n,这里 p 是素数,$a_i(i=0,1,2,\cdots,n)$是整数.那么

$$p \mid a_i \quad (i = 0,1,2,\cdots,n).$$

引理 2.3　对于任给素数 p,$\forall\, t \in \mathbf{Z}$,多项式

$$f(x) = (x-(tp+1))(x-(tp+2))\cdots(x-(tp+p-1)) - x^{p-1} + 1$$

的所有系数被 p 整除.

证明　设 $g(x)=(x-(tp+1))(x-(tp+2))\cdots(x-(tp+p-1))$,则 1,$2,\cdots,p-1$ 是同余式

$$g(x) \equiv 0 (\mathrm{mod}\ p)$$

的 $p-1$ 个解.由 Fermat 小定理,$1,2,\cdots,p-1$ 也是同余式

$$h(x) = x^{p-1} - 1 \equiv 0 (\mathrm{mod}\ p)$$

的 $p-1$ 个解,故同余式

$$f(x) = g(x) - h(x) (\mathrm{mod}\ p)$$

有 $p-1$ 个解,而 $f(x)$是 $p-2$ 次多项式.由引理 2.2 知,其所有系数被 p 整除.证毕.

定理 2.4　设素数 $p > k+2$,$k \geqslant 1$,$\forall\, t \in \mathbf{Z}$,则有

$$\frac{(pt+p-1)!}{(pt)!} \sum_{m=0}^{k-1} (-1)^m \sum_{1 \leqslant i_1 < \cdots < i_{k-m} \leqslant p-1} \frac{p^{k-(m+1)}}{\prod_{l=1}^{k-m} (pt + i_l)} \equiv 0 (\mathrm{mod}\ p^{k+1}).$$

证明　设

$$\begin{aligned} g(x) &= (x-(tp+1))(x-(tp+2))\cdots(x-(tp+p-1)) \\ &= x^{p-1} - s_1 x^{p-2} + s_2 x^{p-3} + \cdots - s_{p-2} x + \frac{(pt+p-1)!}{(pt)!}, \end{aligned} \tag{2.7}$$

其中 $s_j(j=1,2,\cdots,p-2)$是整数,且

$$s_{p-m} = \sum_{1 \leqslant i_1 < \cdots < i_{m-1} \leqslant p-1} \frac{1}{(pt+i_1)(pt+i_2)\cdots(pt+i_{m-1})} \cdot \frac{(pt+p-1)!}{(pt)!}, \tag{2.8}$$

这里 $m=2,3,\cdots,p-1$.由引理 2.3 知 $p \mid s_j(j=1,2,\cdots,p-2)$.在式(2.7)中令 $x=(2t+1)p$,由于 $g((2t+1)p)=\dfrac{(pt+p-1)!}{(pt)!}$,故由式(2.7)给出

$$\frac{(pt+p-1)!}{(pt)!}=((2t+1)p)^{p-1}-s_1((2t+1)p)^{p-2}+\cdots$$
$$-s_{p-2}((2t+1)p)+\frac{(pt+p-1)!}{(pt)!}.$$

由此得

$$((2t+1)p)^{p-1}-s_1((2t+1)p)^{p-2}+\cdots-s_{p-2}((2t+1)p)=0. \tag{2.9}$$

于是

$$\begin{aligned}&((2t+1)p)^k(((2t+1)p)^{p-k-1}-s_1((2t+1)p)^{p-k-2}+\cdots+(-1)^{k-1}s_{p-k-1})\\&\quad+(-1)^k((2t+1)p)^{k-1}s_{p-k}+\cdots+((2t+1)p)^2s_{p-3}-((2t+1)p)s_{p-2}\\&=0.\end{aligned} \tag{2.10}$$

由于 $p>k+2,k\geqslant1,p\mid s_j(j=1,2,\cdots,p-2)$，所以

$$\begin{aligned}&((2t+1)p)^k(((2t+1)p)^{p-k-1}-s_1((2t+1)p)^{p-k-2}+\cdots+(-1)^{k-1}s_{p-k-1})\\&\equiv0\pmod{p^{k+1}}.\end{aligned} \tag{2.11}$$

故由式(2.10)与式(2.11)得

$$\begin{aligned}&(-1)^k((2t+1)p)^{k-1}s_{p-k}+\cdots+((2t+1)p)^2s_{p-3}-((2t+1)p)s_{p-2}\\&\equiv0\pmod{p^{k+1}}.\end{aligned} \tag{2.12}$$

由式(2.12)与式(2.8)，定理得证.

在定理2.4中，令 $t=0$，则得定理2.3；若令 $t=1,k=1$，即得 Wolstenholme 定理.

下面将讨论一般的复合数 m，从而从另一方面推广 Wolstenholme 定理.

定义 2.1 对 $m>1$，若 $(a,m)=1$，则同余方程 $ax\equiv1(\bmod m)(0\leqslant x<m)$ 的解 x 称为 a 对模 m 的逆，记为 a^{-1} 或 $\frac{1}{a}$.

事实上，我们注意到，若 $(a,m)=(b,m)=1$，则

$$(ab)^{-1}\equiv a^{-1}b^{-1}(\bmod m),$$
$$a^{-1}+b^{-1}\equiv(ab)^{-1}(a+b)(\bmod m).$$

早在1889年，Leudesdorf 就用 Bauer 同余式得到 Wolstenholme 定理的综合推广，即讨论了最一般的复合数 m，记

$$s_m=\sum_{\substack{k=1\\(k,m)=1}}^{m-1}\frac{1}{k}.$$

定理 2.5(Leudesdorf[8]) 设 $m>1$.

(1) 若 $2\nmid m,3\nmid m$，则 $s_m\equiv0(\bmod m^2)$；

(2) 若 $2\nmid m,3\mid m$，则 $s_m\equiv0\left(\bmod \frac{m^2}{3}\right)$；

(3) 若 $2\mid m$, $3\nmid m$, 则 $s_m\equiv 0\left(\bmod \dfrac{m^2}{2}\right)$;

(4) 若 $2\mid m$, $3\mid m$, 则 $s_m\equiv 0\left(\bmod \dfrac{m^2}{6}\right)$;

(5) 若 $m=2^{\alpha}(\alpha\geqslant 2)$, 则 $s_m\equiv 0\left(\bmod \dfrac{m^2}{4}\right)$.

1995 年,曾登高指出它的统一形式为:

定理 2.5′[6]　若 $m\geqslant 5$, 则

$$s_m\equiv -\frac{m^2}{12}\left(2m\varphi\left(m+\prod_{p\mid m}(1-p)\right)\right)(\bmod m^2).$$

下面将运用 Möbius 变换证明如下结果:

定理 2.6　若 $m\geqslant 5$, 那么:

(1) $\displaystyle\sum_{\substack{(k,m)=1\\1\leqslant j\leqslant m}}\left(\frac{1}{k}\right)^2\equiv\frac{m}{6}\left(2m\varphi(m)+\prod_{p\mid m}(1-p)\right)(\bmod m)$;

(2) $\displaystyle\sum_{\substack{(k,m)=1\\1\leqslant j\leqslant m}}\left(\frac{1}{k}\right)^3\equiv\frac{m^2}{4}\left(m\varphi(m)+\prod_{p\mid m}(1-p)\right)(\bmod m)$;

(3) $\displaystyle\sum_{\substack{(k,m)=1\\1\leqslant j\leqslant m}}\left(\frac{1}{k}\right)^4\equiv\frac{m}{30}\left(6m^3\varphi(m)+10m^2\prod_{p\mid m}(1-p)-\prod_{p\mid m}(1-p^3)\right)(\bmod m)$.

引理 2.4　记 $s_k(n)=n^{-k}\displaystyle\sum_{j=1}^{n}j^k$, $s_k^*(n)=n^{-k}\displaystyle\sum_{\substack{(j,n)=1\\1\leqslant j\leqslant n}}j^k$, 则 $s_k^*(n)$ 的 Möbius 变换是 $s_k(n)$.

证明

$$s_k(n)=n^{-k}\sum_{j=1}^{n}j^k=n^{-k}\sum_{d\mid n}\sum_{\substack{(j,n)=d\\1\leqslant j\leqslant n}}j^k=\sum_{d\mid n}n^{-k}\sum_{\substack{(j,n)=d,\\1\leqslant j\leqslant n}}j^k=\sum_{d\mid n}n^{-k}\sum_{\substack{\left(t,\frac{n}{d}\right)=1\\1\leqslant t\leqslant\frac{n}{d}}}t^kd^k$$

$$=\sum_{d\mid n}\left(\frac{n}{d}\right)^{-k}\sum_{\substack{\left(t,\frac{n}{d}\right)=1\\1\leqslant t\leqslant\frac{n}{d}}}t^k=\sum_{d\mid n}s_k^*\left(\frac{n}{d}\right)=\sum_{d\mid n}s_k^*(d).$$

证毕.

定理 2.6 的证明　对于 $1\leqslant i<j\leqslant m-1$ 均有 $\dfrac{1}{i}\neq\dfrac{1}{j}$, 否则 $0\equiv\dfrac{1}{i}-\dfrac{1}{j}\equiv\dfrac{j-i}{ij}$ $(\bmod m)$, 矛盾, 故而 $\dfrac{1}{i}$ 取遍 $1\sim m-1$, $(i,m)=1$ 时, i 也取遍 $1\sim m-1$, $(i,m)=1$, 于是

$$\sum_{\substack{(k,m)=1\\1\leqslant j\leqslant m}}\left(\frac{1}{k}\right)^2\equiv\sum_{\substack{(k,m)=1\\1\leqslant j\leqslant m}}k^2(\bmod m).$$

由引理 2.4 与 Möbius 反演公式有

$$\begin{aligned}\sum_{\substack{(k,m)=1\\1\leqslant j\leqslant m}}k^2&=m^2\Big(m^{-2}\sum_{\substack{(k,m)=1\\1\leqslant j\leqslant m}}k^2\Big)=m^2s_2^*(m)=m^2\sum_{d\mid m}\mu(d)s_2\left(\frac{n}{d}\right)\\&=m^2\sum_{d\mid m}\mu(d)s_2\left(\frac{m}{d}\right)=m^2\sum_{d\mid m}\mu(d)\left(\frac{m}{d}\right)^{-2}\frac{1}{6}\frac{m}{d}\left(\frac{m}{d}+1\right)\left(\frac{2m}{d}+1\right)\\&=m^2\sum_{d\mid m}\mu(d)\left(\frac{m}{3d}+\frac{1}{2}+\frac{d}{6m}\right)=m^2\left(\frac{1}{3}\varphi(m)+0+\frac{1}{6m}\prod_{p\mid m}(1-p)\right)\\&=m\left(\frac{m\varphi(m)}{3}+\frac{1}{6}\prod_{p\mid m}(1-p)\right)=\frac{m}{6}\Big(2m\varphi(m)+\prod_{p\mid m}(1-p)\Big),\end{aligned}$$

所以

$$\sum_{\substack{(k,m)=1\\1\leqslant j\leqslant m}}\left(\frac{1}{k}\right)^2\equiv\sum_{\substack{(k,m)=1\\1\leqslant j\leqslant m}}k^2\equiv\frac{m}{6}\Big(2m\varphi(m)+\prod_{p\mid m}(1-p)\Big)(\bmod m).$$

于是(1)得证.

同样的理由,有

$$\sum_{\substack{(k,m)=1\\1\leqslant j\leqslant m}}\left(\frac{1}{k}\right)^3\equiv\sum_{\substack{(k,m)=1\\1\leqslant j\leqslant m}}k^3(\bmod m).$$

由引理 2.4 与 Möbius 反演公式有

$$\begin{aligned}\sum_{\substack{(k,m)=1\\1\leqslant j\leqslant m}}k^3&=m^3\Big(m^{-3}\sum_{\substack{(k,m)=1\\1\leqslant j\leqslant m}}k^3\Big)=m^3s_3^*(m)=m^3\sum_{d\mid m}\mu(d)s_3\left(\frac{n}{d}\right)\\&=m^3\sum_{d\mid m}\mu(d)s_3\left(\frac{m}{d}\right)=m^3\sum_{d\mid m}\mu(d)\left(\frac{m}{d}\right)^{-3}\frac{1}{4}\left(\frac{m}{d}\right)^2\left(\frac{m}{d}+1\right)^2\\&=m^3\sum_{d\mid m}\mu(d)\left(\frac{m}{4d}+\frac{1}{2}+\frac{d}{4m}\right)=m^2\left(\frac{1}{4}\varphi(m)+0+\frac{1}{4m}\prod_{p\mid m}(1-p)\right)\\&=m^2\left(\frac{m\varphi(m)}{4}+\frac{1}{4}\prod_{p\mid m}(1-p)\right)=\frac{m^2}{4}\Big(m\varphi(m)+\prod_{p\mid m}(1-p)\Big),\end{aligned}$$

所以

$$\sum_{\substack{(k,m)=1\\1\leqslant j\leqslant m}}\left(\frac{1}{k}\right)^3\equiv\sum_{\substack{(k,m)=1\\1\leqslant j\leqslant m}}k^3\equiv\frac{m^2}{4}\Big(m\varphi(m)+\prod_{p\mid m}(1-p)\Big)(\bmod m).$$

于是(2)得证.

仿(1)与(2)的证明即得到(3).证毕.

由定理 2.6 的证明知,对一般自然数 r,有下列结论:

定理 2.7 若 $m\geqslant5$,$r(r\geqslant2)$为自然数,那么

$$\sum_{\substack{(k,m)=1\\1\leqslant j\leqslant m}}\left(\frac{1}{k}\right)^r\equiv m^r\sum_{d\mid m}\mu(d)s_r\left(\frac{n}{d}\right)\equiv m^r\sum_{d\mid m}\mu(d)\left(\frac{m}{d}\right)^{-r}\sum_{k=1}^{\frac{m}{d}}k^r\pmod m.$$

作为 Wolstenholme 定理的应用,有如下结论:

定理 2.8　设 p 为素数,那么

$$\sum_{k=1}^{\frac{p-1}{2}}\frac{(p-1)!}{k(p-k)}\equiv 0\pmod p.$$

证明　由于

$$\sum_{k=1}^{\frac{p-1}{2}}\frac{(p-1)!}{k(p-k)}=\frac{(p-1)!}{p}\sum_{k=1}^{\frac{p-1}{2}}\left(\frac{1}{k}+\frac{1}{p-k}\right)=\frac{(p-1)!}{p}\sum_{k=1}^{p-1}\frac{1}{k},$$

由 Wolstenholme 定理知

$$(p-1)!\sum_{k=1}^{p-1}\frac{1}{k}\equiv 0\pmod{p^2},$$

所以

$$\frac{(p-1)!}{p}\sum_{k=1}^{p-1}\frac{1}{k}\equiv 0\pmod p,$$

即

$$\sum_{k=1}^{\frac{p-1}{2}}\frac{(p-1)!}{k(p-k)}\equiv 0\pmod p.$$

证毕.

对于定理 2.8,我们有更进一步的推广,即有如下两个结论:

定理 2.9　设 m 为大于 1 的自然数,那么

$$\sum_{\substack{(k,m)=1\\1\leqslant k<m}}\frac{(m-1)!}{k(m-k)}\equiv(m-1)!\left(-\frac{1}{6}\left(2m\varphi\left(m+\prod_{p\mid m}(1-p)\right)\right)\right)\pmod m.$$

证明　由定理 2.5 得

$$\begin{aligned}\sum_{\substack{(k,m)=1\\1\leqslant k<m}}\frac{(m-1)!}{k(m-k)}&=\frac{(m-1)!}{m}\sum_{\substack{(k,m)=1\\1\leqslant k<m}}\left(\frac{1}{k}+\frac{1}{m-k}\right)=\frac{(m-1)!}{m}\cdot 2\sum_{\substack{(k,m)=1\\1\leqslant k<m}}\frac{1}{k}\\&\equiv\frac{(m-1)!}{m}\cdot 2\left(-\frac{m^2}{12}\left(2m\varphi\left(m+\prod_{p\mid m}(1-p)\right)\right)\right)\\&\equiv(m-1)!\left(-\frac{m}{6}\left(2m\varphi\left(m+\prod_{p\mid m}(1-p)\right)\right)\right)\pmod{m^2},\end{aligned}$$

即

$$\sum_{\substack{(k,m)=1\\1\leqslant k<m}}\frac{(m-1)!}{k(m-k)}\equiv(m-1)!\left(-\frac{1}{6}(2m\varphi(m+\prod_{p\mid m}(1-p)))\right)(\bmod m).$$

证毕.

定理 2.10 设 m 为大于 1 的自然数，p 为素数，那么

$$\sum_{\substack{(k,m)=1\\1\leqslant k<m}}\frac{\prod\limits_{\substack{(n,m)=1\\1\leqslant n<m}}n}{k(m-k)}\equiv\begin{cases}\dfrac{1}{6}(2m\varphi(m+\prod\limits_{p\mid m}(1-p)))(\bmod m), & m=4,p^{\alpha},2p^{\alpha};\\ -\dfrac{1}{6}(2m\varphi(m+\prod\limits_{p\mid m}(1-p)))(\bmod m), & m\text{ 为其他自然数}.\end{cases}$$

引理 2.5[8] $\prod\limits_{\substack{(n,m)=1\\1\leqslant n<m}}n\equiv\pm 1(\bmod m)$，其中 m 取值为 $4,p^{\alpha}$ 或者 $2p^{\alpha}$ 时取负号，其他取正号，这里 p 为素数，α 为自然数.

定理 2.10 的证明 由于

$$\begin{aligned}\sum_{\substack{(k,m)=1\\1\leqslant k<m}}\frac{\prod\limits_{\substack{(n,m)=1\\1\leqslant n<m}}n}{k(m-k)}&=\frac{\prod\limits_{\substack{(n,m)=1\\1\leqslant n<m}}n}{m}\sum_{\substack{(k,m)=1\\1\leqslant k<m}}\left(\frac{1}{k}+\frac{1}{m-k}\right)=\frac{\prod\limits_{\substack{(n,m)=1\\1\leqslant n<m}}n}{m}\cdot 2\sum_{\substack{(k,m)=1\\1\leqslant k<m}}\frac{1}{k}\\&\equiv\frac{\prod\limits_{\substack{(n,m)=1\\1\leqslant n<m}}n}{m}\cdot 2\left(-\frac{m^2}{12}(2m\varphi(m+\prod_{p\mid m}(1-p)))\right)\\&\equiv(\prod_{\substack{(n,m)=1\\1\leqslant n<m}}n)\left(-\frac{1}{6}(2m\varphi(m+\prod_{p\mid m}(1-p)))\right)(\bmod m),\end{aligned}$$

由引理 2.5 得

$$\begin{aligned}\sum_{\substack{(k,m)=1\\1\leqslant k<m}}\frac{\prod\limits_{\substack{(n,m)=1\\1\leqslant n<m}}n}{k(m-k)}&\equiv\pm 1\cdot\left(-\frac{1}{6}(2m\varphi(m+\prod_{p\mid m}(1-p)))\right)\\&\equiv\begin{cases}\dfrac{1}{6}(2m\varphi(m+\prod\limits_{p\mid m}(1-p)))(\bmod m), & m=4,p^{\alpha},2p^{\alpha};\\ -\dfrac{1}{6}(2m\varphi(m+\prod\limits_{p\mid m}(1-p)))(\bmod m), & m\text{ 为其他自然数}.\end{cases}\end{aligned}$$

证毕.

参考文献

[1] Bailey D F. Two p^3 Variations of Lucas' Theorem[J]. Journal of Number Theory, 1990, 35: 208-215.

[2] Zhao J Q. Bernoulli numbers, Wolstenholme's theorem, and p^5 variations of Lucas' theo-

rem[J]. Journal of Number Theory, 2007, 123: 18-26.

[3] Meštrović R. A note on the congruence $\binom{np^k}{mp^k} \equiv \binom{n}{m} \pmod{p^r}$[J]. Czechoslovak Mathematical Journal, 2012, 62(137): 59-65.

[4] Meštrović R. Congruences for Wolstenholme primes[J]. Czechoslovak Mathematical Journal, 2015, 65(140): 237-253.

[5] 柯召,孙琦. 数论讲义:上[M]. 北京:高等教育出版社,1986:44-45.

[6] 曾登高. Wolstenholme 定理的推广[J]. 数学的实践与认识,1995,3:89-91.

[7] 潘承洞,潘承彪. 初等数论[M]. 北京:北京大学出版社,1992:423,592-593.

[8] Hardy G H, Wright E M. An introduction to the theory of numbers[M]. 5th ed. Oxford: Oxford University Press, 1981: 88-104.

2.3　一个连乘的同余问题

对于数列 $\left\{\sum_{i=1}^{s-1} n^i\right\}$,若自然数 s 小于素数 p,那么 $\prod_{n=1}^{p}\left(\sum_{i=0}^{s-1} n^i\right)$ 被 p 除所得余数是什么?首先,当 $s=2$ 时,则 $\prod_{n=1}^{p}(n+1)=\prod_{n=2}^{p} n=(p+1)!\equiv 0 \pmod p$,为平凡情形. 当 $s=3$ 时,有如下结论[1]:

定理 2.11　设 p 是一个大于 3 的素数,那么

$$\prod_{n=1}^{p}\left(\sum_{i=0}^{2} n^i\right) \equiv \begin{cases} 0 \pmod p, & p \equiv 1 \pmod 3; \\ 3 \pmod p, & p \not\equiv 1 \pmod 3. \end{cases}$$

证明　当 $n \neq 1$ 时,

$$n^2+n+1=\frac{n^3-1}{n-1}.$$

而当 n 取遍 $2,3,\cdots,p$ 时,分母 $n-1$ 取遍 $1,2,\cdots,p-1$. 由 Fermat 定理,$x^{p-1} \equiv 1 \pmod p$ 在 $1 \leqslant x \leqslant p$ 内恰好有 $p-1$ 个解.

(1) 当 $p \equiv 1 \pmod 3$ 时,x^3-1 是 $x^{p-1}-1$ 的因子,所以 $x^3-1 \equiv 0 \pmod p$ 在 $1 \leqslant x \leqslant p$ 内恰好有 3 个解. n 取遍 $2,3,\cdots,p$ 时,分子 n^3-1 中恰好有两项是 p 的倍数,而分母不含 p 的因子,所以

$$\prod_{n=1}^{p}(n^2+n+1) \equiv 0 \pmod p.$$

(2) 当 $p \equiv 2 \pmod 3$ 时,因 3 是素数,$p-1 \geqslant 3$,所以 3 与 $p-1$ 互素,因此存在整数 a, b,使得

$$3a+(p-1)b=1. \tag{2.13}$$

如果有一个 $n\in\{2,3,\cdots,p\}$ 满足 $n^3\equiv 1\pmod p$，由 Fermat 定理得 $n^{p-1}\equiv 1\pmod p$，所以

$$n\equiv n^{3a+(p-1)b}\equiv 1\pmod p,$$

与 $n\in\{2,3,\cdots,p\}$ 相矛盾.所以 $x^3-1\equiv 0\pmod p$ 只有 $x\equiv 1\pmod p$ 一个解.下证当 n 取遍 $1,2,\cdots,p$ 时，n^3 除以 p 的余数两两不同，即 n^3 除以 p 的余数也正好取遍 $1,2,\cdots,p$.否则，若 $n_1\not\equiv n_2\not\equiv 0\pmod p$，有 $n_1^3\equiv n_2^3\equiv t\pmod p$，由式(2.13)与 Fermat 定理得

$$n_1\equiv n_1^{3a+(p-1)b}\equiv n_1^{3a}n_1^{(p-1)b}\equiv n_1^{3a}\equiv t^a\pmod p, \tag{2.14}$$

$$n_2\equiv n_2^{3a+(p-1)b}\equiv n_2^{3a}n_2^{(p-1)b}\equiv n_2^{3a}\equiv t^a\pmod p, \tag{2.15}$$

由式(2.14)与式(2.15)得 $n_1\equiv n_2\pmod p$，矛盾.所以当 n 取遍 $1,2,\cdots,p$ 时，n^3 除以 p 的余数两两不同，即 n^3 除以 p 的余数也正好取遍 $1,2,\cdots,p$.因此当 n 取遍 $2,3,\cdots,p$ 时，n^3-1 除以 p 的余数取遍 $1,2,\cdots,p-1$，故

$$\prod_{n=2}^{p}\frac{n^3-1}{n-1}\equiv 1\pmod p,$$

$$\prod_{n=1}^{p}(n^2+n+1)\equiv 3\prod_{n=2}^{p}\frac{n^3-1}{n-1}\equiv 3\pmod p.$$

证毕.

下面将推广定理 2.11.

定理 2.12　设素数 p 大于奇素数 s，那么

$$\prod_{n=1}^{p}\left(\sum_{i=0}^{s-1}n^i\right)\equiv\begin{cases}0\pmod p, & p\equiv 1\pmod s;\\ s\pmod p, & p\not\equiv 1\pmod s.\end{cases}$$

证明　当 $n\neq 1$ 时，

$$\sum_{i=0}^{s-1}n^i=\frac{n^s-1}{n-1}.$$

而当 n 取遍 $2,3,\cdots,p$ 时，分母 $n-1$ 取遍 $1,2,\cdots,p-1$.由 Fermat 定理，$x^{p-1}\equiv 1\pmod p$ 在 $1\leqslant x\leqslant p$ 内恰好有 $p-1$ 个解.

(1) 当 $p\equiv 1\pmod s$ 时，x^s-1 是 $x^{p-1}-1$ 的因子，所以 $x^s-1\equiv 0\pmod p$ 在 $1\leqslant x\leqslant p$ 内恰好有 s 个解.n 取遍 $2,3,\cdots,p$ 时，分子 n^s-1 中恰好有 $s-1$ 项是 p 的倍数，而分母不含 p 的因子，所以

$$\prod_{n=1}^{p}\sum_{i=0}^{s-1}n^i\equiv 0\pmod p.$$

(2) 当 $p\equiv k\pmod s$，$2\leqslant k\leqslant p-1$ 时，因 s 是素数，素数 $p>s\Rightarrow p-1>s$，所以 s 与 $p-1$ 互素，因此存在整数 a,b，使得

$$sa+(p-1)b=1. \tag{2.16}$$

如果有一个 $n\in\{2,3,\cdots,p\}$满足 $n^s\equiv1(\mathrm{mod}\ p)$,由 Fermat 定理得 $n^{p-1}\equiv1(\mathrm{mod}\ p)$,所以

$$n\equiv n^{sa+(p-1)b}\equiv1(\mathrm{mod}\ p),$$

与 $n\in\{2,3,\cdots,p\}$相矛盾.所以 $x^s-1\equiv0(\mathrm{mod}\ p)$只有 $x\equiv1(\mathrm{mod}\ p)$一个解.下证当 n 取遍 $1,2,\cdots,p$ 时,n^s 除以 p 的余数两两不同,即 n^s 除以 p 的余数也正好取遍 $1,2,\cdots,p$.否则,若 $n_1\not\equiv n_2\not\equiv0(\mathrm{mod}\ p)$,有 $n_1^s\equiv n_2^s\equiv t(\mathrm{mod}\ p)$,由式(2.16)与 Fermat 定理得

$$n_1\equiv n_1^{sa+(p-1)b}\equiv n_1^{sa}n_1^{(p-1)b}\equiv n_1^{sa}\equiv t^a(\mathrm{mod}\ p),\tag{2.17}$$

$$n_2\equiv n_2^{sa+(p-1)b}\equiv n_2^{sa}n_2^{(p-1)b}\equiv n_2^{sa}\equiv t^a(\mathrm{mod}\ p),\tag{2.18}$$

由式(2.17)与式(2.18)得 $n_1\equiv n_2(\mathrm{mod}\ p)$,矛盾.所以当 n 取遍 $1,2,\cdots,p$ 时,n^s 除以 p 的余数两两不同,即 n^s 除以 p 的余数也正好取遍 $1,2,\cdots,p$.因此当 n 取遍 $2,3,\cdots,p$ 时,n^s-1 除以 p 的余数取遍 $1,2,\cdots,p-1$,故

$$\prod_{n=2}^{p}\frac{n^s-1}{n-1}\equiv1(\mathrm{mod}\ p),$$

$$\prod_{n=1}^{p}\left(\sum_{i=0}^{s-1}n^i\right)\equiv s\prod_{n=2}^{p}\frac{n^s-1}{n-1}\equiv s(\mathrm{mod}\ p).$$

证毕.

在定理 2.12 中,s 是素数,更一般地有:

定理 2.13　设 s 是大于 3 的自然数,素数 p 大于 s,那么

$$\prod_{n=1}^{p}\left(\sum_{i=0}^{s-1}n^i\right)\equiv\begin{cases}0(\mathrm{mod}\ p), & p\equiv1(\mathrm{mod}\ s);\\ 0(\mathrm{mod}\ p), & p\not\equiv1(\mathrm{mod}\ s)\text{ 且}(s,p-1)=d>1;\\ s(\mathrm{mod}\ p), & p\not\equiv1(\mathrm{mod}\ s)\text{ 且}(s,p-1)=1.\end{cases}$$

引理 2.6　设 p 是一个素数,如果存在一个整数 k,它对模 p 的次数是 d,则恰有 $\varphi(d)$个对模 p 互不同余的整数,它们对模 p 的次数都是 d.

证明　由于 k 对模 p 的次数是 d,所以

$$k,k^2,\cdots,k^{d-1},k^d\tag{2.19}$$

两两不同余.否则,如果结论不成立,则有两个整数 $i,j(0\leqslant i<j\leqslant d-1)$使得

$$k^i\equiv k^j(\mathrm{mod}\ p),$$

即有

$$k^{j-i}\equiv1(\mathrm{mod}\ p).$$

而 $0<j-i\leqslant d-1$,与 k 对模 p 的次数是 d 相矛盾.因此,它们是同余式

$$x^d\equiv1(\mathrm{mod}\ p)$$

的全部解.所以次数为 d 的对模 p 互不同余的整数全在(2.19)中.

设(2.19)中的任一数为

$$k^{\tau}\quad(1\leqslant\tau\leqslant d),$$

易知 k^{τ} 的次数为 d 的充要条件是 $(\tau,d)=1$. 所以若整数 k 对模 p 的次数是 d,则恰有 $\varphi(d)$ 个对模 p 互不同余的整数,它们的次数都是 d. 证毕.

引理 2.7 设 $d\mid(p-1)$,则次数是 d 的,模 p 互不同余的整数的个数恰有 $\varphi(d)$ 个,这里 φ 为 Euler 函数.

证明 设 $d\mid(p-1)$, $\beta(d)$ 代表 $1,2,\cdots,p-1$ 中对模 p 的次数是 d 的个数. 因为 $1,2,\cdots,p-1$ 中任一个数的次数都等于且只等于 $p-1$ 的某个因子,故 $\beta(d)\geqslant0$,且

$$\sum_{d\mid(p-1)}\beta(d)=p-1.\tag{2.20}$$

另一方面,对于 Euler 函数,熟知有

$$\sum_{d\mid(p-1)}\varphi(d)=p-1.\tag{2.21}$$

由引理 2.6 知, $\beta(d)=0$ 或 $\beta(d)=\varphi(d)$,从而 $\beta(d)\leqslant\varphi(d)$. 故由式(2.20)与式(2.21)得到

$$\sum_{d\mid(p-1)}(\varphi(d)-\beta(d))=(p-1)-(p-1)=0.$$

上式左端的每一项都是非负的,所以必有 $\beta(d)=\varphi(d)$. 证毕.

定理 2.13 的证明 当 $p\equiv1\pmod s$ 以及 $p\not\equiv1\pmod s$ 且 $(s,p-1)=1$ 时,同定理 2.12 的证明,这里从略. 下证当 $p\not\equiv1\pmod s$ 且 $(s,p-1)=d>1$ 时有 $\prod_{n=1}^{p}\left(\sum_{i=0}^{s-1}n^{i}\right)\equiv0\pmod p$.

由引理 2.7 知,当 $d>1$ 时,在 $1,2,\cdots,p-1$ 中必有 $\varphi(d)(\varphi(d)\geqslant1)$ 个数 k_1, $k_2,\cdots,k_{\varphi(d)}$,它们对模 p 的次数是 d,而 1 对模 p 的次数是 1,故 $k_1,k_2,\cdots,k_{\varphi(d)}$ 都大于 1,且

$$k_i^d-1\equiv0\pmod p\quad(i=1,\cdots,\varphi(d)).$$

由于 $d\mid s$,于是 $(k_i^d-1)\mid(k_i^s-1)$,即

$$k_i^s-1\equiv0\pmod p\quad(i=1,\cdots,\varphi(d)).$$

所以

$$\prod_{n=2}^{p}(n^s-1)\equiv0\pmod p.$$

由于

$$\prod_{n=2}^{p}(n-1)=(p-1)!\equiv-1\pmod p,$$

所以

$$\prod_{n=2}^{p}\frac{n^s-1}{n-1}\equiv0\pmod p,$$

故

$$\prod_{n=1}^{p}\left(\sum_{i=0}^{s-1} n^i\right) \equiv s\prod_{n=2}^{p}\frac{n^s-1}{n-1} \equiv 0 \pmod p.$$

证毕.

参考文献

[1]　刘培杰.初等数论难题集:第二卷(上)[M].哈尔滨:哈尔滨工业大学出版社,2011:98-99.

2.4　一个与二次剩余理论相关的求和公式

在二次剩余理论中有著名的 Gauss 引理:

Gauss 引理　设 p 是一个素数,$(a,p)=1$,$ak\left(k=1,2,\cdots,\frac{p-1}{2}\right)$对模 p 的最小非负剩余是 r_k,若大于$\frac{p}{2}$的 r_k 个数是 m,则 a 对模 p 的 Legendre 符号有

$$\left(\frac{a}{p}\right) = (-1)^m.$$

我们知道,当 $a=2$ 时,$m \equiv \frac{p^2-1}{8} \pmod 2$,当$(a,2)=1$时,则

$$m \equiv \sum_{k=1}^{\frac{p-1}{2}}\left[\frac{ak}{p}\right] \pmod 2.$$

为进一步研究合数模情形,设 $n=p_1^{\alpha_1}p_2^{\alpha_2}\cdots p_s^{\alpha_s}$,下面将求所有小于$\frac{n}{2}$且与 n 互素的自然数之和.

定理 2.14　设 $n=p_1^{\alpha_1}p_2^{\alpha_2}\cdots p_s^{\alpha_s}$($p_1,p_2,\cdots,p_s$ 为奇素数,$\alpha_1,\alpha_2,\cdots,\alpha_s$ 为自然数),那么

$$\sum_{\substack{(t,n)=1\\ 1\leqslant t<\frac{n}{2}}} t = \frac{1}{8}\left(n\varphi(n) - \prod_{i=1}^{s}(1-p_i)\right). \tag{2.22}$$

这里 $\varphi(n)$是 Euler 函数.

引理 2.8　设 n 为奇数,$b\mid n$,则所有小于$\frac{n}{2}$且是 b 的倍数的自然数的个数等于$\dfrac{\frac{n}{b}-1}{2}$.

这个引理简单直观,证略.

定理 2.14 的证明　由于所有小于或等于自然数 n 且是自然数 $b(b\leqslant n)$ 的倍数的数之和为 $b\sum\limits_{1\leqslant k\leqslant\left[\frac{n}{b}\right]}k$,由容斥定理与引理 2.8 即得

$$\begin{aligned}
\sum_{\substack{(t,n)\geqslant 2\\1\leqslant t<\frac{n}{2}}}t =& \sum_{i_1=1}^{s}\Bigl(p_{i_1}\sum_{1\leqslant k\leqslant\frac{1}{2}\left(\frac{n}{p_{i_1}}-1\right)}k\Bigr)-\sum_{1\leqslant i_1<i_2\leqslant s}\Bigl(p_{i_1}p_{i_2}\sum_{1\leqslant k\leqslant\frac{1}{2}\left(\frac{n}{p_{i_1}p_{i_2}}-1\right)}k\Bigr)\\
&+\cdots+(-1)^{h-1}\sum_{1\leqslant i_1<\cdots<i_k}\Bigl(p_{i_1}\cdots p_{i_k}\sum_{1\leqslant k\leqslant\frac{1}{2}\left(\frac{n}{p_{i_1}\cdots p_{i_k}}-1\right)}k\Bigr)+\cdots\\
&+(-1)^{s-1}p_1\cdots p_s\sum_{1\leqslant k\leqslant\frac{1}{2}\left(\frac{n}{p_1\cdots p_s}-1\right)}k\\
=&\sum_{i_1=1}^{s}p_{i_1}\ \frac{1}{2}\cdot\frac{1}{2}\left(\frac{n}{p_{i_1}}-1\right)\left(\frac{1}{2}\left(\frac{n}{p_i}-1\right)+1\right)\\
&-\sum_{1\leqslant i_1<i_2\leqslant s}p_{i_1}p_{i_2}\ \frac{1}{2}\cdot\frac{1}{2}\left(\frac{n}{p_{i_1}p_{i_2}}-1\right)\left(\frac{1}{2}\left(\frac{n}{p_{i_1}p_{i_2}}-1\right)+1\right)+\cdots\\
&+(-1)^{h-1}\sum_{1\leqslant i_1<\cdots<i_h\leqslant s}p_{i_1}\cdots p_{i_h}\ \frac{1}{2}\\
&\cdot\frac{1}{2}\left(\frac{n}{p_{i_1}\cdots p_{i_h}}-1\right)\left(\frac{1}{2}\left(\frac{n}{p_{i_1}\cdots p_{i_h}}-1\right)+1\right)+\cdots\\
&+(-1)^{s-1}p_1\cdots p_s\ \frac{1}{2}\cdot\frac{1}{2}\left(\frac{n}{p_1\cdots p_s}-1\right)\left(\frac{1}{2}\left(\frac{n}{p_1\cdots p_s}-1\right)+1\right)\\
=&\frac{1}{8}\Biggl[\sum_{i_1=1}^{s}p_{i_1}\left(\frac{n^2}{p_{i_1}^2}-1\right)-\sum_{1\leqslant i_1<i_2\leqslant s}p_{i_1}p_{i_2}\left(\left(\frac{n^2}{(p_{i_1}p_{i_2})^2}-1\right)\right)+\cdots\\
&+(-1)^{h-1}\sum_{1\leqslant i_1<\cdots<i_h\leqslant s}p_{i_1}\cdots p_{i_h}\left(\left(\frac{n}{p_{i_1}\cdots p_{i_h}}\right)^2-1\right)+\cdots\\
&+(-1)^{s-1}p_1\cdots p_s\left(\left(\frac{n}{p_1\cdots p_s}\right)^2-1\right)\Biggr]\\
=&\frac{n^2}{8}\Bigl(\sum_{i_1=1}^{s}\frac{1}{p_{i_1}}-\sum_{1\leqslant i_1<i_2\leqslant s}\frac{1}{p_{i_1}p_{i_2}}+\cdots\\
&+(-1)^{h-1}\sum_{1\leqslant i_1<\cdots<i_h\leqslant s}\frac{1}{p_{i_1}\cdots p_{i_h}}+\cdots+(-1)^{s-1}\frac{1}{p_1\cdots p_s}\Bigr)\\
&-\frac{1}{8}\Bigl(\sum_{i_1=1}^{s}p_{i_1}-\sum_{1\leqslant i_1<i_2\leqslant s}p_{i_1}p_{i_2}+\cdots
\end{aligned}$$

$$+(-1)^{h-1}\sum_{1\leqslant i_1<\cdots<i_h\leqslant s}p_{i_1}\cdots p_{i_h}+\cdots+(-1)^{s-1}p_1\cdots p_s\Big)$$

$$=\frac{n^2}{8}\left(1-\prod_{i=1}^{s}\left(1-\frac{1}{p_i}\right)\right)+\frac{1}{8}\left(\prod_{i=1}^{s}(1-p_i)-1\right),$$

即

$$\sum_{\substack{(t,n)\geqslant 2\\ 1\leqslant t<\frac{n}{2}}}t=\frac{n^2}{8}\left(1-\prod_{i=1}^{s}\left(1-\frac{1}{p_i}\right)\right)+\frac{1}{8}\left(\prod_{i=1}^{s}(1-p_i)-1\right).\qquad(2.23)$$

于是由式(2.23)得

$$\begin{aligned}\sum_{\substack{(t,n)=1\\ 1\leqslant t<\frac{n}{2}}}t&=\sum_{1\leqslant t<\frac{n-1}{2}}t-\sum_{\substack{(t,n)\geqslant 2\\ 1\leqslant t<\frac{n}{2}}}t\\ &=\frac{1}{2}\,\frac{n-1}{2}\left(\frac{n-1}{2}+1\right)\\ &\quad-\left(\frac{n^2}{8}\left(1-\prod_{i=1}^{s}\left(1-\frac{1}{p_i}\right)\right)+\frac{1}{8}\left(\prod_{i=1}^{s}(1-p_i)-1\right)\right)\\ &=\frac{1}{8}(n^2-1)-\left(\frac{n^2}{8}\left(1-\prod_{i=1}^{s}\left(1-\frac{1}{p_i}\right)\right)+\frac{1}{8}\left(\prod_{i=1}^{s}(1-p_i)-1\right)\right)\\ &=\frac{1}{8}\left(n^2\prod_{i=1}^{s}\left(1-\frac{1}{p_i}\right)-\prod_{i=1}^{s}(1-p_i)\right)\\ &=\frac{1}{8}\left(n\varphi(n)-\prod_{i=1}^{s}(1-p_i)\right).\end{aligned}$$

证毕.

推论 2.2 设 $n=p_1^{\alpha_1}p_2^{\alpha_2}\cdots p_s^{\alpha_s}$($p_1,p_2,\cdots,p_s$ 为奇素数,$\alpha_1,\alpha_2,\cdots,\alpha_s$ 为自然数),那么

$$\sum_{\substack{(t,n)=1\\ \frac{n}{2}<t<n}}t=\frac{3}{8}n\varphi(n)+\frac{1}{8}\prod_{i=1}^{s}(1-p_i).$$

这里 $\varphi(n)$是 Euler 函数.

证明 由 5.3 节的证明知不大于 $n(n>2)$且与 n 互素的自然数成对出现,每对之和等于 n,所以 $\sum\limits_{\substack{(t,n)=1\\ 1\leqslant t<n}}t=\frac{1}{2}n\varphi(n)$, 因此

$$\sum_{\substack{(t,n)=1\\ \frac{n}{2}<t<n}}t=\sum_{\substack{(t,n)=1\\ 1\leqslant t<n}}t-\sum_{\substack{(t,n)=1\\ 1\leqslant t<\frac{n}{2}}}t=\frac{1}{2}n\varphi(n)-\frac{1}{8}\left(n\varphi(n)-\prod_{i=1}^{s}(1-p_i)\right)$$

$$= \frac{3}{8}n\varphi(n) + \frac{1}{8}\prod_{i=1}^{s}(1-p_i).$$

例 2.1　当 $n=3^2\cdot 5$ 时，由式(2.22)得

$$\sum_{\substack{(t,45)=1\\ 1\leqslant t<\frac{45}{2}}} t = \frac{1}{8}(45\varphi(45)-(1-3)(1-5)) = 134.$$

实际上 $\sum\limits_{\substack{(t,45)=1\\ 1\leqslant t<\frac{45}{2}}} t = 1+2+4+7+8+11+13+14+16+17+19+22 = 134$，与公式计算结果一致. 当奇数 n 很大时，若知道它的标准分解式，利用式(2.22) 计算 $\sum\limits_{\substack{(t,n)=1\\ 1\leqslant t<\frac{n}{2}}} t$ 与 $\sum\limits_{\substack{(t,n)=1\\ \frac{n}{2}<t<n}} t$ 都很方便. 例如 $n=5^{200}\cdot 13^{100}$，那么

$$\begin{aligned}\sum_{\substack{(t,n)=1\\ 1\leqslant t<\frac{n}{2}}} t &= \frac{1}{8}(5^{200}\cdot 13^{100}\varphi(5^{200}\cdot 13^{100})-(1-5)(1-13))\\ &= 6(5^{399}\cdot 13^{199}-1),\end{aligned}$$

$$\begin{aligned}\sum_{\substack{(t,n)=1\\ \frac{n}{2}<t<n}} t &= \frac{3}{8}(5^{200}\cdot 13^{100}\varphi(5^{200}\cdot 13^{100}))+\frac{1}{8}(1-5)(1-13)\\ &= 6(3\cdot 5^{399}\cdot 13^{199}+1).\end{aligned}$$

定理 2.14 反映奇数情形，对于偶数我们也有类似的结论：

定理 2.15　设 $n=2^{\alpha_1}p_2^{\alpha_2}\cdots p_s^{\alpha_s}$ ($p_2,\cdots,p_s$ 为奇素数，$\alpha_1,\alpha_2,\cdots,\alpha_s$ 为自然数)，那么当 $\alpha_1\geqslant 2$ 时，有

$$\sum_{\substack{(t,n)=1\\ 1\leqslant t<\frac{n}{2}}} t = \frac{1}{8}n\varphi(n). \tag{2.24}$$

这里 $\varphi(n)$ 是 Euler 函数.

引理 2.9　设 n 是能被 4 整除的偶数，b 是素数，$b\mid n$，则所有小于 $\frac{n}{2}$ 且是 b 的倍数的自然数的个数等于 $\frac{n}{2b}-1$.

这个引理简单直观，证略.

定理 2.15 的证明　记 $p_1=2$，由于所有小于或等于自然数 n 且是自然数 m ($m\leqslant n$)的倍数的数之和为 $m\sum\limits_{1\leqslant k\leqslant\left[\frac{n}{m}\right]} k$，由容斥定理与引理 2.9 即得

$$\sum_{\substack{(t,n)\geqslant 2\\ 1\leqslant t<\frac{n}{2}}} t = \sum_{i_1=1}^{s}\Big(p_{i_1}\sum_{1\leqslant k\leqslant\frac{n}{2p_{i_1}}-1} k\Big)-\sum_{1\leqslant i_1<i_2\leqslant s}\Big(p_{i_1}p_{i_2}\sum_{1\leqslant k\leqslant\frac{n}{2p_{i_1}p_{i_2}}-1} k\Big)+\cdots$$

$$+(-1)^{h-1}\sum_{1\leqslant i_1<\cdots<i_k}\left(p_{i_1}\cdots p_{i_k}\sum_{1\leqslant k\leqslant\frac{n}{2p_{i_1}\cdots p_{i_k}}-1}k\right)+\cdots$$

$$+(-1)^{s-1}p_1\cdots p_s\sum_{1\leqslant k\leqslant\frac{n}{2p_1\cdots p_s}-1}k$$

$$=\sum_{i_1=1}^{s}p_{i_1}\frac{1}{2}\cdot\left(\frac{n}{2p_{i_1}}-1\right)\left(\left(\frac{n}{2p_i}-1\right)+1\right)$$

$$-\sum_{1\leqslant i_1<i_2\leqslant s}p_{i_1}p_{i_2}\frac{1}{2}\cdot\left(\frac{n}{2p_{i_1}p_{i_2}}-1\right)\left(\left(\frac{n}{2p_{i_1}p_{i_2}}-1\right)+1\right)+\cdots$$

$$+(-1)^{h-1}\sum_{1\leqslant i_1<\cdots<i_h\leqslant s}p_{i_1}\cdots p_{i_h}\frac{1}{2}$$

$$\cdot\left(\frac{n}{2p_{i_1}\cdots p_{i_h}}-1\right)\left(\left(\frac{n}{2p_{i_1}\cdots p_{i_h}}-1\right)+1\right)+\cdots$$

$$+(-1)^{s-1}p_1\cdots p_s\frac{1}{2}\cdot\left(\frac{n}{2p_1\cdots p_s}-1\right)\left(\left(\frac{n}{2p_1\cdots p_s}-1\right)+1\right)$$

$$=\sum_{i_1=1}^{s}p_{i_1}\frac{1}{2}\cdot\left(\frac{n}{2p_{i_1}}-1\right)\frac{n}{2p_i}$$

$$-\sum_{1\leqslant i_1<i_2\leqslant s}p_{i_1}p_{i_2}\frac{1}{2}\cdot\left(\frac{n}{2p_{i_1}p_{i_2}}-1\right)\frac{n}{2p_{i_1}p_{i_2}}+\cdots$$

$$+(-1)^{h-1}\sum_{1\leqslant i_1<\cdots<i_h\leqslant s}p_{i_1}\cdots p_{i_h}\frac{1}{2}\cdot\left(\frac{n}{2p_{i_1}\cdots p_{i_h}}-1\right)\frac{n}{2p_{i_1}\cdots p_{i_h}}+\cdots$$

$$+(-1)^{s-1}p_1\cdots p_s\frac{1}{2}\cdot\left(\frac{n}{2p_1\cdots p_s}-1\right)\frac{n}{2p_1\cdots p_s}$$

$$=\frac{n}{4}\left(\sum_{i_1=1}^{s}\left(\frac{n}{2p_{i_1}}-1\right)-\sum_{1\leqslant i_1<i_2\leqslant s}\left(\frac{n}{2p_{i_1}p_{i_2}}-1\right)+\cdots\right.$$

$$\left.+(-1)^{h-1}\sum_{1\leqslant i_1<\cdots<i_h\leqslant s}\left(\frac{n}{2p_{i_1}\cdots p_{i_h}}-1\right)+\cdots+(-1)^{s-1}\left(\frac{n}{2p_1\cdots p_s}-1\right)\right)$$

$$=\frac{n^2}{8}\left(\sum_{i_1=1}^{s}\frac{1}{p_{i_1}}-\sum_{1\leqslant i_1<i_2\leqslant s}\frac{1}{p_{i_1}p_{i_2}}+\cdots\right.$$

$$\left.+(-1)^{h-1}\sum_{1\leqslant i_1<\cdots<i_h\leqslant s}\frac{1}{p_{i_1}\cdots p_{i_h}}+\cdots+(-1)^{s-1}\frac{1}{p_1\cdots p_s}\right)$$

$$-\frac{n}{4}\left(\binom{s}{1}-\binom{s}{2}+\binom{s}{3}+\cdots+(-1)^{s-1}\binom{s}{s}\right)$$

$$= \frac{n^2}{8}\left(1 - \prod_{i=1}^{s}\left(1 - \frac{1}{p_i}\right)\right) - \frac{n}{4},$$

即

$$\sum_{\substack{(t,n)\geqslant 2 \\ 1\leqslant t<\frac{n}{2}}} t = \frac{n^2}{8}\left(1 - \prod_{i=1}^{s}\left(1 - \frac{1}{p_i}\right)\right) - \frac{n}{4}. \tag{2.25}$$

于是由式(2.25)得

$$\begin{aligned}
\sum_{\substack{(t,n)=1 \\ 1\leqslant t<\frac{n}{2}}} t &= \sum_{1\leqslant t<\frac{n-1}{2}} t - \sum_{\substack{(t,n)\geqslant 2 \\ 1\leqslant t<\frac{n}{2}}} t \\
&= \frac{1}{2}\left(\frac{n}{2} - 1\right)\left(\frac{n}{2} - 1 + 1\right) - \left(\frac{n^2}{8}\left(1 - \prod_{i=1}^{s}\left(1 - \frac{1}{p_i}\right)\right) - \frac{n}{4}\right) \\
&= \frac{1}{8}(n^2 - 2n) - \left(\frac{n^2}{8}\left(1 - \prod_{i=1}^{s}\left(1 - \frac{1}{p_i}\right)\right) - \frac{n}{4}\right) \\
&= \frac{1}{8}n^2\prod_{i=1}^{s}\left(1 - \frac{1}{p_i}\right) = \frac{1}{8}n\varphi(n).
\end{aligned}$$

证毕.

推论 2.3　设 $n = 2^{\alpha_1} p_2^{\alpha_2}\cdots p_s^{\alpha_s}$（$p_2,\cdots,p_s$ 为奇素数，$\alpha_1,\alpha_2,\cdots,\alpha_s$ 为自然数），那么当 $\alpha_1\geqslant 2$ 时，有

$$\sum_{\substack{(t,n)=1 \\ \frac{n}{2}<t<n}} t = \frac{3}{8}n\varphi(n).$$

这里 $\varphi(n)$是 Euler 函数.

证明可仿推论 2.2 的证明，证略.

例 2.2　$n = 48 = 2^4 \cdot 3$，那么由式(2.24)以及推论 2.3 有

$$\sum_{\substack{(t,n)=1 \\ 1\leqslant t<\frac{n}{2}}} t = \frac{1}{8}n\varphi(n) = \frac{1}{8}\cdot 48\varphi(48) = 96,$$

$$\sum_{\substack{(t,n)=1 \\ \frac{n}{2}<t<n}} t = \frac{3}{8}n\varphi(n) = \frac{3}{8}\cdot 48\varphi(48) = 288.$$

实际上

$$\sum_{\substack{(t,n)=1 \\ 1\leqslant t<\frac{n}{2}}} t = 1 + 5 + 7 + 11 + 13 + 17 + 19 + 23 = 96,$$

$$\sum_{\substack{(t,n)=1 \\ \frac{n}{2}<t<n}} t = 47 + 43 + 41 + 37 + 35 + 31 + 29 + 25 = 288,$$

与公式计算结果一致.

定理 2.15 指出能被 4 整除的偶数的一个求和公式,那么对于不能被 4 整除的偶数是否有相应的求和公式呢? 定理 2.16 给出肯定的结论.

定理 2.16　设 $n=2p_1^{\alpha_1}p_2^{\alpha_2}\cdots p_s^{\alpha_s}$ ($p_1,p_2,\cdots,p_s$ 为奇素数,$\alpha_1,\alpha_2,\cdots,\alpha_s$ 为自然数),那么

$$\sum_{\substack{(t,n)=1\\1\leqslant t<\frac{n}{2}}} t=\frac{n}{8}\varphi(n)+\frac{1}{4}\prod_{i=1}^{s}(1-p_i).$$

这里 $\varphi(n)$是 Euler 函数.

证明　由于 $2\parallel n$,由引理 2.9 知若 b 是奇素数,$b\mid n$,则所有小于$\frac{n}{2}$且是 b 的倍数的自然数的个数等于$\frac{n}{2b}-1$.但所有小于$\frac{n}{2}$且是偶数 $2a$ 的倍数的自然数的个数等于$\frac{1}{2}\left(\frac{n}{2a}-1\right)$.而所有小于或等于自然数 n 且是自然数 m($m\leqslant n$)的倍数的数之和为$m\sum\limits_{1\leqslant k\leqslant\left[\frac{n}{m}\right]}k$,由容斥定理与引理 2.9 即得

$$\begin{aligned}
\sum_{\substack{(t,n)\geqslant 2\\1\leqslant t<\frac{n}{2}}} t=&\sum_{i=1}^{s}\Bigl(p_{i_1}\sum_{1\leqslant k\leqslant\frac{n}{2p_{i_1}}-1}k\Bigr)-\sum_{1\leqslant i_1<i_2\leqslant s}\Bigl(p_{i_1}p_{i_2}\sum_{1\leqslant k\leqslant\frac{n}{2p_{i_1}p_{i_2}}-1}k\Bigr)+\cdots\\
&+(-1)^{h-1}\sum_{1\leqslant i_1<\cdots<i_k}\Bigl(p_{i_1}\cdots p_{i_k}\sum_{1\leqslant k\leqslant\frac{n}{2p_{i_1}\cdots p_{i_k}}-1}k\Bigr)+\cdots\\
&+(-1)^{s-1}p_1\cdots p_s\sum_{1\leqslant k\leqslant\frac{n}{2p_1\cdots p_s}-1}k\\
&+2\sum_{1\leqslant k\leqslant\frac{1}{2}\left(\frac{n}{2}-1\right)}k-\sum_{i_1=1}^{s}\Bigl(2p_{i_1}\sum_{1\leqslant k\leqslant\frac{1}{2}\left(\frac{n}{2p_{i_1}}-1\right)}k\Bigr)\\
&+\sum_{1\leqslant i_1<i_2\leqslant s}\Bigl(2p_{i_1}p_{i_2}\sum_{1\leqslant k\leqslant\frac{1}{2}\left(\frac{n}{2p_{i_1}p_{i_2}}-1\right)}k\Bigr)+\cdots\\
&+(-1)^{h}\sum_{1\leqslant i_1<\cdots<i_k}\Bigl(2p_{i_1}\cdots p_{i_k}\sum_{1\leqslant k\leqslant\frac{1}{2}\left(\frac{n}{2p_{i_1}\cdots p_{i_k}}-1\right)}k\Bigr)+\cdots\\
&+(-1)^{s}2p_1\cdots p_s\sum_{1\leqslant k\leqslant\frac{1}{2}\left(\frac{n}{2p_1\cdots p_s}-1\right)}k\\
=&\sum_{i_1=1}^{s}p_{i_1}\frac{1}{2}\cdot\left(\frac{n}{2p_{i_1}}-1\right)\left(\left(\frac{n}{2p_i}-1\right)+1\right)
\end{aligned}$$

$$
\begin{aligned}
&-\sum_{1\leqslant i_1<i_2\leqslant s}p_{i_1}p_{i_2}\ \frac{1}{2}\cdot\left(\frac{n}{2p_{i_1}p_{i_2}}-1\right)\left(\left(\frac{n}{2p_{i_1}p_{i_2}}-1\right)+1\right)+\cdots\\
&+(-1)^{h-1}\sum_{1\leqslant i_1<\cdots<i_h\leqslant s}p_{i_1}\cdots p_{i_h}\ \frac{1}{2}\\
&\cdot\left(\frac{n}{2p_{i_1}\cdots p_{i_h}}-1\right)\left(\left(\frac{n}{2p_{i_1}\cdots p_{i_h}}-1\right)+1\right)+\cdots\\
&+(-1)^{s-1}p_1\cdots p_s\ \frac{1}{2}\cdot\left(\frac{n}{2p_1\cdots p_s}-1\right)\left(\left(\frac{n}{2p_1\cdots p_s}-1\right)+1\right)\\
&+2\cdot\frac{1}{2}\left(\frac{1}{2}\left(\frac{n}{2}-1\right)\right)\left(\frac{1}{2}\left(\frac{n}{2}-1\right)+1\right)\\
&-\sum_{i_1=1}^{s}2p_{i_1}\ \frac{1}{2}\cdot\frac{1}{2}\left(\frac{n}{2p_{i_1}}-1\right)\left(\frac{1}{2}\left(\frac{n}{2p_i}-1\right)+1\right)\\
&+\sum_{1\leqslant i_1<i_2\leqslant s}2p_{i_1}p_{i_2}\ \frac{1}{2}\cdot\frac{1}{2}\left(\frac{n}{2p_{i_1}p_{i_2}}-1\right)\left(\frac{1}{2}\left(\frac{n}{2p_{i_1}p_{i_2}}-1\right)+1\right)+\cdots\\
&+(-1)^{h}\sum_{1\leqslant i_1<\cdots<i_h\leqslant s}2p_{i_1}\cdots p_{i_h}\ \frac{1}{2}\\
&\cdot\frac{1}{2}\left(\frac{n}{2p_{i_1}\cdots p_{i_h}}-1\right)\left(\frac{1}{2}\left(\frac{n}{2p_{i_1}\cdots p_{i_h}}-1\right)+1\right)+\cdots\\
&+(-1)^{s}2p_1\cdots p_s\ \frac{1}{2}\cdot\frac{1}{2}\left(\frac{n}{2p_1\cdots p_s}-1\right)\left(\frac{1}{2}\left(\frac{n}{2p_1\cdots p_s}-1\right)+1\right)\\
=&\sum_{i_1=1}^{s}p_{i_1}\ \frac{1}{2}\cdot\left(\frac{n}{2p_{i_1}}-1\right)\frac{n}{2p_i}\\
&-\sum_{1\leqslant i_1<i_2\leqslant s}p_{i_1}p_{i_2}\ \frac{1}{2}\cdot\left(\frac{n}{2p_{i_1}p_{i_2}}-1\right)\frac{n}{2p_{i_1}p_{i_2}}+\cdots\\
&+(-1)^{h-1}\sum_{1\leqslant i_1<\cdots<i_h\leqslant s}p_{i_1}\cdots p_{i_h}\ \frac{1}{2}\cdot\left(\frac{n}{2p_{i_1}\cdots p_{i_h}}-1\right)\frac{n}{2p_{i_1}\cdots p_{i_h}}+\cdots\\
&+(-1)^{s-1}p_1\cdots p_s\ \frac{1}{2}\cdot\left(\frac{n}{2p_1\cdots p_s}-1\right)\frac{n}{2p_1\cdots p_s}+2\cdot\frac{1}{8}\left(\left(\frac{n}{2}\right)^2-1\right)\\
&-\frac{1}{8}\left(\sum_{i_1=1}^{s}2p_{i_1}\left(\frac{n^2}{(2p_{i_1})^2}-1\right)\right.\\
&+\sum_{1\leqslant i_1<i_2\leqslant s}2p_{i_1}p_{i_2}\left(\frac{n^2}{(2p_{i_1}p_{i_2})^2}-1\right)+\cdots\\
&+(-1)^{h}\sum_{1\leqslant i_1<\cdots<i_h\leqslant s}2p_{i_1}\cdots p_{i_h}\left(\left(\frac{n}{2p_{i_1}\cdots p_{i_h}}\right)^2-1\right)+\cdots
\end{aligned}
$$

$$+(-1)^s 2p_1\cdots p_s\left(\left(\frac{n}{2p_1\cdots p_s}\right)^2-1\right)\Bigg]$$

$$=\frac{n}{4}\left[\sum_{i_1=1}^{s}\left(\frac{n}{2p_{i_1}}-1\right)-\sum_{1\leqslant i_1<i_2\leqslant s}\left(\frac{n}{2p_{i_1}p_{i_2}}-1\right)+\cdots\right.$$

$$\left.+(-1)^{h-1}\sum_{1\leqslant i_1<\cdots<i_h\leqslant s}\left(\frac{n}{2p_{i_1}\cdots p_{i_h}}-1\right)+\cdots+(-1)^{s-1}\left(\frac{n}{2p_1\cdots p_s}-1\right)\right]$$

$$+2\cdot\frac{1}{8}\left(\left(\frac{n}{2}\right)^2-1\right)-\frac{n^2}{8}\left[\sum_{i_1=1}^{s}\frac{1}{2p_{i_1}}-\sum_{1\leqslant i_1<i_2\leqslant s}\frac{1}{2p_{i_1}p_{i_2}}+\cdots\right.$$

$$\left.+(-1)^{h-1}\sum_{1\leqslant i_1<\cdots<i_h\leqslant s}\frac{1}{2p_{i_1}\cdots p_{i_h}}+\cdots+(-1)^{s-1}\frac{1}{2p_1\cdots p_s}\right]$$

$$+\frac{1}{8}\left(\sum_{i_1=1}^{s}2p_{i_1}-\sum_{1\leqslant i_1<i_2\leqslant s}2p_{i_1}p_{i_2}+\cdots\right.$$

$$\left.+(-1)^{h-1}\sum_{1\leqslant i_1<\cdots<i_h\leqslant s}2p_{i_1}\cdots p_{i_h}+\cdots+(-1)^{s-1}2p_1\cdots p_s\right)$$

$$=\frac{n^2}{8}\left(\sum_{i_1=1}^{s}\frac{1}{p_{i_1}}-\sum_{1\leqslant i_1<i_2\leqslant s}\frac{1}{p_{i_1}p_{i_2}}+\cdots\right.$$

$$\left.+(-1)^{h-1}\sum_{1\leqslant i_1<\cdots<i_h\leqslant s}\frac{1}{p_{i_1}\cdots p_{i_h}}+\cdots+(-1)^{s-1}\frac{1}{p_1\cdots p_s}\right)$$

$$-\frac{n}{4}\left(\binom{s}{1}-\binom{s}{2}+\binom{s}{3}+\cdots+(-1)^{s-1}\binom{s}{s}\right)$$

$$+\frac{1}{4}\left(\left(\frac{n}{2}\right)^2-1\right)-\frac{n^2}{16}\left[\sum_{i_1=1}^{s}\frac{1}{p_{i_1}}-\sum_{1\leqslant i_1<i_2\leqslant s}\frac{1}{p_{i_1}p_{i_2}}+\cdots\right.$$

$$\left.+(-1)^{h-1}\sum_{1\leqslant i_1<\cdots<i_h\leqslant s}\frac{1}{p_{i_1}\cdots p_{i_h}}+\cdots+(-1)^{s-1}\frac{1}{p_1\cdots p_s}\right]$$

$$+\frac{1}{4}\left(\sum_{i_1=1}^{s}p_{i_1}-\sum_{1\leqslant i_1<i_2\leqslant s}p_{i_1}p_{i_2}+\cdots\right.$$

$$\left.+(-1)^{h-1}\sum_{1\leqslant i_1<\cdots<i_h\leqslant s}p_{i_1}\cdots p_{i_h}+\cdots+(-1)^{s-1}p_1\cdots p_s\right)$$

$$=\frac{n^2}{16}\left(1-\prod_{i=1}^{s}\left(1-\frac{1}{p_i}\right)\right)-\frac{n}{4}+\frac{1}{4}\left(\left(\frac{n}{2}\right)^2-1\right)-\frac{1}{4}\left(\prod_{i=1}^{s}(1-p_i)-1\right),$$

即

$$\sum_{\substack{(t,n)\geqslant 2\\1\leqslant t<\frac{n}{2}}} t = \frac{n^2}{16}\left(1-\prod_{i=1}^{s}\left(1-\frac{1}{p_i}\right)\right)-\frac{n}{4}+\frac{1}{4}\left(\left(\frac{n}{2}\right)^2-1\right)-\frac{1}{4}\left(\prod_{i=1}^{s}(1-p_i)-1\right). \tag{2.26}$$

于是由式(2.26)得

$$\begin{aligned}\sum_{\substack{(t,n)=1\\1\leqslant t<\frac{n}{2}}} t &= \sum_{1\leqslant t<\frac{n}{2}} t - \sum_{\substack{(t,n)\geqslant 2\\1\leqslant t<\frac{n}{2}}} t\\&= \frac{1}{2}\left(\frac{n}{2}-1\right)\left(\frac{n}{2}-1+1\right)-\left(\frac{n^2}{16}\left(1-\prod_{i=1}^{s}\left(1-\frac{1}{p_i}\right)\right)-\frac{n}{4}\right)\\&\quad-\frac{1}{4}\left(\left(\frac{n}{2}\right)^2-1\right)+\frac{1}{4}\left(\prod_{i=1}^{s}(1-p_i)-1\right)\\&= \frac{n^2}{16}\prod_{i=1}^{s}\left(1-\frac{1}{p_i}\right)+\frac{1}{4}\prod_{i=1}^{s}(1-p_i)\\&= \frac{n}{16}\cdot 2n\left(1-\frac{1}{2}\right)\prod_{i=1}^{s}\left(1-\frac{1}{p_i}\right)+\frac{1}{4}\prod_{i=1}^{s}(1-p_i)\\&= \frac{n}{8}\varphi(n)+\frac{1}{4}\prod_{i=1}^{s}(1-p_i).\end{aligned}$$

证毕.

推论 2.4 设 $n=2p_1^{\alpha_1}p_2^{\alpha_2}\cdots p_s^{\alpha_s}$($p_1,p_2,\cdots,p_s$ 为奇素数,$\alpha_1,\alpha_2,\cdots,\alpha_s$ 为自然数),那么

$$\sum_{\substack{(t,n)=1\\\frac{n}{2}<t<n}} t = \frac{3}{8}n\varphi(n)-\frac{1}{4}\prod_{i=1}^{s}(1-p_i).$$

这里 $\varphi(n)$是 Euler 函数.

证明可仿推论 2.2 的证明,证略.

例 2.3 $n=90=2\cdot 3^2\cdot 5$,那么由定理 2.16 以及推论 2.4 有

$$\begin{aligned}\sum_{\substack{(t,n)=1\\1\leqslant t<\frac{n}{2}}} t &= \frac{n}{8}\varphi(n)+\frac{1}{4}\prod_{i=1}^{s}(1-p_i)\\&= \frac{90}{8}\cdot 90\left(1-\frac{1}{2}\right)\left(1-\frac{1}{3}\right)\left(1-\frac{1}{5}\right)+\frac{1}{4}(1-3)(1-5)=272,\end{aligned}$$

$$\sum_{\substack{(t,n)=1\\\frac{n}{2}<t<n}} t = \frac{3}{8}n\varphi(n)-\frac{1}{4}\prod_{i=1}^{s}(1-p_i)=810-2=808.$$

实际上

$$\sum_{\substack{(t,n)=1\\ 1\leqslant t<\frac{n}{2}}} t = 1+7+11+13+17+19+23+29+31+37+41+43 = 272,$$

$$\sum_{\substack{(t,n)=1\\ \frac{n}{2}<t<n}} t = 89+83+79+77+73+71+67+61+59+53+49+47 = 808,$$

与公式计算结果一致.

2.5　$a^n \pm b^n$ 因子问题初探

1.5 节中讨论了以 $a(a>1)$为基的伪素数问题,给出了以 a 为基的伪素数有无穷多个的又一证明方法.因此 $n\mid(a^{n-1}-1)$的合数 n 有无穷多个.很自然,对于给定的整数 b 与整数$a(a>2)$,是否有无穷多个自然数 n 满足$n\mid(a^{n+b}-1)$呢?当 $b=0$ 时,有下面结论:

定理 2.17　对于每个正整数 $a\geqslant4$,存在无穷多个无平方因子的正整数 n,使得 $n\mid(a^n-1)$.

证明　用归纳构造的方法来证明.任取 $a-1$ 的素因子 p 为n_1(如果 $a-1$ 有奇素因子,则 n_1 取为奇素因子),那么 $n_1\mid(a-1)$,所以有

$$n_1\mid(a^{n_1}-1).$$

又

$$a^{n_1}-1=(a-1)(a^{n_1-1}+a^{n_1-2}+\cdots+1),$$

由于

$$\begin{aligned}&(a-1,a^{n_1-1}+a^{n_1-2}+\cdots+1)\\ &\quad=(a-1,(a^{n_1-1}-1)+(a^{n_1-2}-1)+\cdots+(a-1)+1+n_1-1)\\ &\quad=(a-1,n_1)=n_1,\end{aligned}$$

所以 $a^{n_1-1}+a^{n_1-2}+\cdots+1$ 与 $a-1$ 有一个公共素因子 n_1.下证 $a^{n_1-1}+a^{n_1-2}+\cdots+1$ 存在一个素因子 q 不整除$a-1$.否则有

$$a^{n_1-1}+a^{n_1-2}+\cdots+1=n_1^{\lambda}.$$

由于 $a>3,n_1\mid(a-1)$,所以 $n_1<a$.而 n_1 为素数,所以 $\lambda\geqslant2$,因此 $n_1^3\mid(a^{n_1}-1)$.令

$$a=kn_1+1,$$

则

$$(kn_1+1)^{n_1}-1\equiv\binom{n_1}{2}(kn_1)^2+\binom{n_1}{1}kn_1\ (\bmod n_1^3).\tag{2.27}$$

若 $n_1=2$，由 n_1 定义可知 $a-1$ 没有奇素因子，所以 $a-1=2^\rho,\rho\geqslant 2$.

$$a^{n_1-1}+a^{n_1-2}+\cdots+1=a^{2-1}+1=a+1=2^\rho+2,$$

而 $2^\rho+2(\rho\geqslant 2)$ 不是一个完全方幂的数，所以等式 $n_1^\lambda=a+1=2^\rho+2$ 不可能成立. 故 n_1 不可能是偶数. 如果 n_1 为奇数，由式(2.27)与 $n_1^3\mid(a^{n_1}-1)$ 得

$$(kn_1+1)^{n_1}-1\equiv\binom{n_1}{2}(kn_1)^2+\binom{n_1}{1}kn_1\equiv kn_1^2\equiv 0(\bmod n_1^3).$$

所以 $n_1\mid k$，故

$$\begin{aligned}&a^{n_1-1}+a^{n_1-2}+\cdots+1\\&\quad=(a^{n_1-1}-1)+(a^{n_1-2}-1)+\cdots+(a-1)+(n_1-1)+1\\&\quad\equiv n_1\not\equiv 0(\bmod n_1^2),\end{aligned}$$

与 $a^{n_1-1}+a^{n_1-2}+\cdots+1=n_1^\lambda(\lambda\geqslant 2)$ 矛盾.

综上证明了 $a^{n_1-1}+a^{n_1-2}+\cdots+1$ 必存在一个素因子 q 不整除 $a-1$. 取 $n_2=n_1q$，那么有

$$n_2\mid(a^{n_1}-1)\Rightarrow n_2\mid(a^{n_1q}-1)\Rightarrow n_2\mid(a^{n_2}-1),$$

且 n_2 无平方因子. 下设 $n_1,n_2,\cdots,n_m$ 都已取好，$m\geqslant 2,n_m=rn_{m-1}$，$r$ 为素数，且 $(r,n_{m-1})=1,n_j\mid(a^{n_j}-1)(j=1,2,\cdots,m-1)$. 而

$$a^{rn_{m-1}}-1=(a^{n_{m-1}}-1)(a^{n_{m-1}(r-1)}+a^{n_{m-1}(r-2)}+\cdots+a^{n_{m-1}}+1),$$

又

$$\begin{aligned}&(a^{n_{m-1}(r-1)}+a^{n_{m-1}(r-2)}+\cdots+a^{n_{m-1}}+1,n_{m-1})\\&\quad=((a^{n_{m-1}(r-1)}-1)+(a^{n_{m-1}(r-2)}-1)+\cdots+(a^{n_{m-1}}-1)+r,n_{m-1})\\&\quad=(r,n_{m-1})=1.\end{aligned}$$

同前面的证明可知，$a^{n_{m-1}(r-1)}+a^{n_{m-1}(r-2)}+\cdots+a^{n_{m-1}}+1$ 必有一个素因子 s，不同于 r，且 $(s,n_{m-1})=1$. 令 $n_{m+1}=sn_m$，那么

$$sn_m\mid(a^{n_m}-1)\Rightarrow n_{m+1}\mid(a^{n_{m+1}}-1).$$

综上，由数学归纳法原理，存在无穷多个无平方因子的正整数 n，使得 $n\mid(a^n-1)$. 证毕.

猜想 对于每个正整数 $a\geqslant 4$ 以及非负整数 b，若 $(a-1,b)=1$，则存在无穷多个无平方因子的正整数 n，使得 $n\mid(a^{n+b}-1)$.

定理 2.18 设 $a>0,b>0,n$ 为正奇数，且 $n\mid(a^n+b^n)$，那么 $n\left|\dfrac{a^n+b^n}{a+b}\right.$.

引理 2.10 $k!$ 中含素数 p 的最高方幂是 $\sum\limits_{i=1}^{\infty}\left\lfloor\dfrac{k}{p^i}\right\rfloor$.

这个引理在各类初等数论中都有介绍，证略.

定理 2.18 的证明 设 $p^m\parallel n$，p 是一个素数，$a+b=c$.

（1）如果 $p\nmid c$，则由

$$n \mid (a^n + b^n) \Rightarrow n \,\Big|\, \frac{(a^n + b^n)}{c}c,$$

由于$(p^m, c) = 1$，所以 $n \,\Big|\, \dfrac{(a^n + b^n)}{c}$，即 $n \,\Big|\, \dfrac{a^n + b^n}{a+b}$.

（2）如果 $p \mid c$，那么

$$\begin{aligned}\frac{a^n + b^n}{a+b} &= \frac{(c-b)^n + b^n}{c} = c^n - \binom{n}{1}c^{n-1}b + \cdots + \binom{n}{n-1}cb^{n-1} - b^n + b^n \\ &= \sum_{k=1}^{n}(-1)^{k-1}\binom{n}{k-1}c^{n-k+1}b^{k-1} \\ &= \sum_{k=1}^{n}(-1)^{k-1}\binom{n}{n-k+1}c^{n-k+1}b^{k-1}.\end{aligned}$$

又

$$\begin{aligned}&(-1)^{k-1}\binom{n}{n-k+1}c^{n-k+1}b^{k-1} \\ &= (-1)^{k-1}\frac{n!}{(k-1)!}\frac{c^{n-k+1}}{(n-k+1)!}b^{k-1} \\ &= (-1)^{k-1}n(n-1)\cdots kb^{k-1}\frac{c^{n-k+1}}{(n-k+1)!},\end{aligned} \tag{2.28}$$

由引理知

$$\sum_{i=1}^{\infty}\left\lfloor \frac{n-k+1}{p^i} \right\rfloor < \sum_{i=1}^{\infty}\frac{n-k+1}{p^i} = \frac{n-k+1}{p-1} \leqslant n-k+1.$$

因为 $p^i \mid c^i, p^m \mid n$，所以由式(2.28)知

$$p^m \,\Big|\, (-1)^{k-1}\binom{n}{n-k+1}c^{n-k+1}b^{k-1} \quad (k = 1, 2, \cdots, n),$$

故

$$p^m \,\Big|\, \sum_{k=1}^{n}(-1)^{k-1}\binom{n}{n-k+1}c^{n-k+1}b^{k-1},$$

即 $p^m \,\Big|\, \dfrac{a^n + b^n}{a+b}$.将 n 进行素数分解，并考察每一个素因子，就证明了 $n \,\Big|\, \dfrac{a^n + b^n}{a+b}$.证毕.

对于 n 为偶数时，是否有类似的结论，值得探讨.

用类似的方法可得如下结论：

定理 2.19　设 $a>0, b>0, n$ 为正整数，且 $n \mid (a^n - b^n)$，那么 $n \,\Big|\, \dfrac{a^n - b^n}{a-b}$.

2.6 最小公倍数与最大公约数的几个等式

对于两个整数 a,b,有如下熟知的等式:

$$ab=(a,b)[a,b].$$

这里$[a,b]$与(a,b)分别表示 a 与 b 的最小公倍数与最大公约数.这一等式有如下推广的形式[1]:

$$(a_1,a_2,\cdots,a_n)=\frac{a_1a_2\cdots a_n}{[a_2\cdots a_n,a_1a_3\cdots a_n,\cdots a_1\cdots a_{n-1}]},$$

$$[a_1,a_2,\cdots,a_n]=\frac{a_1a_2\cdots a_n}{(a_2\cdots a_n,a_1a_3\cdots a_n,\cdots a_1\cdots a_{n-1})}.$$

此外,我们不难证明有如下等式成立[2]:

$$\frac{[a,b,c]^2}{[a,b][b,c][a,c]}=\frac{(a,b,c)^2}{(a,c)(b,c)(a,c)}.$$

上述等式对称优美,由此不难猜想如下等式成立:

$$\frac{\prod\limits_{1\leqslant i_1<i_2\leqslant 4}[a_{i_1},a_{i_2}]}{\prod\limits_{1\leqslant i_1<i_2<i_3\leqslant 4}[a_{i_1},a_{i_2},a_{i_3}]}=\frac{\prod\limits_{1\leqslant i_1<i_2\leqslant 4}(a_{i_1},a_{i_2})}{\prod\limits_{1\leqslant i_1<i_2<i_3\leqslant 4}(a_{i_1},a_{i_2},a_{i_3})},$$

$$\begin{aligned}&\frac{[a_1,\cdots,a_5]^2\prod\limits_{1\leqslant i_1<i_2<i_3\leqslant 5}[a_{i_1},a_{i_2},a_{i_3}]}{\left(\prod\limits_{1\leqslant i_1<i_2\leqslant 5}[a_{i_1},a_{i_2}]\right)\prod\limits_{1\leqslant i_1<\cdots<i_4\leqslant 5}[a_{i_1},\cdots,a_{i_4}]}\\&=\frac{[a_1,\cdots,a_5]^2\prod\limits_{1\leqslant i_1<i_2<i_3\leqslant 5}[a_{i_1},a_{i_2},a_{i_3}]}{\left(\prod\limits_{1\leqslant i_1<i_2\leqslant 5}(a_{i_1},a_{i_2})\right)\prod\limits_{1\leqslant i_1<\cdots<i_4\leqslant 5}(a_{i_1},\cdots,a_{i_4})}.\end{aligned}$$

实际上,这个猜想是成立的,并且有如下更进一步的结论.

定理 2.20 (1) 当 $n(n\geqslant 4)$为偶数时,有如下等式成立:

$$\prod_{k=2}^{n-1}\left(\prod_{1\leqslant i_1<\cdots<i_k\leqslant n}[a_{i_1},\cdots,a_{i_k}]^{(-1)^k}\right)=\prod_{k=2}^{n-1}\left(\prod_{1\leqslant i_1<\cdots<i_k\leqslant n}(a_{i_1},\cdots,a_{i_k})^{(-1)^k}\right).\tag{2.29}$$

(2) 当 $n(n\geqslant 3)$为奇数时,有如下等式成立:

$$[a_1,\cdots,a_n]^2\prod_{k=2}^{n-1}\left(\prod_{1\leqslant i_1<\cdots<i_k\leqslant n}[a_{i_1},\cdots,a_{i_k}]^{(-1)^{k-1}}\right)$$

$$= (a_1,\cdots,a_n)^2 \prod_{k=2}^{n-1}\Big(\prod_{1\leqslant i_1<\cdots<i_k\leqslant n}(a_{i_1},\cdots,a_{i_k})^{(-1)^{k-1}}\Big). \tag{2.30}$$

引理 2.11[3]　设有 n 件事物,其中 N_{α_i} 件有性质 $\alpha_i(i=1,2,\cdots,n)$, $N_{\alpha_{i_1}\alpha_{i_2}}$ 件既有性质 α_{i_1} 又有性质 $\alpha_{i_2}(i_1\neq i_2, i_1, i_2\in\{1,2,\cdots,n\})$, $N_{\alpha_{i_1}\alpha_{i_2}\alpha_{i_3}}$ 件兼有性质 $\alpha_{i_1}\alpha_{i_2}\alpha_{i_3}\cdots(i_1,i_2,i_3$ 互不相同,且 $i_1,i_2,i_3\in\{1,2,\cdots,n\})$,那么此事物中既无性质 α_1 又无性质 $\alpha_2,\cdots$,又无性质 α_n 的件数为

$$N-\Big(\sum_{k=1}^{n}(-1)^{k-1}\sum_{1\leqslant i_1<\cdots<i_k\leqslant n}N_{\alpha_1\cdots\alpha_{i_k}}\Big).$$

引理 2.11 即是容斥原理.运用此引理即得如下结论:

引理 2.12　若 $c_1,c_2,\cdots,c_s$ 为非负整数,则:

(1)

$$\begin{aligned}&\max\{c_1,c_2,\cdots,c_s\}\\&\quad=\sum_{i=1}^{s}c_i-\sum_{1\leqslant i_1<i_2\leqslant s}\min\{c_{i_1},c_{i_2}\}+\sum_{1\leqslant i_1<i_2<i_3\leqslant s}\min\{c_{i_1},c_{i_2},c_{i_3}\}\\&\qquad+\cdots+(-1)^{s-1}\min\{c_1,c_2,\cdots,c_s\}.\end{aligned}$$

(2)

$$\begin{aligned}&\min\{c_1,c_2,\cdots,c_s\}\\&\quad=\sum_{i=1}^{s}c_i-\sum_{1\leqslant i_1<i_2\leqslant s}\min\{c_{i_1},c_{i_2}\}+\sum_{1\leqslant i_1<i_2<i_3\leqslant s}\max\{c_{i_1},c_{i_2},c_{i_3}\}\\&\qquad+\cdots+(-1)^{s-1}\max\{c_1,c_2,\cdots,c_s\}.\end{aligned}$$

引理 2.13　设 $\beta_{i_1},\beta_{i_2},\cdots,\beta_{i_k}(i=1,3,\cdots,t)$都是负整数,那么

$$[b_1,b_2,\cdots,b_k] = p_1^{\max\{\beta_{11},\beta_{21},\cdots,\beta_{t1}\}}\cdots p_k^{\max\{\beta_{1k},\beta_{2k},\cdots,\beta_{tk}\}},$$
$$(b_1,b_2,\cdots,b_k) = p_1^{\min\{\beta_{11},\beta_{21},\cdots,\beta_{t1}\}}\cdots p_k^{\min\{\beta_{1k},\beta_{2k},\cdots,\beta_{tk}\}}.$$

定理 2.20 的证明　设 c 的标准分解为

$$a_i = p_1^{\alpha_{i1}}p_2^{\alpha_{i2}}\cdots p_m^{\alpha_{im}}\quad (i=1,2,\cdots,n),$$

这里 $p_1,p_2,\cdots,p_m$ 皆为素数,$\alpha_{i1},\alpha_{i2},\cdots,\alpha_{im}(i=1,2,\cdots,n)$皆为非负整数.由引理 2.12 及引理 2.13 得

$$\begin{aligned}&[a_1,a_2,\cdots,a_n]\\&\quad= p_1^{\max\{\alpha_{11},\alpha_{21},\cdots,\alpha_{n1}\}}p_2^{\max\{\alpha_{12},\alpha_{22},\cdots,\alpha_{n2}\}}\cdots p_m^{\max\{\alpha_{1m},\alpha_{2m},\cdots,\alpha_{nm}\}}\\&\quad\xlongequal{\text{引理 2.12}} p_1^{\sum_{i=1}^{n}\alpha_{i1}-\sum_{1\leqslant i_1<i_2\leqslant n}\min\{\alpha_{i_11},\alpha_{i_21}\}+\cdots+(-1)^{n-1}\min\{\alpha_{11},\alpha_{21},\cdots,\alpha_{n1}\}}\\&\qquad\cdot p_2^{\sum_{i=1}^{n}\alpha_{i2}-\sum_{1\leqslant i_1<i_2\leqslant n}\min\{\alpha_{i_12},\alpha_{i_22}\}+\cdots+(-1)^{n-1}\min\{\alpha_{12},\alpha_{22},\cdots,\alpha_{n2}\}}\end{aligned}$$

$$\cdot \cdots \cdot p_m^{\sum_{i=1}^{n}\alpha_{im} - \sum_{1\leqslant i_1<i_2\leqslant n}\min\{\alpha_{i_1 m},\alpha_{i_2 m}\}+\cdots+(-1)^{n-1}\min\{\alpha_{1m},\alpha_{2m},\cdots,\alpha_{nm}\}}$$

$$= (p_1^{\sum_{i=1}^{n}\alpha_{i1}} p_2^{\sum_{i=2}^{n}\alpha_{i2}} \cdots p_m^{\sum_{i=2}^{n}\alpha_{im}})$$

$$\cdot (p_1^{-\sum_{1\leqslant i_1<i_2\leqslant n}\min\{\alpha_{i_1 1}\alpha_{i_2 1}\}} \cdots p_m^{-\sum_{1\leqslant i_1<i_2\leqslant n}\min\{\alpha_{i_1 m}\alpha_{i_2 m}\}})\cdots$$

$$\cdot (p_1^{(-1)^{n-1}\min\{\alpha_{11},\alpha_{21},\cdots,\alpha_{n1}\}} p_2^{(-1)^{n-1}\min\{\alpha_{12},\alpha_{22},\cdots,\alpha_{n2}\}} \cdots p_m^{(-1)^{n-1}\min\{\alpha_{1m},\alpha_{2m},\cdots,\alpha_{nm}\}})$$

$$\xlongequal{\text{引理 2.13}} a_1 a_2 \cdots a_n \Big(\prod_{1\leqslant i_1<i_2\leqslant n}(a_{i_1},a_{i_2})\Big)^{-1}\Big(\prod_{1\leqslant i_1<i_2<i_3\leqslant n}(a_{i_1},a_{i_2},a_{i_3})\Big)^{(-1)^2}$$

$$\cdot \cdots (a_1,a_2,\cdots,a_n)^{(-1)^{n-1}}.$$

即当 n 为奇数时,有

$$\frac{[a_1,a_2,\cdots,a_n]}{(a_1,a_2,\cdots,a_n)} = \prod_{k=2}^{n-1}\Big(\prod_{1\leqslant i_1<\cdots<i_k\leqslant n}(a_{i_1},\cdots,a_{i_k})\Big)^{(-1)^{k-1}}. \tag{2.31}$$

当 n 为偶数时,有

$$[a_1,a_2,\cdots,a_n](a_1,a_2,\cdots,a_n) = \prod_{k=2}^{n-1}\Big(\prod_{1\leqslant i_1<\cdots<i_k\leqslant n}(a_{i_1},\cdots,a_{i_k})\Big)^{(-1)^{k-1}}. \tag{2.32}$$

由引理 2.13 与引理 2.12(2),同如上的证明即得当 n 为奇数时,有

$$\frac{(a_1,a_2,\cdots,a_n)}{[a_1,a_2,\cdots,a_n]} = \prod_{k=2}^{n-1}\Big(\prod_{1\leqslant i_1<\cdots<i_k\leqslant n}[a_{i_1},\cdots,a_{i_k}]\Big)^{(-1)^{k-1}}. \tag{2.33}$$

当 n 为偶数时,有

$$[a_1,a_2,\cdots,a_n](a_1,a_2,\cdots,a_n) = \prod_{k=2}^{n-1}\Big(\prod_{1\leqslant i_1<\cdots<i_k\leqslant n}[a_{i_1},\cdots,a_{i_k}]\Big)^{(-1)^{k-1}}. \tag{2.34}$$

由式(2.32)与式(2.34),定理中式(2.29)得证;由式(2.31)与式(2.33),定理中式(2.30)得证.证毕.

关于形如 $a^m-1(a>1)$ 的数,对于两个正整数 m,n,有如下熟知的结论:

$$(a^m-1,a^n-1) = a^{(m,n)}-1.$$

一个自然的问题是 a^m-1 与 a^n+1 的最大公约数与最小公倍数是什么?为此先给出一个引理.

引理 2.14 若 $(a,c)=1$,那么 $(b,a)(b,c)=(b,ac)$.

证明 因为 $(b,a)(b,c)=((b^2,ba),(bc,ac))=(b^2,ba,bc,ac)$,而 $(a,c)=1$,所以 $(ba,bc)=b$,故 $(b,a)(b,c)=(b^2,ba,bc,ac)=(b,ac)$.证毕.

定理 2.21 设非负整数 h,k 满足 $2^h \parallel m,2^k \parallel n,m,n,r(r>1)$ 为正偶数,那么

$$(r^m-1,r^n+1)=\begin{cases}1, & h\leqslant k,\\ r^{(m,n)}+1, & h>k.\end{cases}$$

证明 当 r 为偶数时,$(r^n-1,r^n+1)=1$,这是因为

$$(r^n-1,r^n+1)=(r^n-1,(r^n-1)+2)=(r^n-1,2)=1.$$

于是令

$$b=r^m-1,\quad a=r^n+1,\quad c=r^n-1.$$

由引理2.14,有

$$\begin{aligned}(b,a)(b,c)&=(r^m-1,r^n+1)(r^m-1,r^n-1)=(b,ac)\\&=(r^m-1,(r^n+1)(r^n-1))\\&=(r^m-1,r^{2n}-1)=r^{(m,2n)}-1,\end{aligned}$$

而

$$(r^m-1,r^n+1)(r^m-1,r^n-1)=(r^m-1,r^n+1)(r^{(m,n)}-1),$$

所以

$$(r^m-1,r^n+1)(r^{(m,n)}-1)=r^{(m,2n)}-1.$$

由于 $2^h\parallel m,2^k\parallel n$,故当 $h\leqslant k$ 时,有 $(m,n)=(m,2n)$,所以 $r^{(m,n)}-1=r^{(m,2n)}-1$,由上式知,此时 $(r^m-1,r^n+1)=1$;当 $h>k$ 时,有 $2(m,n)=(m,2n)$,由

$$(r^m-1,r^n+1)(r^{(m,n)}-1)=r^{(m,2n)}-1$$

知

$$(r^m-1,r^n+1)(r^{(m,n)}-1)=r^{2(m,n)}-1,$$

即

$$(r^m-1,r^n+1)=r^{(m,n)}+1.$$

证毕.

在定理2.21中,当 r 为正奇数时有如下结论:

定理2.22 设非负整数 h,k 满足 $2^h\parallel m,2^k\parallel n$,$m,n,r(r>1)$ 为正奇数,那么

$$(r^m-1,r^n+1)=\begin{cases}2, & h\leqslant k,\\ 2(r^{(m,n)}+1), & h>k.\end{cases}$$

证明可仿定理2.21的证明,证略.

参考文献

[1] 华罗庚.数学导引[M].北京:科学出版社,1979:8-10.
[2] 柯召,孙琦.数论讲义[M].北京:高等教育出版社,1986:27.
[3] 李乔.组合学讲义[M].2版.北京:高等教育出版社,2008:91-93.

2.7　a^n+bn+c 被 $a+b+c$ 整除的一个充要条件及推广

在含有指数方幂的混合型多项式 $f(n)$ 中，判断它是否被某一整数整除，一般都比较困难. 本节探讨一类简单的多项式 $f(n)=a^n+bn+c(a,b,c\in\mathbf{Z})$ 被 $a+b+c$ 整除的特征. 将证明如下结论：

定理 2.23　对一切自然数 n，$f(n)=a^n+bn+c(a,b,c\in\mathbf{Z})$ 都能被 $a+b+c$ 整除的充要条件是

$$(a+b+c)\mid((1-a)b,a(1+c)).$$

这里 $a+b+c\neq0$，$((1-a)b,a(1+c))$ 表示 $(1-a)b$ 与 $a(1+c)$ 的最大公约数.

引理 2.15(Dirichlet)　若 $(h,l)=1$，则数列 $\{hn+l\}$ 中有无穷多个素数.

定理 2.23 的证明　(1)（充分性）$n=1$ 时，$f(1)=a+b+c$ 能被 $a+b+c$ 整除. 假设 $n=k(k\geqslant1)$ 时，

$$(a+b+c)\mid(a^k+bk+c),$$

那么 $n=k+1$ 时，

$$\begin{aligned}f(k+1)&=a^{k+1}+b(k+1)+c\\&=a(a^k+bk+c)+(a+b+c)+((1-a)bk-(1+c)a).\end{aligned}\tag{2.35}$$

因 $(a+b+c)\mid((1-a)b,(1+c)a)$，所以对任何自然数 k，有

$$(a+b+c)\mid((1-a)bk-(1+c)a).\tag{2.36}$$

又 $(a+b+c)\mid(a+b+c)$，由归纳假设知 $(a+b+c)\mid(a^k+bk+c)$，由此据式(2.36)与式(2.35)知，$n=k+1$ 时也有 $(a+b+c)\mid f(k+1)$.

由数学归纳原理知，$\forall n\in\mathbf{N}$，有 $(a+b+c)\mid f(n)$.

(2)（必要性）若 $\forall n\in\mathbf{N}$，$(a+b+c)\mid f(n)$，要证 $(a+b+c)\mid((1-a)b,a(1+c))$. 由于 $(a+b+c)\mid f(n)$，$(a+b+c)\mid f(n+1)$，而

$$\begin{aligned}f(n+1)&=a^{n+1}+b(n+1)+c\\&=af(n)+(a+b+c)+((1-a)bn-(1+c)a).\end{aligned}\tag{2.37}$$

因 $(a+b+c)\mid f(n)$，$(a+b+c)\mid(a+b+c)$，$(a+b+c)\mid f(n+1)$，所以

$$(a+b+c)\mid((1-a)bn-1+ca),$$

即有

$$(a+b+c)\left|\,d\left(\frac{(1-a)bn}{d}-\frac{(1+c)a}{d}\right)\right..\tag{2.38}$$

设 $((1-a)b,(1+c)a)=d$，那么

$$\left(\frac{(1-a)b}{d},\frac{(1+c)a}{d}\right)=1.$$

由引理2.15知,数列$\left\{\frac{(1-a)b}{d}m-\frac{(1+c)a}{d}\right\}$中有无穷多个素数.故必存在$n\in\mathbf{N}$,使得

$$\left(a+b+c,\frac{(1-a)b}{d}n-\frac{(1+c)a}{d}\right)=1. \tag{2.39}$$

另一方面,对一切自然数n,有式(2.38)成立,从而有

$$(a+b+c)\mid d,$$

即$(a+b+c)\mid((1-a)b,a(1+c))$.证毕.

例2.4　试证对任意自然数n,$f(n)=49^n+16n-1$皆为合数.

证明　令$a=49$,$b=16$,$c=-1$,则$f(n)=a^n+bn+c$,且

$$((1-a)b,(1+c)a)=(-48\times16,0)=3\times2^8.$$

而

$$a+b+c=64\mid3\times2^8,$$

由定理2.23即证$\forall n\in\mathbf{N}$,有$64\mid f(n)$.故$f(n)$皆为合数.

例2.5　试证必存在自然数n,使$f(n)=49^n+14n+1$不能被64整除.

证明　令$a=49$,$b=14$,$c=1$,则$a+b+c=64$,且

$$((1-a)b,(1+c)a)=(-48\times14,2\times49)=2.$$

但64不整除2.故由定理2.23知命题得证.

定理2.24　设$a,b,c,d\in\mathbf{Z}$,$f(n)=a^n+bn^2+cn+dn\in\mathbf{N}$,若

$$(a+b+c+d)\mid(b(1-a),2b-ac+c,-(1+d)a),$$

则$\forall n\in\mathbf{N}$,有$(a+b+c+d)\mid f(n)$.

证明　$n=1$时,因$f(1)=a+b+c+d$,所以$(a+b+c+d)\mid f(1)$.假设$n=k(k\geqslant1)$时,有$(a+b+c+d)\mid f(k)$,即

$$(a+b+c+d)\mid(a^k+bk^2+ck+d),$$

那么$n=k+1$时,有

$$\begin{aligned}f(k+1)&=a^{k+1}+b(k+1)^2+c(k+1)+d\\&=a(a^k+bk^2+ck+d)+bk^2+2bk+b+ck\\&\quad+c+d-abk^2-ack-ad\\&=a(a^k+bk^2+ck+d)+(a+b+c+d)\\&\quad+b(1-a)k^2+(2b+c-ac)k-a(1+d).\end{aligned} \tag{2.40}$$

由于$(a+b+c+d)\mid(b(1-a),2b-ac+c,-(1+d)a)$,所以

$$(a+b+c+d)\mid(b(1-a)k^2+(2b+c-ac)k-(1+d)a).$$

又由假设知

$$(a+b+c+d)\mid(a^k+bk^2+ck+d),$$

故由式(2.40)即知$(a+b+c+d)\mid f(k+1)$.

故 $n=k+1$ 时,$(a+b+c+d)\mid f(k+1)$.由数学归纳法原理定理获证.

猜想 设 $a,b,c,d\in\mathbf{Z}$,$f(n)=a^n+bn^2+cn+d$,对任意自然数 n,$(a+b+c+d)\mid f(n)$的充要条件是$(a+b+c+d)\mid(b(1-a),2b-ac+c,-(1+d)a)$.

例 2.6 设 $f(n)=(-2)^n+9n^2+3n-1$,那么对任意自然数 n,必有 $9\mid f(n)$.

证明 因 $a+b+c+d=-2+9+3-1=9\mid(9(1+2),2\times9+3+2\times3,-(1-1)\times3)$,故由定理 2.24 有 $9\mid f(n)$.

运用定理 2.24 证明中的方法,同样可得如下几个结论:

定理 2.25 设 $\forall n\in\mathbf{N}$,$f(n)=a^n+bn^3+cn^2+dn+e$,且 $a,b,c,d,e\in\mathbf{Z}$,若

$$(a+b+c+d+e)\mid(b(1-a),c(1-a),d(1-a),3b,(3b+2c),-a(1+e)),$$

则$(a+b+c+d+e)\mid f(n)$.

定理 2.26 对 $\forall n\in\mathbf{N}$,有 $f(n)=a^n+b^n+cn+d$,且 $a,b,c,d\in\mathbf{Z}$,若

$$(a+b+c+d)\mid((a+b-1)(c,d),ab,c),$$

则$(a+b+c+d)\mid f(n)$.

定理 2.27 $\forall n\in\mathbf{N}$,$f(n)=a^n+b^n+cn^2+dn+e$,且 $a,b,c,d,e\in\mathbf{Z}$,若

$$(a+b+c+d+e)\mid(ab,(a+b-1),(c+d),2c),$$

则 $\forall n\in\mathbf{N}$,$(a+b+c+d+e)\mid f(n)$.

定理 2.28 $\forall n\in\mathbf{N}$,有 $f(n)=a^n+b^n+cn^3+dn^2+en+f$,且 $a,b,c,d,e,f\in\mathbf{Z}$,若

$$(a+b+c+d+e+f)\mid(a,b,(a+b-1),(3c+2d),3c),$$

则$(a+b+c+d+e+f)\mid f(n)$.

定理 2.29 $\forall n\in\mathbf{N}$,$f(n)=a^n+b^n+c^n+dn+e$,且 $a,b,c,d,e\in\mathbf{Z}$,若

$$(a+b+c+d+e)\mid((a+b),(b+c),(c+a),(d,(a+b+c-1)),e(a+b+c-1),d),$$

则 $\forall n\in\mathbf{N}$,$(a+b+c+d+e)\mid f(n)$.

定理 2.30 $\forall n\in\mathbf{N}$,有 $F(n)=a^n+b^n+c^n+dn^2+en+f$,且 $a,b,c,d,e,f\in\mathbf{N}$,若

$$(a+b+c+d+e+f)\mid((a+b),(b+c),(a+c),(1-a-b-c),e,(1-a-b-c)f),$$

则 $\forall n\in\mathbf{N}$,$(a+b+c+d+e+f)\mid F(n)$.

定理 2.31　$\forall n\in\mathbf{N}$,有 $f(n)=a_1^n+a_2^n+\cdots+a_m^n+bn+c$,且 $a,b,c\in\mathbf{N}$,若

$$\left(\sum_{i=1}^{m}a_i+b+c\right)\Big|\left(\sum_{1\leqslant i<j\leqslant m}a_ia_j,(b,c)\left[\sum_{i=1}^{m}a_i-1\right],b\right),$$

则 $(a_1+a_2+\cdots+a_m+b+c)\mid f(n)$.

证明　仅证明定理 2.31,其余类似可证明.当 $n=1$ 时,因为

$$f(1)=a_1+a_2+\cdots+a_m+b+c,$$

所以

$$(a_1+a_2+\cdots+a_m+b+c)\mid f(1).$$

假设当 $n=k(k\geqslant 1)$ 时,有 $(a_1+a_2+\cdots+a_m+b+c)\mid f(k)$,即

$$(a_1+a_2+\cdots+a_m+b+c)\mid(a_1^k+a_2^k+\cdots+a_m^k+bk+c),$$

那么当 $n=k+1$ 时,有

$$f(k+1)=a_1^{k+1}+a_2^{k+1}+\cdots+a_m^{k+1}+b(k+1)+c.$$

又

$$\begin{aligned}
f(k+1)=&\ a_1^{k+1}+a_2^{k+1}+\cdots+a_m^{k+1}+b(k+1)+c\\
=&\ (a_1+a_2+\cdots+a_m)(a_1^k+a_2^k+\cdots+a_m^k+bk+c)\\
&-a_1\sum_{j\neq 1}a_j^k-a_2\sum_{j\neq 2}a_j^k-\cdots-a_m\sum_{j\neq m}a_j^k\\
&-(a_1+a_2+\cdots+a_m)(bk+c)+bk+c+b\\
=&\ (a_1+a_2+\cdots+a_m)(a_1^k+a_2^k+\cdots+a_m^k+bk+c)\\
&-\sum_{i=1}^{m}\Big(a_i\sum_{\substack{j\neq i\\ 1\leqslant j\leqslant m}}a_j^k\Big)+\Big(1-\sum_{i=1}^{m}a_i\Big)(bk+c)+b\\
=&\ (a_1+a_2+\cdots+a_m+b+c)(a_1^k+a_2^k+\cdots+a_m^k+bk+c)\\
&-\Big(\sum_{1\leqslant i<j\leqslant m}a_ia_j\Big)\Big(\sum_{i=1}^{m}a_i^{k-1}\Big)+\Big(1-\sum_{i=1}^{m}a_i\Big)(bk+c)+b,
\end{aligned}\tag{2.41}$$

由于

$$\left(\sum_{i=1}^{m}a_i+b+c\right)\Big|\left(\sum_{1\leqslant i<j\leqslant m}a_ia_j,(b,c)\left[\sum_{i=1}^{m}a_i-1\right],b\right),$$

由假设可知

$$(a_1+a_2+\cdots+a_m+b+c)\mid(a_1^k+a_2^k+\cdots+a_m^k+bk+c).$$

又根据式(2.41)可知,当 $n=k+1$ 时,

$$(a_1+a_2+\cdots+a_m+b+c)\mid f(k+1).$$

因此定理得证.

参 考 文 献

[1] 华罗庚.数论导引[M].北京:科学出版社,1979:258-262.

2.8 同余在组合几何中的一个应用

一类整点单形或复形的整点重心问题是组合几何中一个较为重要的问题.对于二维平面的情形,在1983年,Kemnitz猜想平面上任何 $4n-3$ 个整点,必可取出 n 个整点,使这 n 个整点的重心仍为整点.下面将研究这一问题.

(1) 在二维平面坐标系中,x_i,y_i 均为整数坐标,$A_i=(x_i,y_i)$称为整点,n 个点的重心记为 $p=\left(\frac{1}{n}\sum_{i=1}^{n}x_i,\frac{1}{n}\sum_{i=1}^{n}y_i\right)(i=1,2,\cdots,n)$.

(2) 在三维直角坐标系中,x_i,y_i,z_i 均为整数坐标,$A_i=(x_i,y_i,z_i)$称为整点,n 个点的重心记为几何中心 $p=\left(\frac{1}{n}\sum_{i=1}^{n}x_i,\frac{1}{n}\sum_{i=1}^{n}y_i,\frac{1}{n}\sum_{i=1}^{n}z_i\right)(i=1,2,\cdots,n)$.

(3) 在 m 维空间上,$x_i^{(1)},x_i^{(2)},\cdots,x_i^{(m)}$ 为整数,$A_i=(x_i^{(1)},x_i^{(2)},\cdots,x_i^{(m)})$称为整点,$n$ 个点的重心记为 $p=\left(\frac{1}{n}\sum_{i=1}^{n}x_i^{(1)},\frac{1}{n}\sum_{i=1}^{n}x_i^{(2)},\cdots,\frac{1}{n}\sum_{i=1}^{n}x_i^{(m)}\right)(i=1,2,\cdots,n)$.

(4) $f(n)=\min\{f\mid \mathbf{R}^m$ 中任意 f 个整点必存在 n 个点,其重心为整点$\}$.

引理 2.16(鸽巢原理) 如果把 $n+1$ 个物品放入 n 个盒子中,那么至少有一个盒子中有两个或更多的物品.

引理 2.17 m 个鸽子,有 n 个鸽巢,至少有一个鸽巢其中的鸽子数量不少于 $\left[\frac{m-1}{n}\right]+1$.

定理 2.32 对奇数 $n\geqslant 3$,平面上任意的 $n(n-1)^2+1$ 个整点中必有 n 个点的重心亦为整点.

定理 2.33 $f(2^m\cdot 3^p)=4(2^m\cdot 3^p-1)+1,m,p=0,1,2,\cdots$.

推论 2.5 $f(2^m)=2^{m+2}-3,m=0,1,2,\cdots$.

推论 2.6 $f(3^n)=4\cdot 3^n-3,n=0,1,2,\cdots$.

推论 2.7 平面上,若 $f(k_1)=4(k_1-1)+1,f(k_2)=4(k_2-1)+1$,则 $f(k_1^m\cdot k_2^p)=4(k_1^m\cdot k_2^p-1)+1,k_1,k_2$ 为质数,$m,p=0,1,2,\cdots$.

定理 2.34 平面上,$f(k_1)=4(k_1-1)+1,f(k_2)=4(k_2-1)+1,\cdots,f(k_l)=4(k_l-1)+1$ 成立,$k_1,\cdots,k_l$ 为质数,则 $f(k_1^{m_1}\cdot k_2^{m_2}\cdot\cdots\cdot k_l^{m_l})=$

$4(k_1^{m_1} \cdot k_2^{m_2} \cdot \cdots \cdot k_l^{m_l}-1)+1$.

定理 2.35 在三维空间中,任意 $n^2(n-1)^2+1$ 个整点中,必然存在 n 个整点其重心也是整点,其中 $n \geqslant 3$ 且为奇数.

定理 2.36 在三维空间中,有 $f(2)=9$,$f(3)=19$ 成立.

定理 2.37 在三维空间中,任意取 $4n(n-1)+1$ 个整点,其中必存在 n 个整点其重心也是整点.

定理 2.38 在 m 维空间中,任意取 $r_0=n^{m-1}(n-1)^2+1$ 个整点,则必然存在 n 个整点,这 n 个点的重心也是整点,其中 $n \geqslant 3$ 且为奇数.

定理 2.39 在 m 维空间中,任意取 $4n^{m-2}(n-1)+1$ 个整点,则必然存在 n 个整点,这 n 个点的重心也是整点.

定理 2.32 的导入 当 $n=2$ 时,$f(2)=5$.(0,0),(0,1),(1,0),(1,1)为四个整点,且任意两点的中点均不为整点,因此有 $f(2) \geqslant 5$.假设有 k 个整点,且 $k \geqslant 5$,将 k 个点的坐标都表示成模 2 的剩余,则它将落在正方形($0 \leqslant x \leqslant 1, 0 \leqslant y \leqslant 1$)的顶点上,由鸽巢原理,这 k 个整点必有两点重合,且中点为整点.

当 $n=3$ 时,$f(3)=9$.将 9 个整点的坐标都模 3 剩余,同样 9 个整点都在正方形($0 \leqslant x \leqslant 2, 0 \leqslant y \leqslant 2$)内,因此将其表示为平面上的 3×3 整点图,如图 2.1 所示.

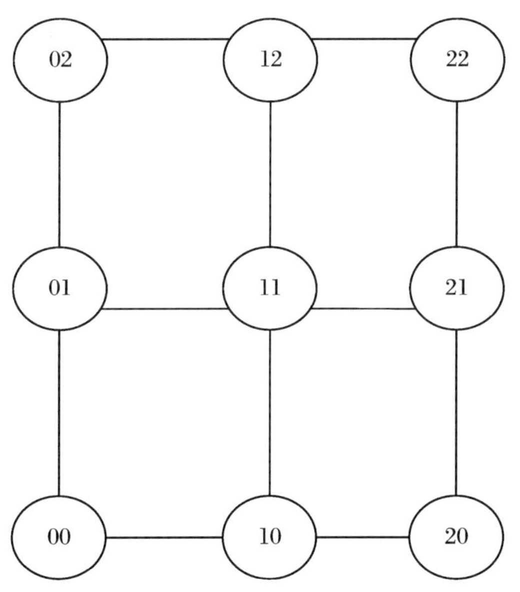

图 2.1 整点图

将整点图内任意 3 个同列或同行,3 个不同列且不同行的整点组成的集记为一个三元组,则共有 12 个三元组,每个三元组的重心为整点.在网格中有 9 个网点,若有 3 个整点落入同一个网点,则其重心为整点.若至多有两个整点落入同一个网点，则 9 个整点至少将落入 5 个不同的网点，这 5 个网点中必然存在三元组，显然成立，即 $f(3)=9$. 同样利用鸽巢原理推广至 w.

当 $n=w$ 时，设 $A_1(x_1,y_1),A_2(x_2,y_2),\cdots,A_w(x_w,y_w)$ 是坐标平面上任意 w 个整点，用 B 表示由这 w 个整点所成之集，则 $|B|=w$. 令

$$B_i=\{A_j \mid A_j\in B \text{ 且 } x_j \text{ 除以 } n \text{ 余数为 } i\}\quad (i=0,1,2,\cdots,n-1),$$

则 $B_i\subseteq B(i=0,1,\cdots,n-1)$，且 $\bigcup\limits_{i=0}^{n-1}B_i=B$. 由鸽巢原理的一般形式，存在整数 $k(0\leqslant k\leqslant n-1)$，使得 $|B_k|\geqslant\left[\dfrac{w-1}{n}\right]+1$，令 $\left[\dfrac{w-1}{n}\right]+1$ 为 m.

设 B_k 含有点 $A_1,A_2,\cdots,A_m$，令 $C=\{A_1,A_2,\cdots,A_m\}$，并令 $C_t=\{A_j\mid A_j\in C$ 且 y_j 除以 n 余数为 $t\}(t=0,1,\cdots,n-1)$，其中，$C_t\subseteq C(t=0,1,\cdots,n-1)$，且 $\bigcup\limits_{t=0}^{n-1}C_t=C$.

(1) 若 $C_0,C_1,\cdots,C_{n-1}$ 均不是空集，设 $A_{k0},A_{k1},\cdots,A_{k(n-1)}$ 分别为 $C_0,C_1,\cdots,C_{n-1}$ 中的元，则 $x_{k0},x_{k1},\cdots,x_{kn-1}$ 除以 n 所得的余数均为 k，即 $n\mid x_{k0}+x_{k1}+\cdots+x_{kn-1}$. 而 $y_{k0},y_{k1},\cdots,y_{kn-1}$ 除以 n 所得的余数分别为 $0,1,2,\cdots,n-1$. 由于在 w 个点中必有 n 个点重心为整数，需要满足 $n\left|\dfrac{n(n-1)}{2}\right.$ 即可得到这样的 n 个点，即 n 为奇数且大于 2.

(2) 若 $C_0,C_1,\cdots,C_{n-1}$ 中至少有一个空集，去掉其中一个空集之后剩下的集合假如是 $C_0,C_1,\cdots,C_{n-2}$，由鸽巢原理，存在 $s(0\leqslant s\leqslant n-2)|C_s|\geqslant\left[\dfrac{m-1}{n-1}\right]+1$，令 $z=\left[\dfrac{m-1}{n-1}\right]+1$. 设 $A_{s1},A_{s2},\cdots,A_{sz}$ 是 C_s 中的元，$x_{s1},x_{s2},\cdots,x_{sz}$ 除以 n 所得余数都是 k，$y_{s1},y_{s2},\cdots,y_{sz}$ 除以 n，余数为 s. 当 $z=n$ 时，有

$$n\mid x_{s1}+x_{s2}+\cdots+x_{sz},\quad n\mid y_{s1}+y_{s2}+\cdots+y_{sz}.$$

由 $\left[\dfrac{w-1}{n}\right]+1=m$ 及 $\left[\dfrac{m-1}{n}\right]+1=n$ 得到 $w=n(n-1)^2+1$.

下面我们来证明定理 2.32：

定理 2.32 的证明　设所给诸点的坐标为 (x_i,y_i)，$1\leqslant i\leqslant n(n-1)^2+1$，则对于诸整数 x_i，其中至少有 $\left\lceil\dfrac{n(n-1)^2+1}{n}\right\rceil=(n-1)^2+1$ 个是模 n 同余的，不妨设它们是 $x_1,\cdots,x_m$，其中 $m=(n-1)^2+1$. 显然，它们中任 n 个的和必为 n 的倍数. 与这些横坐标相应的各纵坐标 $y_1,\cdots,y_m$ 中，若存在 n 个模 n 彼此不同余(可记为 $a_jn+j,j\in Z_n$)，则它们的和 $n\sum\limits_{j=0}^{n-1}a_j+\dfrac{n(n-1)}{2}$ 必为 n 的倍数(因 n 为奇数). 否则，这 m 个纵坐标各自模 n 的剩余最多只能有 $n-1$ 种不同的. 由鸽巢原理，它

们中至少有$\left\lceil \frac{m}{n-1} \right\rceil = \left\lceil \frac{(n-1)^2+1}{n-1} \right\rceil = n$个纵坐标是模$n$同余，它们的和当然也是$n$的倍数.于是，不论如何，恒可由$n(n-1)^2+1$个点中找到$n$个点，使得它们的横坐标之和与纵坐标之和均为$n$的倍数，而这$n$点系的重心当然应是整点[7].证毕.

用上述方法虽然得出了满足条件的公式，但却不是满足条件的最小值，因此下面根据 Kemnitz 猜想$f(n)=4n-3$，考虑任意整数n的情形.

由简单的$f(2)=5$及$f(3)=9$的情形进行猜想，将n表示成$2^m \cdot 3^p$，利用数学归纳法证明.

定理 2.33 的证明　当$m=p=0$时，结论成立.当$m=0,p=1$时，$f(3)=9$.当$m=1,p=1$时，$f(6)=21$.平面上任意 21 个整点，$A^{(1)}=\{A_1,A_2,\cdots,A_{21}\}$，其中必有两点如$A_1,A_2$的连线中点$B_1$为整点，令$A^{(2)}=A/\{A_1,A_2\}$，$A^{(2)}$中又有两点，如$A_3,A_4$的中点$B_2$为整点，依次类推，则$A^{(9)}$中有两点的连线中点$B_9$为整点[8].设$B=\{B_1,B_2,\cdots,B_9\}$，$B$中有三点，如$B_1,B_2,B_3$的重心$P$为整点，

$$P=\frac{B_1+B_2+B_3}{3}=\frac{\frac{A_1+A_2}{2}+\frac{A_3+A_4}{2}+\frac{A_5+A_6}{2}}{3}$$
$$=\frac{A_1+A_2+A_3+A_4+A_5+A_6}{6},$$

因此$f(6)=21$.

假设$f(2^m \cdot 3^p)=4(2^m \cdot 3^p-1)+1, m \geqslant 1, p \geqslant 1$成立.下面证明以下两式成立：

(1) $f(2^{m+1} \cdot 3^p)=4(2^{m+1} \cdot 3^p-1)+1$.

(2) $f(2^m \cdot 3^{p+1})=4(2^m \cdot 3^{p+1}-1)+1$.

先证(1)：平面上任意$4(2^{m+1} \cdot 3^p-1)+1$个整点$A_1,A_2,\cdots,A_{t_{(m+1)p}}$，令$A^{(1)}=\{A_1,A_2,\cdots,A_{t_{(m+1)p}}\}$，其中$t_{(m+1)p}=4(2^{m+1} \cdot 3^p-1)+1$.由于$A^{(1)}$中有两点如$A_1,A_2$，连线中点$B_1$为整点，$A^{(2)}=A^{(1)}/\{A_1,A_2\}$，又$A^{(2)}$中有两点$A_3$，$A_4$，中点为$B_2$，依次类推到$t_{mp}(t_{mp}=4(2^m \cdot 3^p-1)+1)$，$A^{(t_{mp})}$中有$4(2^{m+1} \cdot 3^p-1)+1-2(4(2^m \cdot 3^p))=5$个点.$A^{(t_{mp})}$中有两点$A_{2t_{mp}-1},A_{2t_{mp}}$，中点$B_{t_{mp}}$为整点.则令$B=\{B_1,B_2,\cdots,B_{t_{mp}}\}$，由前面的归纳得出必有$2^m \cdot 3^p$个整点的重心为整点，设为$B_1,B_2,\cdots,B_{2^m \cdot 3^p}$，其重心记为$P$[9]，

$$P=\frac{B_1+B_2+\cdots+B_{2^m \cdot 3^p}}{2^m \cdot 3^p}$$
$$=\frac{\frac{A_1+A_2}{2}+\frac{A_3+A_4}{2}+\cdots+\frac{A_{2^{m+1} \cdot 3^p-1}+A_{2^{m+1} \cdot 3^p}}{2}}{2^m \cdot 3^p}$$

$$=\frac{A_1+\cdots+A_{2^{m+1}\cdot 3^p}}{2^{m+1}\cdot 3^p},$$

$A^{(1)}$包含 $2^{m+1}\cdot 3^p$ 个整点 $A_1,A_2,\cdots,A_{2^{m+1}\cdot 3^p}$ 的重心 P 为整点.

因此,$f(2^{m+1}\cdot 3^p)=4(2^{m+1}\cdot 3^p-1)+1$.

然后证(2):平面上 $4(2^m\cdot 3^{p+1}-1)+1$ 个任意的整点 $A_1,A_2,\cdots,A_{s_{m(p+1)}}$,令 $A^{(1)}=\{A_1,A_2,\cdots,A_{s_{m(p+1)}}\}$,$s_{m(p+1)}=4(2^m\cdot 3^{p+1}-1)+1$. $A^{(1)}$ 中有三点 A_1, A_2, A_3,重心 B_1 为整点,$A^{(2)}=A^{(1)}/\{A_1,A_2,A_3\}$. $A^{(2)}$ 中有三点 A_4,A_5,A_6,重心 B_2 为整点,依次类推到 $s_{mp}(s_{mp}=4(2^m\cdot 3^p-1)+1)$,$A^{(s_{mp})}$包含 $4(2^m\cdot 3^{p+1})+1-3(4(2^m\cdot 3^p-1))=9$ 个点,$A^{(s_{mp})}$ 中有三点 $A_{3s_{mp}-2},A_{3s_{mp}-1},A_{3s_{mp}}$,重心 $B_{s_{mp}}$ 为整点. 整点集 $B=\{B_1,B_2,\cdots,B_{s_{mp}}\}$,其中定有 $2^m\cdot 3^p$ 个整点的重心为整点,如 $B_1,B_2,\cdots,B_{2^m\cdot 3^p}$ 的重心 C 为整点,

$$C=\frac{B_1+\cdots+B_{2^m\cdot 3^p}}{2^m\cdot 3^p}$$

$$=\frac{\dfrac{A_1+A_2+A_3}{3}+\cdots+\dfrac{A_{2^m\cdot 3^{p+1}-2}+A_{2^m\cdot 3^{p-1}-1}+A_{2^m\cdot 3^{p+1}}}{3}}{2^m\cdot 3^p}$$

$$=\frac{A_1+\cdots+A_{2^m\cdot 3^{p+1}}}{2^m\cdot 3^{p+1}},$$

$A^{(1)}$中有 $2^m\cdot 3^{p+1}$个整点 $A_1,A_2,\cdots,A_{2^m\cdot 3^{p+1}}$ 的重心 C 为整点.

因此,$f(2^m\cdot 3^{p+1})=4(2^m\cdot 3^{p+1}-1)+1$,该假设成立.

根据 $f(2^m\cdot 3^{p+1})=4(2^m\cdot 3^{p+1}-1)+1$ 列表得出 $f(k)$的值如整点重心表表2.1所示.

表 2.1　整点重心表

k	2	3	4	6	8	9	12	16
$f(k)$	5	9	13	21	29	33	45	61

表中 $f(k)$的值满足公式 $f(k)=4(k-1)+1$. 证毕.

定理 2.34 的证明　假设 $f(k_1^{m_1}\cdot k_2^{m_2}\cdot\cdots\cdot k_l^{m_l})=4(k_1^{m_1}\cdot k_2^{m_2}\cdot\cdots\cdot k_l^{m_l}-1)+1$, $k_1,\cdots,k_l$ 为质数,$l\geqslant 1$ 成立. 下面证明以下式子成立:

(1) $f(k_1^{m_1+1}\cdot k_2^{m_2}\cdot\cdots\cdot k_l^{m_l})=4(k_1^{m_1+1}\cdot k_2^{m_2}\cdot\cdots\cdot k_l^{m_l}-1)+1$.

(2) $f(k_1^{m_1}\cdot k_2^{m_2+1}\cdot\cdots\cdot k_l^{m_l})=4(k_1^{m_1}\cdot k_2^{m_2+1}\cdot\cdots\cdot k_l^{m_l}-1)+1$.

……

(3) $f(k_1^{m_1}\cdot k_2^{m_2}\cdot\cdots\cdot k_l^{m_l+1})=4(k_1^{m_1}\cdot k_2^{m_2}\cdot\cdots\cdot k_l^{m_l+1}-1)+1$.

先证(1):平面上任意 $4(k_1^{m_1+1}\cdot k_2^{m_2}\cdot\cdots\cdot k_l^{m_l}-1)+1$ 个整点 $A_1,A_2,\cdots,$

$A_{t_{(m_1+1)}}$，令 $A^{(1)}=\{A_1,A_2,\cdots,A_{t_{(m_1+1)}}\}$，其中 $t_{(m_1+1)}=4(k_1^{m_1+1}\cdot k_2^{m_2}\cdot\cdots\cdot k_l^{m_l}-1)+1$. 由 $f(k_1)=4(k_1-1)+1$，$A^{(1)}$ 中存在 k_1 个点如 $A_1,\cdots,A_{k_1}$，其重心 B_1 为整点，$A^{(2)}=A^{(1)}/\{A_1,\cdots,A_{k_1}\}$，由 $f(k_1)=4(k_1-1)+1$，$A^{(2)}$ 中有 k_1 个点 $A_{k_1+1},\cdots,A_{2k_1}$，其重心为 B_2，依次类推到 t_{m_1}（$t_{m_1}=4(k_1^{m_1}\cdot\cdots\cdot k_l^{m_l}-1)+1$），$A^{t_{m_1}}$ 中有 $4(k_1^{m_1+1}\cdot\cdots\cdot k_l^{m_l}-1)+1-k_1(4(k_1^{m_1}\cdot\cdots\cdot k_l^{m_l}))$ 个点. $A^{(t_{m_1})}$ 中有 k_1 个点 $A_{k_1t_{m_1}-k_1+1},\cdots,A_{k_1t_{m_1}}$，重心 $B_{t_{m_1}}$ 为整点. 则令 $B=\{B_1,B_2,\cdots,B_{t_{m_1}}\}$，由前面的归纳得出必有 $k_1^{m_1}\cdot k_2^{m_2}\cdot\cdots\cdot k_l^{m_l}$ 个整点的重心为整点，设为 $B_1,B_2,\cdots,B_{k_1^{m_1}\cdot k_2^{m_2}\cdot\cdots\cdot k_l^{m_l}}$，其重心记为 P，

$$
\begin{aligned}
P&=\frac{B_1+B_2+\cdots+B_{k_1^{m_1}\cdot k_2^{m_2}\cdot\cdots\cdot k_l^{m_l}}}{k_1^{m_1}\cdot k_2^{m_2}\cdot\cdots\cdot k_l^{m_l}}\\
&=\frac{\dfrac{A_1+\cdots+A_{k_1}}{k_1}+\cdots+\dfrac{A_{k_1^{m_1+1}\cdot\cdots\cdot k_l^{m_l}-k_1+1}+\cdots+A_{k_1^{m_1+1}\cdot\cdots\cdot k_l^{m_l}}}{k_1}}{k_1^{m_1}\cdot k_2^{m_2}\cdot\cdots\cdot k_l^{m_l}}\\
&=\frac{A_1+\cdots+A_{k_1^{m_1+1}\cdot k_2^{m_2}\cdot\cdots\cdot k_l^{m_l}}}{k_1^{m_1+1}\cdot k_2^{m_2}\cdot\cdots\cdot k_l^{m_l}},
\end{aligned}
$$

$A^{(1)}$ 包含 $k_1^{m_1+1}\cdot k_2^{m_2}\cdot\cdots\cdot k_l^{m_l}$ 个整点 $A_1,A_2,\cdots,A_{k_1^{m_1+1}\cdot k_2^{m_2}\cdot\cdots\cdot k_l^{m_l}}$ 的重心 P 为整点.

因此，$f(k_1^{m_1+1}\cdot k_2^{m_2}\cdot\cdots\cdot k_l^{m_l})=4(k_1^{m_1+1}\cdot k_2^{m_2}\cdot\cdots\cdot k_l^{m_l}-1)+1$.

然后证(2)：平面上任意 $4(k_1^{m_1}\cdot k_2^{m_2+1}\cdot\cdots\cdot k_l^{m_l}-1)+1$ 个整点 $A_1,A_2,\cdots,A_{s_{m_2+1}}$，令 $A^{(1)}=\{A_1,A_2,\cdots,A_{s_{m_2+1}}\}$，$s_{m_2+1}=4(k_1^{m_1}\cdot k_2^{m_2+1}\cdot\cdots\cdot k_l^{m_l}-1)+1$. 由于满足条件 $f(k_2)=4(k_2-1)+1$，所以 $A^{(1)}$ 中有 k_2 个点 $A_1,A_2,\cdots,A_{k_2}$，k_2 个点的重心 B_1 为整点，$A^{(2)}=A^{(1)}/\{A_1,A_2,\cdots,A_{k_2}\}$. $A^{(2)}$ 中有 k_2 个点 $A_{k_2+1},A_{k_2+2},\cdots,A_{2k_2}$，同样由条件 $f(k_2)=4(k_2-1)+1$，设重心 B_2 为整点，依次类推至 s_{m_2}（$s_{m_2}=4(k_1^{m_1}\cdot k_2^{m_2}\cdot\cdots\cdot k_l^{m_l}-1)+1$）. $A^{(s_{m_2})}$ 包含 $4(k_1^{m_1}\cdot k_2^{m_2+1}\cdot\cdots\cdot k_l^{m_l})+1-k_2(4(k_1^{m_1}\cdot k_2^{m_2}\cdot\cdots\cdot k_l^{m_l}-1))$ 个点，$A^{s_{m_2}}$ 中有 k_2 个点 $A_{k_2s_{m_2}-k_2+1},\cdots,A_{k_2s_{m_2}-1},A_{k_2s_{m_2}}$，重心 $B_{s_{m_2}}$ 为整点. 整点集 $B=\{B_1,B_2,\cdots,B_{s_{m_2}}\}$，其中定有 $k_1^{m_1}\cdot k_2^{m_2}\cdot\cdots\cdot k_l^{m_l}$ 个整点的重心为整点，如 $B_1,B_2,\cdots,B_{k_1^{m_1}\cdot k_2^{m_2}\cdots\cdot k_l^{m_l}}$ 的重心 C 为整点，

$$
\begin{aligned}
C&=\frac{B_1+\cdots+B_{k_1^{m_1}\cdot k_2^{m_2}\cdot\cdots\cdot k_l^{m_l}}}{k_1^{m_1}\cdot k_2^{m_2}\cdot\cdots\cdot k_l^{m_l}}\\
&=\frac{\dfrac{A_1+\cdots+A_{k_2}}{k_2}+\cdots+\dfrac{A_{k_1^{m_1}\cdot k_2^{m_2+1}\cdot\cdots\cdot k_l^{m_l}-k_2+1}+\cdots+A_{k_1^{m_1}\cdot k_2^{m_2+1}\cdot\cdots\cdot k_l^{m_l}}}{k_2}}{k_1^{m_1}\cdot k_2^{m_2}\cdot\cdots\cdot k_l^{m_l}}\\
&=\frac{A_1+\cdots+A_{k_1^{m_1}\cdot k_2^{m_2+1}\cdot\cdots\cdot k_l^{m_l}}}{k_1^{m_1}\cdot k_2^{m_2+1}\cdot\cdots\cdot k_l^{m_l}},
\end{aligned}
$$

$A^{(1)}$中有 $k_1^{m_1}\cdot k_2^{m_2+1}\cdot\cdots\cdot k_l^{m_l}$ 个整点 $A_1,A_2,\cdots,A_{k_1^{m_1}\cdot k_2^{m_2+1}\cdot\cdots\cdot k_l^{m_l}}$ 的重心 C 为整点.

因此,$f(k_1^{m_1}\cdot k_2^{m_2+1}\cdot\cdots\cdot k_l^{m_l})=4(k_1^{m_1}\cdot k_2^{m_2+1}\cdot\cdots\cdot k_l^{m_l}-1)+1$.

对于(3)的情况可仿照上述方法,最后得出(3)成立,从而

$$f(k_1^{m_1}\cdot k_2^{m_2}\cdot\cdots\cdot k_l^{m_l})=4(k_1^{m_1}\cdot k_2^{m_2}\cdot\cdots\cdot k_l^{m_l}-1)+1$$

成立.证毕.

下面考虑三维空间情形.

当 $n=2$ 时,$f(2)=9$.将 k 个点的坐标都表示成模 2 的剩余,则它将落在正方体

$$\{(x,y,z)\mid 0\leqslant x\leqslant 1,0\leqslant y\leqslant 1,0\leqslant z\leqslant 1\}$$

的顶点上.(0,0,0),(0,0,1),(0,1,0),(0,1,1),(1,0,0),(1,0,1),(1,1,0),(1,1,1)为 8 个整点,且任意两点的中点均不为整点,因此有 $f(2)\geqslant 9$.假设有 k 个整点,且 $k\geqslant 9$,由鸽巢原理,这 k 个整点必有两点重合,且中点为整点.

当 $n=3$ 时,将 k 个点的坐标都表示成模 3 的剩余,则它落在正方体 $\{(x,y,z)\mid 0\leqslant x\leqslant 2,0\leqslant y\leqslant 2,0\leqslant z\leqslant 2\}$的整点网格中,即正方体内的 27 个整点.将该正方体用平面 $z=0,z=1,z=2$ 截成三个平面正方形,分别记为 A,B,C,每个正方形都满足二维平面的情形,即 k 个点至少将落入 5 个不同的网点,且 5 个网点中必然存在三元组.因此,在正方体内网点数为 12 个时满足条件,此时 $k\leqslant 24$.当网点数为 10 个时,只需考虑正方形的网点为 4,4,2 的情形,设正方形 A 中有 4 个,B 中有 4 个,C 中有 3 个.当 A 和 B 中的 4 个网点均不存在三元组时,则 C 中必存在一点与 A 和 B 中的网点构成不同行不同列,从而它们构成一个空间的三元组.同样可知,当网点数为 9 时不满足.因此有定理 2.35 成立.

对于三维空间的情形,也可根据定理 2.32 的方法进行拓展,即求解如下问题:

在三维空间上有 L 个整点,$A_i=(x_i,y_i,z_i)(i=1,2,\cdots,L)$,若要使其中任意 n 个整点其几何中心 $p=\left(\frac{1}{n}\sum_{i=1}^{n}x_i,\frac{1}{n}\sum_{i=1}^{n}y_i,\frac{1}{n}\sum_{i=1}^{n}z_i\right)(i=1,2,\cdots,n)$ 为整点,则 L 应满足什么条件[10]? 以 M 表示由这 L 个整点所成之集,$|M|=L$.

令 $M_i=\{A_j\mid A_j\in M$ 且 x_j 除以 n 所得余数为$i\}(i=0,1,2,\cdots,n-1)$,$M_i\subseteq M$ $(i=0,1,2,\cdots,n-1)$,且 $\bigcup_{i=0}^{n-1}M_i=M$,由鸽巢原理,存在 $k_1(0\leqslant k_1\leqslant n-1)$,$|M_{k_1}|\geqslant\left[\frac{L-1}{n}\right]+1$,令$\left[\frac{L-1}{n}\right]+1=m$,不妨设 M_{k_1} 中含有点 $A_1,A_2,\cdots,A_m$.

令 $C=\{A_1,A_2,\cdots,A_m\}$.并令

$$C_t=\{A_j\mid A_j\in C\text{ 且 }y_j\text{ 除以 }n\text{ 余数为 }t\}\quad(t=0,1,\cdots,n-1),$$

其中 $C_t\subseteq C(t=0,1,\cdots,n-1)$,且 $\bigcup_{t=0}^{n-1}C_t=C$.

由鸽巢原理，存在 $k_2(0\leqslant k_2\leqslant n-1)$，$|C_{k_2}|\geqslant\left[\frac{m-1}{n}\right]+1$，令$\left[\frac{m-1}{n}\right]+1=q$，同样设 C_{k_2} 中含有点 $A_1,A_2,\cdots,A_q$，令 $D=\{A_1,A_2,\cdots,A_q\}$. 并令 $D_s=\{A_j\mid A_j\in D$ 且 z_j 除以 n 余数为 $s\}(s=0,1,\cdots,n-1)$，其中 $D_s\subseteq D(s=0,1,\cdots,n-1)$，且 $\bigcup_{s=0}^{n-1}D_s=D$.

(1) 若 $D_0,D_1,\cdots,D_{n-1}$ 均不是空集，设 $A_{k_1k_20},A_{k_1k_21},\cdots,A_{k_1k_2n-1}$ 分别为 $D_0,D_1,\cdots,D_{n-1}$ 中的元，则 $x_{k_1k_20},x_{k_1k_21},\cdots,x_{k_1k_2n-1}$ 除以 n 所得余数为 k_1，$y_{k_1k_20},y_{k_1k_21},\cdots,y_{k_1k_2n-1}$ 除以 n 所得余数为 k_2，$z_{k_1k_20},z_{k_1k_21},\cdots,z_{k_1k_2n-1}$ 除以 n 的余数为 $0,1,\cdots,n-1$. 因此，需要满足 $n\left|\frac{(n-1)n}{2}\right.$，即 n 为奇数.

(2) 若 $D_0,D_1,\cdots,D_{n-1}$ 中至少有一个空集，设为 $D_0,D_1,\cdots,D_{n-2}$，由鸽巢原理，存在 p，$|D_p|\geqslant\left[\frac{q-1}{n}\right]+1$，令$\left[\frac{q-1}{n}\right]+1=r$，设 $A_{p1},A_{p2},\cdots,A_{pr}$ 是 D_p 中的元，则 $x_{p1},x_{p2},\cdots,x_{pr}$ 除以 n 所得余数为 k_1，$y_{p1},y_{p2},\cdots,y_{pr}$ 除以 n 所得余数为 k_2，$z_{p1},z_{p2},\cdots,z_{pr}$ 除以 n 所得余数为 p. 当 $r=n$ 时，$A_{p1},A_{p2},\cdots,A_{pr}$ 为 n 个点且其重心为

$$p=\left(\frac{1}{n}\sum_{i=1}^{n}x_i,\frac{1}{n}\sum_{i=1}^{n}y_i,\frac{1}{n}\sum_{i=1}^{n}z_i\right)\quad(i=1,2,\cdots,n).$$

此时 $L=n^2(n-1)^2+1$. 由此得到定理 2.36.

下面考虑三维空间解的改进情况.

假设三维空间中任取 L 个整点 $A_i=(x_i,y_i,z_i)(i=1,2,\cdots,L)$，则存在 n 个整点其重心为整点. 将 L 个点的坐标都表示成模 n 的剩余，则它将落在正方体 $\{(x,y,z)\mid 0\leqslant x\leqslant n-1,0\leqslant y\leqslant n-1,0\leqslant z\leqslant n-1\}$ 的顶点上. 将正方体分成 n 层，每一层都为 $n\times n$ 的正方形. 每一层正方形的网格都可以看作由二维平面时每个点的坐标模 n 的剩余组成.

由定理 2.34 可知，$4n-3$ 为满足条件的最优解，若存在 n 个点落入同一网点，则该 n 个点的重心为整点. 若至多有 $n-1$ 个整点落入同一个网点，由 $\frac{4n-3}{n-1}=\frac{4(n-1)+1}{n-1}=4+\frac{1}{n-1}$，则 $4n-3$ 个整点至少将落入 5 个不同的网点. 在空间正方体中，若满足至少落入 $n\times 4+1$ 个不同的网点，则其必然存在 n 个整点其重心也是整点. 因此证明了定理 2.37.

下面研究 m 维空间情形.

定理 2.38 的证明　在 m 维空间中有 r_0 个整点，$p_i=(x_i^{(1)},x_i^{(2)},x_i^{(3)},\cdots,x_i^{m})$ $(i=1,\cdots,r_0)$，令 $B^{(1)}$ 表示由这 r_0 个整点所成之集，即 $|B^{(1)}|=r_0$[11].

令

$$B_i^{(1)} = \{ p_j \mid p_j \in B^{(1)} \text{ 且 } x_j^{(1)} \text{ 除以} n \text{ 所得余数为} i \},$$

其中 $i=0,1,2,\cdots,n-1$，$B_i^{(1)} \subseteq B^{(1)}$，$\bigcup_{i=0}^{n-1} B_i^{(1)} = B^{(1)}$. 由鸽巢原理，存在 $k_1(0 \leqslant k_1 \leqslant n-1)$，$|B_{k_1}^{(1)}| \geqslant \left[\frac{r_0-1}{n}\right]+1=r_1$，不妨设 B_{k_1} 中含有点 $p_1,p_2,\cdots,p_{r_1}$，令 $B^{(2)}=\{p_1,p_2,\cdots,p_{r_1}\}$，$|B^{(2)}|=r_1$.

令

$$B_i^{(2)} = \{ p_j \mid p_j \in B^{(2)} \text{ 且 } x_j^{(2)} \text{ 除以} n \text{ 所得余数为} i \},$$

其中 $i=0,1,2,\cdots,n-1$，$B_i^{(2)} \subseteq B^{(2)}$，$\bigcup_{i=0}^{n-1} B_i^{(2)} = B^{(2)}$. 由鸽巢原理，存在 $k_2(0 \leqslant k_2 \leqslant n-1)$，$|B_{k_2}^{(2)}| \geqslant \left[\frac{r_1-1}{n}\right]+1=r_2$.

不妨设 B_{k_2} 中含有点 $p_1,p_2,\cdots,p_{r_2}$，令 $B^{(3)}=\{p_1,p_2,\cdots,p_{r_2}\}$，$|B^{(3)}|=r_2$.

用以上方法做下去. 令 $B_i^{(m)}=\{p_j \mid p_j \in B^{(m)}$ 且 $x_j^{(m)}$ 除以 n 所得余数为 $i\}$ $(i=0,1,2,\cdots,n-1)$，$B_i^{(m)} \subseteq B^{(m)}$，$\bigcup_{i=0}^{n-1} B_i^{(m)} = B^{(m)}$.

(1) 若 $B_0^{(m)},B_1^{(m)},\cdots,B_{n-1}^{(m)}$ 均不是空集，设 $p_{k_{(m-1)0}},p_{k_{(m-1)1}},\cdots,p_{k_{(m-1)n-1}}$ 分别是 $B_0^{(m)},B_1^{(m)},\cdots,B_{n-1}^{(m)}$ 中的元，则 $x_{k_{(m-1)0}}^{(1)},x_{k_{(m-1)1}}^{(1)},\cdots,x_{k_{(m-1)n-1}}^{(1)}$ 除以 n 所得余数为 k_1. $x_{k_{(m-1)0}}^{(2)},x_{k_{(m-1)1}}^{(2)},\cdots,x_{k_{(m-1)n-1}}^{(2)}$ 除以 n 所得余数为 k_2，$x_{k_{(m-1)0}}^{(m)},x_{k_{(m-1)1}}^{(m)},\cdots,x_{k_{(m-1)n-1}}^{(m)}$ 除以 n 所得余数为 $0,1,\cdots,n-1$，因此，需要满足 $n \left| \frac{(n-1)n}{2} \right.$，即 n 为奇数.

(2) 若 $B_0^{(m)},B_1^{(m)},\cdots,B_{n-1}^{(m)}$ 中至少有一个空集，设为 $p_{k_{(m-1)0}},p_{k_{(m-1)1}},\cdots,p_{k_{(m-1)n-2}}$，由鸽巢原理，存在 k_{m+1}，$|B_{k_{m+1}}^{(m)}| \geqslant \left[\frac{r_{m-1}-1}{n}\right]+1$，令 $\left[\frac{r_{m-1}-1}{n}\right]+1=r_m$，设 $p_{k_m1},p_{k_m2},\cdots,p_{k_mr_m}$ 是其中的元，则 $x_{k_m1}^{(1)},x_{k_m2}^{(1)},\cdots,x_{k_mr_m}^{(1)}$ 除以 n 所得余数为 k_1，$x_{k_m1}^{(2)},x_{k_m2}^{(2)},\cdots,x_{k_mr_m}^{(2)}$ 除以 n 所得余数为 k_2，$\cdots$，$x_{k_m1}^{(m)},x_{k_m2}^{(m)},\cdots,x_{k_mr_m}^{(m)}$ 除以 n 所得余数为 k_{m+1}. 当 $r_m=n$ 时，$p_{k_m1},p_{k_m2},\cdots,p_{k_mr_m}$ 为 n 个点且其重心为

$$p = \left(\frac{1}{n}\sum_{i=1}^{n} x_i^{(1)},\frac{1}{n}\sum_{i=1}^{n} x_i^{(2)},\cdots,\frac{1}{n}\sum_{i=1}^{n} x_i^{(m)}\right) \quad (i=1,2,\cdots,n),$$

此时 $r_0=n^{m-1}(n-1)^2+1$. 证毕.

定理 2.39 的证明 利用数学归纳法，当 $m=2$ 和 $m=3$ 时结论成立. 假设在 $m-1$ 维空间中成立，即在 $m-1$ 维空间中任取 $4n^{m-3}(n-1)+1$ 个整点，其中必存在 n 个整点其重心也是整点. 下面证明对于 m 维空间也成立.

在 $m-1$ 维空间中满足条件的点为 $4n^{m-3}(n-1)+1$ 个. 将这些点记作 $p_i=$

$(x_i^{(1)}, x_i^{(2)}, x_i^{(3)}, \cdots, x_i^{m-1})(i=1,\cdots,l)$，其中 $l=4n^{m-3}(n-1)+1$. 将这些整点的坐标都模 n 剩余，则它们落在 $m-1$ 维空间中的整点网点 E 中. 若存在 n 个点落入同一网点，则该 n 个点的重心为整点. 若至多有 $n-1$ 个整点落入同一个网点，则至少有 $4n^{m-3}+1$ 个不同的网点. 将 m 维空间分成无数个 $m-1$ 维空间，空间中整点的坐标模 n 剩余可看作落在 n 个相同的 E 中，此时 $4n^{m-2}+1$ 个不同的网点，$4n^{m-2}(n-1)+1$ 个整点即满足条件.

参考文献

[1] 姜建国，岳建国. 组合数学[M]. 2版. 西安：西安电子科技大学出版社，2007：1-2.

[2] Reiher C. On Kemnitz conjecture concerning lattice-points in the plane[J]. Ramanujan J，2007，13：2-3.

[3] Savchev S，Chen Fang. Kemnitz'conjecture revisited[J]. Discrete Mathematics，2005，3：1-2.

[4] 许胤龙，孙淑玲. 组合数学引论[M]. 2版. 合肥：中国科学技术大学出版社，2010：10-11.

[5] 田秋成. 组合数学[M]. 北京：电子工业出版社，2006：133-134.

[6] 慕运动. 平面格点形心问题研究[J]. 河南科学，2001，19(2)：2-3.

[7] 康庆德. 组合数学笔记[M]. 北京：科学出版社，2009：148-149.

[8] 张学东. 平面格点的形心问题[J]. 河南教育学院学报，2004，13(2)：1-2.

[9] 王晓凯. 格点形心问题的若干结果[J]. 运筹学学报，2002，6(2)：70-71.

2.9　$n(n\geqslant 2)$个正整数线性组合的若干性质

1988年孙乾给出如下结论：若 a,b 为正整数，且 $(a,b)=l$，则有：

(1) 对任何正整数 k，存在正整数 m,n，使得 $[a,b]+kl=ma+nb$；

(2) 对任何正整数 m,n，都有 $[a,b]\neq ma+nb$.

以下将考虑以上两个正整数的一般情形.

为叙述方便，将 n 个正整数 $a_1,a_2,\cdots,a_n$ 的最小公倍数记为 A_n，将其中不含 a_i 的 $n-1$ 个正整数 $a_1,\cdots,a_{i-1},a_{i+1},\cdots,a_n$ 的最大公约数记为 d_i，即

$$A_n=[a_1,a_2,\cdots,a_n],\quad d_i=(a_1,\cdots,a_{i-1},a_{i+1},\cdots,a_n).$$

引理2.18　在 $n(n\geqslant 2)$ 个互不相同的正整数 $a_1,a_2,\cdots,a_n$ 中，如 $(a_1,a_2)=1$，则

$$A_n>d_1+d_2+(n-3)\max_{1\leqslant i\leqslant 2} d_i.$$

(注：当 $n=2$ 时，$d_1=a_2$，$d_2=a_1$.)

证明　因为 $d_1=(a_2,a_3,\cdots,a_n)$，$d_2=(a_1,a_3,\cdots,a_n)$，$(a_1,a_2)=1$，所以

$(d_1,d_2)=1$.

如 $d_1=d_2$，那么 $d_1=d_2=1$，此时 $d_1+d_2+(n-3)\max\limits_{1\leqslant i\leqslant 2} d_i=1+1+(n-3)\times 1=n-1$. 因 $a_1,a_2,\cdots,a_n$ 为 n 个互不相同的正整数，所以 $\max\limits_{1\leqslant i\leqslant n} a_i\geqslant n$，而 $\max\limits_{1\leqslant i\leqslant n} a_i \mid A_n$，于是

$$A_n\geqslant\max_{1\leqslant i\leqslant n} a_i\geqslant n>n-1=d_1+d_2+(n-3)\max_{1\leqslant i\leqslant 2} d_i.$$

如 $d_1\neq d_2$，则 $d_1>d_2$ 或 $d_1<d_2$. 若 $d_1>d_2$，因 $d_1\mid a_i$，所以 $a_i=a_i'd_1$（a_i' 是正整数，$i=2,3,\cdots,n$）. 又 $a_2,a_3,\cdots,a_n$ 是 $n-1$ 个互不相同的正整数，所以 a_2'，$a_3',\cdots,a_n'$ 是 $n-1$ 个互不相同的正整数，因此 $\max\limits_{2\leqslant i\leqslant n} a_i'\geqslant n-1$，即 $\max\limits_{2\leqslant i\leqslant n} a_i\geqslant(n-1)d_1$，所以

$$A_n\geqslant\max_{2\leqslant i\leqslant n} a_i\geqslant(n-1)d_1=2d_1+(n-3)d_1>d_1+d_2+(n-3)d_1.$$

故 $d_1>d_2$ 时，命题为真. 若 $d_1<d_2$，同理可证. 证毕.

定理 2.40　在 $n(n\geqslant 3)$ 个互不相同的正整数 $a_1,a_2,\cdots,a_n$ 中，如 $(a_1,a_2)=1$，则对任何非负整数 k，都存在 n 个正整数 $m_1,m_2,\cdots,m_n$，使得 $A_n+k=\sum\limits_{i=1}^{n} m_i d_i$.

证明　由引理 2.18，$A_n>d_1+d_2+(n-3)\max\limits_{1\leqslant i\leqslant 2} d_i$，因此总存在正整数 m_1，m_2，使得 $A_n>m_1d_1+m_2d_2+(n-3)$（因可取 $m_1=m_2=1$，又 $\max\limits_{1\leqslant i\leqslant 2} d_i\geqslant 1$，故得），所以对任何非负整数 k 有 $A_n+k-(m_1d_1+m_2d_2+(n-3))>0$. 如 $n=3$，取

$$m_3=A_3+k-(m_1d_1+m_2d_2)>0,$$

所以 m_3 是正整数. 而 $(a_1,a_2)=d_3=1$，所以

$$d_3\cdot m_3=m_3=A_3+k-(m_1d_1+m_2d_2),$$

即

$$A_3+k=\sum_{i=1}^{3} m_i d_i.$$

故 $n=3$ 时命题为真. 如 $n>3$，取

$$m_3=\cdots=m_{n-1}=1,\quad m_n=A_n+k-(m_1d_1+m_2d_2+n-3)>0,$$

所以，m_n 是正整数，且 $A_n+k=m_1d_1+m_2d_2+(n-3)+m_n$. 又因

$$(a_1,a_2)=1,\quad d_i=(a_1,\cdots,a_{i-1},a_{i+1},\cdots,a_n),$$

即 $d_3=\cdots=d_{n-1}=d_n=1$，所以 $\sum\limits_{i=3}^{n-1} m_i d_i=n-3$. 因此 $A_n+k=\sum\limits_{i=1}^{n} m_i d_i$. 证毕.

定理 2.41　给定 $n(n\geqslant 3)$ 个互不相同的正整数 $a_1,a_2,\cdots,a_n$，对任何非负数 k，都存在 n 个正整数 $m_1,m_2,\cdots,m_n$，使得

$$A_n + k(a_1, a_2, \cdots, a_n) = \sum_{i=1}^{n} m_i d_i.$$

证明　设$(a_1, a_2, \cdots, a_n) = d$,那么 $a_i = a'_i d$(a'_i为正整数,$i = 1, 2, \cdots, n$),所以$(a'_1, a'_2, \cdots, a'_n) = 1$,因此 $a'_1, a'_2, \cdots, a'_n$中至少有两个互质,不妨设$(a'_1, a'_2) = 1$ ($(a'_i, a'_j) = 1, i, j \in \{1, 2, \cdots, n\}$,同理可证).记 $A'_n = [a'_1, a'_2, \cdots, a'_n]$,$d'_i = (a'_1, \cdots, a'_{i-1}, a'_{i+1}, \cdots, a'_n)$($i = 1, 2, \cdots, n$).由定理 2.40,对任何非负整数 k,都存在 n 个正整数$m_1, m_2, \cdots, m_n$,使得

$$A'_n + k = \sum_{i=1}^{n} m_i d'_i.$$

由于 $a_i = a'_i d$($i = 1, 2, \cdots, n$),所以 $dA'_n + kd = \sum\limits_{i=1}^{n} m_i d d'_i$.即

$$A_n + k(a_1, a_2, \cdots, a_n) = \sum_{i=1}^{n} m_i d_i.$$

证毕.

在定理 2.41 中,取 $k = 0$ 则得以下推论:

推论 2.8　对任何 n($n \geqslant 3$)个互不相同的正整数 $a_1, a_2, \cdots, a_n$,有 $A_n \geqslant \sum\limits_{i=1}^{n} d_i$.

我们还可以证明如下结论:

定理 2.42　对任何 n($n \geqslant 4$)个互不相同的正整数 $a_1, a_2, \cdots, a_n$,有 $A_n > \sum\limits_{i=1}^{n} d_i$.

证明　设$(a_1, a_2, \cdots, a_n) = d$,那么 $a_i = a'_i d$(a'_i为正整数,$i = 1, 2, \cdots, n$),所以

$$(a'_1, a'_2, \cdots, a'_n) = 1,$$

因此 $a'_1, a'_2, \cdots, a'_n$中至少有两个互质,不妨设$(a'_1, a'_2) = 1$.记

$$d'_i = (a'_1, \cdots, a'_{i-1}, a'_{i+1}, \cdots, a'_n), \quad A'_n = [a'_1, a'_2, \cdots, a'_n].$$

因为$(a'_1, a'_2) = 1$,所以

$$(d'_1, d'_2) = 1, \quad d'_3 = \cdots = d'_n = 1.$$

由引理 2.18 有

$$A'_n > d'_1 + d'_2 + (n - 3) \max_{1 \leqslant i \leqslant 2} d'_i.$$

若 $d'_1 \neq d'_2$,则$\max\limits_{1 \leqslant i \leqslant 2} d'_i \geqslant 2$.又 $n \geqslant 4$,即 $2(n - 3) \geqslant n - 2$,所以

$$A'_n > d'_1 + d'_2 + 2(n - 3) \geqslant d'_1 + d'_2 + n - 2 = \sum_{i=1}^{n} d'_i,$$

即

$$A'_n > \sum_{i=1}^{n} d'_i.$$

两边同乘 d 得 $dA'_n > \sum_{i=1}^{n} dd'_i$，即 $A_n > \sum_{i=1}^{n} d_i$.

若 $d'_1 = d'_2$，而 $(d'_1, d'_2) = 1$，因此 $d'_1 = d'_2 = 1$ 且

$$d'_i = 1 \quad (i = 1,2,\cdots,n), \quad \sum_{i=1}^{n} d'_i = n.$$

现在要证 $A'_n > \sum_{i=1}^{n} d'_i = n$.

因 $a_1, a_2, \cdots, a_n$ 为 n 个互不相同的正整数，所以 $a'_1, a'_2, \cdots, a'_n$ 也是 n 个互不相同的正整数，故 $\max\limits_{1\leqslant i\leqslant n} a_i \geqslant n$. 若 $\max\limits_{1\leqslant i\leqslant n} a'_i \geqslant n$，因 $\max\limits_{1\leqslant i\leqslant n} a'_i \mid A'_n$，所以

$$A'_n \geqslant \max_{1\leqslant i\leqslant n} a'_i > n = \sum_{i=1}^{n} d'_i;$$

若 $\max\limits_{1\leqslant i\leqslant n} a'_i = n$，由 a'_i 的意义知，$a'_1, a'_2, \cdots, a'_n$ 是 $1,2,\cdots,n$ 的一个排列，所以 n 与 $n-1$ 都整除 A'_n. 又 $n \geqslant 4$，所以 $A'_n \geqslant n(n-1) > n$. 总之

$$A'_n > \sum_{i=1}^{n} d'_i = n.$$

于是 $dA'_n > \sum_{i=1}^{n} dd'_i$，即 $A_n > \sum_{i=1}^{n} d_i$. 证毕.

第3章　数论函数

3.1　一个调和数问题的解决

对于正整数 n,若存在正整数 k 使得 $\sum_{d \mid n} \frac{1}{d} = k$,则称 n 为调和数.易知调和数必为多倍完全数.关于调和数以及多倍完全数的研究,已有不少文献[1-9].设 $\omega(n)$是正整数 n 的不同的素因子的个数,1975年,Pomerance 证明了如果调和数 n 适合 $\omega(n)=2$,那么 n 是偶完全数.Guy R K 在文献[2]中的问题 B2 中猜想:对于任意的正整数 a,b,c 以及三个不同的素数 p,q,r,如果 $n=p^a q^b r^c$ 是调和数,则 n 为偶数.以下我们将给出肯定的回答,并进一步给出如下结论:

定理 3.1　$\forall\, 2\leqslant s\leqslant 7, s\in \mathbf{N}, p_1<p_2<\cdots<p_s$ 是素数,$\alpha_1,\alpha_2,\cdots,\alpha_s$ 是非负整数,如果 $n=\prod_{i=1}^{s} p_i^{\alpha_i}$ 是调和数,那么 n 为偶数.

推论 3.1　对于任意的正整数 a,b,c 以及三个不同的素数 p,q,r,如果 $n=p^a q^b r^c$ 是调和数,那么 n 为偶数.

1. 引理

设 n 是大于1的正整数,它的标准分解式

$$n = \prod_{i=1}^{s} p_i^{\alpha_i}, \tag{3.1}$$

$\omega(n)=s$,这里 $p_1,p_2,\cdots,p_s$ 是适合 $p_1<p_2<\cdots<p_s$ 的素数,$\alpha_1,\alpha_2,\cdots,\alpha_s$ 是非负整数.记

$$\sigma_\lambda(n) = \sum_{d \mid n} d^\lambda \quad (d>0), \tag{3.2}$$

则 $\sigma_\lambda(n)$称为 n 的 λ 阶约数和函数,我们知道它为积性函数[11],且

$$\sigma_\lambda(n) = \prod_{i=1}^{s} \frac{p_i^{\lambda(\alpha_i+1)}-1}{p_i^\lambda - 1}. \tag{3.3}$$

引理 3.1　如果 n 是调和数,则存在大于 1 的正整数 k,使得

$$\sigma(n) = kn. \tag{3.4}$$

证明　设 n 有标准分解式式(3.1),根据调和数的定义,由式(3.2)可知,有正整数 k 适合

$$\sum_{d \mid n} d^{-1} = \sigma_{-1}(n) = k. \tag{3.5}$$

因为 n 必有约数 1,所以式(3.5)中的 $k>1$. 由式(3.3)与式(3.5)即得

$$\sigma_{-1}(n) = \prod_{i=1}^{s} \frac{p_i^{-(\alpha_i+1)} - 1}{p_i^{-1} - 1} = \prod_{i=1}^{s} \frac{p_i^{\alpha_i+1} - 1}{p_i^{\alpha_i}(p_i - 1)}. \tag{3.6}$$

由于 $\sigma(n) = \prod_{i=1}^{s} \frac{p_i^{\alpha_i+1} - 1}{p_i - 1}$,将此式与式(3.1)代入式(3.6)即可得式(3.4).

引理 3.2　如果 n 是奇完全数,则 $\omega(n) \geqslant 8$.

证明见文献[10].

2. 定理的证明

只要证 n 为奇数时,且 $\omega(n)=s, 2\leqslant s\leqslant 7$,那么 n 不可能是调和数即可.

设 n 的标准分解式为式(3.1),$p_1, p_2, \cdots, p_s$ 是适合 $p_1<p_2<\cdots<p_s$ 的奇素数,$\alpha_1, \alpha_2, \cdots, \alpha_s$ 是非负整数. 根据引理 3.1 可知,如 n 是调和数,则有大于 1 的正整数 k 适合

$$\prod_{i=1}^{s} \frac{p_i^{\alpha_i+1} - 1}{p_i - 1} = \sigma(n) = kn = k\prod_{i=1}^{s} p_i^{\alpha_i}.$$

因为

$$\frac{1}{p_i^{\alpha_i}} \frac{p_i^{\alpha_i+1} - 1}{p_i - 1} = 1 + \frac{1}{p_i} + \cdots + \frac{1}{p_i^{\alpha_i}} < \sum_{m=0}^{\infty} \frac{1}{p_i^m} = \frac{p_i}{p_i - 1} \quad (i = 1,2,\cdots,s), \tag{3.7}$$

所以 $\sigma_{-1}(n) = \prod_{i=1}^{s} \frac{p_i^{\alpha_i+1} - 1}{p_i^{\alpha_i}(p_i - 1)} < \prod_{i=1}^{s} \frac{p_i}{p_i - 1}$.

另一方面,$p_i \in [3, +\infty)$,从而 $\frac{p_i}{p_i - 1} > 1$,所以 $\forall\, 2\leqslant s\leqslant 7, s\in \mathbf{N}$,有

$$\prod_{i=1}^{s} \frac{p_i}{p_i - 1} \leqslant \prod_{i=1}^{7} \frac{p_i}{p_i - 1}. \tag{3.8}$$

由于函数 $f(x) = \frac{x}{x-1}\,(x\in[3, +\infty))$ 为单调减函数,以及 $p_1, p_2, \cdots, p_s$ 是适合 $3\leqslant p_1<p_2<\cdots<p_s$ 的奇素数,所以由式(3.6)~式(3.8)得到

$$\sigma_{-1}(n) < \frac{3}{3-1}\,\frac{5}{5-1}\,\frac{7}{7-1}\,\frac{11}{11-1}\,\frac{13}{13-1}\,\frac{17}{17-1}\,\frac{19}{19-1} < 2.924 < 3. \tag{3.9}$$

由于 $k>1$，由式(3.9)知 $k<3$，所以 $k=2$. 由引理 3.1 知，n 为完全数，但 n 为奇数. 由引理 3.2 知，$s=\omega(n)\geqslant 8$，与 $2\leqslant s\leqslant 7$ 矛盾. 证毕.

参考文献

[1] Goto T, Shibata S. All numbers whose positive divisors have integral harmonic mean up to 300[J]. Math. Comput., 2004, 73: 475-491.

[2] Guy R K. Unsolved problems in number theory[M]. 3rd ed. New York: Springer-Verlag, 2004: 74-84.

[3] Cohen G L, Deng Moujie. On ageneralization of Ore's harmonic numbers[J]. Nieuw Arch. Wish., 1998, 16(4): 161-172.

[4] Cohen G L, Sorli R M. Harmonic seeds[J]. Fibonacci Quart., 1998, 36: 386-390.

[5] Cohen G L. Numbers whose positive divisors have small integral harmonic mean[J]. Math. Comput., 1997, 66: 883-891.

[6] Zachariou A, Zachariou E. Perfect, semi-Perfect and Ore numbers[J]. Bull. Soc. Math. Grèce(N. S.), 1972, 13: 12-22.

[7] Cohen G L, Hagis P. Results concerning odd multiperfect numbers[J]. Bull. Malaysian Math. Soc., 1985, 8: 23-26.

[8] Ore O. On the averages of the divisors of a number[J]. Amer. Math. Monthly, 1948, 55: 615-619.

[9] Pomerance C. On multiply perfect numbers with a special property[J]. Pacific J. Math., 1975, 57: 511-517.

[10] Hagis P. Outline of a proof that every odd perfect number has at least eight prime factors[J]. Math. Comput., 1980, 34: 1027-1032.

[11] 柯召，孙琦. 数论讲义[M]. 北京：高等教育出版社，1986：80-82.

3.2　一个未解问题的再探讨

1. 引言

以 $\omega(n)$ 表示 n 的不同素因子的个数，$d(n)$ 表示正整数 n 的正约数的个数，$\varphi(n)$ 为 Euler 函数，$d(n)$ 与 $\varphi(n)$ 是数论中两个重要的积性函数. 关于这两个函数的研究，已有许多文献，也有许多有关这两个函数的问题与猜想. 易知，n 为素数或 $n=4$，它们都满足同余方程

$$d(n)\varphi(n)+2\equiv 0(\mathrm{mod}\ n). \tag{3.10}$$

是否存在异于 4 的合数 n 满足式(3.10)? 这是一个与著名的 Lehmer D H 猜想[1]有关的问题,Guy R K 在其著作《Unsolved Problems in Number Theory》中将它列入问题 B37 里面[2].1998 年,王小梅在华南理工大学学报上发表的文章[8]证明:如果异于 4 的合数 n 满足 $\omega(n)\leqslant\begin{cases}2, & 2\nmid n,\\3, & 2\mid n,\end{cases}$ 那么同余方程 $d(n)\varphi(n)+2\equiv 0 \pmod n$ 无解.本节进一步推进了王小梅的结果,用分析与分类的方法证明如下结论:如果异于 4 的合数 n 满足 $\omega(n)\leqslant\begin{cases}4, & 2\nmid n,\\5, & 2\mid n,\end{cases}$ 那么同余方程 $d(n)\varphi(n)+2\equiv 0 \pmod n$ 无解.此结果更进一步说明在 Guy R K 问题中,不存在异于 4 的合数 n 满足方程式(3.10).

2. 定理与证明

设 $H=\{素数\}\cup\{1,4\}$,那么有:

定理 3.2 如正整数 $n\notin H$,

$$\omega(n)\leqslant\begin{cases}3, & 2\nmid n,\\4, & 2\mid n,\end{cases}\tag{3.11}$$

则 n 不满足式(3.10).

引理 3.3[2] 如正整数 $n\notin H$,若 n 满足式(3.10),那么 n 必无大于 1 的平方因子.

定理 3.2 的证明 设正整数 n 的标准分解式为

$$n=\prod_{i=1}^{s}p_i^{\alpha_i},\tag{3.12}$$

这里 $p_1,p_2,\cdots,p_s$ 是适合 $p_1<p_2<\cdots<p_s$ 的素数,$\alpha_1,\alpha_2,\cdots,\alpha_s$ 是正整数,那么[7]

$$d(n)=\prod_{i=1}^{s}(1+\alpha_i),\tag{3.13}$$

$$\varphi(n)=\prod_{i=1}^{s}p_i^{\alpha_i-1}(p_i-1)=n\prod_{i=1}^{s}(1-p_i^{-1}).\tag{3.14}$$

根据引理 3.2 可知,如正整数 $n\notin H$,若 n 满足式(3.10),那么 n 必无大于 1 的平方因子.因此由式(3.11)知,我们只需考虑以下 5 种情形:

(1) $n=2p_1$; (2) $n=p_1p_2$; (3) $n=2p_1p_2$;

(4) $n=p_1p_2p_3$; (5) $n=2p_1p_2p_3$.

其中 p_1,p_2,p_3 是适合 $p_1<p_2<p_3$ 的奇素数.

我们仅证明(4)与(5)这两种较为困难的情形,情形(1)~(3)较为简单,同(4)与(5)可证.

先证(4).由式(3.10)、式(3.13)、式(3.14)可得

$$2+2^3(p_1-1)(p_2-1)(p_3-1)\equiv 0(\bmod p_1p_2p_3),\tag{3.15}$$

所以存在偶数 $2m(m\in\mathbf{N})$ 使得

$$2+2^3(p_1-1)(p_2-1)(p_3-1)=2mp_1p_2p_3,$$

即

$$1+4(p_1-1)(p_2-1)(p_3-1)=mp_1p_2p_3.\tag{3.16}$$

因为 p_1,p_2,p_3 是奇素数,由式(3.16)得 m 为奇数,且 $1\leqslant m<4$,所以 $m=1$ 或 $m=3$.

当 $m=1$ 时,由式(3.16)得

$$1+4(p_1-1)(p_2-1)(p_3-1)=p_1p_2p_3.\tag{3.17}$$

令 $f(p_1,p_2,p_3)=1+4(p_1-1)(p_2-1)(p_3-1)-p_1p_2p_3,(p_1,p_2,p_3)\in E$,其中 $E=[3,+\infty)\times[5,+\infty)\times[7,+\infty)$,且

$$\frac{\partial f}{\partial p_i}=4(p_{i-1}-1)(p_{i+1}-1)-p_{i-1}p_{i+1}=3p_{i-1}p_{i+1}-4(p_{i-1}+p_{i+1})+4,\tag{3.18}$$

这里 $i=1,2,3$.当 $i=1$ 时,$p_{i-1}=p_3$;当 $i=3$ 时,$p_{i+1}=p_1$.记

$$p=\min\{p_{i-1},p_{i+1}\},\quad p'=\max\{p_{i-1},p_{i+1}\}.$$

因 $3\leqslant p<p'$,由式(3.18)得

$$\frac{\partial f}{\partial p_i}=3pp'-4(p+p')+4>3pp'-8p'+4\geqslant 9p'-8p'+4>0,\tag{3.19}$$

所以,对任意的奇素数 p_i,总有 $\frac{\partial f}{\partial p_i}>0$.因此 $f(p_1,p_2,p_3)$ 在 E 上无稳定点.由分析学知,函数 $f(p_1,p_2,p_3)$ 的最小值只能在区域 E 的边界 ∂E 上取得.现在考虑函数 $f(p_1,p_2,p_3)$ 在区域 E 的边界 ∂E 上的最小值.由式(3.19)知,$f(p_1,p_2,p_3)$ 关于 $p_i(i=1,2,3)$ 都是单调增函数,因此 $f(p_1,p_2,p_3)$ 只有在边界 ∂E 上点 $A_1(3,5,7)$ 处取得最小值,即

$$\min\{f(p_1,p_2,p_3)\}=f(3,5,7)=86>0,$$

所以在区域 E 上不存在点 $A(p_1,p_2,p_3)$ 使得 $f(p_1,p_2,p_3)=0$,故 $m\neq 1$.

当 $m=3$ 时,由式(3.16)得

$$p_1p_2p_3+4(p_1+p_2+p_3)=4(p_1p_2+p_2p_3+p_3p_1)+3.\tag{3.20}$$

现要证明式(3.20)不成立.

由于 p_1,p_2,p_3 是奇素数,且 $3\leqslant p_1<p_2<p_3$,当 $p_1=3$ 时,式(3.20)即为

$$p_2p_3+8(p_2+p_3)=9.\tag{3.21}$$

因 $5\leqslant p_2<p_3$,所以式(3.21)的左边>右边,故式(3.21)不成立,从而式(3.20)不

成立.所以 $p_1 \neq 3$.

当 $p_1=5$ 时,式(3.20)即为

$$(p_2-16)p_3=16p_2-17. \tag{3.22}$$

因 $5 \leqslant p_1 < p_2 < p_3$,由式(3.22)知 $p_2 \geqslant 16$,否则式(3.22)的左边<右边.又由式(3.22)知 $p_2-16<16$,否则式(3.22)的左边>右边.所以 $32>p_2 \geqslant 16$,因此素数 p_2 只能取值为 17,19,23,29,31.而当 $p_2=17,19,23,29,31$ 时,由式(3.22)得 $p_3=15\times 17, \frac{287}{3}, \frac{351}{7}, \frac{447}{13}, \frac{479}{15}$,它们都不是素数.所以 $p_1 \neq 5$.

当 $p_1=7$ 时,则由式(3.20)得 $3p_2p_3+25=24(p_2+p_3)$,由此得$3 \mid 25$,矛盾,所以 $p_1 \neq 7$.当 $p_1 \geqslant 11$ 时,则 $p_2 \geqslant 13$,于是$(p_1-4)p_2 \geqslant 13(p_1-4)>8(p_1-1)$,从而

$$\begin{aligned}(p_1-4)p_2p_3 &> 4(p_1-1)2p_3+(3-4p_1)\\ &> 4(p_1-1)(p_2+p_3)+(3-4p_1),\end{aligned}$$

于是 $p_1p_2p_3+4(p_1+p_2+p_3)>4(p_1p_2+p_2p_3+p_3p_1)+3$,即当 $p_1 \geqslant 11$ 时,式(3.20)也不成立.

综上所述,在情形(4)下,同余式(3.10)无解.

下证在情形(5)下,同余式(3.10)也无解.此时,$n=2p_1p_2p_3$,由式(3.10)、式(3.13)、式(3.14)可得

$$2+2^4(p_1-1)(p_2-1)(p_3-1) \equiv 0 \pmod{2p_1p_2p_3}, \tag{3.23}$$

所以存在正整数 m,使得

$$2+2^4(p_1-1)(p_2-1)(p_3-1)=m2p_1p_2p_3,$$

即

$$1+8(p_1-1)(p_2-1)(p_3-1)-mp_1p_2p_3=0. \tag{3.24}$$

由式(3.24)知 m 为奇数,且 $m<8$,所以 m 只能取值为 1,3,5,7.

当 $p_1=3$ 时,由式(3.24)得

$$1+16(p_2-1)(p_3-1)-3mp_2p_3=0. \tag{3.25}$$

由于 $5 \leqslant p_2 < p_3$,当 $m=1,3$ 时,则有 $1+16(p_2-1)(p_3-1)-3mp_2p_3>0$;当 $m=7$ 时,则有 $1+16(p_2-1)(p_3-1)-3mp_2p_3<0$.即 $m=1,3,7$ 时,式(3.25)不成立.当 $m=5$ 时,由式(3.25)得$(p_2-16)p_3=16p_2-17$,此式与式(3.22)相同,由前面的分析知,没有素数 $p_3>p_2 \geqslant 7$ 满足,当 $p_1=3, p_2=5$ 时,式(3.25)的左边<0,所以 $p_1 \neq 3$.故以下只需考虑 $p_1 \geqslant 5$ 的情形.

令 $g(p_1,p_2,p_3)=1+8(p_1-1)(p_2-1)(p_3-1)-mp_1p_2p_3$,$(p_1,p_2,p_3) \in E$,其中 $E=[5,+\infty)\times[7,+\infty)\times[11,+\infty)$,且

$$\frac{\partial g}{\partial p_i}=8(p_{i-1}-1)(p_{i+1}-1)-mp_{i-1}p_{i+1}$$

$$= (8-m)p_{i-1}p_{i+1} - 8(p_{i-1}+p_{i+1}) + 8,$$

这里 $i=1,2,3$. 当 $i=1$ 时, $p_{i-1}=p_3$; 当 $i=3$ 时, $p_{i+1}=p_1$.

记 $p=\min\{p_{i-1},p_{i+1}\}$, $p'=\max\{p_{i-1},p_{i+1}\}$, 于是

$$\frac{\partial g}{\partial p_i} = (8-m)pp' - 8(p+p') + 8. \tag{3.26}$$

当 $m=1,3$ 时, 由于 $5\leqslant p<p'$, 由式(3.26)知 $\frac{\partial g}{\partial p_i}>5pp'-8\times 2p'+8>25p'-16p'>0$, 所以 $g(p_1,p_2,p_3)$ 在 E 上无稳定点. 由分析学知, 函数 $g(p_1,p_2,p_3)$ 的最小值只能在区域 E 的边界 ∂E 上取得. 现在考虑函数 $g(p_1,p_2,p_3)$ 在区域 E 的边界 ∂E 上的最小值. 由 $\frac{\partial g}{\partial p_i}>0$ 知, $g(p_1,p_2,p_3)$ 关于 $p_i(i=1,2,3)$ 都是单调增函数, 因此 $g(p_1,p_2,p_3)$ 只有在边界 ∂E 上点 $A_2(5,7,11)$ 处取得最小值. 所以

$$\min\{g(p_1,p_2,p_3)\} = g(5,7,11) = \begin{cases} 1\,536, & m=1, \\ 766, & m=3, \end{cases}$$

于是 $\min\{g(p_1,p_2,p_3)\}=g(5,7,11)>0$, 故在区域 E 上不存在点 $A(p_1,p_2,p_3)$ 使得 $g(p_1,p_2,p_3)=0$, 即 $m=1,3$ 时, 式(3.24)不成立.

以下要考虑 $m=5,7$ 且 $5\leqslant p_1<p_2<p_3$ 的情形.

当 $m=5$ 时, 式(3.24)即为

$$3p_1p_2p_3 - 8(p_1p_2+p_2p_3+p_3p_1) + 8(p_1+p_2+p_3) - 7 = 0. \tag{3.27}$$

由于 $p_1<p_2<p_3$, $p_1p_2+p_3p_1<2p_2p_3$, 于是

$$\begin{aligned} &3p_1p_2p_3 - 8(p_1p_2+p_2p_3+p_3p_1) + 8(p_1+p_2+p_3) - 7 \\ &> 3p_1p_2p_3 - 24p_2p_3 + 8(p_1+p_2+p_3) - 7. \end{aligned}$$

由此知, 当 $p_1\geqslant 8$ 时, 式(3.27)不成立, 故 $p_1=5$ 或 $p_1=7$.

当 $p_1=5$ 时, 式(3.27)即为

$$7p_2p_3 - 32(p_2+p_3) + 33 = 0. \tag{3.28}$$

因 $p_2\geqslant 7$, 当 $p_2=7$ 时, 由式(3.28)得 $p_3=\frac{191}{17}$, 它不是素数, 当素数 $p_2\geqslant 11$ 时, 由于 $p_3>p_2$, 于是

$$7p_2p_3 - 32(p_2+p_3) + 33 > 7p_2p_3 - 64p_3 + 33 \geqslant 77p_3 - 64p_3 + 33 > 0,$$

即当 $p_1=5$ 时, 式(3.28)不成立, 因此 $p_1\neq 5$.

当 $p_1=7$ 时, 式(3.27)即为

$$13p_2p_3 - 48(p_2+p_3) + 49 = 0. \tag{3.29}$$

由 $p_2>p_1=7$ 得 $p_2\geqslant 11$, 于是

$$\begin{aligned} 13p_2p_3 - 48(p_2+p_3) + 49 &> 13p_2p_3 - 96p_3 + 49 \\ &\geqslant 13\times 11p_3 - 96p_3 + 49 > 0, \end{aligned}$$

即当 $p_1=7$ 时,式(3.29)不成立,所以当 $p_1=7$ 时,式(3.27)也不成立.

当 $p_1\geqslant 11$ 时,由于 $p_3>p_2>p_1\geqslant 11$,所以

$$\begin{aligned}&3p_1p_2p_3-8(p_1p_2+p_2p_3+p_3p_1)+8(p_1+p_2+p_3)-7\\&\quad>3p_1p_2p_3-24p_2p_3+8(p_1+p_2+p_3)-7\\&\quad\geqslant 33p_2p_3-24p_2p_3+8(p_1+p_2+p_3)-7\\&\quad>0,\end{aligned}$$

即当 $p_1\geqslant 11$ 时,式(3.27)不成立.

总之,对任意奇素数 p_1,当 $m=5$ 时,式(3.27)不成立,从而当 $m=5$ 时,式(3.24)不成立.

现在要考虑 $m=7$ 且 $p_3>p_2>p_1\geqslant 5$ 的情形.此时,式(3.24)即为

$$p_1p_2p_3+8(p_1+p_2+p_3)=8(p_1p_2+p_2p_3+p_3p_1)+7.\tag{3.30}$$

由式(3.30)知,若 $p_1\geqslant 24$,则式(3.30)的左边 $\geqslant 24p_2p_3+8(p_1+p_2+p_3)$,式(3.30)的右边 $<24p_2p_3+7$,此时式(3.30)不成立,所以 $p_1<24$,p_1 只能取值为 5,7,9,11,13,17,19,23.

当 $p_1=5$ 时,式(3.30)为 $3p_2p_3+32(p_2+p_3)=33$,但 $p_3>p_2>p_1=5$,此式不成立,所以 $p_1\neq 5$.

当 $p_1=7$ 时,式(3.30)为 $p_2p_3+48(p_2+p_3)=49$,但 $p_3>p_2>p_1=7$,此式不成立,所以 $p_1\neq 7$.

当 $p_1=11$ 时,式(3.30)为

$$3p_2p_3+81=80(p_2+p_3).\tag{3.31}$$

由 $p_3>p_2$ 以及式(3.31)知,当 $3p_2\geqslant 2\times 80$ 时,式(3.31)不成立,即当 $p_2\geqslant 54$ 时,式(3.31)不成立,故 $p_2<54$,但素数 $p_2>p_1=11$,所以 $13\leqslant p_2\leqslant 53$.当 $p_2=13$,17,19,23 时,式(3.31)的左边<右边,从而式(3.31)不成立;当 $p_2=29$,31,37,41,43,47,53 时,由式(3.31)得 $p_3=\frac{2\,239}{7},\frac{2\,399}{13},\frac{2\,879}{31},\frac{3\,199}{43},\frac{3\,359}{49},\frac{3\,679}{47},\frac{4\,159}{79}$,即 p_3 不是素数,所以 $p_1\neq 11$.

当 $p_1=13$ 时,式(3.30)为

$$(5p_2-96)p_3=96p_2-97.\tag{3.32}$$

由 $p_3>p_2$ 以及式(3.32)知 $5p_2-96<96$,所以 $p_2<39$,但素数 $p_2>p_1=13$,因此 $p_2\geqslant 17$.当 $p_2=17$,19 时,式(3.32)左边<右边;当 $p_2=23$,29,31,37 时,由式(3.32)得 $p_3=\frac{2\,101}{19},\frac{2\,687}{49},\frac{2\,879}{59},\frac{3\,455}{89}$,它们都不是素数.总之,$p_1\neq 13$.

当 $p_1=17$ 时,式(3.30)为

$$(9p_2-128)p_3=128(p_2-1)-1.\tag{3.33}$$

由于 $p_3>p_2>p_1=17$,所以,当 $9p_2-128\geqslant 128$ 时,式(3.33)不成立,于是 $p_2<$

28,因此,素数 p_2 只能取值为19,23.当 $p_2=19,23$ 时,由式(3.33)得 $p_3=\frac{2\,303}{43}$,$\frac{2\,815}{79}$,它们不是素数,故式(3.33)不成立,所以 $p_1\neq 17$.

当 $p_1=19$ 时,式(3.30)为

$$(11p_2-144)p_3=144(p_2-1)-1. \tag{3.34}$$

由于 $p_3>p_2>p_1=19$,所以,当 $11p_2-144\geqslant 144$ 时,式(3.34)不成立,于是 $p_2<27$.由于素数 $p_2>p_1=19$,所以 $p_2=23$,此时由式(3.34)得 $p_3=\frac{3\,167}{109}$不是素数,所以 $p_1\neq 19$.

当 $p_1=23$ 时,式(3.30)为

$$(15p_2-176)p_3=176(p_2-1)-1. \tag{3.35}$$

由于 $p_3>p_2>p_1=23$,所以,当 $15p_2-176\geqslant 176$ 时,式(3.35)不成立,于是素数 $p_2<24$,另一方面 $p_2>p_1=23$,矛盾.所以 $p_1\neq 23$.

综上所述,当 $m=7$ 时,式(3.30)不成立,从而当 $m=7$ 时,式(3.24)不成立,所以当 $m=7$ 时,式(3.30)也无解.至此,定理获证.

类似可证:若异于4的合数 n 满足 $w(n)\leqslant\begin{cases}4, & 2\nmid n,\\ 5, & 2\mid n,\end{cases}$ 那么同余方程 $d(n)\varphi(n)+2\equiv 0\pmod n$ 无解.由于计算量较大,证明篇幅较长,这里从略.

参考文献

[1] Lehmer D H. On Euler's totient function[J]. Bull. Amer. Math. Soc.,1932,38:745-751.

[2] Guy R K. Unsolved Problems in Number Theory[M]. 3rd ed. New York:Springer-Verlag, 2004:142-143.

[3] Subbarao M V. On composite n satisfying $\varphi(n)\equiv 1 \bmod n$[J]. Amer. Math. Soc.,1993, 14:418.

[4] Subbarao M V. On two congruences for primality[J]. Pacific J. Math.,1974,52:261-268.

[5] Prasad V S R, Rangamma M. On composite n satisfying a problem of Lehmer[J]. Indian J. Pure Appl. Math.,1985,16:1244-1248.

[6] Cohen G L, Hagis P. On the number of prime factors of n if $\varphi(n)\mid n-1$[J]. Nieuw Arch. Wisk.,1980,28(3):177-185.

[7] 华罗庚.数论导引[M].北京:科学出版社,1979:68-122.

[8] 王小梅.关于同余式 $\varphi(n)d(n)+2\equiv 0\pmod n$[J].华南理工大学学报(自然科学版),1998(6):144-146.

3.3 奇完全数的几个命题

1. 引言

奇完全数是否存在,一直受人关注. Euler 指出奇完全数 n 存在的必要条件是 $n = p^{\alpha}\prod_{i=1}^{s} q_i^{2\beta_i}$($p, q_i$ 为互异的素数,$\beta_i \in \mathbf{N}, p \equiv \alpha \equiv 1 \pmod 4, i = 1, \cdots, s$). 1991 年,Starni P 证明[1]:如所有的 $q_i \equiv -1 \pmod 4$,那么$\frac{1}{2}\sigma(p^{\alpha})$必是合数. 对于广义 Fermat 形式的数,由于它在数论与计算机科学中的重要性,近年来也有人研究它是否为完全数. 沈忠华 2007 年指出[2]:形如 $x^{2^x} + y^{2^y}$($(x, y) = 1$,x 与 y 不同奇偶)的数不是完全数. 有很多文章探讨奇完全数的下界以及它的不同素因子的个数问题[3-6,11]. 本节将在后面指出:

(1) 若 $n = \prod_{i=1}^{s} p_i^{\alpha_i}$($\alpha_i \in \mathbf{N}, i = 1, \cdots, s, p_1, \cdots, p_s$ 为互异的素数)为 k 倍完全数,则

$$\sum_{i=1}^{s}\frac{1}{p_i} < k - 1, \quad 且 \quad \sum_{i=1}^{s}\left(\frac{1}{p_i - 1} - \frac{\alpha_i + 1}{p_i^{\alpha_i + 1} - 1}\right) > \frac{k - 1}{k}.$$

(2) $\forall a, b, m, n \in \mathbf{N}$.

① 若 a, b 都与 3 互素,a 与 b 不同奇偶,则 $a^{2^n} + b^{2^m}$ 不是完全数;

② 若 $a > b, n \geqslant a - 2$,则 $a^{2^n} + b^{2^n}$ 不是完全数.

(3) 设奇数

$$n = p^{\alpha}\prod_{i=1}^{s} q_i^{2\beta_i}$$

$$(p, q_i \text{ 为互异的素数}, \beta_i \in \mathbf{N}, p \equiv \alpha \equiv 1 \pmod 4, i = 1, \cdots, s),$$

如所有的 $q_i \equiv -1 \pmod 3$,那么$\frac{1}{2}\sigma(p^{\alpha})$必是合数.

结论(1)给出 k 倍完全数的一个有用的必要条件,结论(2)加强了沈忠华的结果,结论(3)给出一个平行于 Starni P 证明的结果. 对于(3),朱玉扬[8]于 2009 年提出一个猜想,2013 年谷秀川、贺艳峰等给予解决,即后面的定理 3.6. 此外,贺艳峰与孙春丽还给出如下结论:

(4) 如果奇数 $n = p^{\alpha}\prod_{i=1}^{k} q_i^{2\beta_i}$ 是完全数,且 $\beta_1 = \beta_2 = \cdots = \beta_k = \beta$,则 $\beta \geqslant 3$.

2. 引理

引理 3.4 形如 $3m-1$ 的正整数不是完全数.

证明 由 Euler 定理知,奇完全数

$$n = p^{\alpha}\prod_{i=1}^{s} q_i^{2\beta_i}$$

$(p, q_i$ 为互异的素数$,\beta_i \in \mathbf{N}, p \equiv \alpha \equiv 1 \pmod 4, i = 1,\cdots,s)$,
由于 n 是形如 $3m-1$ 的数,故 n 的所有素因子 $q_i \equiv 1 \pmod 3$ 或 $q_i \equiv -1 \pmod 3$,因此,$\prod_{i=1}^{s} q_i^{2\beta_i} \equiv 1 \pmod 3$,而 $n \equiv -1 \pmod 3$,所以 $p^{\alpha} \equiv -1 \pmod 3$,又 α 为奇数,故 $p \equiv -1 \pmod 3$,由此得到 $\sigma(p^{\alpha}) = \sum_{k=0}^{\alpha} p^k \equiv 0 \pmod 3$,即 $3 \mid \sigma(p^{\alpha})$.由

$$2n = \sigma(n) = \sigma\left(p^{\alpha}\prod_{i=1}^{s} q_i^{2\beta_i}\right) = \sigma(p^{\alpha})\sigma\left(\prod_{i=1}^{s} q_i^{2\beta_i}\right),$$

得 $3 \mid 2n$,即 $3 \mid n$,矛盾.故形如 $3m-1$ 的正整数不是完全数.

引理 3.5 对任意奇素数 p 以及正奇数 α,$\sigma(p^{\alpha})$必为偶数.

证明 因 $\sigma(p^{\alpha}) = \sum_{k=0}^{\alpha} p^k$ 是偶数个正奇数之和,故证.

引理 3.6[7] 形如 $a^{2^n} + b^{2^n}$ $(a, b \in \mathbf{N})$的自然数的素因子必是形如 $2^{n+1}t+1$ (t 为正整数)的数.

引理 3.7[2] 形如 $a^{2^n} + b^{2^n}$ $(a, b, n \in \mathbf{N}, a > b > 0)$的素因子的个数不超过$\left[\dfrac{(a-1)2^n}{n+1}\right]$.

引理 3.8[9] 设 l 是奇素数,X, Y 是适合 $X > Y$ 以及$(X, Y) = 1$ 的正整数,又设 q 是$(X^l - Y^l)(X-Y)^{-1}$ 的素因子,此时,$q = l$ 或 $q \equiv 1 \pmod{2l}$;$l \mid (X^l - Y^l)(X-Y)^{-1}$成立的充要条件是 $X \equiv Y \pmod l$,而且此时 $l \parallel (X^l - Y^l)(X-Y)^{-1}$.

引理 3.9[10] 方程

$$\frac{X^m - 1}{X - 1} = Y^2 \quad (X, Y, m \in \mathbf{N}, \min\{X, Y, M\} > 1)$$

仅有解$(X, Y, M) = (3, 11, 5)$和$(7, 20, 4)$.

引理 3.10[11] 如果奇数 $n = p^{\alpha}\prod_{i=1}^{k} q_i^{2\beta_i}$ 是完全数,那么 $k \geqslant 8$.

引理 3.11[14] 如果奇数 $n = p^{\alpha}\prod_{i=1}^{k} q_i^{2\beta_i}$ 是完全数,当 $\beta_1 = \beta_2 = \cdots = \beta_k = \beta$,且 $l = 2\beta + 1$ 是奇素数时,则

$$n = p^{\alpha}(lf_1\cdots f_r g_1\cdots g_s)^{l-1}, \tag{3.36}$$

其中 $f_i(i=1,2,\cdots,r)$是适合 $f_i\equiv 1(\bmod l)$的奇素数,$g_j(j=1,2,\cdots,r)$是适合 $g_j\not\equiv 0,1(\bmod l)$的奇素数,而且 $1\leqslant r\leqslant l-1$.

证明 当 $\beta_1=\beta_2=\cdots=\beta_k=\beta$ 时,如果 $l=2\beta+1$ 是奇素数,由于 $n=p^{\alpha}\prod_{i=1}^{k}q_i^{2\beta_i}$,所以

$$n = p^{\alpha}(q_1q_2\cdots q_k)^{l-1}, \tag{3.37}$$

由此得

$$\begin{aligned}\sigma(n) &= \sigma\left(p^{\alpha}\prod_{i=1}^{k}q_i^{2\beta_i}\right) = \frac{p^{\alpha+1}-1}{p-1}\prod_{i=1}^{k}\frac{q_i^l-1}{q_i-1}\\ &= 2p^{\alpha}(q_1\cdots q_k)^{l-1}.\end{aligned} \tag{3.38}$$

因为 $p\equiv\alpha\equiv 1(\bmod 4)$,故有

$$2\,\Big\|\,\frac{p^{\alpha+1}-1}{p-1},\quad \left(p^{\alpha},\frac{p^{\alpha+1}-1}{p-1}\right)=1. \tag{3.39}$$

如果 $q_i\not\equiv 1(\bmod l)(i=1,2,\cdots,k)$,则由引理 3.7 可知

$$\left(q_1\cdots q_k,\prod_{i=1}^{k}\frac{q_i^l-1}{q_i-1}\right)=1. \tag{3.40}$$

因此,由式(3.38)~式(3.40)知

$$\frac{p^{\alpha+1}-1}{p-1} = 2(q_1\cdots q_k)^{l-1}, \tag{3.41}$$

又

$$\prod_{i=1}^{k}\frac{q_i^l-1}{q_i-1} = p^{\alpha}. \tag{3.42}$$

当 $\alpha=1$ 时,因为$(q_i^l-1)(q_i-1)^{-1}>1(i=1,2,\cdots,k)$,又由引理 3.10 可知 $k\geqslant 8$,所以式(3.42)不可能成立.因此 $\alpha>1$.

当 $\alpha>1$ 时,由于$(p^{\alpha+1}-1)(p-1)^{-1}=(p^{\frac{\alpha+1}{2}}+1)(p^{\frac{\alpha+1}{2}}-1)(p-1)^{-1}$,$2\,\|\,(p^{\frac{\alpha+1}{2}}+1)$且$(p^{\frac{\alpha+1}{2}}+1,(p^{\frac{\alpha+1}{2}}-1)(p-1)^{-1})=1$,故从式(3.41)可得 $p^{\frac{\alpha+1}{2}}+1=2u^{l-1}$和

$$(p^{\frac{\alpha+1}{2}}-1)(p-1)^{-1} = v^{l-1}, \tag{3.43}$$

其中 u,v 是适合 $uv=q_1\cdots q_k$ 的正整数.因为$\frac{1}{2}(\alpha+1)$是大于 1 的奇数,$l-1$ 是偶数,所以根据引理 3.8,由式(3.43)可知 $p=3$,此与 $p\equiv 1(\bmod 4)$矛盾.由此可知 $q_1\cdots q_k$ 中必有某个素数 q 适合 $q\equiv 1(\bmod l)$.由于从引理 3.7 可知此时 $l\mid(q^l-1)(q-1)^{-1}$,故由式(3.38)得

$$l \in \{p, q_1, q_2, \cdots, q_k\}. \tag{3.44}$$

如果 $p = l$,则 $q_i \neq l(i=1,2,\cdots,k)$.因为 l 是奇素数,所以根据 Euler 定理可知 $q_i^{l-1} \equiv 1(\bmod\ l)(i=1,2,\cdots,k)$,故有

$$(q_1 \cdots q_k)^{l-1} \equiv 1(\bmod\ l). \tag{3.45}$$

另外,由引理 3.7 可知

$$\begin{cases} \dfrac{q_j^l - 1}{l(q_j - 1)} \equiv 1(\bmod\ l), & q_j \equiv 1(\bmod\ l), \\ \dfrac{q_j^l - 1}{q_j - 1} \equiv 1(\bmod\ l), & q_j \not\equiv 1(\bmod\ l), \end{cases} \quad 1 \leqslant j \leqslant k. \tag{3.46}$$

因此由式(3.38)、式(3.45)、式(3.46)知

$$\begin{aligned} 2 &\equiv 2(q_1 \cdots q_k)^{l-1} \equiv \left(\frac{p^{\alpha+1}-1}{p-1}\right)\left(\frac{1}{p^\alpha}\prod_{i=1}^k \frac{q_i^l - 1}{q_i - 1}\right) \\ &\equiv \left(\frac{l^{\alpha+1}-1}{l-1}\right)\left(\frac{1}{l^\alpha}\prod_{i=1}^k \frac{q_i^l - 1}{q_i - 1}\right) \equiv 0 \text{ 或 } 1(\bmod\ l). \end{aligned} \tag{3.47}$$

这是一个矛盾.由此可知 $p \neq l$,故由式(3.44)知 $l \in \{q_1, q_2, \cdots, q_k\}$.因此,由式(3.37)知,此时 n 可表示成式(3.36)的形式.

根据因子函数的积性性质,由 $\sigma(n)=2n$ 和式(3.36)可得

$$\begin{aligned} \sigma(n) &= \left(\frac{p^{\alpha+1}-1}{p-1}\right)\left(\frac{l^{\alpha+1}-1}{l-1}\right)\left(\prod_{i=1}^r \frac{f_i^l - 1}{f_i - 1}\right)\left(\prod_{j=1}^s \frac{g_i^l - 1}{g_i - 1}\right) \\ &= 2p^\alpha (lf_1 \cdots f_r g_1 \cdots g_s)^{l-1}. \end{aligned} \tag{3.48}$$

因为 $f_i \equiv 1(\bmod\ l)(i=1,2,\cdots,r)$,所以 $l \mid (f_i^l - 1)(f_i - 1)^{-1}(i=1,2,\cdots,r)$.于是由式(3.48)知 $r \leqslant l-1$.证毕.

引理 3.12[12]　方程

$$X^2 + X + 1 = Y^m \quad (X, Y, m \in \mathbf{N}, X > 1, Y > 1, m > 2) \tag{3.49}$$

没有适合 $3 \nmid m$ 的解(X, Y, m).

引理 3.13[13]　方程(3.49)仅有解$(X, Y, m) = (18, 7, 3)$适合 $3 \mid m$.

3. 定理与证明

定理 3.3　设自然数 n 的标准分解式为 $n = \prod_{i=1}^s p_i^{\alpha_i}$ $(s, \alpha_i \in \mathbf{N}, p_i$ 为素数, $i = 1,2,\cdots,s)$,若 n 为 k 倍完全数,则:

(1) $\displaystyle\sum_{i=1}^s \frac{1}{p_i} < k-1$;

(2) $\displaystyle\sum_{i=1}^s \left(\frac{1}{p_i - 1} - \frac{\alpha_i + 1}{p_i^{\alpha_i + 1}}\right) > \frac{k-1}{k}$.

证明　令 $f(x)=\prod_{i=1}^{s}\frac{p_i^{\alpha_i+1}-x^{\alpha_i+1}}{p_i-x}-(1+(k-1)x)\prod_{i=1}^{s}p_i^{\alpha_i}$，由于 n 为 k 倍完全数，所以 $\sigma(n)=kn$，因此 $f(1)=\sigma(n)-kn=0$. 另一方面，$f(0)=\prod_{i=1}^{s}p_i^{\alpha_i}-\prod_{i=1}^{s}p_i^{\alpha_i}=0$，$p_i\geqslant 2$，故 $f(x)$ 在区间 $[0,1]$ 上连续，在 $(0,1)$ 内可导，且满足 $f(0)=f(1)=0$. 由 Rolle 定理知，存在一点 $\xi\in(0,1)$，使得 $f'(\xi)=0$. 现求出函数 $f(x)$ 的导数

$$
\begin{aligned}
f'(x)&=\sum_{i=1}^{s}\left(\left(\frac{p_i^{\alpha_i+1}-x^{\alpha_i+1}}{(p_i-x)^2}-\frac{(\alpha_i+1)x^{\alpha_i}}{p_i-x}\right)\prod_{\substack{j\neq i\\1\leqslant j\leqslant s}}\frac{p_i^{\alpha_i+1}-x^{\alpha_i+1}}{p_i-x}\right)-(k-1)\prod_{i=1}^{s}p_i^{\alpha_i}\\
&=\sum_{i=1}^{s}\left(\left(\frac{1}{p_i-x}-\frac{(\alpha_i+1)x^{\alpha_i}}{p_i^{\alpha_i+1}-x^{\alpha_i+1}}\right)\prod_{j=1}^{s}\frac{p_j^{\alpha_j+1}-x^{\alpha_j+1}}{p_j-x}\right)-(k-1)\prod_{i=1}^{s}p_i^{\alpha_i}\\
&=\prod_{j=1}^{s}\frac{p_j^{\alpha_j+1}-x^{\alpha_j+1}}{p_j-x}\sum_{i=1}^{s}\left(\frac{1}{p_i-x}-\frac{(\alpha_i+1)x^{\alpha_i}}{p_i^{\alpha_i+1}-x^{\alpha_i+1}}\right)-(k-1)\prod_{i=1}^{s}p_i^{\alpha_i}\\
&=\prod_{i=1}^{s}\frac{p_i^{\alpha_i+1}-x^{\alpha_i+1}}{p_i-x}\sum_{i=1}^{s}\left(\frac{1}{p_i-x}-\frac{(\alpha_i+1)x^{\alpha_i}}{p_i^{\alpha_i+1}-x^{\alpha_i+1}}\right)-(k-1)\prod_{i=1}^{s}p_i^{\alpha_i}.
\end{aligned}
\tag{3.50}
$$

令 $h(x)=\prod_{i=1}^{s}\frac{p_i^{\alpha_i+1}-x^{\alpha_i+1}}{p_i-x}=\prod_{i=1}^{s}(p_i^{\alpha_i}+p_i^{\alpha_i-1}x+\cdots+p_ix^{\alpha_i-1}+x^{\alpha_i})$，故 $h(x)$ 是关于 x 的正整数系数多项式函数，因此当 $x\in[0,1]$ 时，$h''(x)\geqslant 0$，当 $x\in(0,1)$ 时，$h''(x)>0$，但 $f(x)=h(x)-(1+(k-1)x)\prod_{i=1}^{s}p_i^{\alpha_i}$，于是 $f''(x)=h''(x)>0$ $(x\in(0,1))$，由此知 $f'(x)$ 在 $[0,1]$ 上是严格单调增函数，又 $0<\xi<1$，$f'(\xi)=0$，所以 $f'(0)<0$，$f'(1)>0$，由式(3.50)知

$$
f'(0)=\prod_{i=1}^{s}p_i^{\alpha_i}\sum_{i=1}^{s}\frac{1}{p_i}-(k-1)\prod_{i=1}^{s}p_i^{\alpha_i}<0,
\tag{3.51}
$$

$$
\begin{aligned}
f'(1)&=\prod_{i=1}^{s}\frac{p_i^{\alpha_i+1}-1}{p_i-1}\sum_{i=1}^{s}\left(\frac{1}{p_i-1}-\frac{(\alpha_i+1)}{p_i^{\alpha_i+1}-1}\right)-(k-1)\prod_{i=1}^{s}p_i^{\alpha_i}\\
&=\sigma(n)\sum_{i=1}^{s}\left(\frac{1}{p_i-1}-\frac{(\alpha_i+1)}{p_i^{\alpha_i+1}-1}\right)-(k-1)n\\
&=kn\sum_{i=1}^{s}\left(\frac{1}{p_i-1}-\frac{(\alpha_i+1)}{p_i^{\alpha_i+1}-1}\right)-(k-1)n>0.
\end{aligned}
\tag{3.52}
$$

由式(3.51)与式(3.52)即得定理 3.3 中的结论(1)与(2). 证毕.

定理 3.4　$\forall\, a,b,m,n\in\mathbf{N}$.

(1) 若 a,b 与 3 两两互素，a 与 b 不同奇偶，则 $a^{2^n}+b^{2^m}$ 不是完全数；

(2) 若 $a>b$，a 与 b 不同奇偶，$n\geqslant a-2$，则 $a^{2^n}+b^{2^n}$ 不是完全数.

证明　由于 a 与 b 不同奇偶，所以 $a^{2^n}+b^{2^m}$ 是奇数，又 a,b 都与 3 互素，所以 $a,b\equiv\pm1(\mathrm{mod}\ 3)$，故 $a^{2^n}\equiv1(\mathrm{mod}\ 3)$，$b^{2^m}\equiv1(\mathrm{mod}\ 3)$，从而 $a^{2^n}+b^{2^m}\equiv2\equiv-1(\mathrm{mod}\ 3)$，由引理 3.3 知奇数 $a^{2^n}+b^{2^m}$ 不是完全数. 这样结论(1)获证.

再来证明结论(2). 由引理 3.5 知，$a^{2^n}+b^{2^n}$ 的所有素因子必是形如 $2^{n+1}t+1$（t 为正整数）的数. 设 $a^{2^n}+b^{2^n}$ 的不同素因子个数为 s，且不同的素因子分别为 $p_1=2^{n+1}k_1+1,p_2=2^{n+1}k_2+1,\cdots,p_s=2^{n+1}k_s+1(k_i\in\mathbf{N},i=1,2,\cdots,s)$. 由引理 3.6 知，$s\leqslant\left[\dfrac{(a-1)2^n}{n+1}\right]$. 再由定理 3.3 的结论(2)知，若奇数 $a^{2^n}+b^{2^n}$ 为完全数，则它必满足如下不等式：

$$\sum_{i=1}^{s}\left(\frac{1}{p_i-1}-\frac{\alpha_i+1}{p_i^{\alpha_i+1}}\right)>\frac{k-1}{k}=\frac{1}{2}\quad(k=2,\text{因完全数是 2 倍完全数}).$$

由此得 $\sum\limits_{i=1}^{s}\dfrac{1}{p_i-1}>\dfrac{1}{2}$，于是 $\sum\limits_{i=1}^{s}\dfrac{1}{2^{n+1}k_i+1-1}>\dfrac{1}{2}$，即 $\sum\limits_{i=1}^{s}\dfrac{1}{2^{n+1}k_i}>\dfrac{1}{2}$，现证明此不等式不可能成立. 由于奇完全数至少有两个不同的素因子，故 $\exists k_i>1$，因此

$$\begin{aligned}\sum_{i=1}^{s}\frac{1}{2^{n+1}k_i}<\sum_{i=1}^{s}\frac{1}{2^{n+1}}=\frac{s}{2^{n+1}}&\leqslant\left[\frac{(a-1)2^n}{n+1}\right]\frac{1}{2^{n+1}}\\&\leqslant\left[\frac{(a-1)2^n}{(a-2)+1}\right]\frac{1}{2^{n+1}}=\frac{1}{2}.\end{aligned}$$

即不等式 $\sum\limits_{i=1}^{s}\dfrac{1}{2^{n+1}k_i}>\dfrac{1}{2}$ 不成立，故奇数 $a^{2^n}+b^{2^n}$ 不是完全数. 证毕.

定理 3.5　设奇完全数

$$n=p^{\alpha}\prod_{i=1}^{s}q_i^{2\beta_i}$$

$(p,q_i$ 为互异的素数，$\alpha,\beta_i\in\mathbf{N},p\equiv\alpha\equiv1(\mathrm{mod}\ 4),i=1,\cdots,s)$，

如所有的 $q_i\equiv-1(\mathrm{mod}\ 3)$，那么 $\dfrac{1}{2}\sigma(p^{\alpha})$ 必是合数.

证明　因 $p\equiv1(\mathrm{mod}\ 4)$，$p$ 为素数，所以 $(p,3)=1$，而所有的 $q_i\equiv-1(\mathrm{mod}\ 3)$，故 n 与 3 互素. 由 $q_i\equiv-1(\mathrm{mod}\ 3)$ 得 $q_i^{2\beta_i}\equiv1(\mathrm{mod}\ 3)$，于是 $\prod\limits_{i=1}^{s}q_i^{2\beta_i}\equiv1(\mathrm{mod}\ 3)$. 因 $p\equiv1(\mathrm{mod}\ 4)$，$\prod\limits_{i=1}^{s}q_i^{2\beta_i}\equiv1(\mathrm{mod}\ 3)$，故 $(3,n)=1$. 所以 $n\equiv\pm1(\mathrm{mod}\ 3)$，但由引理 3.3 知，$n\equiv1(\mathrm{mod}\ 3)$，而 $\left(p^{\alpha},\prod\limits_{i=1}^{s}q_i^{2\beta_i}\right)=1$，$\prod\limits_{i=1}^{s}q_i^{2\beta_i}\equiv1(\mathrm{mod}\ 3)$，所以 $p^{\alpha}\equiv1(\mathrm{mod}\ 3)$. 又

$(\sigma(p^\alpha),p)=1,\quad \sigma(n)=\sigma(p^\alpha)\sigma(\prod_{i=1}^{s}q_i^{2\beta_i})=2p^\alpha\prod_{i=1}^{s}q_i^{2\beta_i}=2n,$

$\sigma(p^\alpha)\Big|2\prod_{i=1}^{s}q_i^{2\beta_i}$，由引理 3.4 知 $\sigma(p^\alpha)$ 为偶数，所以$\frac{1}{2}\sigma(p^\alpha)\Big|\prod_{i=1}^{s}q_i^{2\beta_i}$. 于是$\frac{1}{2}\sigma(p^\alpha)$ 必是集合$\{q_1,\cdots,q_s\}$ 中的元素，而 $q_i\equiv-1(\bmod 3)(\forall i\in\{1,2,\cdots,s\})$，所以$\frac{1}{2}\sigma(p^\alpha)$ 的素因子$\equiv-1(\bmod 3)$. 由$\frac{1}{2}\sigma(n)=\left(\frac{1}{2}\sigma(p^\alpha)\right)\sigma(\prod_{i=1}^{s}q_i^{2\beta_i})=p^\alpha\prod_{i=1}^{s}q_i^{2\beta_i}=n$ 以及 $n\equiv1(\bmod 3)$ 与$\prod_{i=1}^{s}q_i^{2\beta_i}\equiv1(\bmod 3)$ 知$\frac{1}{2}\sigma(p^\alpha)\equiv1(\bmod 3)$，但$\frac{1}{2}\sigma(p^\alpha)$ 的素因子都$\equiv-1(\bmod 3)$，所以$\frac{1}{2}\sigma(p^\alpha)$ 的素因子总数（含相同的个数）为偶数，由$\frac{1}{2}\sigma(p^\alpha)>1$ 知，$\frac{1}{2}\sigma(p^\alpha)$ 必为合数. 证毕.

定理 3.6[14-15] 若奇数 $n=p^\alpha\prod_{i=1}^{s}q_i^{2\beta_i}$（$p,q_i$ 为互异的素数，$\alpha,\beta_i\in\mathbf{N}$，且 $p\equiv\alpha\equiv1(\bmod 4)$，$i=1,\cdots,s$）为完全数，如所有的 $q_i\equiv-1(\bmod m)(m>2,m\in\mathbf{N})$，那么$\frac{1}{2}\sigma(p^\alpha)$必是合数.

证明 由于 $\sigma(n)=2n$，所以

$$\frac{1}{2}\sigma(p^\alpha)\prod_{i=1}^{s}\sigma(q_i^{2\beta_i})=p^\alpha\prod_{i=1}^{s}q_i^{2\beta_i}.\tag{3.53}$$

因为 $p\equiv\alpha\equiv1(\bmod 4)$，所以

$$\frac{1}{2}\sigma(p^\alpha)=\left(\frac{p+1}{2}\right)\left(\frac{p^{\alpha+1}-1}{p^2-1}\right),\tag{3.54}$$

其中$\frac{p+1}{2},\frac{p^{\alpha+1}-1}{p^2-1}$都是正奇数，而且$\frac{p+1}{2}>1$. 如果$\frac{1}{2}\sigma(p^\alpha)$不是合数，则由式(3.54)可知$\frac{p+1}{2}$是奇素数，且 $\alpha=1$. 由于$\left(p,\frac{p+1}{2}\right)=1$，故由式(3.53)与式(3.54)可知

$$\frac{1}{2}\sigma(p^\alpha)=\frac{p+1}{2}=q_j\quad(1\leqslant j\leqslant s).\tag{3.55}$$

当 $q_i\equiv-1(\bmod m)(i=1,\cdots,s)$时，由式(3.55)可知

$$p\equiv-3(\bmod m).\tag{3.56}$$

同时，因为

$$\begin{aligned}&q_i^{2\beta_i}\equiv1(\bmod m),\\&\sigma(q_i^{2\beta_i})=1+q_i+\cdots+q_i^{2\beta_i}\equiv1(\bmod m)\quad(i=1,\cdots,s),\end{aligned}\tag{3.57}$$

所以由式(3.53)、式(3.55)、式(3.56)可得

$$-1\equiv\frac{1}{2}\sigma(p^{\alpha})\equiv\prod_{i=1}^{s}\sigma(q_i^{2\beta_i})\equiv p^{\alpha}\prod_{i=1}^{s}q_i^{2\beta_i}\equiv p(\bmod m). \tag{3.58}$$

综合式(3.56)与式(3.58),即得 $2\equiv 0(\bmod m)$.然而由于 $m>2$,故不可能.由此可知$\frac{1}{2}\sigma(p^{\alpha})$必是合数.证毕.

定理 3.7[14] 如果奇数 $n=p^{\alpha}\prod_{i=1}^{k}q_i^{2\beta_i}$ 是完全数,且 $\beta_1=\beta_2=\cdots=\beta_k=\beta$,则 $\beta\geqslant 3$.

证明 首先考虑 $\beta=1$ 的情形.因为此时 $l=2\beta+1=3$ 是奇素数,所以根据引理 3.10,由式(3.36)与式(3.48)分别可得

$$n=p^{\alpha}(3f_1\cdots f_r g_1\cdots g_s)^2 \tag{3.59}$$

和

$$\begin{aligned}&\left(\frac{p^{\alpha+1}-1}{p-1}\right)(3^2+3+1)\left(\prod_{i=1}^{r}(f_i^2+f_i+1)\right)\left(\prod_{j=1}^{s}(g_i^2+g_j+1)\right)\\&=2p^{\alpha}(3f_1\cdots f_r g_1\cdots g_s)^2,\end{aligned} \tag{3.60}$$

其中 $r\leqslant 2$.由于 $g_j\not\equiv 0$ 或 $1(\bmod 3)$,所以根据引理 3.7,由式(3.60)知

$$(3^2+3+1)\left(\prod_{i=1}^{r}(f_i^2+f_i+1)\right)\left(\prod_{j=1}^{s}(g_j^2+g_j+1)\right)\Big|\, p^{\alpha}f_1^2\cdots f_r^2. \tag{3.61}$$

然而,因为 $r\leqslant 2$,$\frac{1}{3}(f_i^2+f_i+1)>1(i=1,2,\cdots,r)$,$g_j^2+g_j+1>1(j=1,2,\cdots,s)$,而且,从引理 3.9 可知 $r+s=k-1\geqslant 7$,所以根据引理 3.11 和引理 3.12 可知式(3.61)不可能成立.因此,当 $\beta=1$ 时,n 不是完全数.

以下考虑 $\beta=2$ 的情形.此时

$$n=p^{\alpha}(5f_1\cdots f_r g_1\cdots g_s)^4, \tag{3.62}$$

$$\begin{aligned}\sigma(n)&=\left(\frac{p^{\alpha+1}-1}{p-1}\right)\left(\frac{5^5-1}{5-1}\right)\left(\prod_{i=1}^{r}\frac{f_i^5-1}{f_i-1}\right)\left(\prod_{j=1}^{s}\frac{g_j^5-1}{g_j-1}\right)\\&=2p^{\alpha}(5f_1\cdots f_r g_1\cdots g_s)^4,\end{aligned} \tag{3.63}$$

其中 $r\leqslant 4$.因为$(5^5-1)(5-1)^{-1}=11\times 71$,而且素数 11 和 71 适合 $11\equiv 71\equiv 3(\bmod 4)$,所以 Euler 因子 $p\neq 11$ 或 71,故由式(3.63)知

$$\{11,71\}\in\{f_1,\cdots,f_r\}. \tag{3.64}$$

又因为$(11^5-1)(11-1)^{-1}=5\times 3\,221$,$(71^5-1)(71-1)^{-1}=5\times 11\times 211\times 2\,221$,其中 $211\equiv 3(\bmod 4)$,故由式(3.63)知 $211\in\{f_1,\cdots,f_r\}$,而且素数 2 221 和 3 221 中至少有一个数属于$\{f_1,\cdots,f_r\}$.再因

$$\gcd(11\times 71\times 2\,221\times 3\,221,(211^5-1)(211-1)^{-1})=1,$$

故由式(3.64)知 $r \geqslant 5$,矛盾.由此可知,当 $\beta=2$ 时,n 也不是完全数.证毕.

参考文献

[1] Starni P. On the Euler's factor of an odd perfect number[J]. J. Number Theory, 1991, 37(3): 366-369.

[2] 沈忠华,于秀源.关于数论函数 $\sigma(n)$ 的一个注记[J].数学研究与评论,2007,27(1): 123-129.

[3] Chein J E Z. An odd perfect number has at least 8 prime factors[D]. Pennsylvania State University, 1979.

[4] Hagis P. Outline of a proof that every odd perfect number has at least eight prime factors[J]. Math. Comp., 1980, 35(151): 1027-1032.

[5] Brent R P, Cohen G L, Riele H J J. Improved techniques for lower bounds for odd perfect Numbers[J]. Math. Comp., 1991, 57(196): 857-868.

[6] Iannucci D E, Sorli R M. On the total number of prime factors of an odd perfect number [J]. Math. Comp., 2003, 72(244): 2078-2084.

[7] 潘承洞,潘承彪.初等数论[M].北京:北京大学出版社,1992.

[8] 朱玉扬.奇完全数的几个命题[J].数学进展,2011,40(5):595-598.

[9] Mőller K. Unter Schranke für die Anzahl der Primzahlen, aus denen x, y, z der Fermatschen Geichung $x^n + y^n = z^n$ bestehen muss[J]. Math. Nachr., 1955, 14(1): 25-28.

[10] Ljungren W. Noen setninger om ubestemte likninger av formen $(x^n - 1)/(x-1) = y^q$ [J]. Norsk. Mat. Tidsskr., 1943, 25(1): 17-20.

[11] Nielsen P P. Odd perfect numbers have at least nine distinct prime factors [J]. Math. Comput., 2007, 76(260): 2109-2126.

[12] Nagell T. Des equations indéterminées $x^2+x+1=y^n$ et $x^2+x+1=3y^n$ [J]. Norsk. Mat. Forenings Skrifter, 1921, 1(2): 14.

[13] Ljunggren W. Einige bemerkungen über die darstellung ganzer Zahlen durch binare kubische Formenmir positiver diskriminante [J]. Acta Math., 1942, 75(1): 1-21.

[14] 贺艳峰,孙春丽.奇完全数的两个性质[J].数学杂志,2015,35:135-140.

[15] 谷秀川.奇完全数的两个猜想[J].数学进展,2015,44(1):23-28.

3.4 几类孤立数的探讨

孤立数与亲和数问题是数论研究的重要课题之一.众所周知,对于正整数 n,设 $\sigma(n)$ 和 $\varphi(n)$ 分别是 n 的正约数之和以及小于或等于 n 的整数中与 n 互素的数的个数.如果正整数 a 和 b 满足

$$\sigma(a)=\sigma(b)=a+b, \tag{3.65}$$

则称(a,b)是一对相亲数.相反,对于给定的a,如果不存在适合式(3.65)的正整数b,则称a是孤立数.由于相亲数和孤立数与完全数等著名数学难题有着直接的联系,所以它们一直是数论中一个引人关注的课题,其中有很多历史悠久的问题迄今尚未解决[1-2].2000年,Lucas F证明了:Fermat数都是孤立数[3];2005年,赵易和沈忠华证明了:形如$6^{2^n}+1$的一类数都是孤立数[4];2006年,沈忠华证明了:形如$\frac{1}{2}(5^{2^n}+1)$的一类数都是孤立数[5];2006年,刘志伟证明了:当$n>\max\{8,\ln a/\ln 2\}$时,$F(a,n)$都是孤立数[6];2006年,乐茂华证明了:当$r>1$时,p^{2r}都是孤立数[7];2007年,李伟勋证明了:素数都是孤立数[8];2007年,蒋自国和曹型兵证明了:形如$\frac{1}{2}(3^{2^n}+1)$的一类数都是孤立数[9];2007年,蒋自国和杨仕椿证明了:当$n>\max\left\{5,\frac{\ln a}{\ln 2},1+\frac{\ln(e^{2.6}+\ln b)-\ln\ln a}{\ln 2}\right\}$时,$F(a,b,n)=\frac{1}{b}(a^{2^n}+1)$为孤立数[10];2007年,李伟勋证明了:Mersenne数都是孤立数[8];2008年,周维义讨论了:广义Mersenne数$M(a,p)=\frac{a^p-1}{a-1}$的几个性质[11].另外,关于Mersenne数和Fermat数还有很多相关的研究结果[14-31].

本节给出了广义的Mersenne数$M(a,p)$和在更一般的情况下广义的Fermat数$F_n(a,b)$能成为孤立数的条件,并给予证明.具体说来,本节的研究成果主要包括以下几点:

1. 关于广义Fermat数的研究结果

定义3.1　形如$F_n(a,b)=a^{2^n}+b^{2^n}$(a,b为正整数,n为非负整数,$\gcd(a,b)=1$,a,b不同奇偶)的数被称为广义Fermat数.

对于上述定义的广义Fermat数我们证明了如下两个定理:

定理3.8　当$1\leqslant b<a\leqslant 2^{2^n}$,$n\geqslant 7$,$\gcd(a,b)=1$,$a,b$不同奇偶时,$F_n(a,b)=a^{2^n}+b^{2^n}$是孤立数.

定理3.9　当$1\leqslant b<a\leqslant 2^{2^{n-2}}$,$n\geqslant 6$,$\gcd(a,b)=1$,$a,b$不同奇偶时,$F_n(a,b)=a^{2^n}+b^{2^n}$是孤立数.

2. 关于广义Mersenne数的研究结果

定义3.2　形如$M(a,p)=\frac{1}{a-1}(a^p-1)$($p$为素数,$a$为大于1的整数)的数被称为广义Mersenne数.

对于上述定义的广义 Mersenne 数我们先证明了如下两个定理,然后考虑 $a=10,12,14$ 的几种情形.

定理 3.10 $M(6,p)=\frac{1}{5}(6^p-1)$($p$ 为素数)都是孤立数.

定理 3.11 当 $M(a,p)=\frac{1}{a-1}(a^p-1)$($p$ 为素数),且 $p>\max\left\{23,\frac{a}{2},\frac{\ln(1+(a-1)e^{e^{2.495}})}{\ln a}\right\}$时,$M(a,p)$都是孤立数.

为了完成各个定理的证明,我们将列出以下几个引理:

引理 3.14[5] 对于任一正整数 n,有 $\sigma(n)\leqslant n^2$.

引理 3.15[5] 对于任一正整数 n,有 $\sigma(n)\varphi(n)\leqslant n^2$.

引理 3.16[12] 设正整数 $n\geqslant 3$,则有 $\sigma(n)<\left(1.782\ln\ln n+\frac{2.495}{\ln\ln n}\right)n$.

引理 3.17[13] 已知两正整数 a 与 b 互素,若存在素数 $p\mid a^{2^n}+b^{2^n}$,则有 $p=2$ 或 $p\equiv 1(\bmod 2^{n+1})$.

引理 3.18 若 $\gcd(a,b)=1,a>b\geqslant 1,a,b$ 不同奇偶,

$$F_n(a,b)=a^{2^n}+b^{2^n}=p_1^{\alpha_1}p_2^{\alpha_2}\cdots p_k^{\alpha_k}$$

(其中 $p_1<p_2<\cdots<p_k$ 为素数,$\alpha_1,\alpha_2,\cdots,\alpha_k$ 是正整数,n 为非负整数),那么有

$$k<\frac{2^n\ln a+\ln 2}{(n+1)\ln 2+\frac{1}{2}\ln k}.$$

进一步,如果 $k\geqslant 2,n\geqslant 3$,则有 $k<\frac{2^n\ln a}{(n+1)\ln 2}$.

证明 由于 a,b 不同奇偶,所以 $\gcd(2,F_n(a,b))=1$. 由引理 3.17 得 $p_i\equiv 1(\bmod 2^{n+1})$,又 $p_1<p_2<\cdots<p_k$,于是 $p_i\geqslant 2^{n+1}i+1(i=1,2,\cdots,k)$,即

$$F_n(a,b)\geqslant\prod_{i=1}^{k}(2^{n+1}i+1)^{\alpha_i}\geqslant\prod_{i=1}^{k}(2^{n+1}i+1).$$

又当 $1\leqslant t\leqslant k$ 时,有 $(t-1)(k-t)\geqslant 0,1+k\geqslant 2\sqrt{k}$,所以

$$(2^{n+1}t+1)(2^{n+1}(k-t+1)+1)\geqslant(2^{n+1}\sqrt{k}+1)^2\quad(t=1,2,\cdots,k),$$

从而

$$F_n(a,b)\geqslant\prod_{i=1}^{k}(2^{n+1}i+1)\geqslant(2^{n+1}\sqrt{k}+1)^k,$$

于是

$$k\leqslant\frac{\ln F_n(a,b)}{\ln(2^{n+1}\sqrt{k}+1)}<\frac{\ln 2a^{2^n}}{\ln 2^{n+1}\sqrt{k}}=\frac{2^n\ln a+\ln 2}{(n+1)\ln 2+\frac{1}{2}\ln k}.$$

当 $k\geqslant 2, n\geqslant 3$ 时,因 $(n+1)(\ln 2)^2\leqslant 2^{n-1}(\ln k)\ln a$,即

$$k<\frac{2^n\ln a+\ln 2}{(n+1)\ln 2+\frac{1}{2}\ln k}\leqslant\frac{2^n\ln a}{(n+1)\ln 2}.$$

证毕.

引理 3.19 如果 $0<x<1$,那么有 $\frac{56}{81}x<\ln(1+x)<x$.

证明 右边不等式是熟知的,现在证明左边不等式.由于

$$\ln(1+x)=\frac{1+\frac{x}{2+x}}{1-\frac{x}{2+x}}=2\sum_{x=0}^{\infty}\left(\frac{x}{2+x}\right)^{2n+1}>\left[\frac{x}{2+x}+\frac{1}{3}\left(\frac{x}{2+x}\right)\right],$$

令 $f(x)=\frac{1}{2+x}+\frac{x^2}{(2+x)^3}$,则 $f'(x)=\frac{-(x^2+4)}{3(2+x)^4}<0$,即 $f(x)$ 为单调减函数.所以,当 $0<x<1$ 时,$2f(x)>2f(1)=\frac{56}{81}$.证毕.

引理 3.20[8] 素数的任意自然数次幂是孤立数.

引理 3.21[13] 设素数 $p>2, a>1$,则 a^p-1 的素因数 q 必是 $a-1$ 的因数,或者 $q\equiv 1(\bmod 2p)$.

引理 3.22[14] 若 m,n 为正整数,a 为大于 1 的整数,则有 $(a^m-1,a^n-1)=(a^{(m,n)}-1)$.

引理 3.23 若 x 与 m 为一对亲和数,且 $x<m$,$f(x)=1.782\ln\ln x+\frac{2.495}{\ln\ln x}$,则有 $f(x)<f(m)$ 成立.

证明 由 x 与 m 为一对亲和数可知

$$m>x>22.$$

又因为 $f'(x)=\frac{1.782(\ln\ln x)^2-2.495}{x(\ln\ln x)^2\ln x}$,当 $x>22$ 时,有 $f'(x)>0$ 成立.从而 $f(x)$ 单增,即 $f(x)<f(m)$.证毕.

定理 3.8 的证明 由于 $a>b\geqslant 1, a\geqslant 2$,由引理知,若 $\sigma(F_n(a,b))=\sigma(x)=x+F_n(a,b)$,则 $x^2\geqslant\sigma(x)>F_n(a,b)>2^{2^7}=2^{128}$,因此 $x>3^{16}$.

设 $F_n(a,b)=p_1^{\alpha_1}p_2^{\alpha_2}\cdots p_k^{\alpha_k}$,这里 $p_1<p_2<\cdots<p_k$,且 $p_1,p_2,\cdots,p_k$ 都是素数,$\alpha_1,\alpha_2,\cdots,\alpha_k$ 都是正整数.由引理 3.17 知,$k<\frac{2^n\ln a+\ln 2}{(n+1)\ln 2+\frac{1}{2}\ln k}$,若 $k=1$,由引理 3.20 知,$F_n(a,b)$ 是孤立数,现要证明 $k\geqslant 2$ 的情形.再由引理 3.18 知,此时 $k<\frac{2^n\ln a}{(n+1)\ln 2}$.由引理 3.15 我们知道

$$1+\frac{x}{F_n(a,b)}=\frac{\sigma(F_n(a,b))}{F_n(a,b)}\leqslant\frac{F_n(a,b)}{\varphi(F_n(a,b))}=\prod_{i=1}^{k}\left(1+\frac{1}{p_i-1}\right),$$

从而

$$\ln\left(1+\frac{x}{F_n(a,b)}\right)\leqslant\sum_{i=1}^{k}\ln\left(1+\frac{1}{p_i-1}\right)<\sum_{i=1}^{k}\frac{1}{p_i-1}.$$

又由于 $p_i\geqslant 2^{n+1}i+1(i=1,2,\cdots,k,n\geqslant 7)$，故有

$$\begin{aligned}\sum_{i=1}^{k}\frac{1}{p_i-1}&\leqslant\frac{1}{2^{n+1}}\sum_{i=1}^{k}\frac{1}{i}\leqslant\frac{1}{2^{n+1}}(1+\ln k)\leqslant\frac{1}{2^{n+1}}\left(1+\ln\frac{2^n\ln a}{(n+1)\ln 2}\right)\\&=\frac{1}{2^{n+1}}(1+n\ln 2+\ln\ln a-\ln(n+1)-\ln\ln 2)\\&\leqslant\frac{1}{2^{n+1}}(1+n\ln 2+\ln\ln 2^{2^n}-\ln(n+1)-\ln\ln 2)\\&=\frac{1}{2^{n+1}}(1+2n\ln 2-\ln(n+1))\\&<\frac{1}{2^{n+1}}(2n-1)\ln 2.\end{aligned}$$

因而

$$\ln\left(1+\frac{x}{F_n(a,b)}\right)<\frac{1}{2^{n+1}}(2n-1)\ln 2. \tag{3.66}$$

从而得出 $x<F_n(a,b)$.

事实上，如果 $x\geqslant F_n(a,b)$，那么由式(3.66)得

$$\ln 2<\ln\left(1+\frac{x}{F_n(a,b)}\right)<\frac{1}{2^{n+1}}(2n-1)\ln 2,$$

此式矛盾.因此 $x<F_n(a,b)$.

又由于对一切 $t\in(0,1)$，都有$\frac{81}{56}t\leqslant\ln(1+t)$，从而有

$$\frac{56}{81}\frac{x}{F_n(a,b)}<\frac{1}{2^{n+1}}(2n-1)\ln 2,$$

即

$$x<\frac{81}{56}F_n(a,b)\frac{1}{2^{n+1}}(2n-1)\ln 2<1.002F_n(a,b)\frac{1}{2^{n+1}}(2n-1). \tag{3.67}$$

另一方面，由引理 3.16 我们知道

$$\sigma(x)<\left(1.782\ln\ln x+\frac{2.495}{\ln\ln x}\right)x,$$

由于 $x\geqslant 2^{128}>3^{16}$，从而 $\ln\ln x>2.495$. 因此

$$F_n(a,b)+x=\sigma(x)<(1.782\ln\ln x+1)x,$$

即 $F_n(a,b)<1.782x\ln\ln x$，从而

$$F_n(a,b)<1.782\times 1.002F_n(a,b)^{\frac{2n-1}{2^{n+1}}}\ln\ln 1.002F_n(a,b)^{\frac{2n-1}{2^{n+1}}},$$

$$\begin{aligned}2^{n+1}&<1.786(2n-1)\ln\ln 1.002(a^{2^n}+b^{2^n})^{\frac{2n-1}{2^{n+1}}}\\&<1.786(2n-1)\ln\ln 1.002\cdot 2a^{2^n\frac{2n-1}{2^{n+1}}}\\&<1.786(2n-1)\ln\ln a^{2^n}\quad\left(\text{因为 } n>2\text{，所以 } 1.002\times\frac{2n-1}{2^n}<1\right)\\&<1.786(2n-1)\ln\ln(2^{2^n})^{2^n}=1.786(2n-1)(2n\ln 2+\ln\ln 2)\\&<1.786(2n-1)(1.4n-0.3).\end{aligned}$$

由于 $n\geqslant 7$，以上不等式不可能成立. 故 $F_n(a,b)$ 是孤立数. 证毕.

定理 3.9 的证明　由于 $a>b\geqslant 1$，$a\geqslant 2$，由引理知，若 $\sigma(F_n(a,b))=\sigma(x)=x+F_n(a,b)$，则 $x^2\geqslant\sigma(x)>F_n(a,b)>a^{2^n}$，从而 $x>a^{2^{n-1}}$. 当 $n\geqslant 6$ 时，有

$$\ln\ln x>(n-1)\ln 2+\ln\ln a\geqslant(n-1)\ln 2+\ln\ln 2>2.495. \tag{3.68}$$

设 $F_n(a,b)=p_1^{\alpha_1}p_2^{\alpha_2}\cdots p_k^{\alpha_k}$，这里 $p_1<p_2<\cdots<p_k$，且 $p_1,p_2,\cdots,p_k$ 都是素数，$\alpha_1,\alpha_2,\cdots,\alpha_k$ 都是正整数. 由引理 3.17 知，$k<\dfrac{2^n\ln a+\ln 2}{(n+1)\ln 2+\frac{1}{2}\ln k}$，若 $k=1$，由引理 3.20 知，$F_n(a,b)$ 是孤立数. 现要证明 $k\geqslant 2$ 的情形. 再由引理 3.18 知，此时

$$k<\frac{2^n\ln a}{(n+1)\ln 2}\leqslant\frac{2^n\ln 2^{2^{n-2}}}{(n+1)\ln 2}=\frac{2^{2n-2}}{n+1}. \tag{3.69}$$

由引理 3.14 我们知道

$$1+\frac{x}{F_n(a,b)}=\frac{\sigma(F_n(a,b))}{F_n(a,b)}\leqslant\frac{F_n(a,b)}{\varphi(F_n(a,b))}=\prod_{i=1}^{k}\left(1+\frac{1}{p_i-1}\right),$$

从而

$$\ln\left(1+\frac{x}{F_n(a,b)}\right)\leqslant\sum_{i=1}^{k}\ln\left(1+\frac{1}{p_i-1}\right)<\sum_{i=1}^{k}\frac{1}{p_i-1}.$$

又由引理 3.17 知，$p_i\geqslant 2^{n+1}i+1$，$i=1,2,\cdots,k$，且 $n\geqslant 6$，结合式(3.69)有

$$\begin{aligned}\sum_{i=1}^{k}\frac{1}{p_i-1}&\leqslant\frac{1}{2^{n+1}}\sum_{i=1}^{k}\frac{1}{i}\leqslant\frac{1}{2^{n+1}}(1+\ln k)\leqslant\frac{1}{2^{n+1}}\left(1+\ln\frac{2^{2n-2}}{n+1}\right)\\&=\frac{1}{2^{n+1}}(1+2(n-1)\ln 2-\ln(n+1))\\&<\frac{n-1}{2^n}\ln 2.\end{aligned}$$

因而

$$\ln\left(1+\frac{x}{F_n(a,b)}\right)<\frac{n-1}{2^n}\ln 2. \tag{3.70}$$

从而得出 $x<F_n(a,b)$.

事实上,如果 $x\geqslant F_n(a,b)$,那么由式(3.70)得

$$\ln 2<\ln\left(1+\frac{x}{F_n(a,b)}\right)<\frac{n-1}{2^n}\ln 2,$$

此式矛盾.因此 $x<F_n(a,b)$.

又由于对一切 $t\in(0,1)$,都有$\frac{81}{56}t\leqslant\ln(1+t)$,从而有

$$\frac{56}{81}\frac{x}{F_n(a,b)}<\frac{n-1}{2^n}\ln 2,$$

即

$$\frac{x}{F_n(a,b)}<\frac{81}{56}\frac{n-1}{2^n}\ln 2. \tag{3.71}$$

另一方面,由引理3.16,结合式(3.68)我们知道

$$\frac{\sigma(x)}{x}=1+\frac{F_n(a,b)}{x}<1.782\ln\ln x+\frac{2.495}{\ln\ln x}<1.782\ln\ln x+1,$$

故

$$\frac{F_n(a,b)}{x}<1.782\ln\ln x. \tag{3.72}$$

结合式(3.71)与式(3.72)可得

$$\begin{aligned}
2^n&<\frac{81}{56}(n-1)\ln 2\times 1.782\ln\ln x\\
&<\frac{81}{56}(n-1)\ln 2\times 1.782\ln\ln\frac{81}{56}\frac{(n-1)}{2^n}F_n(a,b)\ln 2\\
&<\frac{81}{56}(n-1)\ln 2\times 1.782\ln\ln\frac{81}{56}\frac{(n-1)}{2^n}2a^{2^n}\ln 2\\
&<\frac{81}{56}(n-1)\ln 2\times 1.782\ln\ln a^{2^n}\\
&<\frac{81}{56}(n-1)\ln 2\times 1.782(n\ln 2+\ln\ln 2^{2^{n-2}})\\
&=1.786(n-1)(2n\ln 2-2\ln 2+\ln\ln 2)\\
&<1.786(n-1)(2n\ln 2-2\ln 2)\\
&<2.475(n-1)^2.
\end{aligned}$$

由于 $n\geqslant 6$,上式矛盾.故 $F_n(a,b)$是孤立数.证毕.

定理3.10的证明 设 $M(6,p)=\frac{1}{5}(6^p-1)=p_1^{\alpha_1}p_2^{\alpha_2}\cdots p_k^{\alpha_k}$ 是广义Mersenne

数的标准分解式,其中 $p_1,p_2,\cdots,p_k$ 是适合 $p_1<p_2<\cdots<p_k$ 的素数,$\alpha_1,\alpha_2,\cdots,\alpha_k$ 是正整数.

由引理3.21知 $\gcd\left(5,\frac{1}{5}(6^p-1)\right)=1$.再由引理3.20知

$$p_i\equiv 1(\bmod 2p)\quad (i=1,2,\cdots,k).$$

从而

$$p_i\geqslant 2ip+1\quad (i=1,2,\cdots,k),\tag{3.73}$$

$$5^p>M(6,p)>p_1p_2\cdots p_k\geqslant(2p+1)^k>(2p)^k,$$

故有

$$k<\frac{p\ln 5}{\ln 2p}.\tag{3.74}$$

又因为当 $p<5$ 时,$M(6,p)$ 为素数,由引理3.20可知其为孤立数.下面讨论当 $p\geqslant5$ 时的情形.假设当 $p\geqslant5$ 时,$M(6,p)$ 不为孤立数.那么由式(3.65)知,必存在正整数 x,使

$$\sigma(x)=\sigma(M(6,p))=M(6,p)+x.$$

由引理3.15可得

$$1+\frac{x}{M(6,p)}=\frac{\sigma(M(6,p))}{M(6,p)}\leqslant\frac{M(6,p)}{\varphi(M(6,p))}=\prod_{i=1}^{k}\left(1+\frac{1}{p_i-1}\right),$$

结合式(3.73)与式(3.74)及 $p\geqslant5$ 知

$$\begin{aligned}\ln\left(1+\frac{x}{M(6,p)}\right)&<\sum_{i=1}^{k}\ln\left(1+\frac{1}{p_i-1}\right)<\sum_{i=1}^{k}\frac{1}{p_i-1}<\frac{1}{2p}\sum_{i=1}^{k}\frac{1}{i}\\&<\frac{1}{2p}(1+\ln k)<\frac{1}{2p}(1+\ln p+\ln\ln 5-\ln\ln 2p)\\&<\ln 2,\end{aligned}$$

从而

$$x<M(6,p).$$

由引理3.19可得

$$\frac{56}{81}\frac{x}{M(6,p)}<\ln(1+M(6,p))<\frac{1}{2p}(1+\ln p+\ln\ln 5-\ln\ln 2p).\tag{3.75}$$

另一方面,由引理3.16和引理3.23知

$$\begin{aligned}1+\frac{M(6,p)}{x}=\frac{\sigma(x)}{x}&<1.782\ln\ln x+\frac{2.495}{\ln\ln x}\\&<1.782\ln\ln M(6,p)+\frac{2.495}{\ln\ln M(6,p)}.\end{aligned}$$

当 $p\geqslant11$ 时,$\ln\ln M(6,p)>2.495$.从而

$$1+\frac{M(6,p)}{x}<1.782\ln\ln M(6,p)+1=1.782\ln\ln\frac{1}{5}(6^p-1)+1,$$

即

$$\frac{M(6,p)}{x}<1.782\ln\ln\frac{1}{5}(6^p-1). \tag{3.76}$$

结合式(3.75)与式(3.76)得

$$p<1.289\ln\ln\frac{1}{5}(6^p-1)(1+\ln p+\ln\ln 5-\ln\ln 2p).$$

由于当 $p\geqslant 11$ 时,此式不成立.故当 $p\geqslant 11$ 时,$M(6,p)$都是孤立数.

由前述可知当 $p\geqslant 11$ 及 $p<5$ 时,均有 $M(6,p)$是孤立数.现在只需要再讨论当 $p=5,7$ 时,$M(6,p)$是否为孤立数,从而关于 $a=6$ 时的广义 Mersenne 数的情况就研究完了.

当 $p=5$ 时,$M(6,p)=1\,555$;当 $p=7$ 时,$M(6,p)=55\,987$.将这两个数与当前已知的亲和数对相比较,可知这两个数均不是亲和数.

综上所述,$M(6,p)$都是孤立数.证毕.

定理 3.11 的证明 设 $M(a,p)=\frac{1}{a-1}(a^p-1)=p_1^{\alpha_1}p_2^{\alpha_2}\cdots p_k^{\alpha_k}$ 是广义 Mersenne 数的标准分解式,其中 $p_1,p_2,\cdots,p_k$ 是适合 $p_1<p_2<\cdots<p_k$ 的素数,$\alpha_1,\alpha_2,\cdots,\alpha_k$ 是正整数.

由引理 3.22 知 $\gcd\left(a-1,\frac{1}{a-1}(a^p-1)\right)=1$.再根据引理 3.21 得到

$$p_i\equiv 1(\bmod 2p)\quad (i=1,2,\cdots,k).$$

从而

$$p_i\geqslant 2ip+1\quad (i=1,2,\cdots,k). \tag{3.77}$$

$$a^p>M(a,p)>p_1p_2\cdots p_k\geqslant(2p+1)^k>(2p)^k,$$

故有

$$k<\frac{p\ln a}{\ln 2p}. \tag{3.78}$$

假设 $M(a,p)$不为孤立数.那么必存在正整数 x,使

$$\sigma(x)=\sigma(M(6,p))=M(6,p)+x.$$

由引理 3.15 可得

$$1+\frac{x}{M(a,p)}=\frac{\sigma(M(a,p))}{M(a,p)}\leqslant\frac{M(a,p)}{\varphi(M(a,p))}=\prod_{i=1}^{k}\left(1+\frac{1}{p_i-1}\right),$$

结合式(3.77)与式(3.78)及 $p\geqslant\frac{a}{2}$ 知

$$\ln\left(1+\frac{x}{M(a,p)}\right)<\sum_{i=1}^{k}\ln\left(1+\frac{1}{p_i-1}\right)<\sum_{i=1}^{k}\frac{1}{p_i-1}$$
$$<\frac{1}{2p}\sum_{i=1}^{k}\frac{1}{i}<\frac{1}{2p}(1+\ln k)$$
$$<\frac{1}{2p}(1+\ln p+\ln\ln a-\ln\ln 2p)$$
$$<\frac{1}{2p}(1+\ln p)<\ln 2,$$

从而

$$x<M(6,p).$$

由引理3.19可得

$$\frac{56}{81}\frac{x}{M(a,p)}<\ln(1+M(a,p))<\frac{1}{2p}(1+\ln \mathrm{p}). \tag{3.79}$$

又由引理3.16和引理3.23,可知

$$1+\frac{M(a,p)}{x}=\frac{\sigma(x)}{x}<1.782\ln\ln x+\frac{2.495}{\ln\ln x}$$
$$<1.782\ln\ln M(a,p)+\frac{2.495}{\ln\ln M(a,p)}.$$

当 $p>\frac{\ln(1+(a-1)\mathrm{e}^{\mathrm{e}^{2.495}})}{\ln a}$ 时,$\ln\ln M(a,p)>2.495$,从而

$$1+\frac{M(a,p)}{x}<1.782\ln\ln M(a,p)+1=1.782\ln\ln\frac{1}{a-1}(a^p-1)+1,$$

即

$$\frac{M(a,p)}{x}<1.782\ln\ln\frac{1}{a-1}(a^p-1). \tag{3.80}$$

结合式(3.79)与式(3.80)得

$$p<1.289\ln\ln\frac{1}{a-1}(a^p-1)(1+\ln p)$$
$$<1.289(\ln p+\ln\ln a)(1+\ln p)$$
$$<1.289(\ln p+\ln\ln 2p)(1+\ln p).$$

但当 $p\geqslant 23$ 时,此不等式不成立.于是 $M(a,p)$ 是孤立数.

综上所述,当 $p>\max\left\{23,\frac{a}{2},\frac{\ln(1+(a-1)\mathrm{e}^{\mathrm{e}^{2.495}})}{\ln a}\right\}$ 时,$M(a,p)$ 都是孤立数.证毕.

关于几种广义 Mersenne 数孤立性的研究有如下进一步的结果:

定义 3.3　形如 $f(a,b,p)=\frac{a^p-b^p}{a-b}$ ($a,b\in\mathbf{N}$, p 为素数)的数被称为第二类

广义 Mersenne 数.

定理 3.12 $M(10,p)=\frac{1}{9}(10^p-1)$为孤立数.

定理 3.13 $M(12,p)=\frac{1}{11}(12^p-1)$为孤立数.

定理 3.14 $M(14,p)=\frac{1}{13}(14^p-1)$为孤立数.

定理 3.15 $M(10,p)=\frac{1}{9}(10^p-1)$不是奇完全数.

定理 3.16 $M(12,p)=\frac{1}{11}(12^p-1)$不是奇完全数.

定理 3.17 $M(14,p)=\frac{1}{13}(14^p-1)$不是奇完全数.

为了完成上述各个定理的证明,我们将在本章列出以下几个引理:

引理 3.24[5] 若 $x=p_1^{r_1}\cdots p_k^{r_k}$ 是正整数 x 的标准分解,则

$$\sigma(x)=\prod_{i=1}^{k}\frac{p_i^{r_i+1}-1}{p_i-1}.$$

引理 3.25[5] $f(a,b,p)$的素因数 q 都满足 $q\equiv1(\bmod 2^p)$.

引理 3.26[13] 若 x 是奇完全数,则 x 的标准分解式必可表示成

$$x=q_0^{r_0}q_1^{2r_1}\cdots q_k^{2r_k}\quad(k>7),\tag{3.81}$$

其中,q_0 是适合 $q_0\equiv1(\bmod 4)$的奇素数;r_0 是适合 $r_0\equiv1(\bmod 4)$的奇数;$q_i(i=1,\cdots,k)$是适合

$$q_1<\cdots<q_k,\quad q_0\neq q_i\quad(i=1,\cdots,k)\tag{3.82}$$

的奇素数;$r_i(i=1,\cdots,k)$是正整数.

引理 3.27[8] 若 $f(a,b,p)$是奇完全数,则 $f(a,b,p)$的标准分解式必可表示成

$$f(a,b,p)=q_0^{r_0}q_1^{2r_1}\cdots q_k^{2r_k}\quad(k>7),\tag{3.83}$$

其中,$q_j(j=1,\cdots,k)$是适合 $q_1<\cdots<q_k,q_0\neq q_i(j=1,\cdots,k)$以及

$$q_0\equiv1(\bmod 4p),\quad q_i\equiv1(\bmod 2p)\quad(i=1,\cdots,k)\tag{3.84}$$

的奇素数;$r_j(j=1,\cdots,k)$是适合

$$r_0\equiv1(\bmod 4p),\quad p\mid r_i\quad(i=1,\cdots,k)\tag{3.85}$$

的正整数.

定理 3.12 的证明 设 $M(10,p)=\frac{1}{9}(10^p-1)=p_1^{\alpha_1}p_2^{\alpha_2}\cdots p_k^{\alpha_k}$ 是广义 Mersenne 数的标准分解式,其中 $p_1,p_2,\cdots,p_k$ 是适合 $p_1<p_2<\cdots<p_k$ 的素数,$\alpha_1,\alpha_2,\cdots,\alpha_k$ 是正整数.

由引理3.22知 $\gcd\left(9,\frac{1}{9}(10^p-1)\right)=1$. 再由引理3.25知

$$p_i\equiv 1(\operatorname{mod} 2p)\quad (i=1,2,\cdots,k).$$

从而

$$p_i\geqslant 2ip+1\quad (i=1,2,\cdots,k). \tag{3.86}$$

$$10^p>M(10,p)>p_1p_2\cdots p_k\geqslant (2p+1)^k>(2p)^k,$$

故有

$$k<\frac{p\ln 10}{\ln 2p}. \tag{3.87}$$

又因为当 p 为素数时，$M(10,p)$ 均为素数，由引理3.20可知其为孤立数. 证毕.

定理3.13的证明 设 $M(12,p)=\frac{1}{11}(12^p-1)=p_1^{\alpha_1}p_2^{\alpha_2}\cdots p_k^{\alpha_k}$ 是广义Mersenne数的标准分解式，其中 $p_1,p_2,\cdots,p_k$ 是适合 $p_1<p_2<\cdots<p_k$ 的素数，$\alpha_1,\alpha_2,\cdots,\alpha_k$ 是正整数.

由引理3.22知 $\gcd\left(11,\frac{1}{11}(12^p-1)\right)=1$. 再由引理3.25知

$$p_i\equiv 1(\operatorname{mod} 2p)\quad (i=1,2,\cdots,k).$$

从而

$$p_i\geqslant 2ip+1\quad (i=1,2,\cdots,k). \tag{3.88}$$

$$12^p>M(12,p)>p_1p_2\cdots p_k\geqslant (2p+1)^k>(2p)^k,$$

故有

$$k<\frac{p\ln 12}{\ln 2p}. \tag{3.89}$$

又因为当 $p<4$ 时，$M(12,p)$ 为素数，由引理3.20可知其为孤立数. 下面讨论当 $p\geqslant 4$ 时的情形. 假设当 $p\geqslant 4$ 时，$M(12,p)$ 不为孤立数. 那么由式(3.81)知，必存在正整数 x，使

$$\sigma(x)=\sigma(M(12,p))=M(12,p)+x.$$

由引理3.15，可得

$$1+\frac{x}{M(12,p)}=\frac{\sigma(M(12,p))}{M(12,p)}\leqslant\frac{M(12,p)}{\varphi(M(12,p))}=\prod_{i=1}^{k}\left(1+\frac{1}{p_i-1}\right),$$

结合式(3.88)与式(3.89)及 $p\geqslant 4$ 知

$$\ln\left(1+\frac{x}{M(12,p)}\right)<\sum_{i=1}^{k}\ln\left(1+\frac{1}{p_i-1}\right)<\sum_{i=1}^{k}\frac{1}{p_i-1}$$

$$<\frac{1}{2p}\sum_{i=1}^{k}\frac{1}{i}<\frac{1}{2p}(1+\ln k)$$

$$< \frac{1}{2p}(1+\ln p+\ln\ln 12-\ln\ln 2p) < \ln 2,$$

从而

$$x < M(12,p).$$

由引理 3.21,可得

$$\frac{56}{81}\frac{x}{M(12,p)} < \ln(1+M(12,p))$$

$$< \frac{1}{2p}(1+\ln p+\ln\ln 12-\ln\ln 2p). \tag{3.90}$$

另一方面,由引理 3.16 和引理 3.25,知

$$1+\frac{M(12,p)}{x}=\frac{\sigma(x)}{x} < 1.782\ln\ln x+\frac{2.495}{\ln\ln x}$$

$$< 1.782\ln\ln M(12,p)+\frac{2.495}{\ln\ln M(12,p)},$$

当 $p\geqslant 7$ 时,$\ln\ln M(12,p)>2.495$.从而

$$1+\frac{M(12,p)}{x} < 1.782\ln\ln M(12,p)+1=1.782\ln\ln\frac{1}{11}(12^p-1)+1,$$

即

$$\frac{M(12,p)}{x} < 1.782\ln\ln\frac{1}{11}(12^p-1). \tag{3.91}$$

结合式(3.90),可得

$$p < 1.289\ln\ln\frac{1}{11}(12^p-1)(1+\ln p+\ln\ln 12-\ln\ln 2p),$$

由于当 $p\geqslant 7$ 时,此式不成立.故当 $p\geqslant 7$ 时,$M(12,p)$都是孤立数.

由前述可知当 $p\geqslant 7$ 及 $p<4$ 时,均有 $M(12,p)$是孤立数.现在只需要再讨论当 $p=5$ 时,$M(12,p)$是否为孤立数,从而关于 $a=12$ 时的广义 Mersenne 数的情况就研究完了.

当 $p=5$ 时,$M(12,p)=\frac{12^p-1}{11}$.将这两个数与当前已知的亲和数对相比较,可知这两个数均不是亲和数.

综上所述,$M(12,p)$都是孤立数.证毕.

定理 3.14 的证明　设 $M(14,p)=\frac{1}{13}(14^p-1)=p_1^{\alpha_1}p_2^{\alpha_2}\cdots p_k^{\alpha_k}$ 是广义 Mersenne 数的标准分解式,其中 $p_1,p_2,\cdots,p_k$ 是适合 $p_1<p_2<\cdots<p_k$ 的素数,$\alpha_1,\alpha_2,\cdots,\alpha_k$ 是正整数.

由引理 3.24 知,$\gcd\left(13,\frac{1}{13}(14^p-1)\right)=1$.再由引理 3.23 知

$$p_i \equiv 1 \pmod{2p} \quad (i = 1,2,\cdots,k).$$

从而

$$p_i \geqslant 2ip + 1 \quad (i = 1,2,\cdots,k), \tag{3.92}$$

$$14^p > M(6,p) > p_1 p_2 \cdots p_k \geqslant (2p+1)^k > (2p)^k,$$

故有

$$k < \frac{p\ln 14}{\ln 2p}. \tag{3.93}$$

又因为当 $p=1$ 时，$M(14,p)$ 为素数，由引理 3.20 可知其为孤立数. 下面讨论当 $p\geqslant 2$ 时的情形. 假设当 $p\geqslant 2$ 时，$M(14,p)$ 不为孤立数. 那么由式(3.81)知，必存在正整数 x，使

$$\sigma(x) = \sigma(M(14,p)) = M(14,p) + x.$$

由引理 3.15，可得

$$1 + \frac{x}{M(6,p)} = \frac{\sigma(M(14,p))}{M(14,p)} \leqslant \frac{M(14,p)}{\varphi(M(14,p))} = \prod_{i=1}^{k}\left(1 + \frac{1}{p_i - 1}\right),$$

结合式(3.88)与式(3.89)及 $p\geqslant 2$ 知

$$\begin{aligned}\ln\left(1 + \frac{x}{M(14,p)}\right) &< \sum_{i=1}^{k}\ln\left(1 + \frac{1}{p_i - 1}\right) < \sum_{i=1}^{k}\frac{1}{p_i - 1} < \frac{1}{2p}\sum_{i=1}^{k}\frac{1}{i} \\ &< \frac{1}{2p}(1 + \ln k) < \frac{1}{2p}(1 + \ln p + \ln\ln 14 - \ln\ln 2p) \\ &< \ln 2,\end{aligned}$$

从而

$$x < M(14,p).$$

由引理 3.21 可得

$$\frac{56}{81}\frac{x}{M(14,p)} < \ln(1 + M(14,p)) < \frac{1}{2p}(1 + \ln p + \ln\ln 14 - \ln\ln 2p). \tag{3.94}$$

另一方面，由引理 3.16 和引理 3.25 知

$$\begin{aligned}1 + \frac{M(14,p)}{x} = \frac{\sigma(x)}{x} &< 1.782\ln\ln x + \frac{2.495}{\ln\ln x} \\ &< 1.782\ln\ln M(14,p) + \frac{2.495}{\ln\ln M(14,p)},\end{aligned}$$

当 $p\geqslant 5$ 时，$\ln\ln M(14,p) > 2.495$. 从而

$$1 + \frac{M(14,p)}{x} < 1.782\ln\ln M(14,p) + 1 = 1.782\ln\ln\frac{1}{13}(14^p - 1) + 1,$$

即

$$\frac{M(14,p)}{x} < 1.782\ln\ln\frac{1}{13}(14^p-1). \tag{3.95}$$

结合式(3.90),可得

$$p < 1.289\ln\ln\frac{1}{13}(14^p-1)(1+\ln p+\ln\ln 14-\ln\ln 2p),$$

由于当 $p\geqslant 5$ 时,此式不成立.故当 $p\geqslant 5$ 时,$M(14,p)$都是孤立数.

由前述可知当 $p\geqslant 5$ 及 $p=1$ 时,均有 $M(14,p)$是孤立数.现在只需要再讨论当 $p=2,3$ 时,$M(14,p)$是否为孤立数,从而关于 $a=14$ 时的广义 Mersenne 数的情况就研究完了.

当 $p=2$ 时,$M(14,p)=15$;当 $p=3$ 时,$M(14,p)=211$.将这两个数与当前已知的亲和数对相比较,可知这两个数均不是亲和数.

综上所述,$M(14,p)$都是孤立数.证毕.

应用上述结果可知$\frac{(10^p-1)}{9}$,$\frac{(12^p-1)}{11}$,$\frac{(14^p-1)}{13}$为孤立数,从而不可能为完全数,更不可能为奇完全数.对于$\frac{(10^p-1)}{9}$,$\frac{(12^p-1)}{11}$,$\frac{(14^p-1)}{13}$不是奇完全数还有如下证明方法:

定理 3.15 的证明 根据引理 3.27 可知,当 $f(10,1,p)$即 $M(10,p)$是奇完全数时,它的标准分解式适合引理中的式(3.81)~式(3.85).

$$10^p > M(10,p) > (q_1\cdots q_k)^{2p} > \left(\prod_{i=1}^{k}2pi\right)^{2p} = ((2p)^k k!)^{2p}, \tag{3.96}$$

根据 Stirling 公式可知 $k!>(k/\mathrm{e})^k$,故由式(3.96)可知

$$10^p > \left(\frac{2pk}{\mathrm{e}}\right)^{2pk}, \tag{3.97}$$

由式(3.97)可得

$$\ln 10 > 2k(\ln k+\ln p+\ln 2-1), \tag{3.98}$$

若 $k\geqslant(\ln 10)/\ln p$,则由式(3.98)可得 $\ln\ln p+1>\frac{1}{2}\ln p+\ln\ln 10+\ln 2$ 这一矛盾,故必有

$$k < \frac{\ln 10}{\ln p}. \tag{3.99}$$

因为由式(3.83)可知 $k>7$,所以由式(3.99)可得 $1>7\ln p$.

另一方面,根据完全数的定义和引理 3.23,由式(3.83)可知

$$2 = \frac{\sigma(M(10,p))}{M(10,p)} = \left(1+\frac{1}{q_0}+\cdots+\frac{1}{q_0^{r_0}}\right)\prod_{i=1}^{k}\left(1+\frac{1}{q_i}+\cdots+\frac{1}{q_i^{2r_i}}\right), \tag{3.100}$$

因为对于任何素数 q 和正整数 r 都有

$$1+\frac{1}{q}+\cdots+\frac{1}{q^r}<\sum_{s=0}^{\infty}\frac{1}{q^s}=1+\frac{1}{q-1}, \tag{3.101}$$

所以由式(3.95)与式(3.96)可知

$$2<\prod_{j=0}^{k}\left(1+\frac{1}{q_j-1}\right), \tag{3.102}$$

再由式(3.82)、式(3.84)、式(3.102)可得

$$2<\prod_{j=0}^{k}\left(1+\frac{1}{2p(j+1)}\right), \tag{3.103}$$

由于

$$\begin{aligned}\ln\left(1+\frac{1}{2p(j+1)}\right)&=\frac{2}{4p(j+1)+1}\sum_{s=0}^{\infty}\frac{1}{2s+1}\left(\frac{1}{4p(j+1)+1}\right)^{2s}\\&<\frac{4}{4p(j+1)+1}<\frac{1}{p(j+1)}\quad(j=0,1,\cdots,k),\end{aligned} \tag{3.104}$$

因此由式(3.102)与式(3.103)可知

$$\ln 2<\frac{1}{p}\sum_{j=0}^{k}\frac{1}{j+1}. \tag{3.105}$$

根据文献[6]第 363 页的注释可知

$$\sum_{j=0}^{k}\frac{1}{j+1}\approx\ln(k+1)+\gamma, \tag{3.106}$$

故根据式(3.104)与式(3.105)可得

$$p\ln 2\leqslant\ln(k+1)+\gamma. \tag{3.107}$$

由于 $e^{\gamma}<2$，因此由式(3.99)与式(3.107)可知 $\ln 10>(2^{p-1}-1)\ln p$.

综上所述，可知：当 $\ln 10<\max\{7\ln p,(2^{p-1}-1)\ln p\}$，即 $p\geqslant 2$ 时，$M(10,p)$ 不是奇完全数.

现只要讨论 $p=1$ 的情况即可. 当 $p=1$ 时，$M(10,p)=1$，可知其不是奇完全数.

综上所述，可得 $M(10,p)$ 不是奇完全数.

定理 3.16 的证明　根据引理 3.26 可知，当 $f(12,1,p)$ 即 $M(12,p)$ 是奇完全数时，它的标准分解式适合引理中的式(3.81)～式(3.85).

$$12^p>M(12,p)>(q_1\cdots q_k)^{2p}>\left(\prod_{i=1}^{k}2pi\right)^{2p}=((2p)^k k!)^{2p}, \tag{3.108}$$

根据 Stirling 公式可知 $k!>(k/e)^k$，故由式(3.91)可知

$$12^p>\left(\frac{2pk}{e}\right)^{2pk}, \tag{3.109}$$

由式(3.109)可得

$$\ln 12 > 2k(\ln k + \ln p + \ln 2 - 1), \tag{3.110}$$

若 $k \geqslant (\ln 12)/\ln p$,则从式(3.110)可得 $\ln\ln p + 1 > \frac{1}{2}\ln p + \ln\ln 12 + \ln 2$这一矛盾,故必有

$$k < \frac{\ln 12}{\ln p}, \tag{3.111}$$

因为由式(3.83)可知 $k > 7$,所以由式(3.111)可得 $\ln 12 > 7\ln p$.

另一方面,根据完全数的定义和引理 3.24,由式(3.83)可知

$$2 = \frac{\sigma(M(12,p))}{M(12,p)} = \left(1 + \frac{1}{q_0} + \cdots + \frac{1}{q_0^{r_0}}\right)\prod_{i=1}^{k}\left(1 + \frac{1}{q_i} + \cdots + \frac{1}{q_i^{2r_i}}\right), \tag{3.112}$$

由于 $e^{\gamma} < 2$,因此由式(3.111)与式(3.107)可知 $\ln 12 > (2^{p-1} - 1)\ln p$.

综上所述,可知:当 $\ln 12 < \max\{7\ln p, (2^{p-1} - 1)\ln p\}$,即 $p \geqslant 2$ 时,$M(12,p)$ 不是奇完全数.

现只要讨论 $p = 1$ 的情况即可. 当 $p = 1$ 时,$M(12,p) = 1$,可知其不是奇完全数.

综上所述,可得 $M(12,p)$不是奇完全数.

定理 3.17 的证明 根据引理 3.27 可知,当 $f(14,0,p)$即 $M(14,p)$是奇完全数时,它的标准分解式适合引理中的式(3.81)~式(3.85).

$$14^p > M(12,p) > (q_1\cdots q_k)^{2p} > \left(\prod_{i=1}^{k} 2pi\right)^{2p} = ((2p)^k k!)^{2p}, \tag{3.113}$$

根据 Stirling 公式可知 $k! > (k/e)^k$,故由式(3.113)可知

$$14^p > \left(\frac{2pk}{e}\right)^{2pk}, \tag{3.114}$$

由式(3.114)可得

$$\ln 14 > 2k(\ln k + \ln p + \ln 2 - 1), \tag{3.115}$$

若 $k \geqslant (\ln 14)/\ln p$,则由式(3.115)可得 $\ln\ln p + 1 > \frac{1}{2}\ln p + \ln\ln 14 + \ln 2$ 这一矛盾,故必有

$$k < \frac{\ln 14}{\ln p}, \tag{3.116}$$

因为由式(3.83)可知 $k > 7$,所以由式(3.116)可得 $\ln 14 > 7\ln p$.

另一方面,根据完全数的定义和引理 3.24,由式(3.83)可知

$$2 = \frac{\sigma(M(14,p))}{M(14,p)} = \left(1 + \frac{1}{q_0} + \cdots + \frac{1}{q_0^{r_0}}\right)\prod_{i=1}^{k}\left(1 + \frac{1}{q_i} + \cdots + \frac{1}{q_i^{2r_i}}\right), \tag{3.117}$$

由于 $e^{\gamma}<2$,因此由式(3.116)与式(3.107)可知 $\ln 14>(2^{p-1}-1)\ln p$.

综上所述,可知:当 $\ln 14<\max\{7\ln p,(2^{p-1}-1)\ln p\}$,即 $p\geqslant 2$ 时,$M(14,p)$ 不是奇完全数.

现只要讨论 $p=1$ 的情况即可.当 $p=1$ 时,$M(10,p)=1$,可知其不是奇完全数.

综上所述,可得 $M(10,p)$ 不是奇完全数.

参考文献

[1] Guy R K. Unsolved Problems in Number Theory[M]. New York: Springer-Verlag, 1981.

[2] 颜松远.2500 年研究探寻相亲数[J].数学进展,2004,33(4):385-400.

[3] Luca F. The anti-social Fermat numbers[J]. Amer. Math. Monthly, 2000, 107: 171-173.

[4] 乐茂华.广义 Mersenne 数中的奇完全数[J].吉首大学学报,2010,31(5):1-3.

[5] 乐茂华.广义 Mersenne 数的素因数[J].广西师范学院学报,2006,23(3):21-22.

[6] 刘志伟.广义 Fermat 数中的孤立数[J].河南师范大学学报,2006,34(2):133-134.

[7] 乐茂华.形如 p^{2r} 的孤立数[J].商丘师范学院学报,2006,22(5):25-26.

[8] 李伟勋.Mersenne 数 M_p 都是孤立数[J].数学研究与评论,2007,27(4):693-696.

[9] 蒋自国,曹型兵.形如$\frac{1}{2}(3^{2^n}+1)$的孤立数[J].四川理工学院学报,2007,20(3):1-3.

[10] 蒋自国,杨仕椿.形如$\frac{1}{b}(a^{2^n}+1)$的孤立数[J].西华师范大学学报,2007,28(4):337-340.

[11] 周维义.广义 Mersenne 数的几个性质[J].广西民族大学学报,2008,14(2):43-46.

[12] Rosser J B, Schoenfeld L. Approximate formulas for some functions of prime numbers [J]. Illinois J. Math., 1962, 6(1): 64-94.

[13] 潘承洞,潘承彪.初等数论[M].北京:北京大学出版社,1992.

[14] 乐茂华.三项广义 Fermat 数之和中的合数[J].邵阳学院学报,2007,4(2).

[15] 闵嗣鹤,严士健.初等数论[M].3 版.北京:高等教育出版社,2003.

[16] 华罗庚.数论导引[M].北京:科学出版社,1979.

[17] Silverman J H. A Friendly Introduction to Number Theory[M]. Beijing: China Machine Press, 2006.

[18] 乐茂华.2 的方幂是孤立数[J].四川理工学院学报,2005,18(3).

[19] 乐茂华.奇素数的平方都是孤立数[J].周口师范学院学报,2006,23(5):4,47.

[20] 沈忠华.关于亲和数的一个结果[J].哈尔滨师范大学:自然科学版,2001,17(5):15-19.

[21] 沈忠华.关于亲和数和完全数的一个注记[J].黑龙江大学自然科学学报,2006,23(2):250-252.

[22] 高全泉.梅森素数研究的若干基本理论及其意义[J].数学的实践与认识,2006,36(1):232-238.

[23] 李伟勋.素数的立方都是孤立数[J]. Journal of Mathematical Research & Exposition,

2008,28(3):498-500.

[24] 乐茂华. Mersenne 数的最大素因数[J]. 北华大学学报,2004,5(4).

[25] Brillhart J, Lehmer D H, Selfridge J L. New Primality Criteria and Factor zations of $2^m \pm 1$[J]. Math. Comp., 1975, 29:620-627.

[26] 张四保,阿布都瓦克·玉奴司. 有关梅森数的一个注记[J]. 河北北方学院学报,2010,26(2):11-12.

[27] 岑成德. 数海明珠:漫话梅森素数[J]. 科学中国人,1998(12):28-31.

[28] 张匹保,罗兴国. 魅力独特的梅森素数[J]. 科学,2008,60(O6):56-58.

[29] 乐茂华. 广义 Mersenne 数的素因数[J]. 广西师范学院学报,2006,23(3).

[30] 于晓秋,肖藻. Fermat 数的若干结论[J]. 佳木斯大学学报,2003,21(3):290-292.

[31] 张四保,罗霞. 有关 Fermat 数的一个性质结论[J]. 沈阳大学学报,2007,19(4):25-26.

3.5 关于数论函数方程 $d(n^m)=kd(n)$ 解的探讨

对于整数因子函数 $d(n)$ 有个著名的猜想至今未获解决[1]:是否存在无穷多个自然数 n 使得 $d(n)=d(n+1)$ 成立? 进一步还有,是否存在无穷多个自然数使得 $d(n)=d(n+1)=d(n+2)$ 成立等. 本节的目的是探讨方程 $d(n^m)=kd(n)$ 解的存在性及解的结构问题等.

关于数论函数 $d(n)$ 有如下熟知的结论:

引理 3.28[2] 对任一自然数 n,记 $d(n)=\sum_{d\mid n}1$.

(1) $\forall n_1, n_2 \in \mathbf{N}, (n_1, n_2)=1$,则 $d(n_1, n_2)=d(n_1)d(n_2)$;

(2) 设自然数 n 的标准分解式为 $n=\prod_{i=1}^{r} p_i^{\alpha_i}$ ($p_1,\cdots,p_r$ 为素数,$\alpha_1,\cdots,\alpha_r$ 为非负整数),那么 $d(n)=\prod_{i=1}^{r}(\alpha_i+1)$.

此引理在各个基础数论教材中都有证明.

定理 3.18 设 $m\in\mathbf{N}, m>1$.

(1) $\exists k\in\mathbf{N}$,方程 $d(n^m)=kd(n)$ 有解.

(2) 若 $\exists k_0\in\mathbf{N}$,方程 $d(n^m)=k_0 d(n)$ 有解,则 $\forall s\in\mathbf{N}$,方程

$$d(n^m)=(m^s k_0-1)d(n) \tag{3.118}$$

有解;若 $m^s k_0-1>1$,则它有无穷多个解.

证明 (1) 显然 $k=n=1$ 时即为方程的解.

(2) 由条件,方程 $d(n^m)=k_0d(n)$有解,设 $n_0\in\mathbf{N}$ 是其解,即 $d(n_0^m)=k_0d(n_0)$,于是

$$\frac{d(n_0^m)}{d(n_0)}=k_0. \tag{3.119}$$

对$\forall s\in\mathbf{N}$,现构造数列

$$a_1=(m^s-1)k_0-1,\quad a_i=m^{i-1}a_1\quad(i=1,\cdots,s),$$

因此 $a_i\in\mathbf{N}$,任取 s 个不同素数 $p_1,\cdots,p_s$ 与 n_0 互素,由此构造自然数 $n=n_0\prod_{i=1}^{s}p_i^{\alpha_i}$,由引理与式(3.119)得

$$\begin{aligned}\frac{d(n^m)}{d(n)}&=\frac{d\left(\left(n_0\prod_{i=1}^{s}p_i^{\alpha_i}\right)^m\right)}{d\left(n_0\prod_{i=1}^{s}p_i^{\alpha_i}\right)}=\frac{d(n_0^m)d\left(\prod_{i=1}^{s}p_i^{m\alpha_i}\right)}{d(n_0)d\left(\prod_{i=1}^{s}p_i^{\alpha_i}\right)}\\&=k_0\frac{\prod_{i=1}^{s}(m\alpha_i+1)}{\prod_{i=1}^{s}(\alpha_i+1)}=\frac{k_0(m\alpha_1+1)(m^2\alpha_1+1)\cdots(m^s\alpha_1+1)}{(\alpha_1+1)(m\alpha_1+1)\cdots(m^{s-1}\alpha_1+1)}\\&=k_0\frac{m^s\alpha_1+1}{\alpha_1+1}=\frac{k_0(m^s((m^s-1)k_0-1)+1)}{(m^s-1)k_0-1+1}\\&=\frac{(m^sk_0-1)(m^s-1)}{m^s-1}=m^sk_0-1.\end{aligned}$$

即 $n=n_0\prod_{i=1}^{s}p_i^{\alpha_i}$ 是方程(3.118)的解.当 $m^sk_0-1>1$时,因素数有无限个,故所构造的自然数 n 有无穷多个适合方程(3.118).证毕.

定理 3.19 设 $m>1,m\in\mathbf{N}$,若对于 $k_i\in\mathbf{N}(i=1,\cdots,t)$,$t$ 个方程$d(n^m)=k_id(n)$各自皆有解,则方程 $d(n^m)=\left(\prod_{i=1}^{t}k_i\right)d(n)$ 必有解,且$\prod_{i=1}^{t}k_i\neq1$时有无穷多个解.

证明 因对 $k_i(l\leqslant i\leqslant t)$,$t$ 个方程$d(n^m)=k_id(n)$各自皆有解,设

$$n_i=p_{i1}^{\alpha_{i1}}p_{i2}^{\alpha_{i2}}\cdots p_{ir_i}^{\alpha_{ir_i}}\quad(i=1,\cdots,t,\text{且 }p_{i1},\cdots,p_{ir_i}\text{ 是素数})$$

是各个方程的解,由引理知

$$\prod_{j=1}^{r_i}(ma_{ij}+1)=k_i\prod_{j=1}^{r_i}(a_{ij}+1)\quad(i=1,\cdots,t), \tag{3.120}$$

所以任给 r_i 个不同的素数 $q_{i1},\cdots,q_{ir_i}$,由引理知 $n=\prod_{j=1}^{r_i}q_{ij}^{\alpha_{ij}}$ 是方程$d(n^m)=k_id(n)(i=1,\cdots,t)$的解,即式(3.120)成立,因为素数有无限个,现取 $q_{ij}(1\leqslant i$

$\leqslant t, 1 \leqslant j \leqslant r_i$）为互不相同的素数，令 $n = \prod_{i=1}^{t}\left(\prod_{j=1}^{r_i} q_{ij}^{\alpha_{ij}}\right)$，由引理以及式(3.120)得

$$d(n^m) = d\left(\prod_{i=1}^{t}\prod_{j=1}^{r_i} q_{ij}^{m\alpha_{ij}}\right) = \prod_{i=1}^{t}\prod_{j=1}^{r_i}(m\alpha_{ij}+1) = \prod_{i=1}^{t}\left(k_i\prod_{j=1}^{r_i}(\alpha_{ij}+1)\right)$$

$$= \left(\prod_{i=1}^{t} k_i\right)\left(\prod_{i=1}^{t}\left(\prod_{j=1}^{t}(\alpha_{ij}+1)\right)\right) = \left(\prod_{i=1}^{t} k_i\right) d(n),$$

即方程 $d(n^m) = \left(\prod_{i=1}^{t} k_i\right) d(n)$ 有解．当 $\prod_{i=1}^{t} k_i \neq 1$ 时，由于素数有无限个，故如上构造的自然数 n 有无穷多个，证毕．

由定理 3.18 与定理 3.19 立得如下定理：

定理 3.20　若对于 $k_i \in \mathbf{N}(i = 1, \cdots, r, r+1, \cdots, t)$，$t$ 个方程 $d(n^m) = k_i d(n)$ 各自皆有解，则 $\forall\, s_1, s_2, \cdots, s_r \in \mathbf{N}$，方程

$$d(n^m) = \left(\prod_{i=1}^{r}(m^{s_i}k_i - 1)\right)\left(\prod_{i=r+1}^{t} k_i\right) d(n)$$

必有解，且 $\left(\prod_{i=1}^{r}(m^{s_i}k_i - 1)\right)\left(\prod_{i=r+1}^{t} k_i\right) \neq 1$ 时有无穷多个解．

推论 3.2　对任意奇数 k，方程 $d(n^2) = kd(n)$ 必有解；对任意偶数 k，其方程无解．

证明　此方程是定理 3.18 中 $m = 2$ 的情形．

(1) $k = 1$ 时方程显然有解（$n = 1$）．假设对小于奇数 $k(k \geqslant 3)$ 的任一奇数，方程都有解．因 $k = 2^s k_0 - 1(s \in \mathbf{N}, k_0$ 为小于 k 的奇数），由假设知方程 $d(n^2) = k_0 d(n)$ 有解，由定理 3.18 结论(2)知方程 $d(n^2) = (2^s k_0 - 1) d(n)$ 有解，即方程 $d(n^2) = kd(n)$ 有解，由归纳法原理，对任意奇数 k 方程皆有解．

(2) 设 $n = \prod_{i=1}^{r} p_i^{\alpha_i}(\alpha_i \in \mathbf{N}, p_i$ 为素数，$i = 1, \cdots, r)$，若 $d(n^2) = kd(n)$，由引理得

$$\prod_{i=1}^{r}(2\alpha_i + 1) = k\prod_{i=1}^{r}(\alpha_i + 1),$$

此式左端与 2 互素，故 k 不能为偶数，所以 k 为偶数时方程无解．证毕．

定理 3.18、定理 3.19 的证明是构造性的，运用其中的方法可以找出方程 $d(n^m) = kd(n)$ 的解．

例 3.1　考察方程 $d(n^3) = kd(n)$ 的解．

解　因 $k = n = 1$ 总是方程的解，所以由定理 3.18 知 k 为 $3^s \times 1 - 1(s \in \mathbf{N})$ 时方程必有解．现以 $k = 3^4 \times 1 - 1$ 为例，运用定理 3.18 证明中的构造法来找方程 $d(n^3) = (3^4 \times 1 - 1) d(n)$ 的解．因 $k_0 = n_0 = 1$，构造数列

$$\alpha_1 = (3^4 - 1)k_0 - 1 = 3^4 - 2, \quad \alpha_i = 3^{i-1}\alpha_1 \quad (i = 1,2,3,4).$$

取素数 $p_1=2, p_2=3, p_3=5, p_4=7$，则

$$n = n_0 p_1^{\alpha_1} p_2^{\alpha_2} p_3^{\alpha_3} p_4^{\alpha_4} = 1 \times 2^{3^4-2} 3^{3(3^4-2)} 5^{3^2(3^4-2)} 7^{3^3(3^4-2)}$$

是方程 $d(n^3)=(3^4\times 1-1)d(n)$的解. 因 $d(n)$是积性函数，故 $p_i(1\leqslant i\leqslant 4)$可取为其他任何不同的素数时仍是方程的解.

由定理3.20知，对于方程 $d(n^3)=kd(n)$，当

$$\begin{aligned} k = {} & 1,2(=3\times 1-1),4(=2\times 2),5(=3\times 2-1),\\ & 8(=2\times 4),10(=2\times 5),11(=3^1\times 4-1),\\ & 14(=3^1\times 5-1),16(=4\times 4),17(=3^2\times 2-1),\\ & 20(=4\times 5),22(=2\times 11),23(=3^1\times 8-1),\\ & 25(=5\times 5),\cdots \end{aligned}$$

时皆有解. 但耐人寻味的是，通过研究发现，当 $k=7,13,19,\cdots$不是定理3.20中 k 的形式时，其方程也有解. 实际上，$\forall\, p_1,p_2,p_3\in \mathbf{P}$（$\mathbf{P}$ 为全体素数的集合），$n=p_1^9p_2^3$ 满足方程 $d(n^3)=7d(n)$；$n=p_1^1p_2^3p_3^4$ 满足方程 $d(n^3)=13d(n)$；$n=p_1^3p_2^6p_3^9$ 满足方程 $d(n^3)=19d(n)$. 由此自然提出了一个问题：

问题　当$(k,m)=1$时，定理3.20的逆是否成立？成立的条件是什么？

用定理3.19的证明所提供的构造方法，同样可以证明如下结论：

定理3.21　若$\exists\, k_0\in\mathbf{N}$，方程 $d(n^m)=k_0d(n)$有解，则$\forall\, s\in\mathbf{N}$，方程

$$d(n^m) = k_0(m^s-1)d(n)$$

必有解，且 $k_0(m^s-1)>1$ 时有无穷多个解.

以下我们来考虑方程

$$d(n^m) = kd(n) \tag{3.121}$$

有解时 k 的密率问题.

定义3.4　设 $k,m,n\in\mathbf{N}$，称

$$\Phi(m,k) = \begin{cases} 1, & \text{方程 } d(n^m) = kd(n) \text{ 有解},\\ 0, & \text{方程 } d(n^m) = kd(n) \text{ 无解} \end{cases}$$

为方程 $d(n^m)=kd(n)$解的特征函数. 对任一自然数 x，称

$$r(m,x) = \frac{\sum\limits_{1\leqslant k\leqslant x}\Phi(m,k)}{x}$$

为方程 $d(n^m)=kd(n)$系数 k 的密率.

定理3.22　$r(2,x)=\begin{cases} 0.5, & x \text{ 为偶数},\\ \dfrac{x+1}{2x}, & x \text{ 为奇数}. \end{cases}$

证明　由例3.1知，当 k 为奇数时有 $\Phi(2,k)=1$，当 k 为偶数时有 $\Phi(2,k)=0$，

由此以及 $r(2,x)$的定义即证.

定理 3.23 设 $q_1,\cdots,q_t$ 是 t 个互不相同的素数,那么

$$\lim_{x\to\infty} r(q_1q_2\cdots q_t,x)\leqslant\prod_{i=1}^{t}\left(1-\frac{1}{q_i}\right).$$

证明 设 $n=p_1^{\alpha_1}\cdots p_r^{\alpha_r}$($p_i$ 为素数,$\alpha_i\in\mathbf{N}\cup\{0\},i=1,\cdots,r$),若式(3.121)成立,因 $m=q_1q_2\cdots q_t$,由引理得

$$\prod_{i=1}^{r}(q_1\cdots q_t\alpha_i+1)=k\prod_{i=1}^{r}(\alpha_i+1).$$

由此式知,当 $k,q_1\cdots q_t\neq 1$ 时式(3.121)不成立,即此时 $\Phi(q_1\cdots q_t,k)=0$.

因 $q_1,\cdots,q_t$ 为素数,由容斥原理知,与 $q_1,\cdots,q_t$ 互素且不大于自然数 x 的个数为

$$x-\sum_{1\leqslant i\leqslant t}\left[\frac{x}{q_1}\right]+\sum_{1\leqslant i_1<i_2\leqslant t}\left[\frac{x}{q_{i_1}q_{i_2}}\right]-\cdots+(-1)^t\left[\frac{x}{q_1\cdots q_t}\right],$$

这里$[a]$表示不超过 a 的最大整数,因此

$$\begin{aligned}&\sum_{1\leqslant k\leqslant x}\Phi(q_1\cdots q_t,k)\\&\leqslant x-\sum_{1\leqslant i\leqslant t}\left[\frac{x}{q_1}\right]+\sum_{1\leqslant i_1<i_2\leqslant t}\left[\frac{x}{q_{i_1}q_{i_2}}\right]-\cdots+(-1)^t\left[\frac{x}{q_1\cdots q_t}\right].\end{aligned}$$

而 $r(q_1\cdots q_t,x)=\dfrac{1}{x}\sum\limits_{1\leqslant k\leqslant x}\Phi(q_1\cdots q_t,k)$,用数学分析的方法易证,对 $\forall\, a\neq 0$,有 $\lim\limits_{x\to\infty}\left[\dfrac{x}{a}\right]\dfrac{1}{x}=\dfrac{1}{a}$,所以

$$\begin{aligned}\lim_{x\to\infty}r(q_1\cdots q_t,x)&=\lim_{x\to\infty}\frac{1}{x}\sum_{1\leqslant k\leqslant x}\Phi(q_1\cdots q_t,k)\\&\leqslant 1-\sum_{1\leqslant i\leqslant t}\frac{1}{q_1}+\sum_{1\leqslant i_1<i_2\leqslant t}\frac{1}{q_{i_1}q_{i_2}}-\cdots+(-1)^t\frac{1}{q_1\cdots q_t}\\&=\prod_{i=1}^{t}\left(1-\frac{1}{q_i}\right).\end{aligned}$$

证毕.

从定理 3.22 可知,$\lim\limits_{x\to\infty}r(2,x)=0.5$,定理 3.23 仅给出 $r(m,x)$的一个上界的估计,其下界的估计将是很困难的.关于 $r(m,x)$的值有如下两个猜想:

猜想 1 $\lim\limits_{x\to\infty}r(3,x)=\dfrac{2}{3}$.

猜想 2 若 $m\geqslant 4$,则 $\lim\limits_{x\to\infty}r(m,x)\leqslant\dfrac{1}{m}$.

参考文献

[1] 曹珍富.数论中的问题与结果[M].哈尔滨:哈尔滨工业大学出版社,1996:62.
[2] Dudley U.基础数论[M].周仲良,译.上海:上海科学技术出版社,1980:56.
[3] 华罗庚.数论导引[M].北京:科学出版社,1956:122.
[4] 柯召,魏万迪.组合论:上[M].北京:科学出版社,1981:85-89.
[5] Nair M,Shiu P.On some results of Erdos and Mirsky[J].J. London Math. Soc.,1980,22(2):197-203.

3.6 Riemann 假设的一个等价命题的研究

1. 引言

Riemann[1]于 1859 年提出,$\zeta(s)=\sum_{k=1}^{\infty}\frac{1}{k^s}$ 的非平凡零点必然在直线 $\mathrm{Re}(s)=\frac{1}{2}$ 上,这一假设的提出已有 150 多年的历史.由于它在数论、代数几何、拓扑等诸多领域具有重要的理论价值与应用价值(见 Berry 与 Keating[2],Gelbart[3],Katz 与 Sarnak[4],Murty[5]),Riemann 假设与理论物理中的量子理论、弦理论有一定的相关性(见 Elizalde[6],Hawking[7],Miller 与 Moore[8]),人们一直在寻求它的证明,但时至今日,这一问题仍然未获解决.

在这 150 多年的历史中,第一个给出具有重要意义的结果是 1914 年 Hardy 证明了 Riemann ζ 函数有无穷多个非平凡零点位于临界线上(见文献[9]).1921 年,Hardy 与 Littlewood[10]进一步指出,存在常数 $K>0$,$T_0>0$,使得对所有 $T>T_0$,Riemann ζ 函数在临界线 $0\leqslant \mathrm{Im}(s)\leqslant T$ 的区间内的非平凡零点数目不小于 KT.1942 年,Selberg[11]给出更好的结论:存在常数 $K>0$,$T_0>0$,使得对所有 $T>T_0$,Riemann ζ 函数在临界线 $0\leqslant \mathrm{Im}(s)\leqslant T$ 的区间内的非平凡零点数目不小于 $KT\ln T$.1974 年,Levinson[12-13]创立一种新的方法,通过研究 $\zeta'(s)$的零点分布与 $\zeta(s)$的关系得到如下结果:存在常数 $T_0>0$,使得对所有 $T>T_0$,有 $N_0(T)\geqslant \frac{1}{3}N(T)$.1980 年,楼世拓与姚琦证明了 $N_0(T)\geqslant 0.35N(T)$.1989 年,Conrey[14]证明了 $N_0(T)\geqslant \frac{2}{5}N(T)$.

1984 年,Robin G[15]指出,如果 Riemann 假设成立,那么 $n\geqslant 5\,041$ 时,有

$$\sum_{d \mid n} d \leqslant \mathrm{e}^{\gamma} n \ln \ln n,$$

这里 γ 是 Euler 常数. 另一方面还指出，如果 Riemann 假设不成立，那么，存在常数 $0<\beta<\frac{1}{2}$ 与 $C>0$，有无限多个自然数 n 满足下面不等式：

$$\sum_{d \mid n} d \geqslant \mathrm{e}^{\gamma} n \ln \ln n+\frac{C n \ln \ln n}{(\ln n)^{\beta}}.$$

2002 年，Lagarias J C[16-17] 根据 Robin G 的结果指出，Riemann 假设成立的充要条件是，对于任意自然数 n，有不等式 $H_n+\exp(H_n)\ln H_n-\sum_{d \mid n} d \geqslant 0$ 成立，当且仅当 $n=1$ 时等号成立. 这里 $H_n=\sum_{k=1}^{n} \frac{1}{k}$.

实际上，运用 Robin G 的结果，可以得到如下更强的结论：

定理 3.24 Riemann 假设成立的充要条件是：存在正常数 A，对所有自然数 $n \geqslant A$，有

$$\exp(H_n)\ln H_n-\sum_{d \mid n} d \geqslant 0.$$

这里 $H_n=\sum_{k=1}^{n} \frac{1}{k}$.

对于定理 3.24，朱玉扬[28-31] 于 2013 年给出如下的定理 3.25～定理 3.27：

定理 3.25 设 $H_n=\sum_{k=1}^{n} \frac{1}{k}$，$n$ 为自然数，则有

$$\lim_{n \rightarrow+\infty} \frac{1}{n}\left(\exp(H_n)\ln H_n-\sum_{d \mid n} d\right) \geqslant 0. \tag{3.122}$$

由定理 3.24 与定理 3.25 即知 Riemann 假设成立概率较大. 但是，定理 3.25 推不出定理 3.24 的充分条件成立（例如，$F(n)=-n^{-2}$，$G(n)=-n^{-1}$，$\lim\limits_{n \rightarrow+\infty} F(n)=\lim\limits_{n \rightarrow+\infty} G(n)=0$，$F(n)>G(n)$，但 $\forall n \in \mathbf{N}$，$F(n)=-n^{-2}<0$），所以，我们仍然不知 Riemann 假设是否成立. 对于定理 3.24 的充分条件，在某些条件下有如下两个结论：

定理 3.26 存在正常数 A，对所有自然数 $n=q_1 q_2 \cdots q_m$（$q_1, q_2, \cdots, q_m$ 皆为素数，且 $q_1<q_2<\cdots<q_m$），$n \geqslant A$，有

$$\exp(H_n)\ln H_n-\sum_{d \mid n} d \geqslant 0.$$

定理 3.27 存在正常数 A，对所有自然数 $n=q_1^{\alpha_1} q_2^{\alpha_2} \cdots q_m^{\alpha_m}$（$q_1, q_2, \cdots, q_m$ 皆为素数，且 $q_1<q_2<\cdots<q_m$，$\alpha_i \geqslant 2$，$\alpha_i \in \mathbf{N}$，$i=1,2,\cdots,m$），$n \geqslant A$，有

$$\exp(H_n)\ln H_n-\sum_{d \mid n} d \geqslant 0.$$

由定理 3.26 以及定理 3.27 知，对于充分大的自然数 n，若它所含不同素因子都是单个的，或者所含不同素因子都是重的时，必有不等式

$$\exp(H_n)\ln H_n - \sum_{d\mid n} d \geqslant 0$$

成立.因此，由定理 3.24 知，若能证明，对于充分大的自然数 n，它所含不同素因子中既有单的又有重的时，有不等式

$$\exp(H_n)\ln H_n - \sum_{d\mid n} d \geqslant 0$$

成立，那么就证明了 Riemann 假设成立.当然这一问题的解决肯定非常困难.

本节中最关键的命题是引理 3.29，通过这个引理，可以将任意自然数的素数分解式中的不同素数因子 $q_1, q_2, \cdots, q_m$ 转化为按照素数集合中从小到大顺序排列的m 个素数$p_1=2, p_2=3, \cdots, p_m$ 的情形来求证，由此可方便地利用素数定理的相关性质来证明定理 3.25.

2. 引理

为叙述方便，本书中所述的自然数不为零，自然数集合记为 $\mathbf{N}$，全体素数的集合记为 $\mathbf{P}$.

引理 3.29 设 $f(q_1, q_2, \cdots, q_m) = \mathrm{e}^{\gamma}\ln\ln\prod_{h=1}^{m} q_h^{\alpha_h} - \prod_{h=1}^{m}\dfrac{q_h - \dfrac{1}{q_h^{\alpha_h}}}{q_h - 1}$（$q_h$ 为素数，$\alpha_h \in \mathbf{N}$，α_h 是常数，$h=1,2,\cdots,m$，且 $q_1, q_2, \cdots, q_m$互不相同），那么 $f(q_1, q_2, \cdots, q_m)$的最小值为

$$f(p_1, p_2, \cdots, p_m) = f(2,3,5,\cdots,p_m).$$

这里 p_h 为 $\mathbf{P}$ 中的所有元素按自小到大排列的第 h($h=1,2,\cdots,m$)个元素，γ 是 Euler 常数.

证法 1 由于

$$\frac{\partial f}{\partial q_k} = \mathrm{e}^{\gamma}\frac{\alpha_k q_k^{\alpha_k - 1}\prod\limits_{h\neq k, 1\leqslant h\leqslant m} q_h^{\alpha_h}}{\left(\ln\prod\limits_{h=1}^{m} q_h^{\alpha_h}\right)\prod\limits_{h=1}^{m} q_h^{\alpha_h}} - \prod_{h\neq k, 1\leqslant h\leqslant m}^{m}\frac{q_h - \dfrac{1}{q_h^{\alpha_h}}}{q_h - 1}\left(\frac{1 + \dfrac{\alpha_k}{q_k^{\alpha_k + 1}}}{q_k - 1} - \frac{q_k - \dfrac{1}{q_k^{\alpha_k}}}{(q_k - 1)^2}\right)$$

$$= \mathrm{e}^{\gamma}\frac{\alpha_k}{q_k\left(\ln\prod\limits_{h=1}^{m} q_h^{\alpha_h}\right)} - \prod_{h\neq k, 1\leqslant h\leqslant m}^{m}\frac{q_h - \dfrac{1}{q_h^{\alpha_h}}}{q_h - 1}\left(\frac{\alpha_k}{q_k^{\alpha_k}} + \frac{1}{q_k^{\alpha_k}} - 1 - \frac{\alpha_k}{q_k^{\alpha_k + 1}}\right)\frac{1}{(q_k - 1)^2}. \tag{3.123}$$

下证$\dfrac{\alpha_k}{q_k^{\alpha_k}} + \dfrac{1}{q_k^{\alpha_k}} - 1 - \dfrac{\alpha_k}{q_k^{\alpha_k + 1}} < 0$，即证$(\alpha_k + 1)q_k - q_k^{\alpha_k + 1} - \alpha_k < 0$.令

$$g(q_k) = (\alpha_k + 1)q_k - q_k^{\alpha_k+1} - \alpha_k,$$

那么 $g'(q_k)=(\alpha_k+1)-(\alpha_k+1)q_k^{\alpha_k}=(\alpha_k+1)(1-q_k^{\alpha_k})$. 因为 $\alpha_k\geqslant 1, q_k\geqslant 2$, 于是 $g'(q_k)<0$, 所以 $g(q_k)$ 关于 q_k 单调递减, $g(q_k)\leqslant g(2)=\alpha_k+2-2^{\alpha_k+1}$. 令 $t(\alpha_k)=\alpha_k+2-2^{\alpha_k+1}$, 则 $t'(\alpha_k)=1-2^{\alpha_k+1}\ln 2$. 由于 $\alpha_k\geqslant 1$, 所以 $t'(\alpha_k)<0$, 于是 $t(\alpha_k)\leqslant t(1)=1+2-2^{1+1}<0$, 总之有 $g(q_k)<0$. 由式(3.123)知, $\dfrac{\partial f}{\partial q_k}>0$ $(k=1,2,\cdots,m)$, 所以 $f(q_1,q_2,\cdots,q_m)$ 在区域

$D:\{(q_1,q_2,\cdots,q_m)\mid 2\leqslant q_1<q_2<\cdots<q_m, q_h\in \mathbf{P}, h=1,2,\cdots,m\}$

中无稳定点, 故 $f(q_1,q_2,\cdots,q_m)$ 的最小值在区域 D 的边界 ∂D 上取得[18]. 由于 $\dfrac{\partial f}{\partial q_k}>0(k=1,2,\cdots,m)$, 所以 $f(q_1,q_2,\cdots,q_m)$ 关于任一 q_k 是单调递增的, 由于 $q_1<q_2<\cdots<q_m$, 因此 $f(q_1,q_2,\cdots,q_m)$ 在区域 D 的边界点 $(q_1,q_2,\cdots,q_m)=(2,3,5,\cdots,p_m)$ (p_m 为 $\mathbf{P}$ 中的所有元素按自小到大排列的第 m 个元素) 处取得最小值, 即

$$\min_{(q_1,q_2,\cdots,q_m)\in D} f(q_1,q_2,\cdots,q_m) = f(p_1,p_2,\cdots,p_m) = f(2,3,5,\cdots,p_m).$$

证毕.

证法 2 令 $f_1(q_1,q_2,\cdots,q_m) = \mathrm{e}^{\gamma}\ln\ln\prod_{h=1}^{m} q_h^{\alpha_h}$, 由于自然对数函数是单调递增的, 且 $p_1=2\leqslant q_1, p_2=3\leqslant q_2, p_3=5\leqslant q_3,\cdots,p_m\leqslant q_m, \alpha_h\geqslant 1(h=1,2,\cdots,m)$, 所以

$$f_1(q_1,q_2,\cdots,q_m)\geqslant f_1(2,3,5,\cdots,p_m).$$

令 $f_2(q_1,q_2,\cdots,q_m) = -\prod_{h=1}^{m}\dfrac{q_h-\dfrac{1}{q_h^{\alpha_h}}}{q_h-1}$, $\rho(q_h)=\dfrac{q_h-\dfrac{1}{q_h^{\alpha_h}}}{q_h-1}$, $\alpha_h\geqslant 1(h=1,2,\cdots,m)$, 那么

$$\rho'(q_h) = \left(\frac{\alpha_h}{q_h^{\alpha_h}}+\frac{1}{q_h^{\alpha_h}}-1-\frac{\alpha_h}{q_h^{\alpha_h+1}}\right)\frac{1}{(q_h-1)^2}.$$

同样要证 $\frac{\alpha_h}{q_h^{\alpha_h}}+\frac{1}{q_h^{\alpha_h}}-1-\frac{\alpha_h}{q_h^{\alpha_h+1}}<0$, 即证 $(\alpha_h+1)q_h-q_h^{\alpha_h+1}-\alpha_h<0$, 此易证 (可见证法 1), 所以 $\rho'(q_h)<0$, 从而 $\rho(q_h)$ 单调递减 (实际上, 可以不用微分学而用初等方法直接证出它单调递减). 又 $p_1=2\leqslant q_1, p_2=3\leqslant q_2, p_3=5\leqslant q_3,\cdots,p_m\leqslant q_m$, 由此知, $\rho(q_1)\leqslant\rho(2), \rho(q_2)\leqslant\rho(3), \rho(q_3)\leqslant\rho(5),\cdots,\rho(q_m)\leqslant\rho(p_m)$, 又 $\rho(q_h)>0$ $(h=1,2,\cdots,m)$, 所以

$$-f_2(q_1,q_2,\cdots,q_m) = \prod_{h=1}^{m}\frac{q_h-\dfrac{1}{q_h^{\alpha_h}}}{q_h-1}\leqslant\frac{2-\dfrac{1}{2^{\alpha_1}}}{2-1}\,\frac{3-\dfrac{1}{3^{\alpha_2}}}{3-1}\cdots\frac{p_m-\dfrac{1}{p_m^{\alpha_m}}}{p_m-1}$$

$$= \prod_{h=1}^{m} \frac{p_h - \dfrac{1}{p_h^{\alpha_h}}}{p_h - 1} = - f_2(2,3,5,\cdots,p_m),$$

于是 $f_2(q_1,q_2,\cdots,q_m) \geqslant f_2(2,3,5,\cdots,p_m)$，但

$$f(q_1,q_2,\cdots,q_m) = f_1(q_1,q_2,\cdots,q_m) + f_2(q_1,q_2,\cdots,q_m),$$

由以上知，$f(q_1,q_2,\cdots,q_m) \geqslant f(2,3,\cdots,p_m) = f(p_1,p_2,\cdots,p_m)$，即

$$\min_{(q_1,q_2,\cdots,q_m)\in D} f(q_1,q_2,\cdots,q_m) = f(2,3,5,\cdots,p_m).$$

证毕.

引理 3.30[19]

$$\prod_{p\leqslant x}\left(1 - \frac{1}{p}\right) = \frac{1}{\mathrm{e}^{\gamma}\ln x}\left(1 + O\left(\mathrm{e}^{-c\ln^{\frac{3}{5}-\varepsilon} x}\right)\right) \quad (x \geqslant 2).$$

这里 γ 是 Euler 常数，c 是大于零的常数，ε 为任意小的正数，p 为素数.

推论 3.3 $\forall\, m \in \mathbf{N}, \alpha_k \geqslant 1 (k = 1,2,\cdots,m)$，则有

$$\prod_{k=1}^{m} \frac{p_k - \dfrac{1}{p_k^{\alpha_k}}}{p_k - 1} < \mathrm{e}^{\gamma}\ln p_m \left(1 + O\left(\mathrm{e}^{-c\ln^{\frac{3}{5}-\varepsilon} p_m}\right)\right)^{-1}. \tag{3.124}$$

这里 p_k 为 $\mathbf{P}$ 中的所有元素按自小到大排列的第 k 个元素，γ 是 Euler 常数，c 是大于零的常数，ε 为任意小的正数.

证明 由于 $m \in \mathbf{N}, \alpha_k \geqslant 1 (k = 1,2,\cdots,m)$，所以

$$\prod_{k=1}^{m} \frac{p_k - \dfrac{1}{p_k^{\alpha_k}}}{p_k - 1} < \prod_{k=1}^{m} \frac{p_k}{p_k - 1} = \prod_{p\leqslant p_m} \frac{p}{p-1} = \left(\prod_{p\leqslant p_m} \frac{p-1}{p}\right)^{-1}$$

$$= \left(\prod_{p\leqslant p_m}\left(1 - \frac{1}{p}\right)\right)^{-1}.$$

由引理 3.29 有

$$\left(\prod_{p\leqslant p_m}\left(1 - \frac{1}{p}\right)\right)^{-1} = \left(\frac{1}{\mathrm{e}^{\gamma}\ln p_m}\left(1 + O\left(\mathrm{e}^{-c\ln^{\frac{3}{5}-\varepsilon} p_m}\right)\right)\right)^{-1}$$

$$= (\mathrm{e}^{\gamma}\ln p_m)\left(1 + O\left(\mathrm{e}^{-c\ln^{\frac{3}{5}-\varepsilon} p_m}\right)\right)^{-1}.$$

证毕.

引理 3.31 $\forall\, \alpha_k \geqslant 1$，有

$$\ln \prod_{k=1}^{m} p_k^{\alpha_k} \geqslant \sum_{p\leqslant p_m} \ln p = \vartheta(p_m).$$

这里 p_k 为 $\mathbf{P}$ 中的所有元素按自小到大排列的第 k 个元素.

证明 根据

$$\ln \prod_{k=1}^{m} p_k^{\alpha_k} = \sum_{k=1}^{m} \alpha_k \ln p_k \geqslant \sum_{k=1}^{m} \ln p_k = \sum_{p \leqslant p_m} \ln p = \vartheta(p_m).$$

证毕.

由素数定理知,Chebyshev 函数 $\vartheta(p_m)$ 有如下性质:

引理 3.32　$\vartheta(p_m) = p_m + O\left(\frac{p_m}{\ln p_m}\right)$.

证明　$\pi(x)$表示不超过 x 的素数的个数,那么[20-21]

$$\frac{x}{\ln x}\left(1 + \frac{1}{2\ln x}\right) < \pi(x) < \frac{x}{\ln x}\left(1 + \frac{3}{2\ln x}\right),$$

所以

$$\pi(x)\ln x = x + O\left(\frac{x}{\ln x}\right).$$

另一方面[22]

$$\pi(x) = \frac{\vartheta(x)}{\ln x} + O\left(1 + \frac{x}{(\ln x)^2}\right),$$

所以

$$\vartheta(x) = x + O\left(\frac{x}{\ln x}\right).$$

令 $x = p_m$ 即得证.

引理 3.33　若 $0 < \varepsilon < \frac{1}{5}$,$c$ 为正的常数,则 $\lim\limits_{x \to +\infty} (\ln x) O\left(\mathrm{e}^{-c\ln^{\frac{3}{5}-\varepsilon} x}\right) = 0$.

证明　由 $O\left(\mathrm{e}^{-c\ln^{\frac{3}{5}-\varepsilon} x}\right)$的意义知,存在正常数 A 使得

$$-A\mathrm{e}^{-c\ln^{\frac{3}{5}-\varepsilon} x} \leqslant O\left(\mathrm{e}^{-c\ln^{\frac{3}{5}-\varepsilon} x}\right) \leqslant A\mathrm{e}^{-c\ln^{\frac{3}{5}-\varepsilon} x}.$$

由 L'Hospital 法则得

$$\lim_{x \to +\infty} (\ln x) A\mathrm{e}^{-c\ln^{\frac{3}{5}-\varepsilon} x} = \lim_{x \to +\infty} \frac{A\ln x}{\mathrm{e}^{c\ln^{\frac{3}{5}-\varepsilon} x}} = \lim_{x \to +\infty} \frac{A \ln^{\frac{2}{5}+\varepsilon} x}{c\left(\frac{3}{5} - \varepsilon\right)\mathrm{e}^{c\ln^{\frac{3}{5}-\varepsilon} x}}.$$

令 $\mu = \ln x$,那么

$$\lim_{x \to +\infty} (\ln x) A\mathrm{e}^{-c\ln^{\frac{3}{5}-\varepsilon} x} = \lim_{x \to +\infty} \frac{A\ln x}{\mathrm{e}^{c\ln^{\frac{3}{5}-\varepsilon} x}} = \lim_{\mu \to +\infty} \frac{A\mu^{\frac{2}{5}+\varepsilon}}{c\left(\frac{3}{5} - \varepsilon\right)\mathrm{e}^{c\mu^{\frac{3}{5}-\varepsilon}}},$$

再运用 L'Hospital 法则得到

$$\lim_{x \to +\infty} (\ln x) A\mathrm{e}^{-c\ln^{\frac{3}{5}-\varepsilon} x} = \lim_{\mu \to +\infty} \frac{A\mu^{\frac{2}{5}+\varepsilon}}{c\left(\frac{3}{5} - \varepsilon\right)\mathrm{e}^{c\mu^{\frac{3}{5}-\varepsilon}}} = \lim_{\mu \to +\infty} \frac{A\left(\frac{2}{5} + \varepsilon\right)\mu^{2\varepsilon - \frac{1}{5}}}{c^2\left(\frac{3}{5} - \varepsilon\right)^2 \mathrm{e}^{c\mu^{\frac{3}{5}-\varepsilon}}}.$$

如果 $2\varepsilon-\dfrac{1}{5}\leqslant 0$，那么 $\lim\limits_{\mu\to+\infty}\dfrac{A\left(\dfrac{2}{5}+\varepsilon\right)\mu^{2\varepsilon-\frac{1}{5}}}{c^2\left(\dfrac{3}{5}-\varepsilon\right)^2 e^{c\mu^{\frac{3}{5}-\varepsilon}}}=0$. 如果 $2\varepsilon-\dfrac{1}{5}>0$，因为 $0<\varepsilon<\dfrac{1}{5}$，所以 $3\varepsilon-\dfrac{4}{5}<0$，再运用 L'Hospital 法则得到

$$\lim_{\mu\to+\infty}\frac{A\left(\dfrac{2}{5}+\varepsilon\right)\mu^{2\varepsilon-\frac{1}{5}}}{c^2\left(\dfrac{3}{5}-\varepsilon\right)^2 e^{c\mu^{\frac{3}{5}-\varepsilon}}}=\lim_{\mu\to+\infty}\frac{A\left(\dfrac{2}{5}+\varepsilon\right)\left(2\varepsilon-\dfrac{1}{5}\right)\mu^{3\varepsilon-\frac{4}{5}}}{c^3\left(\dfrac{3}{5}-\varepsilon\right)^3 e^{c\mu^{\frac{3}{5}-\varepsilon}}}=0.$$

同理，$\lim\limits_{x\to+\infty}(\ln x)(-Ae^{-c\ln^{\frac{3}{5}-\varepsilon}x})=0$，由两边夹定理得 $\lim\limits_{x\to+\infty}(\ln x)O(e^{-c\ln^{\frac{3}{5}-\varepsilon}x})=0$. 证毕.

注 在引理 3.33 中，如果 $0<\varepsilon<\dfrac{3}{5}$，也有同样的结论.

引理 3.34

$$\lim_{m\to+\infty}\left(e^{\gamma}\ln\ln\prod_{k=1}^{m}p_k^{\alpha_k}-\prod_{k=1}^{m}\frac{p_k-\dfrac{1}{p_k^{\alpha_k}}}{p_k-1}\right)\geqslant 0. \tag{3.125}$$

这里 γ 是 Euler 常数，p_k 为 P 中的所有元素按自小到大排列的第 k 个元素.

证明 由推论 3.3 的式(3.124)知

$$\prod_{k=1}^{m}\frac{p_k-\dfrac{1}{p_k^{\alpha_k}}}{p_k-1}<(e^{\gamma}\ln p_m)(1+O(e^{-c\ln^{\frac{3}{5}-\varepsilon}p_m}))^{-1}.$$

另一方面，由引理 3.31 知

$$e^{\gamma}\ln\ln\prod_{k=1}^{m}p_k^{\alpha_k}\geqslant e^{\gamma}\ln(\vartheta(p_m)).$$

由引理 3.32 知

$$\vartheta(p_m)=p_m+O\left(\frac{p_m}{\ln p_m}\right).$$

所以

$$\begin{aligned}&\lim_{m\to+\infty}\left(e^{\gamma}\ln\ln\prod_{k=1}^{m}p_k^{\alpha_k}-\prod_{k=1}^{m}\frac{p_k-\dfrac{1}{p_k^{\alpha_k}}}{p_k-1}\right)\\&\quad\geqslant\lim_{m\to+\infty}(e^{\gamma}\ln(\vartheta(p_m))-(e^{\gamma}\ln p_m)(1+O(e^{-c\ln^{\frac{3}{5}-\varepsilon}p_m}))^{-1})\\&\quad=\lim_{m\to+\infty}\left(e^{\gamma}\ln\left(p_m+O\left(\frac{p_m}{\ln p_m}\right)\right)-(e^{\gamma}\ln p_m)(1+O(e^{-c\ln^{\frac{3}{5}-\varepsilon}p_m}))^{-1}\right)\end{aligned}$$

$$= e^{\gamma} \lim_{p_m \to +\infty} \left(\ln \left(p_m + O\left(\frac{p_m}{\ln p_m} \right) \right) - (\ln p_m)(1 + O(e^{-c\ln^{\frac{3}{5}-\varepsilon} p_m}))^{-1} \right)$$

$$= e^{\gamma} \lim_{p_m \to +\infty} \left[\ln p_m + \ln \left(1 + \frac{O\left(\frac{p_m}{\ln p_m} \right)}{p_m} \right) - (\ln p_m)(1 + O(e^{-c\ln^{\frac{3}{5}-\varepsilon} p_m}))^{-1} \right]$$

$$= e^{\gamma} \lim_{p_m \to +\infty} \left[\frac{(\ln p_m) O(e^{-c\ln^{\frac{3}{5}-\varepsilon} p_m})}{1 + O(e^{-c\ln^{\frac{3}{5}-\varepsilon} p_m})} + \ln \left(1 + \frac{O\left(\frac{p_m}{\ln p_m} \right)}{p_m} \right) \right],$$

由于 ε 为任意小的正数,故由引理 3.33 得

$$e^{\gamma} \lim_{p_m \to +\infty} \left[\frac{(\ln p_m) O(e^{-c\ln^{\frac{3}{5}-\varepsilon} p_m})}{1 + O(e^{-c\ln^{\frac{3}{5}-\varepsilon} p_m})} + \ln \left(1 + \frac{O\left(\frac{p_m}{\ln p_m} \right)}{p_m} \right) \right]$$

$$= e^{\gamma} \left[\frac{\lim\limits_{p_m \to +\infty} (\ln p_m) O(e^{-c\ln^{\frac{3}{5}-\varepsilon} p_m})}{\lim\limits_{p_m \to +\infty} (1 + O(e^{-c\ln^{\frac{3}{5}-\varepsilon} p_m}))} + \lim_{p_m \to +\infty} \ln \left(1 + \frac{O\left(\frac{p_m}{\ln p_m} \right)}{p_m} \right) \right].$$

$$= e^{\gamma} \left(\frac{0}{1} + 0 \right) = 0.$$

因此式(3.125)成立.证毕.

应用 Euler-Maclaurin 求和公式可得[22]如下结论:

引理 3.35

$$H_n = \sum_{k=1}^{n} \frac{1}{k} = \ln n + \gamma + \frac{1}{2n} - \frac{1}{12n^2} + \frac{\theta}{64n^4}.$$

这里 γ 是 Euler 常数,$\theta \in [0,1]$.

由引理 3.35 即得如下结论:

推论 3.4

$$H_n > \gamma + \ln n. \tag{3.126}$$

引理 3.36[15] 如果 Riemann 假设不成立,那么,存在常数 $0 < \beta < \frac{1}{2}$ 与 $C > 0$,有无限多个自然数 n 满足下面不等式:

$$\sum_{d \mid n} d \geqslant e^{\gamma} n \ln \ln n + \frac{Cn \ln \ln n}{(\ln n)^{\beta}}.$$

引理 3.37[16] 如果 $n \geqslant 3$,那么

$$e^{\gamma} n \ln \ln n + \frac{Cn \ln \ln n}{(\ln n)^{\beta}} \geqslant H_n + \exp(H_n) \ln H_n > \exp(H_n) \ln H_n.$$

这里 $H_n = \sum_{k=1}^{n} \frac{1}{k}$.

引理 3.38[15] 如果 Riemann 假设成立,那么 $n \geqslant 5\,041$ 时,有

$$\sum_{d \mid n} d \leqslant e^{\gamma} n \ln \ln n.$$

这里 γ 是 Euler 常数.

引理 3.39[22]

$$\sum_{p \leqslant p_k} \frac{1}{p} = \ln \ln p_m + c_1 + O\left(\frac{1}{\ln p_m}\right).$$

这里 $c_1 = 0.261\,4 \cdots$.

引理 3.40[27] 若 $p_m > 10\,544\,111$,则

$$\sum_{p \leqslant p_m} \ln p > p_m - \frac{0.006\,678\,8 p_m}{\ln p_m}.$$

这里 p, p_m 都为素数.

3. 定理的证明

定理 3.24 的证明 由引理 3.38 知,如果 Riemann 假设成立,那么存在正常数 $A = 5\,041$,对所有自然数 $n \geqslant A$,有

$$\exp(H_n) \ln H_n - \sum_{d \mid n} d \geqslant 0.$$

这里 $H_n = \sum_{k=1}^{n} \frac{1}{k}$. 所以存在正常数 A,对所有自然数 $n \geqslant A > 0$,有

$$\frac{1}{n}\left(\exp(H_n) \ln H_n - \sum_{d \mid n} d\right) \geqslant 0.$$

另一方面,如果存在正常数 A,对所有自然数 $n \geqslant A > 0$,有

$$\frac{1}{n}\left(\exp(H_n) \ln H_n - \sum_{d \mid n} d\right) \geqslant 0,$$

由此即得,最多只有有限个自然数 n 满足如下不等式:

$$\frac{1}{n}\left(\exp(H_n) \ln H_n - \sum_{d \mid n} d\right) < 0,$$

即

$$\exp(H_n) \ln H_n - \sum_{d \mid n} d < 0.$$

如果 Riemann 假设不成立,由引理 3.36,存在常数 $0 < \beta < \frac{1}{2}$ 与 $C > 0$,有无限多个自然数 n 满足下面不等式:

$$\sum_{d \mid n} d \geqslant e^{\gamma} n \ln \ln n + \frac{C n \ln \ln n}{(\ln n)^{\beta}}.$$

于是,由引理 3.37,存在无限多个自然数 n 使得

$$\sum_{d\mid n} d \geqslant e^{\gamma} n \ln\ln n + \frac{Cn\ln\ln n}{(\ln n)^{\beta}} > \exp(H_n)\ln H_n,$$

这与最多只有有限个自然数 n 满足如下不等式: $\sum\limits_{d\mid n} d > \exp(H_n)\ln H_n$ 矛盾. 因此,Riemann 假设必成立. 证毕.

定理 3.25 的证明 设自然数 n 的标准分解式是 $n = \prod\limits_{k=1}^{m} q_k^{\alpha_k}$, 这里 $\alpha_k \in \mathbf{N}$, q_k 为素数, $k=1,2,\cdots,m$, 且 $q_1, q_2, \cdots, q_m$ 互不相同,则

$$\sum_{d\mid n} d = \prod_{k=1}^{m} \frac{q_k^{\alpha_k+1}-1}{q_k-1} = \left(\prod_{k=1}^{m} q_k^{\alpha_k}\right)\left(\prod_{k=1}^{m} \frac{q_k - \frac{1}{q_k^{\alpha_k}}}{q_k-1}\right) = n\prod_{k=1}^{m} \frac{q_k - \frac{1}{q_k^{\alpha_k}}}{q_k-1},$$

由推论 3.4 中的式(3.126)知

$$\exp(H_n)\ln H_n > e^{\gamma+\ln n}\ln(\gamma+\ln n) > e^{\gamma} n\ln\ln n.$$

所以

$$\frac{1}{n}\left(\exp(H_n)\ln H_n - \sum_{d\mid n} d\right) > e^{\gamma}\ln\ln n - \prod_{k=1}^{m} \frac{q_k - \frac{1}{q_k^{\alpha_k}}}{q_k-1}. \tag{3.127}$$

故由式(3.127)知,要证式(3.122),即要证下面的式(3.128).

$$\lim_{n\to+\infty}\left(e^{\gamma}\ln\ln n - \prod_{k=1}^{m} \frac{q_k - \frac{1}{q_k^{\alpha_k}}}{q_k-1}\right) \geqslant 0. \tag{3.128}$$

由于 $n = \prod\limits_{k=1}^{m} q_k^{\alpha_k}$, 所以要证式(3.128)即要证明

$$\lim_{n\to+\infty}\left(e^{\gamma}\ln\ln\left(\prod_{k=1}^{m} q_k^{\alpha_k}\right) - \prod_{k=1}^{m} \frac{q_k - \frac{1}{q_k^{\alpha_k}}}{q_k-1}\right) \geqslant 0. \tag{3.129}$$

由于 $n = \prod\limits_{k=1}^{m} q_k^{\alpha_k}$,所以 $n \to +\infty$ 时有如下两类情形:

(1) m 是无限大的,即 $m \to +\infty$.

(2) m 是有限的,那么由 $n = \prod\limits_{k=1}^{m} q_k^{\alpha_k} \to +\infty$ 知,此时又有两种情形:

① m 有限, $\exists\, a_1, a_2, \cdots, a_r \in \{1,2,\cdots,m\}$, $a_1 < a_2 < \cdots < a_r$,使得 $q_{a_j} \to +\infty$ $(j=1,2,\cdots,r, 1\leqslant r\leqslant m)$.

② m 有限, $\exists\, b_1, b_2, \cdots, b_l \in \{1,2,\cdots,m\}$,使得 $\alpha_{b_j} \to +\infty$ $(j=1,2,\cdots,l, 1\leqslant l\leqslant m)$.

在(2)的①与②情形中,无论 $q_{a_j}\to+\infty$ 或 $\alpha_{b_j}\to+\infty$,都有 $e^{\gamma}\ln\ln(\prod_{k=1}^{m}q_k^{\alpha_k})\to+\infty$,但 $\prod_{k=1}^{m}\dfrac{q_k-\dfrac{1}{q_k^{\alpha_k}}}{q_k-1}<2^m$ 是有限的,此时式(3.129)成立. 因此,现在要证明在(1)的情形下,式(3.129)也成立.

由引理3.29得

$$f(q_1,q_2,\cdots,q_m)=e^{\gamma}\ln\ln\prod_{h=1}^{m}q_h^{\alpha_h}-\prod_{h=1}^{m}\frac{q_h-\dfrac{1}{q_h^{\alpha_h}}}{q_h-1}\geqslant f(p_1,p_2,\cdots,p_m)$$

$$=e^{\gamma}\ln\ln\prod_{k=1}^{m}p_k^{\alpha_k}-\prod_{k=1}^{m}\frac{p_k-\dfrac{1}{p_k^{\alpha_k}}}{p_k-1}.$$

这里 p_k 为 $\mathbf{P}$ 中的所有元素按自小到大排列的第 k 个元素. 由引理3.34的式(3.125)得

$$\lim_{m\to+\infty}\left(e^{\gamma}\ln\ln\prod_{k=1}^{m}p_k^{\alpha_k}-\prod_{k=1}^{m}\frac{p_k-\dfrac{1}{p_k^{\alpha_k}}}{p_k-1}\right)\geqslant 0.$$

所以

$$\lim_{m\to+\infty}\left(e^{\gamma}\ln\ln(\prod_{k=1}^{m}q_k^{\alpha_k})-\prod_{k=1}^{m}\frac{q_k-\dfrac{1}{q_k^{\alpha_k}}}{q_k-1}\right)$$

$$\geqslant\lim_{m\to+\infty}\left(e^{\gamma}\ln\ln\prod_{k=1}^{m}p_k^{\alpha_k}-\prod_{k=1}^{m}\frac{p_k-\dfrac{1}{p_k^{\alpha_k}}}{p_k-1}\right)\geqslant 0.$$

即式(3.129)也成立. 所以式(3.122)成立. 证毕.

定理3.26的证明　只要证明满足定理条件下有

$$\lim_{n\to+\infty}\left(\exp(H_n)\ln H_n-\sum_{d\mid n}d\right)>0$$

即可.

设 $n=q_1q_2\cdots q_m$($q_1,q_2,\cdots,q_m$ 皆为素数,且 $q_1<q_2<\cdots<q_m$),若 m 有限,当 $n\to+\infty$ 时,m 是有限的,那么由 $n=q_1q_2\cdots q_m\to+\infty$ 知

$$\exists\, a_1,a_2,\cdots,a_r\in\{1,2,\cdots,m\},\quad a_1<a_2<\cdots<a_r,$$

使得 $q_{a_j}\to+\infty$($j=1,2,\cdots,r,1\leqslant r\leqslant m$). 所以有

$$e^{\gamma}\ln\ln(\prod_{k=1}^{m}q_k)\to+\infty,$$

但 $\prod_{k=1}^{m}\dfrac{q_k-\dfrac{1}{q_k}}{q_k-1}<2^m$ 是有限的，所以

$$\lim_{n\to+\infty}\left(\exp(H_n)\ln H_n-\sum_{d\mid n}d\right)>0.$$

此时定理的结论正确.

若 $m\to+\infty$，由于 $q_1,q_2,\cdots,q_m$ 为互不相同的素数，$q_1<q_2<\cdots<q_m$，由引理 3.29 知，只要证明 $q_1=2,q_2=3,\cdots,q_m=p_m$（$p_k$ 为 $\mathbf{P}$ 中的所有元素按自小到大排列的第 $k(k=1,2,\cdots,m)$ 个元素）时的情形即可. 此时 $n=p_1p_2\cdots p_m$，由推论 3.4 得

$$\begin{aligned}\frac{1}{n}\left(\exp(H_n)\ln H_n-\sum_{d\mid n}d\right)&>\frac{1}{n}\left(e^{\ln n+\gamma}\ln(\ln n+\gamma)-\prod_{k=1}^{m}\frac{p_k^2-1}{p_k-1}\right)\\&=e^{\gamma}\ln(\ln n+\gamma)-\prod_{k=1}^{m}\frac{p_k-\dfrac{1}{p_k}}{p_k-1}\\&>e^{\gamma}\ln\ln n-\prod_{k=1}^{m}\frac{p_k-\dfrac{1}{p_k}}{p_k-1}\\&=e^{\gamma}\ln\sum_{p\leqslant p_m}\ln p-\prod_{k=1}^{m}\frac{p_k-\dfrac{1}{p_k}}{p_k-1}.\end{aligned}\tag{3.130}$$

由引理 3.31 与引理 3.32 知，式(3.130)右端的第一项

$$\begin{aligned}e^{\gamma}\ln\sum_{p\leqslant p_m}\ln p=e^{\gamma}\ln\vartheta(p_m)&=e^{\gamma}\ln\left(p_m+O\left(\frac{p_m}{\ln p_m}\right)\right)\\&>e^{\gamma}\ln\left(p_m-\frac{0.006\,678\,8p_m}{\ln p_m}\right),\end{aligned}$$

第二项

$$\prod_{k=1}^{m}\frac{p_k-\dfrac{1}{p_k}}{p_k-1}=e^{\sum_{k=1}^{m}\ln\frac{p_k-\frac{1}{p_k}}{p_k-1}}=e^{\sum_{k=1}^{m}\ln\left(1+\frac{1}{p_k}\right)},$$

$$\sum_{k=1}^{m}\ln\left(1+\frac{1}{p_k}\right)=\sum_{p\leqslant p_k}\ln\left(1+\frac{1}{p}\right)<\sum_{p\leqslant p_k}\frac{1}{p}.$$

由引理 3.39 知 $\sum_{p\leqslant p_k}\dfrac{1}{p}=\ln\ln p_m+c_1+O\left(\dfrac{1}{\ln p_m}\right)$（这里 $c_1=0.261\,4\cdots$），于是

$$e^{\sum_{k=1}^{m}\ln\left(1+\frac{1}{p_k}\right)}<e^{\sum_{p\leqslant p_k}\frac{1}{p}}=e^{\ln\ln p_m+c_1+O\left(\frac{1}{\ln p_m}\right)}=e^{c_1}e^{O\left(\frac{1}{\ln p_m}\right)}\ln p_m,$$

所以由式(3.130)得

$$\frac{1}{n}\left(\exp(H_n)\ln H_n - \sum_{d\mid n} d\right)$$

$$> \mathrm{e}^{\gamma}\ln\sum_{p\leqslant p_m}\ln p - \prod_{k=1}^{m}\frac{p_k - \dfrac{1}{p_k}}{p_k - 1}$$

$$> \mathrm{e}^{\gamma}\ln\left(p_m - \frac{0.006\,678\,8p_m}{\ln p_m}\right) - \mathrm{e}^{c_1}\mathrm{e}^{O\left(\frac{1}{\ln p_m}\right)}\ln p_m$$

$$= \ln p_m\left(\mathrm{e}^{\gamma}\left(1 + \frac{1}{\ln p_m}\ln\left(1 - \frac{0.006\,678\,8}{\ln p_m}\right)\right) - \mathrm{e}^{c_1}\mathrm{e}^{O\left(\frac{1}{\ln p_m}\right)}\right). \quad (3.131)$$

由式(3.131)的右端知,当 $m\to+\infty$ 时,$p_m\to+\infty$,此时有

$$\lim_{n\to+\infty}\frac{1}{n}\left(\exp(H_n)\ln H_n - \sum_{d\mid n} d\right)$$

$$\geqslant \lim_{n\to+\infty}\ln p_m\left(\mathrm{e}^{\gamma}\left(1 + \frac{1}{\ln p_m}\ln\left(1 - \frac{0.006\,678\,8}{\ln p_m}\right)\right) - \mathrm{e}^{c_1}\mathrm{e}^{O\left(\frac{1}{\ln p_m}\right)}\right)$$

$$= \lim_{p_m\to+\infty}\ln p_m\left(\mathrm{e}^{\gamma}\left(1 + \frac{1}{\ln p_m}\ln\left(1 - \frac{0.006\,678\,8}{\ln p_m}\right)\right) - \mathrm{e}^{c_1}\mathrm{e}^{O\left(\frac{1}{\ln p_m}\right)}\right)$$

$$= (\mathrm{e}^{\gamma} - \mathrm{e}^{c_1})\lim_{p_m\to+\infty}\ln p_m = +\infty.$$

即存在正常数 A,对所有自然数 $n = p_1p_2\cdots p_m$,$n\geqslant A$,有

$$\frac{1}{n}\left(\exp(H_n)\ln H_n - \sum_{d\mid n} d\right) > 0.$$

从而有 $\exp(H_n)\ln H_n - \sum\limits_{d\mid n} d > 0$. 证毕.

定理 3.27 的证明 只要证明 $\lim\limits_{n\to+\infty}\left(\exp(H_n)\ln H_n - \sum\limits_{d\mid n} d\right) > 0$ 即可.

设 $n = q_1^{\alpha_1}q_2^{\alpha_2}\cdots q_m^{\alpha_m}$($q_1,q_2,\cdots,q_m$ 皆为素数,且 $q_1<q_2<\cdots<q_m$,$\alpha_i\geqslant 2$,$\alpha_i\in\mathbf{N}$,$i=1,2,\cdots,m$),若 m 有限,当 $n\to+\infty$ 时,则存在 $q_k\to+\infty$ 或 $\alpha_k\to+\infty$,此时由定理 3.25 的证明中(2)的情形知

$$\lim_{n\to+\infty}\left(\exp(H_n)\ln H_n - \sum_{d\mid n} d\right) = +\infty.$$

此时定理的结论正确.

若 $m\to+\infty$,由引理 3.29 知,只要证明 $q_1 = 2, q_2 = 3, \cdots, q_m = p_m$($p_k$ 为 $\mathbf{P}$ 中的所有元素按自小到大排列的第 k($k = 1,2,\cdots,m$)个元素)时的情形即可. 此时 $n = \prod\limits_{k=1}^{m}p_k^{\alpha_k}$,而 $\alpha_i\geqslant 2$,$\alpha_i\in\mathbf{N}$,$i = 1,2,\cdots,m$,所以 $n = \prod\limits_{k=1}^{m}p_k^{\alpha_k}\geqslant\prod\limits_{k=1}^{m}p_k^2 = \prod\limits_{p\leqslant p_m}p^2$,于是由推论 3.4、引理 3.40 得,当 n 充分大时,有

$$\exp(H_n)\ln H_n > \mathrm{e}^{\gamma+\ln n}\ln(\gamma + \ln n) > n\mathrm{e}^{\gamma}\ln\ln n$$

$$\geqslant n\mathrm{e}^{\gamma}\ln\ln\prod_{p\leqslant p_m}p^2 = n\mathrm{e}^{\gamma}\ln 2\sum_{p\leqslant p_m}\ln p$$

$$> \mathrm{e}^{\gamma}n\ln 2 + \mathrm{e}^{\gamma}n\ln\left(p_m - \frac{0.006\,678\,8p_m}{\ln p_m}\right).$$

由引理 3.32 知

$$\sum_{d\mid n}d = n\prod_{k=1}^{m}\frac{p_k - \frac{1}{p_k^{\alpha_k}}}{p_k - 1} < \mathrm{e}^{\gamma}n\ln p_m\,(1 + O(\mathrm{e}^{-c\ln^{\frac{3}{5}-\varepsilon}p_m}))^{-1}.$$

所以

$$\lim_{n\to+\infty}\frac{1}{n}(\exp(H_n)\ln H_n - \sum_{d\mid n}d) \geqslant \mathrm{e}^{\gamma}\ln 2 > 0.$$

从而

$$\lim_{n\to+\infty}(\exp(H_n)\ln H_n - \sum_{d\mid n}d) = +\infty.$$

所以存在正常数 A，$n\geqslant A$，有

$$\exp(H_n)\ln H_n - \sum_{d\mid n}d > 0.$$

证毕.

参考文献

[1] Riemann G F B. Ueber die Anzahl der Primzahlen unter einer gegebenen Grösse[J]. Monatsber. Akad. Berlin, 1859: 671-680.

[2] Berry M V, Keating J P. The Riemann zeros and eigenvalue asymptotics[J]. SIAM Review, 1999, 41: 236-266.

[3] Gelbart S. An elementary introduction to the Langlands program[J]. Bull. Amer. Math. Soc., 1984, 10: 177-219.

[4] Katz N, Sarnak P. Zeros of zeta functions and symmetry[J]. Bull. Amer. Math. Soc., 1999, 36: 1-26.

[5] Murty M R. A motivated introduction to the Langlands program[M]. 5th ed. New York: Oxford University Press, 1993: 37-66.

[6] Elizalde E. Ten Physical Applications of Spectral Zeta Functions[M]. Berlin: Springer-Verlag, 1995.

[7] Hawking S W. Zeta function regularization of path integrals in curved spacetime[J]. Comm. Math. Phys., 1977, 55: 133-148.

[8] Miller S D, Moore G. Landau-Siegel zeroes and black hole entropy[J]. Asian J. Math., 2000, 4: 183-211.

[9] Hardy G H. Sur les zeros de la function ζ(s) de Riemann[J]. C. R. Acad. Sci. Paris, 1914, 158: 1012-1014.

[10] Hardy G H, Littlewood J E. The zeros of Riemann's zeta function on the critical line[J]. Math. Z., 1921, 10: 283-317.

[11] Selberg A. On the zeros of Riemann's zeta-function on the critical line[J]. Skr. Norske Vid. Akad. Oslo, 1942(10).

[12] Levinson N. More than one third of the zeros of Riemann's zeta function are on $\sigma = 1/2$ [J]. Adv. Math., 1974, 13: 383-436.

[13] Levinson N. A simplification of the proof that $N_0(T) \geqslant \frac{1}{3}N(T)$ for Riemann's zeta-function[J]. Adv. Math., 1975, 18: 239-242.

[14] Conrey J B. More than to fifths of the zeros of the Riemann zeta function are on the critical line[J]. J. Reine Angew. Math., 1989, 399: 1-26.

[15] Robin G. Grandes valeurs de la function somme des diviseurs et hypothèse de Riemann [J]. J. Math. Pures Appl., 1984, 63: 184-213.

[16] Lagarias J C. An Elementary Problem Equivalent to the Riemann Hypothesis[J]. Amer. Math. Monthly., 2002, 109(6): 534-543.

[17] Aigner M, Ziegler G M. Proofs from THE BOOK[M]. 4th ed. Berlin: Springer-Verlag, 2010: 20-36.

[18] 黄玉民,李成章.数学分析[M].北京:科学出版社,2000.

[19] Kapauyóa A A. ОСНОВЬ АНАЛИТИЧЕСКОЙ ТЕОРИ ЧИСЕЛ ИЗДАТЕЛЬСТВО [J]. НАУКА, 1975.

[20] Rosser J B, Schoenfeld L. Approximate formulas for some functions of prime numbers [J]. Illinois J. Math., 1962, 6: 64-94.

[21] Schoenfeld L. Sharper bounds for the Chebyshev functions $\vartheta(x)$ and $\psi(x)$[J]. Math. Comp., 1976, 30: 337-360.

[22] Gérald Tenenbaum. Introduction to analytic and probability number theory[J]. Cambridge: Cambridge University Press, 1998.

[23] Hadamard J. Sur la distribution des zeros de la function $\zeta(s)$ et ses consequences arithmé-tiques[J]. Bull. Soc. Math. De France, 1896, 14: 365-403.

[24] Littlewood J E. On the zeros of the Riemann Zeta-function[J]. Combr. Phil. Soc. Proc., 1924, 22: 295-318.

[25] Selberg A. Contributions to the theory of the Riemann's zeta-function[J]. Arch. Math. Naturvid, 1946, 48(5): 89-155.

[26] Siegel C L. Über den Thueschen Satz[J]. Krist. Vid. Selsk. Skr. I, 1921(16): 12S.

[27] Dusart P. Intégalités explicites pour $\psi(x)$, $\theta(x)$, $\pi(x)$ et les nombres premiers[J]. C. R. Math. Rep. Acad. Sci. Canada, 1999, 21: 53-59.

[28] 朱玉扬. Riemann 假设一个相关不等式的研究[J/OL]. 中国科技论文在线,2015-12-10. http://www.paper.edu.cn.

[29] 朱玉扬. 一个与 Riemann 假设相关不等式的研究[J]. 合肥学院学报:自然科学版,2016,

26(1):1-8.

[30] Zhu Y Y(朱玉扬). Investigation on the Robin Inequality[J]. Journal of university of science and technology of China (in press).

3.7 与 Robin 不等式相关的几个结论

这一节继续探讨与 Riemann 假设相关的 Robin 不等式. 由上节的结论知如能证明存在正常数 A,对一切自然数 $n \geqslant A$,有不等式 $\exp(H_n)\ln H_n - \sum\limits_{d \mid n} d > 0$ 成立,那么 Riemann 假设必成立. 由定理 3.26 与定理 3.27 知,存在正常数 A,对所有自然数 $n = q_1^{\alpha_1} q_2^{\alpha_2} \cdots q_m^{\alpha_m}$ ($q_1, q_2, \cdots, q_m$ 皆为素数,且 $q_1 < q_2 < \cdots < q_m$),如果 $\alpha_i = 1$,或者 $\alpha_i \geqslant 2$($\alpha_i \in \mathbf{N}, i = 1,2,\cdots,m$),当 $n \geqslant A$ 时,有不等式 $\exp(H_n)\ln H_n - \sum\limits_{d \mid n} d \geqslant 0$ 成立. 因此,若能证明对于充分大的自然数 n,它所含不同素因子中既有单的又有重的时,有不等式

$$\exp(H_n)\ln H_n - \sum_{d \mid n} d \geqslant 0$$

成立,那么就证明了 Riemann 假设成立. 由此即知,若能证明对于充分大的自然数 n,它所含不同素因子中既有单的又有重的时,有不等式

$$\lim_{n \to \infty} \frac{1}{n}\left(\exp(H_n)\ln H_n - \sum_{d \mid n} d\right) > 0$$

成立,那么就证明了 Riemann 假设成立. 为此,本节将探讨与 $\frac{1}{n}\left(\exp(H_n)\ln H_n - \sum\limits_{d \mid n} d\right)$ 相关的不等式.

引理 3.41 若 $1 \leqslant \alpha \leqslant \beta, 1 < a \leqslant b$,则

$$\left(1 - \frac{1}{a^\alpha}\right)\left(1 - \frac{1}{b^\beta}\right) \leqslant \left(1 - \frac{1}{a^\beta}\right)\left(1 - \frac{1}{b^\alpha}\right). \tag{3.132}$$

证明 由于 $1 \leqslant \alpha \leqslant \beta, 1 < a \leqslant b$,所以式(3.132)等价于

$$\left(1 - \frac{1}{a^\alpha}\right)\left(1 - \frac{1}{a^\beta}\right)^{-1} \leqslant \left(1 - \frac{1}{b^\alpha}\right)\left(1 - \frac{1}{b^\beta}\right)^{-1}. \tag{3.133}$$

令 $f(x) = \left(1 - \frac{1}{x^\alpha}\right)\left(1 - \frac{1}{x^\beta}\right)^{-1}$,只要证明 $f(x)$ 为增函数即可. 因为

$$\begin{aligned} f'(x) &= \frac{\alpha}{x^{\alpha+1}}\left(1 - \frac{1}{x^\beta}\right)^{-1} - \frac{\beta}{x^{\beta+1}}\left(1 - \frac{1}{x^\alpha}\right)\left(1 - \frac{1}{x^\beta}\right)^{-2} \\ &= \frac{1}{x^{\alpha+\beta+1}}\left(1 - \frac{1}{x^\beta}\right)^{-2}(\alpha x^\beta - \beta x^\alpha + \beta - \alpha), \end{aligned} \tag{3.134}$$

且 $x>1$，$\frac{1}{x^{\alpha+\beta+1}}\left(1-\frac{1}{x^{\beta}}\right)^{-2}>0$，所以要证 $f'(x)\geqslant 0$，只需要证明 $\alpha x^{\beta}-\beta x^{\alpha}+\beta-\alpha$ 非负即可. 令 $g(x)=\alpha x^{\beta}-\beta x^{\alpha}+\beta-\alpha$，那么

$$g'(x)=\alpha\beta x^{\beta-1}-\alpha\beta x^{\alpha-1}=\alpha\beta(x^{\beta-1}-x^{\alpha-1}),$$

由于 $x>1$，$1\leqslant\alpha\leqslant\beta$，所以 $g'(x)=\alpha\beta(x^{\beta-1}-x^{\alpha-1})\geqslant 0$，即 $g(x)$ 是单调增函数. 由于 $1\leqslant\alpha\leqslant\beta$，故 $g(x)$ 在 $x=1$ 处连续，从而在 $[1,+\infty)$ 上单调递增，所以当 $x\geqslant 1$ 时总有

$$g(x)\geqslant g(1)=0.$$

由此得 $\alpha x^{\beta}-\beta x^{\alpha}+\beta-\alpha\geqslant 0$，由式(3.134)知 $f'(x)\geqslant 0$，故 $f(x)$ 为增函数，从而式(3.133)成立，于是式(3.132)也成立. 证毕.

由于 $1\leqslant\alpha\leqslant\beta$，所以 $1<\alpha+1\leqslant\beta+1$，由式(3.132)即得如下结果：

推论 3.5　若 $1\leqslant\alpha\leqslant\beta$，$1<a\leqslant b$，则

$$\left(1-\frac{1}{a^{\alpha+1}}\right)\left(1-\frac{1}{b^{\beta+1}}\right)\leqslant\left(1-\frac{1}{a^{\beta+1}}\right)\left(1-\frac{1}{b^{\alpha+1}}\right).\tag{3.135}$$

由式(3.135)得

$$ab\left(1-\frac{1}{a^{\alpha+1}}\right)\left(1-\frac{1}{b^{\beta+1}}\right)\leqslant ab\left(1-\frac{1}{a^{\beta+1}}\right)\left(1-\frac{1}{b^{\alpha+1}}\right),$$

即

$$\left(a-\frac{1}{a^{\alpha}}\right)\left(b-\frac{1}{b^{\beta}}\right)\leqslant\left(a-\frac{1}{a^{\beta}}\right)\left(b-\frac{1}{b^{\alpha}}\right).$$

于是有如下结论：

推论 3.6　若 $1\leqslant\alpha\leqslant\beta$，$1<a\leqslant b$，则

$$\left(a-\frac{1}{a^{\alpha}}\right)\left(b-\frac{1}{b^{\beta}}\right)\leqslant\left(a-\frac{1}{a^{\beta}}\right)\left(b-\frac{1}{b^{\alpha}}\right).\tag{3.136}$$

由引理 3.41 的推论 3.6 以及数学归纳法原理可得如下结果：

引理 3.42　设 $\alpha_i\geqslant 1(i=1,2,\cdots,m)$，$1<q_1\leqslant q_2\leqslant\cdots\leqslant q_m$，$\beta_1,\beta_2,\cdots,\beta_m$ 是 $\alpha_1,\alpha_2,\cdots,\alpha_m$ 的一个排列，且 $\beta_1\geqslant\beta_2\geqslant\cdots\geqslant\beta_m$，那么有

$$\prod_{i=1}^{m}\left(q_i-\frac{1}{q_i^{\alpha_i}}\right)\leqslant\prod_{i=1}^{m}\left(q_i-\frac{1}{q_i^{\beta_i}}\right).\tag{3.137}$$

证明　当 $m=2$ 时，由引理 3.41 的推论 3.6 知命题成立. 假设 $m=k(k\geqslant 2)$ 时命题成立，那么 $m=k+1$ 时，设 $\beta_1=\max\{\alpha_1,\alpha_2,\cdots,\alpha_{k+1}\}=\alpha_r(1\leqslant r\leqslant k+1)$，下面将分两种情形来证明.

(1) 如果 $\beta_1\neq\alpha_1$，那么 $\beta_1=\alpha_r$，则 $2\leqslant r\leqslant k+1$，由引理 3.41 的推论 3.6 知

$$\prod_{i=1}^{k+1}\left(q_i-\frac{1}{q_i^{\alpha_i}}\right)=\left(q_1-\frac{1}{q_1^{\alpha_1}}\right)\left(q_r-\frac{1}{q_r^{\alpha_r}}\right)\prod_{\substack{2\leqslant i\leqslant k+1\\ i\neq r}}\left(q_i-\frac{1}{q_i^{\alpha_i}}\right)$$

$$\leqslant \left(q_1 - \frac{1}{q_1^{\alpha_r}}\right)\left(q_r - \frac{1}{q_r^{\alpha_r}}\right)\prod_{\substack{2\leqslant i\leqslant k+1\\ i\neq r}}\left(q_i - \frac{1}{q_i^{\alpha_i}}\right)$$

$$= \left(q_1 - \frac{1}{q_1^{\beta_1}}\right)\left(\left(q_r - \frac{1}{q_r^{\alpha_r}}\right)\prod_{\substack{2\leqslant i\leqslant k+1\\ i\neq r}}\left(q_i - \frac{1}{q_i^{\alpha_i}}\right)\right). \tag{3.138}$$

由 $m = k$ 的假设知

$$\left(q_r - \frac{1}{q_r^{\alpha_r}}\right)\prod_{\substack{2\leqslant i\leqslant k+1\\ i\neq r}}\left(q_i - \frac{1}{q_i^{\alpha_i}}\right)\leqslant \prod_{i=2}^{k+1}\left(q_i - \frac{1}{q_i^{\beta_i}}\right). \tag{3.139}$$

将式(3.139)代入式(3.138)即知式(3.137)成立.

(2) 如果 $\beta_1 = \alpha_1$,那么由 $m = k$ 的假设知

$$\prod_{i=2}^{k+1}\left(q_i - \frac{1}{q_i^{\alpha_i}}\right)\leqslant \prod_{i=2}^{k+1}\left(q_i - \frac{1}{q_i^{\beta_i}}\right). \tag{3.140}$$

由式(3.140)得

$$\prod_{i=1}^{k+1}\left(q_i - \frac{1}{q_i^{\alpha_i}}\right) = \left(q_1 - \frac{1}{q_1^{\alpha_1}}\right)\prod_{i=2}^{k+1}\left(q_i - \frac{1}{q_i^{\alpha_i}}\right)$$

$$\leqslant \left(q_1 - \frac{1}{q_1^{\beta_1}}\right)\prod_{i=2}^{k+1}\left(q_i - \frac{1}{q_i^{\beta_i}}\right) = \prod_{i=1}^{k+1}\left(q_i - \frac{1}{q_i^{\beta_i}}\right).$$

总之,$m = k + 1$ 时,命题也为真,由数学归纳法原理即得证.

推论 3.7 设 $\alpha_i\geqslant 1(i = 1,2,\cdots,m)$,$1< q_1\leqslant q_2\leqslant\cdots\leqslant q_m$,$\beta_1,\beta_2,\cdots,\beta_m$ 是 $\alpha_1,\alpha_2,\cdots,\alpha_m$ 的一个排列,且 $\beta_1\geqslant\beta_2\geqslant\cdots\geqslant\beta_m$,那么有

$$\prod_{i=1}^{m}\frac{q_i - \frac{1}{q_i^{\alpha_i}}}{q_i - 1}\leqslant \prod_{i=1}^{m}\frac{q_i - \frac{1}{q_i^{\beta_i}}}{q_i - 1}. \tag{3.141}$$

证明 因为由引理 3.42 中的式(3.137)有

$$\prod_{i=1}^{m}\frac{q_i - \frac{1}{q_i^{\alpha_i}}}{q_i - 1} = \left(\prod_{i=1}^{m}\frac{1}{q_i - 1}\right)\prod_{i=1}^{m}\left(q_i - \frac{1}{q_i^{\alpha_i}}\right)$$

$$\leqslant \left(\prod_{i=1}^{m}\frac{1}{q_i - 1}\right)\prod_{i=1}^{m}\left(q_i - \frac{1}{q_i^{\beta_i}}\right) = \prod_{i=1}^{m}\frac{q_i - \frac{1}{q_i^{\beta_i}}}{q_i - 1}.$$

证毕.

引理 3.43 若 $1\leqslant\alpha\leqslant\beta$,$1< a\leqslant b$,则

$$a^{\alpha}b^{\beta}\geqslant a^{\beta}b^{\alpha}.$$

证明 因为 $a^{\beta-\alpha}\leqslant b^{\beta-\alpha}$,所以 $a^{\alpha}b^{\beta}\geqslant a^{\beta}b^{\alpha}$.证毕.

由引理 3.43 与数学归纳法原理,应用类似于引理 3.42 的证明方法即得如下结论:

引理 3.44 设 $\alpha_i \geqslant 1(i=1,2,\cdots,m)$，$1<q_1 \leqslant q_2 \leqslant \cdots \leqslant q_m$，$\beta_1,\beta_2,\cdots,\beta_m$ 是 $\alpha_1,\alpha_2,\cdots,\alpha_m$ 的一个排列，且 $\beta_1 \geqslant \beta_2 \geqslant \cdots \geqslant \beta_m$，那么有

$$\prod_{h=1}^{m} q_h^{\alpha_h} \geqslant \prod_{h=1}^{m} q_h^{\beta_h}. \tag{3.142}$$

定理 3.28 设 $T = \mathrm{e}^{\gamma}\log\log\prod_{h=1}^{m} q_h^{\alpha_h} - \prod_{h=1}^{m} \dfrac{q_h - \dfrac{1}{q_h^{\alpha_h}}}{q_h - 1}$（$q_h$ 为素数，α_h 为正整数，$h=1,2,\cdots,m$，且 $q_1<q_2<\cdots<q_m$，$\beta_1,\beta_2,\cdots,\beta_m$ 是 $\alpha_1,\alpha_2,\cdots,\alpha_m$ 的一个排列，且 $\beta_1 \geqslant \beta_2 \geqslant \cdots \geqslant \beta_m$），那么

$$T \geqslant \mathrm{e}^{\gamma}\ln\ln\prod_{h=1}^{m} q_h^{\beta_h} - \prod_{h=1}^{m} \frac{q_h - \dfrac{1}{q_h^{\beta_h}}}{q_h - 1}. \tag{3.143}$$

证明 由引理 3.44 的式(3.142)知

$$\mathrm{e}^{\gamma}\ln\ln\prod_{h=1}^{m} q_h^{\alpha_h} \geqslant \mathrm{e}^{\gamma}\ln\ln\prod_{h=1}^{m} q_h^{\beta_h}. \tag{3.144}$$

由引理 3.42 的推论 3.7 中式(3.141)知

$$-\prod_{h=1}^{m} \frac{q_h - \dfrac{1}{q_h^{\alpha_h}}}{q_h - 1} \geqslant -\prod_{h=1}^{m} \frac{q_h - \dfrac{1}{q_h^{\beta_h}}}{q_h - 1}. \tag{3.145}$$

由式(3.144)与式(3.145)即证式(3.143)成立. 证毕.

由定理 3.28 以及引理 3.29 即得下面结论：

定理 3.29 设 $f(q_1,q_2,\cdots,q_m) = \mathrm{e}^{\gamma}\ln\ln\prod_{h=1}^{m} q_h^{\alpha_h} - \prod_{h=1}^{m} \dfrac{q_h - \dfrac{1}{q_h^{\alpha_h}}}{q_h - 1}$（$q_h$ 为素数，$\alpha_h \in \mathbf{N}$，α_h 是常数，$h=1,2,\cdots,m$，且 $q_1,q_2,\cdots,q_m$ 互不相同），$\beta_1,\beta_2,\cdots,\beta_m$ 是 $\alpha_1,\alpha_2,\cdots,\alpha_m$ 的一个排列，且 $\beta_1 \geqslant \beta_2 \geqslant \cdots \geqslant \beta_m$，$g(q_1,q_2,\cdots,q_m) = \mathrm{e}^{\gamma}\ln\ln\prod_{h=1}^{m} q_h^{\beta_h} - \prod_{h=1}^{m} \dfrac{q_h - \dfrac{1}{q_h^{\beta_h}}}{q_h - 1}$，那么

$$f(q_1,q_2,\cdots,q_m) \geqslant g(2,3,5,\cdots,p_m). \tag{3.146}$$

这里 p_h 为 $\mathbf{P}$ 中的所有元素按自小到大排列的第 $h(h=1,2,\cdots,m)$ 个元素，γ 是 Euler 常数.

证明 由引理 3.29 得

$$f(q_1,q_2,\cdots,q_m) \geqslant f(2,3,5,\cdots,p_m). \tag{3.147}$$

由定理 3.28 得

$$f(2,3,5,\cdots,p_m) \geqslant g(2,3,5,\cdots,p_m). \tag{3.148}$$

由式(3.147)与式(3.148)即证式(3.146)成立.证毕.

由定理3.29知,如能证明存在正数 A,对任意的自然数 $n=\prod_{i=1}^{m} p_i^{\beta_i}$(这里 β_1,β_2,…,β_m 是正整数,$\beta_1\geqslant\beta_2\geqslant\cdots\geqslant\beta_m$,$p_i$ 为素数集 **P** 中的所有元素按自小到大排列的第 $i(i=1,2,\cdots,m)$ 个元素),当 $n>A$ 时,有

$$\mathrm{e}^{\gamma}\ln\ln\prod_{i=1}^{m} p_i^{\beta_i}-\prod_{h=1}^{m}\frac{p_i-\dfrac{1}{p_i^{\beta_i}}}{p_i-1}>0,$$

那么 Riemann 假设成立.

3.8 Euler 函数一个整除性问题的探讨

关于 Euler 函数有一个著名的 Lehmer 猜想,至今未获解决[1-6],即不存在合数 n 使得 $\varphi(n)\mid(n-1)$.现已证明 n 至少为13个素数的乘积形式.由这个猜想我们可以考虑以下问题:

问题 对于给定的整数 k,自然数 n 满足同余式 $n+k\equiv 0(\bmod\ \varphi(n))$ 的特征是什么?

1. 定理及证明

引理3.45[7,8] 设 n 是正整数,$p_1,p_2,\cdots,p_t$ 是它的全部不同的素数因数,则

$$\varphi(n)=n\left(1-\frac{1}{p_1}\right)\left(1-\frac{1}{p_2}\right)\cdots\left(1-\frac{1}{p_t}\right).$$

定理3.30 设 $n=p_1^{\alpha_1}p_2^{\alpha_2}\cdots p_t^{\alpha_t}$,其中 $p_1,p_2,\cdots,p_t$ 为素数,$\alpha_1,\alpha_2,\cdots,\alpha_t$ 为正整数,必存在无穷多个整数 k 使得 $n\pm k\equiv 0(\bmod\ \varphi(n))$ 成立.

定理3.30的证明 根据定理已知条件以及引理3.45,我们可得

$$\begin{aligned}\varphi(n)&=n\left(1-\frac{1}{p_1}\right)\left(1-\frac{1}{p_2}\right)\cdots\left(1-\frac{1}{p_t}\right)\\&=(p_1^{\alpha_1}-p_1^{\alpha_1-1})(p_2^{\alpha_2}-p_2^{\alpha_2-1})\cdots(p_t^{\alpha_t}-p_t^{\alpha_t-1}).\end{aligned}\tag{3.149}$$

下面分三种情况讨论:

Ⅰ. $n=p^{\alpha}(\alpha\geqslant 1)$;

Ⅱ. $n=p_1^{\alpha_1}p_2^{\alpha_2}(\alpha_1\geqslant 1,\alpha_2\geqslant 1)$;

Ⅲ. $n=p_1^{\alpha_1}p_2^{\alpha_2}\cdots p_t^{\alpha_t}(\alpha_1\geqslant 1,\alpha_2\geqslant 1,\cdots,\alpha_t\geqslant 1)$.

(1) 对于情况Ⅰ,由引理3.45得

$$\varphi(n)=p^{\alpha}-p^{\alpha-1}. \tag{3.150}$$

若存在整数 s,使得

$$p^{\alpha}+k=s(p^{\alpha}-p^{\alpha-1})$$

成立,即 $n+k\equiv 0(\bmod \varphi(n))$成立,则:

① 当 $\alpha>1$ 时,

$$k=(s-1)p^{\alpha}-sp^{\alpha-1}\quad(s=0,\pm 1,\pm 2,\cdots). \tag{3.151}$$

② 当 $\alpha=1$ 时,即 $n=p$ 且 $\varphi(n)=p-1$,则

$$k=(s-1)p-s\quad(s=0,\pm 1,\pm 2,\cdots). \tag{3.152}$$

(2) 对于情况Ⅱ,由引理 3.45 得

$$\varphi(n)=(p_1^{\alpha_1}-p_1^{\alpha_1-1})(p_2^{\alpha_2}-p_2^{\alpha_2-1}). \tag{3.153}$$

若存在整数 s,使得

$$k+p_1^{\alpha_1}p_2^{\alpha_2}=s(p_1^{\alpha_1}-p_1^{\alpha_1-1})(p_2^{\alpha_2}-p_2^{\alpha_2-1})$$

成立,即 $n+k\equiv 0(\bmod \varphi(n))$成立,则:

① 当 $\alpha_1>1,\alpha_2>1$ 时,

$$\begin{aligned}k=&(s-1)p_1^{\alpha_1}p_2^{\alpha_2}-s(p_1^{\alpha_1-1}p_2^{\alpha_2}+p_1^{\alpha_1}p_2^{\alpha_2-1})\\&+sp_1^{\alpha_1-1}p_2^{\alpha_2-1}\quad(s=0,\pm 1,\pm 2,\cdots).\end{aligned} \tag{3.154}$$

② 当 $\alpha_1>1,\alpha_2=1$ 时,即 $n=p_1^{\alpha_1}p_2$,由引理 3.45 得

$$\varphi(n)=(p_1^{\alpha_1}-p_1^{\alpha_1-1})(p_2-1). \tag{3.155}$$

若存在整数 s,使得 $p_1^{\alpha_1}p_2+k=s(p_1^{\alpha_1}-p_1^{\alpha_1-1})(p_2-1)$成立,则

$$k=(s-1)p_1^{\alpha_1}p_2-s(p_1^{\alpha_1-1}p_2+p_1^{\alpha_1})+sp_1^{\alpha_1-1}\quad(s=0,\pm 1,\pm 2,\cdots). \tag{3.156}$$

③ 当 $\alpha_1=1,\alpha_2>1$ 时,即 $n=p_1p_2^{\alpha_2}$,由引理 3.45 得

$$\varphi(n)=(p_1-1)(p_2^{\alpha_2}-p_2^{\alpha_2-1}). \tag{3.157}$$

若存在整数 s,使得 $p_1p_2^{\alpha_2}+k=s(p_1-1)(p_2^{\alpha_2}-p_2^{\alpha_2-1})$成立,则

$$k=(s-1)p_1p_2^{\alpha_2}-s(p_2^{\alpha_2}+p_1p_2^{\alpha_2-1})+sp_2^{\alpha_2-1}\quad(s=0,\pm 1,\pm 2,\cdots). \tag{3.158}$$

④ 当 $\alpha_1=1,\alpha_2=1$ 时,即 $n=p_1p_2$,由引理 3.45 得

$$\varphi(n)=(p_1-1)(p_2-1). \tag{3.159}$$

若存在整数 s,使得 $p_1p_2+k=s(p_1-1)(p_2-1)$成立,则

$$k=(s-1)p_1p_2-s(p_1+p_2)+s\quad(s=0,\pm 1,\pm 2,\cdots). \tag{3.160}$$

(3) 对于情况Ⅲ,由引理 3.45 得

$$\varphi(n)=(p_1^{\alpha_1}-p_1^{\alpha_1-1})(p_2^{\alpha_2}-p_2^{\alpha_2-1})\cdots(p_t^{\alpha_t}-p_t^{\alpha_t-1}). \tag{3.161}$$

若存在整数 s,使得

$$k+p_1^{\alpha_1}p_2^{\alpha_2}\cdots p_t^{\alpha_t}=s(p_1^{\alpha_1}-p_1^{\alpha_1-1})(p_2^{\alpha_2}-p_2^{\alpha_2-1})\cdots(p_t^{\alpha_t}-p_t^{\alpha_t-1})$$

成立，即 $n+k\equiv 0(\bmod \varphi(n))$ 成立，则：

① 当 $\alpha_i>1(i=1,2,\cdots,t)$ 时，结合(1)、(2)讨论的情形，我们可以推出以下表达式：

$$\begin{aligned}k=&(s-1)p_1^{\alpha_1}p_2^{\alpha_2}\cdots p_t^{\alpha_t}-s(p_1^{\alpha_1-1}p_2^{\alpha_2}\cdots p_t^{\alpha_t}+p_1^{\alpha_1}p_2^{\alpha_2-1}p_3^{\alpha_3}\cdots p_t^{\alpha_t}\\&+\cdots p_1^{\alpha_1}p_2^{\alpha_2}\cdots p_{t-1}^{\alpha_{t-1}}p_t^{\alpha_t-1})\\&+s(p_1^{\alpha_1-1}p_2^{\alpha_2-1}p_3^{\alpha_3}\cdots p_t^{\alpha_t}+p_1^{\alpha_1}p_2^{\alpha_2-1}p_3^{\alpha_3-1}p_4^{\alpha_4}\cdots p_t^{\alpha_t}\\&+\cdots p_1^{\alpha_1}p_2^{\alpha_2}\cdots p_{t-1}^{\alpha_{t-1}-1}p_t^{\alpha_t-1})+\cdots\\&+(-1)^{t-1}s(p_1^{\alpha_1}p_2^{\alpha_2-1}\cdots p_t^{\alpha_t-1}+p_1^{\alpha_1-1}p_2^{\alpha_2}p_3^{\alpha_3-1}\cdots p_t^{\alpha_t-1}\\&+\cdots p_1^{\alpha_1-1}p_2^{\alpha_2-1}\cdots p_{t-1}^{\alpha_{t-1}-1}p_t^{\alpha_t})\\&+(-1)^t sp_1^{\alpha_1-1}p_2^{\alpha_2-1}\cdots p_t^{\alpha_t-1}\quad(s=0,\pm 1,\pm 2,\cdots).\end{aligned}\tag{3.162}$$

② 当 $\alpha_i>1,\alpha_j=1(1\leqslant i\leqslant t,1\leqslant j\leqslant t,j\neq i)$ 时，只要将 $\alpha_j=1$ 代入式(3.162)即得 k 的表达式.

③ 当 $\alpha_i=1(i=1,2,\cdots,t)$ 时，即 $n=p_1p_2\cdots p_t$，由引理 3.45 得

$$\varphi(n)=(p_1-1)(p_2-1)\cdots(p_t-1).\tag{3.163}$$

若存在整数 s，使得 $p_1p_2\cdots p_t+k=s(p_1-1)(p_2-1)\cdots(p_t-1)$ 成立，则可得

$$k=(s-1)p_1p_2\cdots p_t-(p_1+p_2+\cdots+p_t)+s\quad(s=0,\pm 1,\pm 2,\cdots).\tag{3.164}$$

由式(3.150)、式(3.152)、式(3.154)、式(3.156)、式(3.158)、式(3.160)、式(3.162)和式(3.164)的 k 值表达式可知，必存在无穷多个整数 k 使得 $n+k\equiv 0(\bmod \varphi(n))$ 成立. 定理得证.

2. k 为固定情形的解的个数探讨

对于给定的正整数 k，下面考虑是否定存在有无穷多个自然数 n 使得 $n+k\equiv 0(\bmod \varphi(n))$ 成立，其中 $n=p_1^{\alpha_1}p_2^{\alpha_2}\cdots p_t^{\alpha_t}$，$p_1p_2\cdots p_t$ 为素数，且 $\alpha_1,\alpha_2,\cdots,\alpha_t$ 为正整数.

为此，我们将自然数 n 分为以下三种情况：

Ⅰ. n 为单素数；

Ⅱ. n 为两个素数的乘积；

Ⅲ. n 为 t 个素数的乘积.

对于情况Ⅰ，我们分以下几种情况：

(1) 当 $p=2$ 时，我们便有以下几种情况：

① 当 $n=2$ 时，由式(3.152)可得

$$k=s-2\quad(s=0,\pm 1,\pm 2,\cdots).$$

由此可知，$k=s-2(s=0,\pm 1,\pm 2,\cdots)$ 表示所有整数.

② 当 $n=2^2$ 时，由式(3.151)可得

$$k = 2(s-2) \quad (s = 0, \pm 1, \pm 2, \cdots).$$

由此可知，$k=2(s-2)(s=0,\pm 1,\pm 2,\cdots)$表示所有偶整数.

③ 当 $n=2^m$ 时，由式(3.151)可得

$$k = 2^{m-1}(s-2) \quad (s = 0, \pm 1, \pm 2, \cdots).$$

由此可知，$k=\pm 2^{m-1}(s-2)(s=0,\pm 1,\pm 2,\cdots)$表示所有整数的 2^{m-1}倍.

由①～③归纳总结得：

(ⅰ) 当 k 取定某一整数时，$n=2$；

(ⅱ) 当 k 取定某一偶整数时，$n=2, n=2^2$；

(ⅲ) 当 k 取定某一整数的 2^{m-1}倍时，$n=2, n=2^2, n=2^3, \cdots, n=2^m$.

结论 1 当 $p=2$ 且 k 取定某一整数的 2^{m-1}倍时，满足定理 3.30 的自然数 n 为m 个.

(2) 当 $p=3$ 时，我们便有以下几种情况：

① 当 $n=3$ 时，由式(3.152)可得

$$k = 2s-3 \quad (s = 0, \pm 1, \pm 2, \cdots).$$

由此可知，$k=2s-3(s=0,\pm 1,\pm 2,\cdots)$表示所有奇整数.

② 当 $n=3^2$ 时，由式(3.151)可得

$$k = 3(2s-3) \quad (s = 0, \pm 1, \pm 2, \cdots).$$

由此可知，$k=3(2s-3)(s=0,\pm 1,\pm 2,\cdots)$表示所有奇整数的 3 倍.

③ 当 $n=3^m$ 时，由式(3.151)可得

$$k = 3^{m-1}(2s-3) \quad (s = 0, \pm 1, \pm 2, \cdots).$$

由此可知，$k=3^{m-1}(2s-3)(s=0,\pm 1,\pm 2,\cdots)$表示所有奇整数的 3^{m-1}倍.

由①～③归纳总结得：

(ⅰ) 当 k 取定某一奇整数时，$n=3$；

(ⅱ) 当 k 取定某一奇整数的 3 倍时，$n=3, n=3^2$；

(ⅲ) 当 k 取定某一奇整数的 3^{m-1}倍时，$n=3, n=3^2, n=3^3, \cdots, n=3^m$.

结论 2 当 $p=3$ 且 k 取定某一奇整数的 3^{m-1}倍时，满足定理 3.30 的自然数 n 为m 个.

(3) 当 $p=5$ 时，我们便有以下几种情况：

① 当 $n=5$ 时，由式(3.152)可得

$$k = 4s-5 \quad (s = 0, \pm 1, \pm 2, \cdots).$$

由此可知，当 $s=2,3,\cdots$时，$k=\pm 3,\pm 7,\cdots$即首项为 3，公差为 4 的等差数列$\{\alpha_{n_3}\}$.故我们可得，$k=4s-5(s=0,\pm 1,\pm 2,\cdots)$表示集合$\{\alpha_{n_3}\}$.

② 当 $n=5^2$ 时，由式(3.151)可得

$$k = 5(4s-5) \quad (s = 0, \pm 1, \pm 2, \cdots).$$

由①可知，$k=5(4s-5)(s=0,\pm 1,\pm 2,\cdots)$表示集合$\{5\alpha_{n_3}\}$.

③ 当 $n=5^m$ 时，由式(3.151)可得

$$k = 5^{m-1}(4s-5) \quad (s = 0, \pm 1, \pm 2, \cdots).$$

由①可知，$k=5^{m-1}(4s-5)(s=0,\pm 1,\pm 2,\cdots)$表示集合$\{5^{m-1}\alpha_{n_3}\}$.

由①～③归纳总结得：

（ⅰ）当 k 取定集合$\{\alpha_{n_3}\}$中某一值时，$n=5$；

（ⅱ）当 k 取定集合$\{5\alpha_{n_3}\}$中某一值时，$n=5, n=5^2$；

（ⅲ）当 k 取定集合$\{5^{m-1}\alpha_{n_3}\}$中某一值时，$n=5, n=5^2, n=5^3, \cdots, n=5^m$.

结论 3 当 $p=5$ 且 k 取定所定义集合$\{5^{m-1}\alpha_{n_3}\}$中某一值时，满足定理 3.30 的自然数 n 为 m 个.

(4) 当 $p=q$(q 为素数)时，我们便有以下几种情况：

① 当 $n=q$ 时，由式(3.152)可得

$$k = (q-1)s - q \quad (s = 0, \pm 1, \pm 2, \cdots).$$

由此可知，当 $s=\pm 2, \pm 3, \cdots$时，$k=\pm(q-2), \pm(2q-3), \cdots$即首项为 $q-2$，公差为 $q-1$ 的等差数列$\{\alpha_{n_t}\}$，其中 t 表示 n 之前(包括 n 在内)的素数的个数.故我们可得，$k=\pm[(q-1)s-q](s=0, \pm 1, \pm 2, \cdots)$表示集合$\{\alpha_{n_t}\}\cup\{\pm 1, \pm q\}$.

② 当 $n=q^2$ 时，由式(3.152)可得

$$k = \pm q((q-1)s-q) \quad (s = 0, \pm 1, \pm 2, \cdots).$$

由①可知，$k=\pm q((q-1)s-q)(s=0, \pm 1, \pm 2, \cdots)$表示集合$\{q\alpha_{n_t}\}\cup\{\pm q, \pm q^2\}$.

③ 当 $n=q^m$ 时，由式(3.151)可得

$$k = q^{m-1}((q-1)s-q) \quad (s = 0, \pm 1, \pm 2, \cdots).$$

由(1)可知，$k=q^{m-1}((q-1)s-q)(s=0, \pm 1, \pm 2, \cdots)$表示集合$\{q^{m-1}\alpha_{n_t}\}\cup\{\pm q^{m-1}, \pm q^m\}$.

由①～③归纳总结得：

（ⅰ）当 k 取定集合$\{\alpha_{n_t}\}\cup\{\pm 1, \pm q\}$中某一值时，$n=q$；

（ⅱ）当 k 取定集合$\{q\alpha_{n_t}\}\cup\{\pm q, \pm q^2\}$中某一值时，$n=q, n=q^2$；

（ⅲ）当 k 取定集合$\{q^{m-1}\alpha_{n_t}\}\cup\{\pm q^{m-1}, \pm q^m\}$中某一值时，$n=q, n=q^2, n=q^3, \cdots, n=q^m$.

结论 4 当 $p=q$(q 为素数)且 k 取定所定义集合$\{q^{m-1}\alpha_{n_t}\}\cup\{\pm q^{m-1}, \pm q^m\}$中某一值时，满足定理 3.30 的自然数 n 为 $1,2,\cdots,m+1$ 个.

对于情况Ⅱ，我们有以下几种情况：

(1) 当 $p_1=2,p_2=3$ 时,我们便有以下几种情况:

① 当 $n=2\times3$ 时,由式(3.160)可得

$$k=\pm(6(s-1)-5s+s)=\pm2(s-3)\quad(s=0,\pm1,\pm2,\cdots).$$

(当 $s=0$ 时,$k=\pm6$;当 $s=1$ 时,$k=\pm4$;当 $s=2$ 时,$k=\pm2$;当 $s=3$ 时,$k=0$ ….)由此可知,$k=\pm(6(s-1)-5s+s)=\pm2(s-3)(s=0,\pm1,\pm2,\cdots)$表示所有偶整数.

② 当 $n=2^2\times3$ 时,由式(3.156)可得

$$\begin{aligned}k&=\pm(2^2\times3(s-1)-(2\times3+2^2)s+2s)\\&=\pm2^2(s-3)\quad(s=0,\pm1,\pm2,\cdots).\end{aligned}$$

由此可知,$k=\pm(2^2\times3(s-1)-(2\times3+2^2)s+2s)=\pm2^2(s-3)(s=0,\pm1,\pm2,\cdots)$表示所有整数的 2^2 倍.

③ 当 $n=2^m\times3$ 时,由式(3.156)可得

$$\begin{aligned}k&=\pm(2^m\times3(s-1)-(2^{m-1}\times3+2^m)s+2^{m-1}s)\\&=\pm2^m(s-3)\quad(s=0,\pm1,\pm2,\cdots).\end{aligned}$$

由此可知,$k=\pm(2^m\times3(s-1)-(2^{m-1}\times3+2^m)s+2^{m-1}s)=\pm2^m(s-3)(s=0,\pm1,\pm2,\cdots)$表示所有整数的 2^m 倍.

由①~③归纳总结得:

(ⅰ) 当 k 取定某一偶整数时,$n=2\times3$;

(ⅱ) 当 k 取定某一整数的 2^2 倍时,$n=2\times3,n=2^2\times3$;

(ⅲ) 当 k 取定某一整数的 2^m 倍时,$n=2\times3,n=2^2\times3,n=2^3\times3,\cdots,n=2^m\times3$.

结论 5　当 $p_1=2,p_2=3$(其中 3 的指数为 1)且 k 取定某一整数的 2^m 倍时,满足定理的自然数 n 为 $1,2,\cdots,m+1$ 个.

(2) 当 $p_1=2,p_2=3$ 时,我们便有以下几种情况:

① 当 $n=2\times3$ 时,由式(3.160)可得

$$k=\pm(6(s-1)-5s+s)=\pm2(s-3)\quad(s=0,\pm1,\pm2,\cdots).$$

(当 $s=0$ 时,$k=\pm6$;当 $s=1$ 时,$k=\pm4$;当 $s=2$ 时,$k=\pm2$;当 $s=3$ 时,$k=0$;….)由此可知,$k=\pm(6(s-1)-5s+s)=\pm2(s-3)(s=0,\pm1,\pm2,\cdots)$表示所有偶整数.

② 当 $n=2\times3^2$ 时,由式(3.158)可得

$$\begin{aligned}k&=\pm(2\times3^2(s-1)-(2\times3+3^2)s+3s)\\&=\pm3^2(s-2)\quad(s=0,\pm1,\pm2,\cdots).\end{aligned}$$

由此可知,$k=\pm(2\times3^2(s-1)-(2\times3+3^2)s+3s)=\pm3^2(s-2)(s=0,\pm1,\pm2,\cdots)$表示所有整数的 3^2 倍.

③ 当 $n=2\times3^m$ 时，由式(3.158)可得

$$k=\pm(2\times3^m(s-1)-(2\times3^{m-1}+3^m)s+3^{m-1}s)$$
$$=\pm3^m(s-2)\quad(s=0,\pm1,\pm2,\cdots).$$

由此可知，$k=\pm(2\times3^m(s-1)-(2\times3^{m-1}+3^m)s+3^{m-1}s)=\pm3^m(s-2)(s=0,\pm1,\pm2,\cdots)$表示所有整数的 3^m 倍.

由①～③归纳总结得：

（ⅰ）当 k 取定某一偶整数时，$n=2\times3$；

（ⅱ）当 k 取定某一整数的 3^2 倍时，$n=2\times3,n=2\times3^2$；

（ⅲ）当 k 取定某一整数的 3^m 倍时，$n=2\times3,n=2\times3^2,n=2\times3^3,\cdots,n=2\times3^m$.

结论 6 当 $p_1=2,p_2=3$(其中 2 的指数为 1)且 k 取定某一整数的 3^m 倍时，满足定理的自然数 n 为 $1,2,\cdots,m+1$ 个.

(3) 当 $p_1=2,p_2=3$ 时，我们便有以下几种情况：

当 $n=2^{\alpha_1}\times3^{\alpha_2}$ 时，其中 $\alpha_1>1,\alpha_2>1$，由式(3.154)得

$$k=\pm((2^{\alpha_1}3^{\alpha_2}-2^{\alpha_1-1}3^{\alpha_2}+2^{\alpha_1}3^{\alpha_2-1}+2^{\alpha_1-1}3^{\alpha_2-1})s-2^{\alpha_1}3^{\alpha_2})$$
$$(s=0,\pm1,\pm2,\cdots).$$

由此可知，$k=\pm((2^{\alpha_1}3^{\alpha_2}-2^{\alpha_1-1}3^{\alpha_2}+2^{\alpha_1}3^{\alpha_2-1}+2^{\alpha_1-1}3^{\alpha_2-1})s-2^{\alpha_1}3^{\alpha_2})(s=0,\pm1,\pm2,\cdots)$表示一列首项为 $2^{\alpha_1}3^{\alpha_2}$，公差为 $2^{\alpha_1}3^{\alpha_2}-2^{\alpha_1-1}3^{\alpha_2}+2^{\alpha_1}3^{\alpha_2-1}+2^{\alpha_1-1}3^{\alpha_2-1}$的等差数列.则当 k 取定等差数列中的某一值时，$n=2^{\alpha_1}\times3^{\alpha_2}(\alpha_1>1,\alpha_2>1)$.

结论 7 当 $n=2^{\alpha_1}\times3^{\alpha_2}$(其中 $\alpha_1>1,\alpha_2>1$)且 k 取定所定义等差数列中的某一值时，满足条件的 n 值只有一种形式，却有无穷多个.

(4) 当 $p_1=2,p_2=q$(q 为素数)时，我们便有以下几种情况：

① 当 $n=2q$ 时，由式(3.160)可得

$$k=\pm(2q(s-1)-s(q+2)+s)$$
$$=\pm((q-1)s-2q)\quad(s=0,\pm1,\pm2,\cdots).$$

(当 $s=0$ 时，$k=\pm2q$；当 $s=1$ 时，$k=\pm(q+1)$；当 $s=2$ 时，$k=\pm2$；当 $s=3$ 时，$k=\pm(q-3),\cdots$.)由此可知，当 $s=2,3,\cdots$时，$k=\pm2,\pm(q-3),\cdots$即首项为 2，公差为 $q-1$ 的等差数列$\{b_n\}$.故可得，$k=\pm(2q(s-1)-s(q+2)+s)=\pm((q-1)s-2q)(s=0,\pm1,\pm2,\cdots)$表示集合$\{b_n\}\cup\{\pm2q,\pm(q+1)\}$.

② 当 $n=2^2q$ 时，由式(3.156)可得

$$k=\pm(2^2q(s-1)-s(2q+2^2)+2s)$$
$$=\pm2((q-1)s-2q)\quad(s=0,\pm1,\pm2,\cdots).$$

由①可知，$k=\pm(2^2q(s-1)-s(2q+2^2)+2s)=\pm2((q-1)s-2q)(s=0,\pm1,\pm2,\cdots)$表示集合$\{2b_n\}\cup\{\pm2^2q,\pm2(q+1)\}$.

③ 当 $n=2^m q$ 时，由式(3.156)可得

$$\begin{aligned}k&=\pm(2^m q(s-1)-s(2^{m-1}q+2^m)+2^{m-1}s)\\&=\pm 2^{m-1}((q-1)s-2q)\quad(s=0,\pm1,\pm2,\cdots).\end{aligned}$$

由①可知，$k=\pm(2^m q(s-1)-s(2^{m-1}q+2^m)+2^{m-1}s)=\pm 2^{m-1}((q-1)s-2q)$ $(s=0,\pm1,\pm2,\cdots)$表示集合$\{2^{m-1}b_n\}\cup\{\pm 2^m q,\pm 2^{m-1}(q+1)\}$.

由①～③归纳总结得：

（ⅰ）当 k 取定集合$\{b_n\}\cup\{\pm 2q,\pm(q+1)\}$中某一值时，$n=2q$；

（ⅱ）当 k 取定集合$\{2b_n\}\cup\{\pm 2^2 q,\pm 2(q+1)\}$中某一值时，$n=2q$，$n=2^2 q$；

（ⅲ）当 k 取定集合$\{2^{m-1}b_n\}\cup\{\pm 2^m q,\pm 2^{m-1}(q+1)\}$中某一值时，$n=2q$，$n=2^2 q$，$n=2^3 q$，…，$n=2^m q$.

结论 8 当 $p_1=2$，$p_2=q$（其中 q 的指数为 1）且 k 取定所定义集合中$\{2^{m-1}b_n\}\cup\{\pm 2^m q,\pm 2^{m-1}(q+1)\}$某一值时，满足定理 3.30 的自然数 n 为 1，2，…，$m+1$ 个.

(5) 当 $p_1=2$，$p_2=q$（q 为素数）时，我们便有以下几种情况：

① 当 $n=2q$ 时，由式(3.160)可得

$$\begin{aligned}k&=\pm(2q(s-1)-s(q+2)+s)=\pm((q-1)s-2q)\\&\quad(s=0,\pm1,\pm2,\cdots).\end{aligned}$$

（当 $s=0$ 时，$k=\pm 2q$；当 $s=1$ 时，$k=\pm(q+1)$；当 $s=2$ 时，$k=\pm 2$；当 $s=3$ 时，$k=\pm(q-3)$，….）由此可知，当 $s=2,3,\cdots$时，$k=\pm 2,\pm(q-3),\cdots$即首项为 2，公差为 $q-1$ 的等差数列$\{b_n\}$. 故可得，$k=\pm(2q(s-1)-s(q+2)+s)=\pm((q-1)s-2q)(s=0,\pm1,\pm2,\cdots)$表示集合$\{b_n\}\cup\{\pm 2q,\pm(q+1)\}$.

② 当 $n=2q^2$ 时，由式(3.158)可得

$$\begin{aligned}k&=\pm(2q^2(s-1)-s(2q+q^2)+qs)\\&=\pm q((q-1)s-2q)\quad(s=0,\pm1,\pm2,\cdots).\end{aligned}$$

由①可知，$k=\pm(2q^2(s-1)-s(2q+q^2)+qs)=\pm q((q-1)s-2q)(s=0,\pm1,\pm2,\cdots)$表示集合$\{qb_n\}\cup\{\pm 2q^2,\pm q(q+1)\}$.

③ 当 $n=2q^m$ 时，由式(3.158)可得

$$\begin{aligned}k&=\pm(2q^m(s-1)-s(2q^{m-1}+q^m)+q^{m-1}s)\\&=\pm q^{m-1}((q-1)s-2q)\quad(s=0,\pm1,\pm2,\cdots).\end{aligned}$$

由①可知，$k=\pm(2q^m(s-1)-s(2q^{m-1}+q^m)+q^{m-1}s)=\pm q^{m-1}((q-1)s-2q)$ $(s=0,\pm1,\pm2,\cdots)$表示集合$\{q^{m-1}b_n\}\cup\{\pm 2q^m,\pm q^{m-1}(q+1)\}$.

由①～③归纳总结得：

（ⅰ）当 k 取定集合$\{b_n\}\cup\{\pm 2q,\pm(q+1)\}$中某一值时，$n=2q$；

（ⅱ）当 k 取定集合 $\{qb_n\}\cup\{\pm 2q^2,\pm q(q+1)\}$ 中某一值时，$n=2q$，$n=2q^2$；

（ⅲ）当 k 取定集合 $\{q^{m-1}b_n\}\cup\{\pm 2q^m,\pm q^{m-1}(q+1)\}$ 中某一值时，$n=2q,n=2q^2,n=2q^3,\cdots,n=2q^m$.

结论 9 当 $p_1=2,p_2=q$（其中 2 的指数为 1）且 k 取定所定义集合 $\{q^{m-1}b_n\}\cup\{\pm 2q^m,\pm q^{m-1}(q+1)\}$ 中某一值时，满足定理 3.30 的自然数 n 为 $1,2,\cdots,m+1$ 个.

(6) 当 $p_1=2,p_2=q$（q 为素数）时，我们便有以下几种情况：

当 $n=2^{\alpha_1}\times q^{\alpha_2}$ 时，其中 $\alpha_1>1,\alpha_2>1$，由式(3.154)得

$$k=\pm((2^{\alpha_1}q^{\alpha_2}-2^{\alpha_1-1}q^{\alpha_2}+2^{\alpha_1}q^{\alpha_2-1}+2^{\alpha_1-1}q^{\alpha_2-1})s-2^{\alpha_1}q^{\alpha_2})$$
$$(s=0,\pm 1,\pm 2,\cdots).$$

由此可知，$k=\pm((2^{\alpha_1}q^{\alpha_2}-2^{\alpha_1-1}q^{\alpha_2}+2^{\alpha_1}q^{\alpha_2-1}+2^{\alpha_1-1}q^{\alpha_2-1})s-2^{\alpha_1}q^{\alpha_2})(s=0,\pm 1,\pm 2,\cdots)$ 表示一列首项为 $2^{\alpha_1}q^{\alpha_2}$，公差为 $2^{\alpha_1}q^{\alpha_2}-2^{\alpha_1-1}q^{\alpha_2}+2^{\alpha_1}q^{\alpha_2-1}+2^{\alpha_1-1}q^{\alpha_2-1}$ 的等差数列.则当 k 取定等差数列中的某一值时，$n=2^{\alpha_1}\times q^{\alpha_2}(\alpha_1>1,\alpha_2>1)$.

结论 10 当 $n=2^{\alpha_1}\times q^{\alpha_2}$（其中 $\alpha_1>1,\alpha_2>1$）且 k 取定所定义等差数列中的某一值时，满足条件的 n 值只有一种形式，却有无穷多个.

(7) 当 $p_1=p_1,p_2=p_2$（p_1,p_2 为素数）时，我们便有以下几种情况：

① 当 $n=p_1p_2$ 时，由式(3.160)可得

$$\begin{aligned}k&=\pm((s-1)p_1p_2-s(p_1+p_2)+s)\\&=\pm((p_1p_2-p_1-p_2)s-p_1p_2)\quad(s=0,\pm 1,\pm 2,\cdots).\end{aligned}$$

（当 $s=0$ 时，$k=\pm p_1p_2$；当 $s=1$ 时，$k=\pm(p_1+p_2-1)$；当 $s=2$ 时，$k=\pm(p_1p_2-2p_1-2p_2+2)$；当 $s=3$ 时，$k=\pm(2p_1p_2-3p_1-3p_2+3)\cdots$.）由此可知，当 $s=2,3,\cdots$ 时，$k=\pm(p_1p_2-2p_1-2p_2+2),\pm(2p_1p_2-3p_1-3p_2+3),\cdots$ 即首项为 $p_1p_2-2p_1-2p_2+2$，公差为 $p_1p_2-p_1-p_2$ 的等差数列 $\{d_n\}$. 即可知 $k=\pm((s-1)p_1p_2-s(p_1+p_2)+s)=\pm((p_1p_2-p_1-p_2)s-p_1p_2)(s=0,\pm 1,\pm 2,\cdots)$ 表示集合 $\{d_n\}\cup\{\pm p_1p_2,\pm(p_1+p_2-1)\}$.

② 当 $n=p_1^2p_2$ 时，由式(3.156)可得

$$\begin{aligned}k&=\pm((s-1)p_1^2p_2-s(p_1^2+p_1p_2)+p_1s)\\&=\pm p_1((p_1p_2-p_1-p_2)s-p_1p_2)\quad(s=0,\pm 1,\pm 2,\cdots).\end{aligned}$$

由①可知，$k=\pm((s-1)p_1^2p_2-s(p_1^2+p_1p_2)+p_1s)=\pm p_1((p_1p_2-p_1-p_2)s-p_1p_2)(s=0,\pm 1,\pm 2,\cdots)$，表示 $\{p_1d_n\}\cup\{\pm p_1^2p_2,\pm p_1(p_1+p_2-1)\}$.

③ 当 $n=p_1^mp_2$ 时，由式(3.156)可得

$$\begin{aligned}k&=\pm((s-1)p_1^mp_2-s(p_1^m+p_1^{m-1}p_2)+p_1^{m-1}s)\\&=\pm p_1^{m-1}((p_1p_2-p_1-p_2)s-p_1p_2)\quad(s=0,\pm 1,\pm 2,\cdots).\end{aligned}$$

由①可知，$k=\pm((s-1)p_1^m p_2-s(p_1^m+p_1^{m-1}p_2)+p_1^{m-1}s)=\pm p_1^{m-1}((p_1p_2-p_1-p_2)s-p_1p_2)(s=0,\pm1,\pm2,\cdots)$表示$\{p_1^{m-1}d_n\}\cup\{\pm p_1^m p_2,\pm p_1^{m-1}(p_1+p_2-1)\}$.

由①～③归纳总结得：

（ⅰ）当 k 取定集合$\{d_n\}\cup\{\pm p_1p_2,\pm(p_1+p_2-1)\}$中某一值时，$n=p_1p_2$；

（ⅱ）当 k 取定集合$\{p_1d_n\}\cup\{\pm p_1^2p_2,\pm p_1(p_1+p_2-1)\}$中某一值时，$n=p_1p_2$，$n=p_1^2p_2$；

（ⅲ）当 k 取定集合$\{p_1^{m-1}d_n\}\cup\{\pm p_1^m p_2,\pm p_1^{m-1}(p_1+p_2-1)\}$中某一值时，$n=p_1p_2$，$n=p_1^2p_2$，$n=p_1^3p_2$，$\cdots$，$n=p_1^m p_2$.

结论11 当 $p_1=p_1$，$p_2=p_2$（p_1，p_2 为素数，其中 p_2 的指数为1）且 k 取定所定义集合$\{p_1^{m-1}d_n\}\cup\{\pm p_1^m p_2,\pm p_1^{m-1}(p_1+p_2-1)\}$中某一值时，满足定理的自然数 n 为1,2,$\cdots$,$m+1$ 个.

(8) 当 $p_1=p_1$，$p_2=p_2$（p_1，p_2 为素数）时，我们便有以下几种情况：

① 当 $n=p_1p_2$ 时，由式(3.160)可得

$$\begin{aligned}k&=\pm((s-1)p_1p_2-s(p_1+p_2)+s)\\&=\pm((p_1p_2-p_1-p_2)s-p_1p_2)\quad(s=0,\pm1,\pm2,\cdots).\end{aligned}$$

（当 $s=0$ 时，$k=\pm p_1p_2$；当 $s=1$ 时，$k=\pm(p_1+p_2-1)$；当 $s=2$ 时，$k=\pm(p_1p_2-2p_1-2p_2+2)$；当 $s=3$ 时，$k=\pm(2p_1p_2-3p_1-3p_2+3)\cdots$.）由此可知，当 $s=2,3,\cdots$时，$k=\pm(p_1p_2-2p_1-2p_2+2)$，$\pm(2p_1p_2-3p_1-3p_2+3)$，$\cdots$即首项为 $p_1p_2-2p_1-2p_2+2$，公差为 $p_1p_2-p_1-p_2$ 的等差数列$\{d_n\}$.即可知 $k=\pm((s-1)p_1p_2-s(p_1+p_2)+s)=\pm((p_1p_2-p_1-p_2)s-p_1p_2)(s=0,\pm1,\pm2,\cdots)$表示集合$\{d_n\}\cup\{\pm p_1p_2,\pm(p_1+p_2-1)\}$.

② 当 $n=p_1p_2^2$ 时，由式(3.158)可得

$$\begin{aligned}k&=\pm((s-1)p_1^2p_2-s(p_2^2+p_1p_2)+p_2s)\\&=\pm p_2((p_1p_2-p_1-p_2)s-p_1p_2)\quad(s=0,\pm1,\pm2,\cdots).\end{aligned}$$

由①可知，$k=\pm((s-1)p_1^2p_2-s(p_2^2+p_1p_2)+p_2s)=\pm p_2((p_1p_2-p_1-p_2)s-p_1p_2)(s=0,\pm1,\pm2,\cdots)$表示$\{p_2d_n\}\cup\{\pm p_1p_2^2,\pm p_2(p_1+p_2-1)\}$.

③ 当 $n=p_1p_2^m$ 时，由式(3.158)可得

$$\begin{aligned}k&=\pm((s-1)p_1^m p_2-s(p_2^m+p_1p_2^{m-1})+p_2^{m-1}s)\\&=\pm p_2^{m-1}((p_1p_2-p_1-p_2)s-p_1p_2)\quad(s=0,\pm1,\pm2,\cdots).\end{aligned}$$

由①可知，$k=\pm((s-1)p_1^m p_2-s(p_2^m+p_1p_2^{m-1})+p_2^{m-1}s)=\pm p_2^{m-1}((p_1p_2-p_1-p_2)s-p_1p_2)(s=0,\pm1,\pm2,\cdots)$表示$\{p_2^{m-1}d_n\}\cup\{\pm p_1p_2^m,\pm p_2^{m-1}(p_1+p_2-1)\}$.

由①～③归纳总结得：

（ⅰ）当 k 取定集合 $\{d_n\}\cup\{\pm p_1p_2,\pm(p_1+p_2-1)\}$ 中某一值时，$n=p_1p_2$；

（ⅱ）当 k 取定集合 $\{p_2d_n\}\cup\{\pm p_1p_2^2,\pm p_2(p_1+p_2-1)\}$ 中某一值时，$n=p_1p_2$，$n=p_1p_2^2$；

（ⅲ）当 k 取定集合 $\{p_2^{m-1}d_n\}\cup\{\pm p_1p_2^m,\pm p_2^{m-1}(p_1+p_2-1)\}$ 中某一值时，$n=p_1p_2$，$n=p_1p_2^2$，$n=p_1p_2^3$，…，$n=p_1p_2^m$.

结论 12 当 $p_1=p_1$，$p_2=p_2$（p_1，p_2 为素数，其中 p_1 的指数为 1）且 k 取定所定义集合 $\{p_2^{m-1}d_n\}\cup\{\pm p_1p_2^m,\pm p_2^{m-1}(p_1+p_2-1)\}$ 中某一值时，满足定理 3.30 的自然数 n 为 1,2,…,$m+1$ 个.

(9) 当 $p_1=p_1$，$p_2=p_2$（p_1，p_2 为素数）时，我们便有以下几种情况：

当 $n=p_1^{\alpha_1}\times p_2^{\alpha_2}$ 时，其中 $\alpha_1>1$，$\alpha_2>1$，由式(3.154)得

$$k=\pm((p_1^{\alpha_1}p_2^{\alpha_2}-p_1^{\alpha_1-1}p_2^{\alpha_2}+p_1^{\alpha_1}p_2^{\alpha_2-1}+p_1^{\alpha_1-1}p_2^{\alpha_2-1})s-p_1^{\alpha_1}p_2^{\alpha_2})$$
$$(s=0,\pm1,\pm2,\cdots).$$

由此可知，$k=\pm((p_1^{\alpha_1}p_2^{\alpha_2}-p_1^{\alpha_1-1}p_2^{\alpha_2}+p_1^{\alpha_1}p_2^{\alpha_2-1}+p_1^{\alpha_1-1}p_2^{\alpha_2-1})s-p_1^{\alpha_1}p_2^{\alpha_2})$（$s=0$，$\pm1$，$\pm2$，…）表示一列首项为 $p_1^{\alpha_1}p_2^{\alpha_2}$，公差为 $p_1^{\alpha_1}p_2^{\alpha_2}-p_1^{\alpha_1-1}p_2^{\alpha_2}+p_1^{\alpha_1}p_2^{\alpha_2-1}+p_1^{\alpha_1-1}p_2^{\alpha_2-1}$ 的等差数列. 则当 k 取定等差数列中的某一值时，$n=p_1^{\alpha_1}\times p_2^{\alpha_2}$（$\alpha_1>1$，$\alpha_2>1$）.

结论 13 当 $n=p_1^{\alpha_1}\times p_2^{\alpha_2}$（其中 $\alpha_1>1$，$\alpha_2>1$）且 k 取定所定义等差数列中的某一值时，满足条件的 n 值只有一种形式，却有无穷多个.

对于情况Ⅲ，由式(3.162)～式(3.164)可以得到不同情况下的 k 的表达式. 从 n 的分情况讨论可以看出，我们仍然可以得到关于整数 k 的一系列等差数列，并由此构成一个整数集合.

结论 14 当所有指数均大于 1 时，满足条件的 n 为无穷. 否则，满足条件的 n 为有限.

注 1 将自然数 n 根据素数因子个数的不同进行分类，当 $n=p^\alpha$ 时，满足条件的 n 为有限；当 $n=p_1^{\alpha_1}p_2^{\alpha_2}$ 时，只有两个指数均大于 1 时，满足条件的 n 为无穷，其余情况为有限；当 $n=p_1^{\alpha_1}p_2^{\alpha_2}\cdots p_t^{\alpha_t}$ 时，只有所有指数均大于 1 时，满足条件的 n 为无穷，其余情况为有限.

3. k 为 1,2 情形的解的个数的探讨

对于任意给定的正整数 k，必定存在自然数 n 使得 $n\pm k\equiv0(\bmod\ \varphi(n))$ 成立，其中 $n=p_1^{\alpha_1}p_2^{\alpha_2}\cdots p_t^{\alpha_t}$，$p_1p_2\cdots p_t$ 为素数，且 $\alpha_1,\alpha_2,\cdots,\alpha_t$ 为不小于 1 的正整数. 则当 $k=1$ 或者 2 时，此时的自然数 n 有何规律？

为了方便进行探讨，我们分别讨论以下两种特殊情况：

Ⅰ. $k=1$；

Ⅱ. $k=2$;

(1) 对于情况Ⅰ,为了进行探讨,我们将自然数 n 分为以下三种情况:

① n 为单素数;

② n 为两个素数的乘积;

③ n 为 t 个素数的乘积.

对于情况①,由第 2 点中情况Ⅰ的(1)~(4)的讨论知,全体单素数均使 $\varphi(n)\mid(n\pm1)$成立.

对于情况②,即 $\varphi(n)=(p_1^{\alpha_1}-p_1^{\alpha_1-1})(p_2^{\alpha_2}-p_2^{\alpha_2-1})$.存在整数 s 使得$\varphi(n)\mid(n\pm1)$成立,即

$$n\pm1=s(p_1^{\alpha_1}-p_1^{\alpha_1-1})(p_2^{\alpha_2}-p_2^{\alpha_2-1})\quad(\alpha_1\geqslant1,\alpha_2\geqslant1).$$
$$n=s(p_1^{\alpha_1}-p_1^{\alpha_1-1})(p_2^{\alpha_2}-p_2^{\alpha_2-1})\mp1.$$

由此可知,n 为首项为 1,公差为$(p_1^{\alpha_1}-p_1^{\alpha_1-1})(p_2^{\alpha_2}-p_2^{\alpha_2-1})(\alpha_1\geqslant1,\alpha_2\geqslant1)$的等差数列和首项为 -1,公差为$(p_1^{\alpha_1}-p_1^{\alpha_1-1})(p_2^{\alpha_2}-p_2^{\alpha_2-1})(\alpha_1\geqslant1,\alpha_2\geqslant1)$的等差数列.

对于情况③,即 $\varphi(n)=(p_1^{\alpha_1}-p_1^{\alpha_1-1})(p_2^{\alpha_2}-p_2^{\alpha_2-1})\cdots(p_t^{\alpha_t}-p_t^{\alpha_t-1})$.存在整数 s 使得$\varphi(n)\mid(n\pm1)$成立,即

$$n\pm1=s(p_1^{\alpha_1}-p_1^{\alpha_1-1})(p_2^{\alpha_2}-p_2^{\alpha_2-1})\cdots(p_t^{\alpha_t}-p_t^{\alpha_t-1})$$
$$(\alpha_1\geqslant1,\alpha_2\geqslant1,\cdots,\alpha_t\geqslant1).$$
$$n=s(p_1^{\alpha_1}-p_1^{\alpha_1-1})(p_2^{\alpha_2}-p_2^{\alpha_2-1})\cdots(p_t^{\alpha_t}-p_t^{\alpha_t-1})\mp1.$$

由此可知,n 为首项为 1,公差为$(p_1^{\alpha_1}-p_1^{\alpha_1-1})(p_2^{\alpha_2}-p_2^{\alpha_2-1})\cdots(p_t^{\alpha_t}-p_t^{\alpha_t-1})(\alpha_1\geqslant1,\alpha_2\geqslant1,\cdots,\alpha_t\geqslant1)$的等差数列和首项为 -1,公差为$(p_1^{\alpha_1}-p_1^{\alpha_1-1})(p_2^{\alpha_2}-p_2^{\alpha_2-1})\cdot\cdots(p_t^{\alpha_t}-p_t^{\alpha_t-1})(\alpha_1\geqslant1,\alpha_2\geqslant1,\cdots,\alpha_t\geqslant1)$的等差数列.

注 2 $k=1$ 时,n 为全体单素数,或者 n 为首项为 1 或 -1,公差均为$(p_1^{\alpha_1}-p_1^{\alpha_1-1})(p_2^{\alpha_2}-p_2^{\alpha_2-1})(\alpha_1\geqslant1,\alpha_2\geqslant1)$的两列等差数列,又或者 n 为首项为 1 或 -1,公差均为$(p_1^{\alpha_1}-p_1^{\alpha_1-1})(p_2^{\alpha_2}-p_2^{\alpha_2-1})\cdots(p_t^{\alpha_t}-p_t^{\alpha_t-1})(\alpha_1\geqslant1,\alpha_2\geqslant1,\cdots,\alpha_t\geqslant1)$的两列等差数列.

(2) 对于情形Ⅱ,为了进行探讨,我们将自然数 n 分为以下三种情况:

① n 为单素数;

② n 为两个素数的乘积;

③ n 为 t 个素数的乘积.

对于情况①,即 $\varphi(n)=p^{\alpha}-p^{\alpha-1}$.存在整数 s 使得$\varphi(n)\mid(n\pm2)$成立,即

$$n\pm2=s(p^{\alpha}-p^{\alpha-1}),$$
$$n=s(p^{\alpha}-p^{\alpha-1})\mp2\quad(\alpha\geqslant1).$$

由此可知,n 为首项为 2,公差为 $p^{\alpha}-p^{\alpha-1}$(其中 $\alpha\geqslant1$)的等差数列和首项为 -2,

公差为 $p^{\alpha}-p^{\alpha-1}$(其中 $\alpha\geqslant1$)的等差数列.

对于情况②,即 $\varphi(n)=(p_1^{\alpha_1}-p_1^{\alpha_1-1})(p_2^{\alpha_2}-p_2^{\alpha_2-1})$.存在整数 s 使得 $\varphi(n)\mid(n\pm2)$成立,即

$$n\pm2=s(p_1^{\alpha_1}-p_1^{\alpha_1-1})(p_2^{\alpha_2}-p_2^{\alpha_2-1})\quad(\alpha_1\geqslant1,\alpha_2\geqslant1).$$

$$n=s(p_1^{\alpha_1}-p_1^{\alpha_1-1})(p_2^{\alpha_2}-p_2^{\alpha_2-1})\mp2.$$

由此可知,n 为首项为 2,公差为$(p_1^{\alpha_1}-p_1^{\alpha_1-1})(p_2^{\alpha_2}-p_2^{\alpha_2-1})(\alpha_1\geqslant1,\alpha_2\geqslant1)$的等差数列和首项为 -2,公差为$(p_1^{\alpha_1}-p_1^{\alpha_1-1})(p_2^{\alpha_2}-p_2^{\alpha_2-1})(\alpha_1\geqslant1,\alpha_2\geqslant1)$的等差数列.

对于情况③,即 $\varphi(n)=(p_1^{\alpha_1}-p_1^{\alpha_1-1})(p_2^{\alpha_2}-p_2^{\alpha_2-1})\cdots(p_t^{\alpha_t}-p_t^{\alpha_t-1})$.存在整数 s 使得 $\varphi(n)\mid(n\pm2)$成立,即

$$n\pm2=s(p_1^{\alpha_1}-p_1^{\alpha_1-1})(p_2^{\alpha_2}-p_2^{\alpha_2-1})\cdots(p_t^{\alpha_t}-p_t^{\alpha_t-1})$$

$$(\alpha_1\geqslant1,\alpha_2\geqslant1,\cdots,\alpha_t\geqslant1).$$

$$n=s(p_1^{\alpha_1}-p_1^{\alpha_1-1})(p_2^{\alpha_2}-p_2^{\alpha_2-1})\cdots(p_t^{\alpha_t}-p_t^{\alpha_t-1})\mp2.$$

由此可知,n 为首项为 2,公差为$(p_1^{\alpha_1}-p_1^{\alpha_1-1})(p_2^{\alpha_2}-p_2^{\alpha_2-1})\cdots(p_t^{\alpha_t}-p_t^{\alpha_t-1})(\alpha_1\geqslant1,\alpha_2\geqslant1,\cdots,\alpha_t\geqslant1)$的等差数列和首项为 -2,公差为$(p_1^{\alpha_1}-p_1^{\alpha_1-1})(p_2^{\alpha_2}-p_2^{\alpha_2-1})\cdot\cdots(p_t^{\alpha_t}-p_t^{\alpha_t-1})(\alpha_1\geqslant1,\alpha_2\geqslant1,\cdots,\alpha_t\geqslant1)$的等差数列.

注 3　$k=2$ 时,n 为首项为 2 或 -2,公差均为$(p^{\alpha}-p^{\alpha-1})(\alpha\geqslant1)$的两列等差数列,或者首项为 2 或 -2,公差均为$(p_1^{\alpha_1}-p_1^{\alpha_1-1})(p_2^{\alpha_2}-p_2^{\alpha_2-1})(\alpha_1\geqslant1,\alpha_2\geqslant1)$的两列等差数列,又或者首项为 2 或 -2,公差均为$(p_1^{\alpha_1}-p_1^{\alpha_1-1})(p_2^{\alpha_2}-p_2^{\alpha_2-1})\cdots\cdot(p_t^{\alpha_t}-p_t^{\alpha_t-1})(\alpha_1\geqslant1,\alpha_2\geqslant1,\cdots,\alpha_t\geqslant1)$的两列等差数列.

参考文献

[1] Lehmer D H. On Euler's totient function[J]. Bull. Amer. Math. Soc., 1932, 38: 745-751.

[2] Guy R K. Unsolved Problems in Number Theory[M]. 3rd ed. New York: Springer-Verlag, 2004: 142-143.

[3] Subbarao M V. On composite n satisfying $\varphi(n)\equiv1\bmod n$[J]. Amer. Math. Soc., 1993, 14: 418.

[4] Subbarao M V. On two congruences for primality[J]. Pacific J. Math., 1974, 52: 261-268.

[5] Prasad V S R, Rangamma M. On composite n satisfying a problem of Lehmer[J]. Indian J. Pure Appl. Math., 1985, 16: 1244-1248.

[6] Cohen G L, Hagis P. On the number of prime factors of n if $\varphi(n)\mid n-1$[J]. Nieuw Arch. Wisk, 1980, 28(3): 177-185.

[7] 闵嗣鹤,严士健.初等数论[M].北京:高等教育出版社,1988.

[8] 华罗庚.数论导引[M].北京:科学出版社,1979.

第4章　数列与等式

4.1　无穷级数和$\sum\limits_{n=1}^{\infty}\dfrac{1}{n^2}$的再讨论

众所周知，Euler用类比的方法，求出了无穷级数和$\sum\limits_{n=1}^{\infty}\dfrac{1}{n^2}$的值是$\dfrac{\pi^2}{6}$，一个自然的问题是，$\sum\limits_{1\leqslant i_1<i_2<\infty}\left(\dfrac{1}{i_1 i_2}\right)^2$，$\sum\limits_{1\leqslant i_1<i_2<i_3<\infty}\left(\dfrac{1}{i_1 i_2 i_3}\right)^2$，…，$\sum\limits_{1\leqslant i_1<i_2<\cdots<i_m<\infty}\left(\dfrac{1}{i_1 i_2\cdots i_m}\right)^2$的值是什么？为此，我们来重温Euler的方法.

首先，对于偶数次方程

$$a_0-a_1x^2+a_2x^4-\cdots+(-1)^n a_n x^{2n}=0\quad(a_0\neq 0),$$

若有$2n$个不相等的根$\pm\alpha_1,\pm\alpha_2,\cdots,\pm\alpha_n$（显然每个根是正负成对出现的，且都不为零，否则，由Vieta定理知$a_0=0$，与条件矛盾），则

$$a_0-a_1x^2+a_2x^4-\cdots+(-1)^n a_n x^{2n}=a_0\left(1-\frac{x^2}{\alpha_1^2}\right)\left(1-\frac{x^2}{\alpha_2^2}\right)\cdots\left(1-\frac{x^2}{\alpha_n^2}\right).\tag{4.1}$$

再把乘积展开比较x^2项的系数得

$$a_1=a_0\left(\frac{1}{\alpha_1^2}+\frac{1}{\alpha_2^2}+\cdots+\frac{1}{\alpha_n^2}\right).$$

比较x^4项的系数得

$$a_2=a_0\sum_{1\leqslant i_1<i_2\leqslant n}\frac{1}{\alpha_{i_1}^2\alpha_{i_2}^2}.$$

一般地，比较$x^{2m}(1\leqslant m\leqslant n)$项的系数得

$$a_m=a_0\sum_{1\leqslant i_1<i_2<\cdots<i_m\leqslant n}\frac{1}{\alpha_{i_1}^2\alpha_{i_2}^2\cdots\alpha_{i_m}^2}.$$

这里出现了根的平方的倒数和的形式，这与所求解的级数和很相似，为了把这有限项和推广到无限项和的情形，Euler考虑三角方程

$$\frac{\sin x}{x}=1-\frac{x^2}{3!}+\frac{x^4}{5!}-\frac{x^6}{7!}+\cdots=0.$$

因为方程$\frac{\sin x}{x}=0$的根为$\pm\pi,\pm 2\pi,\cdots,\pm k\pi,\cdots$,将其类比式(4.1)得

$$1-\frac{x^2}{3!}+\frac{x^4}{5!}-\frac{x^6}{7!}+\cdots=\left(1-\frac{x^2}{\pi^2}\right)\left(1-\frac{x^2}{2^2\pi^2}\right)\cdots\left(1-\frac{x^2}{k^2\pi^2}\right)\cdots. \quad (4.2)$$

这样,将式(4.2)中乘积展开,比较系数得

$$\frac{1}{\pi^2}\sum_{n=1}^{\infty}\frac{1}{n^2}=\frac{1}{3!},$$

$$\frac{1}{\pi^4}\sum_{1\leqslant i_1<i_2<\infty}\left(\frac{1}{i_1 i_2}\right)^2=\frac{1}{5!},$$

$$\frac{1}{\pi^6}\sum_{1\leqslant i_1<i_2<i_3<\infty}\left(\frac{1}{i_1 i_2 i_3}\right)^2=\frac{1}{7!},$$

$$\cdots,$$

$$\frac{1}{\pi^{2m}}\sum_{1\leqslant i_1<i_2<\cdots<i_m<\infty}\left(\frac{1}{i_1 i_2\cdots i_m}\right)^2=\frac{1}{(2m+1)!}.$$

由此即有

$$\sum_{n=1}^{\infty}\frac{1}{n^2}=\frac{\pi^2}{6},$$

$$\sum_{1\leqslant i_1<i_2<\infty}\left(\frac{1}{i_1 i_2}\right)^2=\frac{\pi^4}{5!},$$

$$\sum_{1\leqslant i_1<i_2<i_3<\infty}\left(\frac{1}{i_1 i_2 i_3}\right)^2=\frac{\pi^6}{7!},$$

$$\cdots,$$

$$\sum_{1\leqslant i_1<i_2<\cdots<i_m<\infty}\left(\frac{1}{i_1 i_2\cdots i_m}\right)^2=\frac{\pi^{2m}}{(2m+1)!}\quad(m=1,2,\cdots,k,\cdots).$$

当然,式(4.2)是否成立,是需要严格论证的.人们早已证明它确实成立[1],因此我们有如下定理:

定理 4.1 $\displaystyle\sum_{1\leqslant i_1<i_2<\cdots<i_m<\infty}\left(\frac{1}{i_1 i_2\cdots i_m}\right)^2=\frac{\pi^{2m}}{(2m+1)!}(m=1,2,\cdots,k,\cdots).$

同样地,考虑三角方程

$$\cos x=1-\frac{x^2}{2!}+\frac{x^4}{4!}-\frac{x^6}{6!}+\cdots=0.$$

因为方程 $\cos x=0$ 的根为$\pm\frac{\pi}{2},\pm\frac{3\pi}{2},\cdots,\pm\frac{(2k-1)\pi}{2},\cdots$,将其类比式(4.1)得

$$1-\frac{x^2}{2!}+\frac{x^4}{4!}-\frac{x^6}{6!}+\cdots=\left[1-\frac{x^2}{\left(\frac{1}{2}\pi\right)^2}\right]\left[1-\frac{x^2}{\left(\frac{3}{2}\pi\right)^2}\right]\cdots\left[1-\frac{x^2}{\left(\frac{2k-1}{2}\pi\right)^2}\right]\cdots. \tag{4.3}$$

这样,将式(4.3)中乘积展开,比较系数得

$$\frac{1}{\left(\frac{1}{2}\pi\right)^2}\sum_{k=1}^{\infty}\frac{1}{(2k-1)^2}=\frac{1}{2!},$$

$$\frac{1}{\left(\frac{1}{2}\pi\right)^4}\sum_{1\leqslant i_1<i_2<\infty}\left(\frac{1}{(2i_1-1)(2i_2-1)}\right)^2=\frac{1}{4!},$$

$$\frac{1}{\left(\frac{1}{2}\pi\right)^6}\sum_{1\leqslant i_1<i_2<i_3<\infty}\left(\frac{1}{(2i_1-1)(2i_2-1)(2i_3-1)}\right)^2=\frac{1}{6!},$$

$\cdots,$

$$\frac{1}{\left(\frac{1}{2}\pi\right)^{2m}}\sum_{1\leqslant i_1<i_2<\cdots<i_m<\infty}\left(\frac{1}{(2i_1-1)(2i_2-1)\cdots(2i_m-1)}\right)^2=\frac{1}{(2m)!}.$$

由此即有

$$\sum_{k=1}^{\infty}\frac{1}{(2k-1)^2}=\frac{\pi^2}{8},$$

$$\sum_{1\leqslant i_1<i_2<\infty}\left(\frac{1}{(2i_1-1)(2i_2-1)}\right)^2=\frac{\left(\frac{1}{2}\pi\right)^4}{4!},$$

$$\sum_{1\leqslant i_1<i_2<i_3<\infty}\left(\frac{1}{(2i_1-1)(2i_2-1)(2i_3-1)}\right)^2=\frac{\left(\frac{1}{2}\pi\right)^6}{6!},$$

$\cdots,$

$$\sum_{1\leqslant i_1<i_2<\cdots<i_m<\infty}\left(\frac{1}{(2i_1-1)(2i_2-1)\cdots(2i_m-1)}\right)^2=\frac{\left(\frac{1}{2}\pi\right)^{2m}}{(2m)!}.$$

因此我们有如下定理:

定理 4.2　$\displaystyle\sum_{1\leqslant i_1<i_2<\cdots<i_m<\infty}\left(\frac{1}{(2i_1-1)(2i_2-1)\cdots(2i_m-1)}\right)^2=\frac{\left(\frac{1}{2}\pi\right)^{2m}}{(2m)!}$ $(m=1,2,\cdots,k,\cdots)$.

参 考 文 献

[1] Polya G.数学与猜想[M].李心灿,等,译.北京:科学出版社,1985.

4.2 Bernoulli 数列的一个性质

Bernoulli 数在数论中具有重要的地位.下面给出 Bernoulli 数的一个新的结论.

定理 4.3 设$\{B_k\}$是 Bernoulli 数列,那么 $\sum\limits_{k=1}^{\infty}\left(\frac{\pi^{2k}2^{2k-1}}{(2k)!}B_k-1\right)=\frac{3}{4}$.

引理 4.1[1] $\sum\limits_{k=1}^{\infty}\frac{1}{m^{2k}}=\frac{\pi^{2k}2^{2k-1}}{(2k)!}B_k$.

引理 4.2[2] 如果 $a_{m,n}\geqslant 0$,且二重级数和 $\sum\limits_{m=1}^{\infty}\sum\limits_{n=1}^{\infty}a_{m,n}$ 收敛,那么二重级数和 $\sum\limits_{n=1}^{\infty}\sum\limits_{m=1}^{\infty}a_{m,n}$ 也收敛,且

$$\sum_{m=1}^{\infty}\sum_{n=1}^{\infty}a_{m,n}=\sum_{n=1}^{\infty}\sum_{m=1}^{\infty}a_{m,n}.$$

引理 4.3 若 $|q|<1$,则 $\sum\limits_{k=1}^{\infty}q^k=\frac{q}{1-q}$.

引理 4.3 是我们熟知的结论,证略.

定理 4.3 的证明 由引理 4.2 与引理 4.3 知

$$\begin{aligned}\sum_{k=1}^{\infty}\sum_{m=2}^{\infty}\frac{1}{m^{2k}}&=\sum_{m=2}^{\infty}\sum_{k=1}^{\infty}\frac{1}{m^{2k}}=\sum_{m=2}^{\infty}\frac{1}{m^2}\left(1-\frac{1}{m^2}\right)^{-1}\\&=\sum_{m=2}^{\infty}\frac{1}{m^2-1}=\sum_{m=2}^{\infty}\frac{1}{(m-1)(m+1)}\\&=\frac{1}{2}\sum_{m=2}^{\infty}\left(\frac{1}{m-1}-\frac{1}{m+1}\right)=\frac{3}{4}.\end{aligned}$$

另一方面,由引理 4.1 得

$$\sum_{k=1}^{\infty}\sum_{m=2}^{\infty}\frac{1}{m^{2k}}=\sum_{k=1}^{\infty}\left(\sum_{m=1}^{\infty}\frac{1}{m^{2k}}-1\right)=\sum_{k=1}^{\infty}\left(\frac{\pi^{2k}2^{2k-1}}{(2k)!}B_k-1\right),$$

所以

$$\sum_{k=1}^{\infty}\left(\frac{\pi^{2k}2^{2k-1}}{(2k)!}B_k-1\right)=\frac{3}{4}.$$

参 考 文 献

[1]　华罗庚.数论导引[M].北京:科学出版社,1979.
[2]　华罗庚.高等数学引论:第一卷第二分册[M].北京:科学出版社,1979,4:95-97.

4.3　Farey 分数的一个性质

众所周知,Farey 分数在逼近论中具有重要的应用价值.此外,Franel J 出人意料地发现 Farey 分数与 Riemann 假设有紧密的联系.作者于 1998 年无意中发现 n 阶 Farey 分数序列的分子之和是 n 阶 Farey 分数序列的分母之和的一半.即有如下结论:

定理 4.4　设 n 阶 Farey 分数序列为$\frac{a_1}{b_1},\frac{a_2}{b_2},\cdots,\frac{a_t}{b_t}$,那么

$$\frac{\sum_{i=1}^{t} a_i}{\sum_{i=1}^{t} b_i} = \frac{1}{2}.$$

为证明定理 4.4,需要如下引理:

引理 4.4[2]　n 阶含零项的 Farey 分数序列共有 $1+\sum_{j=1}^{n}\varphi(j)$ 项.

由引理 4.4 知,定理 4.4 中的 $t=1+\sum_{j=1}^{n}\varphi(j)$.

定理 4.4 的证明　用数学归纳法证明.$n=1$ 时,$F_1=\left\{\frac{0}{1},\frac{1}{1}\right\}$,于是$\frac{0+1}{1+1}=\frac{1}{2}$,即 $n=1$ 时命题正确.$n=2$ 时,$F_1=\left\{\frac{0}{1},\frac{1}{2},\frac{1}{1}\right\}$,于是$\frac{0+1+1}{1+2+1}=\frac{1}{2}$,即 $n=2$ 时命题也正确.假设 $n=k(k\geqslant 2)$时命题也正确,设 $F_k=\left\{\frac{a_1'}{b_1'},\frac{a_2'}{b_2'},\cdots,\frac{a_s'}{b_s'}\right\}$,由引理 4.4,$s=1+\sum_{j=1}^{k}\varphi(j)$,即

$$\sum_{i=1}^{1+\sum_{j=1}^{k}\varphi(j)} a_i' = \frac{1}{2}\sum_{i=1}^{1+\sum_{j=1}^{k}\varphi(j)} b_i'. \tag{4.4}$$

当 $n=k+1$ 时,因为对于自然数 a,若$(a,k+1)=1$,那么$(k+1-a,k+1)=1$,而且当 $1<a<k+1$ 时,若$(a,k+1)=1$,则必有 $k+1\neq 2a$(否则,有$(a,k+1)=$

$a>1$,从而与$(a,k+1)=1$相矛盾),因此当 $a\in\left\{1,2,\cdots,\left\lfloor\frac{k+1}{2}\right\rfloor\right\}$时,则 $k+1-a\in\left\{\left\lfloor\frac{k+1}{2}\right\rfloor+1,\left\lfloor\frac{k+1}{2}\right\rfloor+2,\cdots,k\right\}$. 当 $k\geqslant 2$ 时,所有与 $k+1$ 互素的且小于 $k+1$ 的自然数必然成对出现. 故可设

$$C_1,C_2,\cdots,C_{\frac{\varphi(k+1)}{2}},\cdots,C_{\varphi(k+1)}$$

为所有与 $k+1$ 互素的且小于 $k+1$ 的递增自然数序列,由于它们成对出现,所以有

$$C_i=k+1-C_{\varphi(k+1)-i+1}\quad\left(i=1,2,\cdots,\frac{\varphi(k+1)}{2}\right).$$

由此得

$$\begin{aligned}\sum_{i=1}^{\varphi(k+1)}C_i&=C_1+C_2+\cdots+C_{\frac{\varphi(k+1)}{2}}+(k+1-C_1)+(k+1-C_2)\\&\quad+\cdots+\left(k+1-C_{\frac{\varphi(k+1)}{2}}\right)\\&=(k+1)\frac{\varphi(k+1)}{2},\end{aligned}$$

即

$$\sum_{i=1}^{\varphi(k+1)}C_i=(k+1)\frac{\varphi(k+1)}{2}.\tag{4.5}$$

那么,由 Farey 分数的定义知,有

$$F_{k+1}=F_k\cup\left\{\frac{C_1}{k+1},\frac{C_2}{k+1},\cdots,\frac{C_{\varphi(k+1)}}{k+1}\right\}.$$

所以,数列 F_{k+1}的各项分子和等于数列 F_k 的各项分子和加上数列$\frac{C_1}{k+1},\frac{C_2}{k+1},\cdots,\frac{C_{\varphi(k+1)}}{k+1}$的各项分子和,数列 F_{k+1}的各项分母和等于数列 F_k 的各项分母和加上数列$\frac{C_1}{k+1},\frac{C_2}{k+1},\cdots,\frac{C_{\varphi(k+1)}}{k+1}$的各项分母和. 故当 $n=k+1$ 时,数列 F_{k+1}的各项分子和与数列 F_{k+1}的各项分母和的比值为

$$\frac{\left(\sum\limits_{i=1}^{1+\sum\limits_{j=1}^{k}\varphi(j)}a'_i\right)+C_1+C_2+\cdots+C_{\varphi(k+1)}}{\left(\sum\limits_{i=1}^{1+\sum\limits_{j=1}^{k}\varphi(j)}b'_i\right)+\underbrace{(k+1)+(k+1)+\cdots+(k+1)}_{\varphi(k+1)\text{个}}}$$

$$\xlongequal{\text{由式(4.4)、式(4.5)}} \frac{\left(\sum_{i=1}^{1+\sum_{j=1}^{k}\varphi(j)} a'_i\right) + (k+1)\dfrac{\varphi(k+1)}{2}}{2\left(\sum_{i=1}^{1+\sum_{j=1}^{k}\varphi(j)} a'_i\right) + (k+1)\varphi(k+1)} = \frac{1}{2}.$$

即当 $n = k+1$ 时命题也正确.由数学归纳法原理,定理 4.4 得证.

下面我们将用初等而简短的方法来证明熟知的(定理 4.5)Farey 分数序列之和的公式.

定理 4.5　设 $\{F_n\}$ 为 n 阶不含零的项的 Farey 分数序列, $m = \sum_{j=1}^{n}\varphi(j)$, 其中 $\varphi(n)$ 为 Euler 函数.那么

$$\sum_{i=1}^{m} F_n(i) = \frac{m+1}{2}.$$

证明　由于 $1 \leqslant i \leqslant \frac{m}{2}$,设 $\{F_n\}$ 中第 i 项 $F_n(i) = \frac{a}{b}$, $\frac{a}{b}$ 为既约真分数,所以 $\frac{b-a}{b}$ 也是既约真分数,故 $\frac{b-a}{b} \in \{F_n\}$.根据 Farey 分数的定义知 $\frac{a}{b}$ 与 $\frac{b-a}{b}$ 关于 n 阶 Farey 分数中的项 $\frac{1}{2}$ 对称出现,所以 $\frac{b-a}{b}$ 是 $\{F_n\}$ 中第 $m-i$ 项 $F_n(m-i)$.

因此

$$F_n(i) - \frac{i}{m} + F_n(m-i) - \frac{m-i}{m} = \frac{a}{b} - \frac{i}{m} + \frac{b-a}{b} - \frac{m-i}{m} = 0.$$

于是

$$\begin{aligned}\sum_{i=1}^{m}\left(F_n(i) - \frac{i}{m}\right) &= \left(F_n(m) - \frac{m}{m}\right) + \sum_{i=1}^{\frac{m}{2}}\left[\left(F_n(i) - \frac{i}{m}\right)\right.\\ &\qquad \left. + \left(F_n\left(\frac{m-i}{m}\right) - \frac{m-i}{m}\right)\right]\\ &= 0 + 0 = 0.\end{aligned}$$

由此得

$$\sum_{i=1}^{m}\left(F_n(i) - \frac{i}{m}\right) = \sum_{i=1}^{m} F_n(i) - \sum_{i=1}^{m}\frac{i}{m} = 0.$$

所以

$$\sum_{i=1}^{m} F_n(i) = \sum_{i=1}^{m}\frac{i}{m} = \frac{m(m+1)}{2m} = \frac{m+1}{2}.$$

证毕.

参考文献

[1] Franel J. Les suites de Farey et le problème des nombres premiers[J]. Gött. Nachr., 1924:198-201. Directly followed by: Edmund Landau. Bemerkungen zur vorstehenden Abhandlungen von Herrn Franel, ibid., 202-206.

[2] 潘承洞,潘承彪.初等数论[M].3 版.北京:北京大学出版社,2013:344-346.

4.4 Franel 和的两个估计

20 世纪 20 年代 Franel J 出人意料地发现 Farey 分数与 Riemann 假设有紧密的联系.给出如下著名结论:

定理 4.6(Franel) 设$\{F_n\}$为n阶不含零的项的 Farey 分数序列,那么 Riemann 假设成立的充要条件是,对于任给的$\varepsilon>0$,有

$$\sum_{i=1}^{m}\left|F_n(i)-\frac{i}{m}\right| = O(n^{\frac{1}{2}+\varepsilon}).$$

这里$m=\sum_{j=1}^{n}\varphi(j)$,其中$\varphi(n)$为 Euler 函数.

我们称$\sum_{i=1}^{m}\left|F_n(i)-\frac{i}{m}\right|$为 Franel 和,记为$\eta(n,m)$,即$\eta(n,m)=\sum_{i=1}^{m}\left|F_n(i)-\frac{i}{m}\right|$,这一节我们将利用第 2 章 2.4 节的定理给出 Franel 和的几个估计.

引理 4.5 设$n=p_1^{\alpha_1}p_2^{\alpha_2}\cdots p_s^{\alpha_s}$($p_1,p_2,\cdots,p_s$为奇素数,$\alpha_1,\alpha_2,\cdots,\alpha_s$为自然数),那么

$$\sum_{\substack{(t,n)=1\\1\leqslant t<\frac{n}{2}}} t = \frac{1}{8}\left(n\varphi(n)-\prod_{i=1}^{s}(1-p_i)\right).$$

这里$\varphi(n)$是 Euler 函数.

引理 4.6 设$n=p_1^{\alpha_1}p_2^{\alpha_2}\cdots p_s^{\alpha_s}$($p_1,p_2,\cdots,p_s$为奇素数,$\alpha_1,\alpha_2,\cdots,\alpha_s$为自然数),那么

$$\sum_{\substack{(t,n)=1\\\frac{n}{2}<t<n}} t = \frac{3}{8}n\varphi(n)+\frac{1}{8}\prod_{i=1}^{s}(1-p_i).$$

这里$\varphi(n)$是 Euler 函数.

引理4.7　设 $n=2^{\alpha_1}p_2^{\alpha_2}\cdots p_s^{\alpha_s}$（$p_2,\cdots,p_s$ 为奇素数，$\alpha_1,\alpha_2,\cdots,\alpha_s$ 为自然数），那么当 $\alpha_1\geqslant 2$ 时，有

$$\sum_{\substack{(t,n)=1\\1\leqslant t<\frac{n}{2}}} t=\frac{1}{8}n\varphi(n).\tag{4.6}$$

这里 $\varphi(n)$ 是 Euler 函数.

引理4.8　设 $n=2^{\alpha_1}p_2^{\alpha_2}\cdots p_s^{\alpha_s}$（$p_2,\cdots,p_s$ 为奇素数，$\alpha_1,\alpha_2,\cdots,\alpha_s$ 为自然数），那么当 $\alpha_1\geqslant 2$ 时，有

$$\sum_{\substack{(t,n)=1\\\frac{n}{2}<t<n}} t=\frac{3}{8}n\varphi(n).$$

这里 $\varphi(n)$ 是 Euler 函数.

引理4.9　设 $n=2p_1^{\alpha_1}p_2^{\alpha_2}\cdots p_s^{\alpha_s}$（$p_1,p_2,\cdots,p_s$ 为奇素数，$\alpha_1,\alpha_2,\cdots,\alpha_s$ 为自然数），那么

$$\sum_{\substack{(t,n)=1\\1\leqslant t<\frac{n}{2}}} t=\frac{n}{8}\varphi(n)+\frac{1}{4}\prod_{i=1}^{s}(1-p_i).$$

这里 $\varphi(n)$ 是 Euler 函数.

引理4.10　设 $n=2p_1^{\alpha_1}p_2^{\alpha_2}\cdots p_s^{\alpha_s}$（$p_1,p_2,\cdots,p_s$ 为奇素数，$\alpha_1,\alpha_2,\cdots,\alpha_s$ 为自然数），那么

$$\sum_{\substack{(t,n)=1\\\frac{n}{2}<t<n}} t=\frac{3}{8}n\varphi(n)-\frac{1}{4}\prod_{i=1}^{s}(1-p_i).$$

这里 $\varphi(n)$ 是 Euler 函数.

引理4.11　设 $\{F_n\}$ 为 n 阶不含零的项的 Farey 分数序列，$m=\sum\limits_{j=1}^{n}\varphi(j)$，其中 $\varphi(n)$ 为 Euler 函数. $1\leqslant i\leqslant\frac{m}{2}$，那么

$$\begin{aligned}&\left|F_n(i)-\frac{i}{m}\right|+\left|F_n(m-i)-\frac{m-i}{m}\right|\\&\quad<F_n(m-i)-F_n(i)+\frac{m-i}{m}-\frac{i}{m}.\end{aligned}$$

证明　由于 $1\leqslant i\leqslant\frac{m}{2}$，设 $\{F_n\}$ 中第 i 项 $F_n(i)=\frac{a}{b}$，$\frac{a}{b}$ 为既约真分数，所以 $\frac{b-a}{b}$ 也是既约真分数，故 $\frac{b-a}{b}\in\{F_n\}$. 根据 Farey 分数的定义知 $\frac{a}{b}$ 与 $\frac{b-a}{b}$ 关于 n 阶 Farey 分数中的项 $\frac{1}{2}$ 对称出现，所以 $\frac{b-a}{b}$ 是 $\{F_n\}$ 中第 $m-i$ 项 $F_n(m-i)$.

(1) 如果 $F_n(i)-\dfrac{i}{m}\geqslant 0$,即$\dfrac{a}{b}-\dfrac{i}{m}\geqslant 0$,于是$\dfrac{b-a}{b}-\dfrac{m-i}{m}\leqslant 0$,即 $F_n(m-i)-\dfrac{m-i}{m}\leqslant 0$,所以

$$\left|F_n(i)-\frac{i}{m}\right|+\left|F_n(m-i)-\frac{m-i}{m}\right|=-F_n(m-i)+F_n(i)+\frac{m-i}{m}-\frac{i}{m}$$
$$<F_n(m-i)-F_n(i)+\frac{m-i}{m}-\frac{i}{m}.$$

(2) 如果 $F_n(i)-\dfrac{i}{m}\leqslant 0$,即$\dfrac{a}{b}-\dfrac{i}{m}\leqslant 0$,于是$\dfrac{b-a}{b}-\dfrac{m-i}{m}\geqslant 0$,即 $F_n(m-i)-\dfrac{m-i}{m}\geqslant 0$,所以也有

$$\left|F_n(i)-\frac{i}{m}\right|+\left|F_n(m-i)-\frac{m-i}{m}\right|=F_n(m-i)-\frac{m-i}{m}-F_n(i)+\frac{i}{m}$$
$$<F_n(m-i)-F_n(i)+\frac{m-i}{m}-\frac{i}{m}.$$

综上所述,引理 4.11 得证.

推论 4.1 设$\{F_n\}$为 n 阶不含零的项的 Farey 分数序列,那么

$$\sum_{i=1}^{m}\left|F_n(i)-\frac{i}{m}\right|<\left(\sum_{i=\frac{m}{2}+1}^{m-1}F_n(i)-\sum_{i=1}^{\frac{m}{2}-1}F_n(i)\right)+\left(\sum_{i=\frac{m}{2}+1}^{m-1}\frac{i}{m}-\sum_{i=1}^{\frac{m}{2}-1}\frac{i}{m}\right).$$

证明 因为

$$\begin{aligned}\sum_{i=1}^{m}\left|F_n(i)-\frac{i}{m}\right|&=\sum_{i=1}^{\frac{m}{2}-1}\left(\left|F_n(i)-\frac{i}{m}\right|+\left|F_n(m-i)-\frac{m-i}{m}\right|\right)\\&\quad+\left|F_n(m)-\frac{m}{m}\right|+\left|F_n\left(\frac{m}{2}\right)-\frac{\frac{m}{2}}{m}\right|\\&=\sum_{i=1}^{\frac{m}{2}-1}\left(\left|F_n(i)-\frac{i}{m}\right|+\left|F_n(m-i)-\frac{m-i}{m}\right|\right)\\&\quad+\left|1-\frac{m}{m}\right|+\left|\frac{1}{2}-\frac{\frac{m}{2}}{m}\right|\\&=\sum_{i=1}^{\frac{m}{2}-1}\left(\left|F_n(i)-\frac{i}{m}\right|+\left|F_n(m-i)-\frac{m-i}{m}\right|\right)\\&=\sum_{i=1}^{\frac{m}{2}-1}\left(F_n(m-i)-F_n(i)+\frac{m-i}{m}-\frac{i}{m}\right)\end{aligned}$$

$$= \left(\sum_{i=\frac{m}{2}+1}^{m-1} F_n(i) - \sum_{i=1}^{\frac{m}{2}-1} F_n(i)\right) + \left(\sum_{i=\frac{m}{2}+1}^{m-1} \frac{i}{m} - \sum_{i=1}^{\frac{m}{2}-1} \frac{i}{m}\right).$$

定理 4.7　设 $\{F_n\}$ 为 n 阶不含零的项的 Farey 分数序列，记 $P(k)$ 为自然数 k 的奇素因子所成的集合，即 $k = 2^{\alpha} p_1^{\alpha_1} p_2^{\alpha_2} \cdots p_s^{\alpha_s}$ ($\alpha_1, \alpha_2, \cdots, \alpha_s \in \mathbf{N}, \alpha \in \mathbf{Z}\backslash\mathbf{Z}_-, p_1, p_2, \cdots, p_s$ 为奇素数)，$P(k) = \{p_1, p_2, \cdots, p_s\}$. 那么

$$\begin{aligned}\eta(n,m) &= \sum_{i=1}^{m} \left| F_n(i) - \frac{i}{m} \right| \\ &< \frac{1}{4} \sum_{k=1}^{\left\lfloor \frac{n-1}{2} \right\rfloor} \left(\frac{1}{2k+1} \prod_{p \in P(2k+1)} (1-p) \right) \\ &\quad - \frac{1}{2} \sum_{4k+2 \leqslant n} \left(\frac{1}{4k+2} \prod_{p \in P(4k+2)} (1-p) \right) + \sum_{k=1}^{n} \frac{\varphi(k)}{4} + \frac{1}{2}\left(\frac{m}{2} - 1\right). \quad (4.7)\end{aligned}$$

这里 $m = \sum_{j=1}^{n} \varphi(j)$，其中 $\varphi(n)$ 为 Euler 函数.

证明　由 Farey 分数的定义知，n 阶 Farey 分数 $\{F_n\}$ 是由 $\left\{\frac{i}{k}\right\}$ ($k = 1, 2, \cdots, n-1, n, (i,k) = 1, 1 \leqslant i \leqslant k$) 组成的，由推论 4.1 得

$$\sum_{i=1}^{m} \left| F_n(i) - \frac{i}{m} \right| < \left(\sum_{i=\frac{m}{2}+1}^{m-1} F_n(i) - \sum_{i=1}^{\frac{m}{2}-1} F_n(i)\right) + \left(\sum_{i=\frac{m}{2}+1}^{m-1} \frac{i}{m} - \sum_{i=1}^{\frac{m}{2}-1} \frac{i}{m}\right). \quad (4.8)$$

在 n 阶 Farey 分数 $\{F_n\}$ 中，所有小于 $\frac{1}{2}$ 的项的和为 $\sum_{i=1}^{\frac{m}{2}-1} F_n(i)$，所有大于 $\frac{1}{2}$ 的项的和为 $\sum_{i=\frac{m}{2}+1}^{m-1} F_n(i)$. 又因为

$$\sum_{i=1}^{\frac{m}{2}-1} F_n(i) = \sum_{k=2}^{n} \left(\sum_{\substack{(t,k)=1 \\ 1 \leqslant t < \frac{k}{2}}} \frac{t}{k} \right), \quad \sum_{i=\frac{m}{2}+1}^{m-1} F_n(i) = \sum_{k=2}^{n} \left(\sum_{\substack{(t,k)=1 \\ \frac{k}{2} < t \leqslant k-1}} \frac{t}{k} \right),$$

所以

$$\begin{aligned}\sum_{i=\frac{m}{2}+1}^{m-1} F_n(i) - \sum_{i=1}^{\frac{m}{2}-1} F_n(i) &= \sum_{k=2}^{n} \left(\sum_{\substack{(t,k)=1 \\ \frac{k}{2} < t \leqslant k-1}} \frac{t}{k} \right) - \sum_{k=2}^{n} \left(\sum_{\substack{(t,k)=1 \\ 1 \leqslant t < \frac{k}{2}}} \frac{t}{k} \right) \\ &= \sum_{k=2}^{n} \left(\sum_{\substack{(t,k)=1 \\ \frac{k}{2} < t \leqslant k-1}} \frac{t}{k} - \sum_{\substack{(t,k)=1 \\ 1 \leqslant t < \frac{k}{2}}} \frac{t}{k} \right). \quad (4.9)\end{aligned}$$

当 k 为奇数时，由引理 4.5、引理 4.6 得

$$\sum_{\substack{(t,k)=1\\ \frac{k}{2}<t\leqslant k-1}}\frac{t}{k}-\sum_{\substack{(t,k)=1\\ 1\leqslant t<\frac{k}{2}}}\frac{t}{k}=\frac{1}{k}\Big(\sum_{\substack{(t,k)=1\\ \frac{k}{2}<t\leqslant k-1}}t-\sum_{\substack{(t,k)=1\\ 1\leqslant t<\frac{k}{2}}}t\Big)$$

$$=\frac{1}{k}\left(\frac{3}{8}k\varphi(k)+\frac{1}{8}\prod_{p\in P(k)}(1-p)-\left(\frac{1}{8}k\varphi(k)-\frac{1}{8}\prod_{p\in P(k)}(1-p)\right)\right)$$

$$=\frac{1}{4}\varphi(k)+\frac{1}{4k}\prod_{p\in P(k)}(1-p). \tag{4.10}$$

当 k 是能被 4 整除的偶数时，由引理 4.7、引理 4.8 得

$$\sum_{\substack{(t,k)=1\\ \frac{k}{2}<t\leqslant k-1}}\frac{t}{k}-\sum_{\substack{(t,k)=1\\ 1\leqslant t<\frac{k}{2}}}\frac{t}{k}=\frac{1}{k}\Big(\sum_{\substack{(t,k)=1\\ \frac{k}{2}<t\leqslant k-1}}t-\sum_{\substack{(t,k)=1\\ 1\leqslant t<\frac{k}{2}}}t\Big)$$

$$=\frac{1}{k}\left(\frac{3}{8}k\varphi(k)-\frac{1}{8}k\varphi(k)\right)=\frac{1}{4}\varphi(k). \tag{4.11}$$

当 k 是被 4 除余 2 的偶数时，由引理 4.9、引理 4.10 得

$$\sum_{\substack{(t,k)=1\\ \frac{k}{2}<t\leqslant k-1}}\frac{t}{k}-\sum_{\substack{(t,k)=1\\ 1\leqslant t<\frac{k}{2}}}\frac{t}{k}=\frac{1}{k}\Big(\sum_{\substack{(t,k)=1\\ \frac{k}{2}<t\leqslant k-1}}t-\sum_{\substack{(t,k)=1\\ 1\leqslant t<\frac{k}{2}}}t\Big)$$

$$=\frac{1}{k}\left[\frac{3}{8}k\varphi(k)-\frac{1}{4}\prod_{p\in P(k)}(1-p)-\left(\frac{1}{8}k\varphi(k)+\frac{1}{4}\prod_{p\in P(k)}(1-p)\right)\right]$$

$$=\frac{1}{4}\varphi(k)-\frac{1}{2k}\prod_{p\in P(k)}(1-p). \tag{4.12}$$

由式(4.9)～式(4.12)得

$$\sum_{i=\frac{m}{2}+1}^{m-1}F_n(i)-\sum_{i=1}^{\frac{m}{2}-1}F_n(i)=\sum_{k=1}^{n}\frac{\varphi(k)}{4}+\frac{1}{4}\sum_{k=1}^{\left\lfloor\frac{n-1}{2}\right\rfloor}\left(\frac{1}{2k+1}\prod_{p\in P(2k+1)}(1-p)\right)$$

$$-\frac{1}{2}\sum_{4k+2\leqslant n}\left(\frac{1}{4k+2}\prod_{p\in P(4k+2)}(1-p)\right). \tag{4.13}$$

由于

$$\sum_{i=\frac{m}{2}+1}^{m-1}\frac{i}{m}-\sum_{i=1}^{\frac{m}{2}-1}\frac{i}{m}=\frac{1}{m}\Big(\sum_{i=\frac{m}{2}+1}^{m-1}i-\sum_{i=1}^{\frac{m}{2}-1}i\Big)=\frac{1}{2}\left(\frac{m}{2}-1\right), \tag{4.14}$$

由式(4.8)、式(4.13)、式(4.14)得式(4.7). 证毕.

定理 4.8　设$\{F_n\}$为n阶不含零的项的 Farey 分数序列，记$P(k)$为自然数k的奇素因子所成的集合，即$k=2^{\alpha}p_1^{\alpha_1}p_2^{\alpha_2}\cdots p_s^{\alpha_s}(\alpha_1,\alpha_2,\cdots,\alpha_s\in\mathbf{N},\alpha\in\mathbf{Z}\backslash\mathbf{Z}_-,p_1,p_2,\cdots,p_s$为奇素数），$P(k)=\{p_1,p_2,\cdots,p_s\}$. 那么

$$\begin{aligned}\eta(n,m)&=\sum_{i=1}^{m}\left|F_n(i)-\frac{i}{m}\right|>2\left|\sum_{i=1}^{\frac{m}{2}-1}F_n(i)-\sum_{i=1}^{\frac{m}{2}-1}\frac{i}{m}\right|\\&=\left|-\frac{1}{4}\sum_{k=1}^{\left\lfloor\frac{n-1}{2}\right\rfloor}\left(\frac{1}{2k+1}\prod_{p\in P(2k+1)}(1-p)\right)\right.\\&\quad\left.+\frac{1}{2}\sum_{4k+2\leqslant n}\left(\frac{1}{4k+2}\prod_{p\in P(4k+2)}(1-p)\right)+\sum_{k=1}^{n}\frac{\varphi(k)}{4}-\frac{1}{2}\left(\frac{m}{2}-1\right)\right|.\end{aligned}\tag{4.15}$$

这里$m=\sum_{j=1}^{n}\varphi(j)$，其中$\varphi(n)$为 Euler 函数.

证明　由对称性以及定理 4.5 的证明知$\sum_{i=1}^{m}\left(F_n(i)-\frac{i}{m}\right)=0$，所以

$$\sum_{i=1}^{m}\left|F_n(i)-\frac{i}{m}\right|=\sum_{i=1}^{\frac{m}{2}}\left|F_n(i)-\frac{i}{m}\right|+\sum_{i=\frac{m}{2}+1}^{m}\left|F_n(i)-\frac{i}{m}\right|=2\sum_{i=1}^{\frac{m}{2}}\left|F_n(i)-\frac{i}{m}\right|$$

$$\geqslant 2\left|\sum_{i=1}^{\frac{m}{2}}\left(F_n(i)-\frac{i}{m}\right)\right|>2\left|\sum_{i=1}^{\frac{m}{2}-1}F_n(i)-\sum_{i=1}^{\frac{m}{2}-1}\frac{i}{m}\right|.$$

由引理 4.5、引理 4.7 以及引理 4.9 得

$$\begin{aligned}\sum_{i=1}^{\frac{m}{2}}F_n(i)&=-\frac{1}{8}\sum_{k=1}^{\left\lfloor\frac{n-1}{2}\right\rfloor}\left(\frac{1}{2k+1}\prod_{p\in P(2k+1)}(1-p)\right)\\&\quad+\frac{1}{4}\sum_{4k+2\leqslant n}\left(\frac{1}{4k+2}\prod_{p\in P(4k+2)}(1-p)\right)+\sum_{k=1}^{n}\frac{\varphi(k)}{8}.\end{aligned}\tag{4.16}$$

又$\sum_{i=1}^{\frac{m}{2}-1}\frac{i}{m}=\frac{1}{4}\left(\frac{m}{2}-1\right)$，由此式以及式(4.16)，式(4.15)得证.

4.5　自然数方幂和的另两种计算方法

自然数方幂和在数论与组合数学等方面有着重要的应用价值. 关于它的研究，一直受人关注[1-11]. 以下将先考虑排列数表示成一个自然数各个不同指数的线性

组合问题,求它相应的系数矩阵,证明这个系数矩阵为右下三角的,利用这个矩阵的逆矩阵求出自然数方幂的生成函数,由此生成函数求出自然数方幂和.

1. 几个结果

由于排列数 $P_{n+m}^{n+1}=m(m+1)\cdots(m+n)$,它是关于 m 的 $n+1$ 次整系数多项式,所以 $P_{n+m}^{n+1}=m^{n+1}+a_1m^n+\cdots+a_nm(a_1,a_2,\cdots,a_n\in\mathbf{Z})$. 我们将排列数 P_{n+m}^{n+1} 改记为 $P_{n+1}(m)$. 易知有如下结论:

引理 4.12 必存在 $n(n\geqslant1)$ 阶方阵 $\boldsymbol{A}_n$ 使得

$$(P_1(m),P_2(m),\cdots,P_n(m))=(m^n,m^{n-1},\cdots,m)\boldsymbol{A}_n.$$

证明 由于 n 个多项式 $x,x^2,\cdots,x^n$ 在数域 P 中线性无关,$P_1(x),P_2(x),\cdots,P_n(x)$ 也分别是关于 x 的 1 次,2 次,$\cdots$,n 次多项式,所以 $P_1(x),P_2(x),\cdots,P_n(x)$ 在数域 P 中也线性无关. 显然,这两组都是极大线性无关组. 故它们之间能相互线性表示,即存在 $n(n\geqslant1)$ 阶方阵 $\boldsymbol{A}_n$ 使得

$$(P_1(x),P_2(x),\cdots,P_n(x))=(x^n,x^{n-1},\cdots,x)\boldsymbol{A}_n.$$

令 $x=m$,引理得证.

定义 4.1 引理 4.12 中的 n 阶方阵 $\boldsymbol{A}_n$ 叫作 n 阶的排列数生成矩阵.

定理 4.9 设 n 阶的排列数生成矩阵 $\boldsymbol{A}_n=(a_{ij})_{n\times n}$,则:

(1) 当 $i+j<n+1$ 时,有 $a_{ij}=0$;

(2) 当 $i+j=n+1$ 时,有 $a_{ij}=1$;

(3) 当 $i+j>n+1$,且 $i<n$ 时,有 $a_{ij}=(j-1)a_{ij-1}+a_{(i+1)(j-1)}$;

(4) 当 $i=n$ 时,有 $a_{ni}=(i-1)a_{ni-1}$.

证明 由引理 4.12 知 $(P_1(m),P_2(m),\cdots,P_n(m))=(m^n,m^{n-1},\cdots,m)\boldsymbol{A}_n$,所以

$$\begin{cases}m=P_1(m)=a_{11}m^n+a_{21}m^{n-1}+\cdots+a_{n1}m,\\ m(m+1)=P_2(m)=a_{12}m^n+a_{22}m^{n-1}+\cdots+a_{n2}m,\\ \cdots,\\ m(m+1)\cdots(m+n-1)=P_n(m)=a_{1n}m^n+a_{2n}m^{n-1}+\cdots+a_{nn}m.\end{cases}\tag{4.17}$$

由式(4.17)知当 $i+j<n+1$ 时,有 $a_{ij}=0$,即(1)成立.

当 $i+j=n+1$ 时,则 a_{ij} 为 $\boldsymbol{A}_n$ 的副对角线上的元素,由式(4.17)即知

$$a_{n1}=1,\quad a_{(n-1)2}=1,\quad \cdots,\quad a_{1n}=1,$$

即(2)也成立. 下证(3)与(4).

由于 $P_j(m)=P_{j-1}(x)(m+j-1)$,由(1)与(2)知

$$P_{j-1}(m)=a_{1(j-1)}m^n+a_{2(j-1)}m^{n-1}+\cdots+a_{(i-1)(j-1)}m^{n-(j-2)}$$

$$+ a_{i(j-1)} m^{n-(j-1)} + \cdots + a_{n(j-1)} m$$
$$= a_{(n+2-j)(j-1)} m^{j-1} + a_{(n+3-j)(j-1)} m^{j-2} + \cdots + a_{n(j-1)} m,$$

这里 $a_{(n+2-j)(j-1)} = 1$,而

$$\begin{aligned}
P_j(m) &= P_{j-1}(m)(m+j-1) \\
&= (a_{(n+2-j)(j-1)} m^{j-1} + a_{(n+3-j)(j-1)} m^{j-2} + \cdots + a_{n(j-1)} m)(m+j-1) \\
&= a_{(n+2-j)(j-1)} m^j + ((j-1)a_{(n+2-j)(j-1)} + a_{(n+3-j)(j-1)}) m^{j-1} \\
&\quad + ((j-1)a_{(n+3-j)(j-1)} + a_{(n+4-j)(j-1)}) m^{j-2} \\
&\quad + \cdots + ((j-1)a_{(n-1)(j-1)} \\
&\quad + a_{n(j-1)}) m^2 + (j-1)a_{n(j-1)} m.
\end{aligned} \tag{4.18}$$

又

$$P_j(m) = a_{(n+1-j)j} m^j + a_{(n+2-j)j} m^{j-1} + \cdots + a_{(n-1)j} m^2 + a_{nj} m. \tag{4.19}$$

比较式(4.18)与式(4.19)得

$$\begin{aligned}
a_{(n+1-j)j} &= 1, \\
a_{(n+2-j)j} &= (j-1)a_{(n+2-j)(j-1)} + a_{(n+3-j)(j-1)}, \\
a_{(n+3-j)j} &= (j-1)a_{(n+3-j)(j-1)} + a_{(n+4-j)(j-1)}, \\
&\cdots, \\
a_{(n-1)j} &= (j-1)a_{(n-1)(j-1)} + a_{n(j-1)}, \\
a_{nj} &= (j-1)a_{n(j-1)}.
\end{aligned}$$

于是,(3)与(4)也成立.证毕.

易知,$\boldsymbol{A}_2 = \begin{pmatrix} 0 & 1 \\ 1 & 1 \end{pmatrix}$,由定理 4.9 即可计算出 $\boldsymbol{A}_3 = \begin{pmatrix} 0 & 0 & 1 \\ 0 & 1 & 3 \\ 1 & 1 & 2 \end{pmatrix}$,由此据定理 4.9 很快可以算出

$$\boldsymbol{A}_4 = \begin{pmatrix} 0 & 0 & 0 & 1 \\ 0 & 0 & 1 & 6 \\ 0 & 1 & 3 & 11 \\ 1 & 1 & 2 & 6 \end{pmatrix}, \quad \boldsymbol{A}_5 = \begin{pmatrix} 0 & 0 & 0 & 0 & 1 \\ 0 & 0 & 0 & 1 & 10 \\ 0 & 0 & 1 & 6 & 35 \\ 0 & 1 & 3 & 11 & 50 \\ 1 & 1 & 2 & 6 & 24 \end{pmatrix},$$

$$\boldsymbol{A}_6 = \begin{pmatrix} 0 & 0 & 0 & 0 & 0 & 1 \\ 0 & 0 & 0 & 0 & 1 & 15 \\ 0 & 0 & 0 & 1 & 10 & 85 \\ 0 & 0 & 1 & 6 & 35 & 225 \\ 0 & 1 & 3 & 11 & 50 & 274 \\ 1 & 1 & 2 & 6 & 24 & 120 \end{pmatrix}.$$

注 1 由定理 4.9 即知，$\forall n\in\mathbf{N},n\geqslant 2$，则 $\boldsymbol{A}_{n-1}$ 为 $\boldsymbol{A}_n$ 的子阵，而且 $\boldsymbol{A}_{n-1}$ 为 $\boldsymbol{A}_n$ 左下角子阵，即 $\boldsymbol{A}_n$ 的第 1 行与第 n 列去掉以后所留下的矩阵即为 $\boldsymbol{A}_{n-1}$，$\boldsymbol{A}_n$ 的第 1 行

$$a_{11}=a_{12}=\cdots=a_{1(n-1)}=0,\quad a_{1n}=1,$$

且 $a_{nn}=(n-1)!$，故若已知 $\boldsymbol{A}_{n-1}$ 而求 $\boldsymbol{A}_n$，只需求出 $a_{2n},a_{3n},\cdots,a_{(n-1)n}$ 这 $n-2$ 个元素. 据定理 4.9 中(3)可以很快求出这 $n-2$ 个元素，所以根据定理 4.9 可快速求出 $\boldsymbol{A}_n$.

类似地，可用定理 4.9 的证明方法得到如下定理 4.10：

定理 4.10 设 n 阶的排列数生成矩阵的逆 $\boldsymbol{A}_n^{-1}=(b_{ij})_{n\times n}$，则：

(1) 当 $i+j>n+1$ 时，有 $b_{ij}=0$；

(2) 当 $i+j=n+1$ 时，有 $b_{ij}=1$；

(3) 当 $i+j\leqslant n$，且 $i\neq 1$ 时，有 $b_{ij}=-ib_{ij+1}+b_{(i-1)(j+1)}$；

(4) 当 $i=1$ 时，有 $b_{1j}=(-1)^{j+n}$.

注 2 由定理 4.10 即知，$\forall n\in\mathbf{N},n\geqslant 2$，则 $\boldsymbol{A}_{n-1}^{-1}$ 为 $\boldsymbol{A}_n^{-1}$ 的子阵，而且 $\boldsymbol{A}_{n-1}^{-1}$ 为 $\boldsymbol{A}_n^{-1}$ 右上角子阵，即 $\boldsymbol{A}_n^{-1}$ 的第 1 列与第 n 行去掉以后所留下的矩阵即为 $\boldsymbol{A}_{n-1}^{-1}$，$\boldsymbol{A}_n^{-1}$ 的第 n 列

$$b_{2n}=b_{3n}=\cdots=b_{nn}=0,\quad b_{1n}=1,$$

且 $b_{11}=(-1)^{1+n}$，故若已知 $\boldsymbol{A}_{n-1}^{-1}$ 而求 $\boldsymbol{A}_n^{-1}$，只需求出 $b_{21},b_{31},\cdots,b_{(n-1)1}$ 这 $n-2$ 个元素. 据定理 4.10 中(3)可以很快求出这 $n-2$ 个元素，所以根据定理4.10可快速求出 $\boldsymbol{A}_n^{-1}$.

引理 4.13[8] 设 $G\{a_n^{(i)}\}$ 为数列 $\{a_0^{(i)},a_1^{(i)},\cdots,a_n^{(i)},\cdots\}(i=1,2,\cdots,k)$ 的生成函数，那么对任意的常数 $c_1,c_2,\cdots,c_k$ 有

$$G\{\sum_{i=1}^{k}c_ia_n^{(i)}\}=\sum_{i=1}^{k}c_iG\{a_n^{(i)}\}.$$

引理 4.14 若 $(m^n,m^{n-1},\cdots,m)=(P_1(m),P_2(m),\cdots,P_n(m))\boldsymbol{A}_n^{-1}$，则

$$\begin{aligned}&(G\{m^n\},G\{m^{n-1}\},\cdots,G\{m\})\\&=(G\{P_1(m)\},G\{P_2(m)\},\cdots,G\{P_n(m)\})\boldsymbol{A}_n^{-1}.\end{aligned}$$

证明 设 $\boldsymbol{A}_n^{-1}=\begin{pmatrix}b_{11}&b_{12}&\cdots&b_{1n}\\b_{21}&b_{22}&\cdots&b_{2n}\\\vdots&\vdots&&\vdots\\b_{n1}&b_{n2}&\cdots&b_{nn}\end{pmatrix}$，于是 $m^i=b_{1i}P_1(m)+b_{2i}P_2(m)+\cdots+b_{ni}P_n(m)(i=1,2,\cdots,n)$. 由引理 4.13 知，$G\{m^i\}=\sum_{j=1}^{n}b_{ji}G\{P_j(m)\}$，故

$$\begin{aligned}&(G\{m^n\},G\{m^{n-1}\},\cdots,G\{m\})\\&=(\sum_{j=1}^{n}b_{j1}G\{P_j(m)\},\sum_{j=1}^{n}b_{j2}G\{P_j(m)\},\cdots,\sum_{j=1}^{n}b_{jn}G\{P_j(m)\})\end{aligned}$$

$$= (G\{P_1(m)\}, G\{P_2(m)\}, \cdots, G\{P_n(m)\}) \begin{pmatrix} b_{11} & b_{12} & \cdots & b_{1n} \\ b_{21} & b_{22} & \cdots & b_{2n} \\ \vdots & \vdots & & \vdots \\ b_{n1} & b_{n2} & \cdots & b_{nn} \end{pmatrix}$$

$$= (G\{P_1(m)\}, G\{P_2(m)\}, \cdots, G\{P_n(m)\}) \boldsymbol{A}_n^{-1}.$$

定理 4.11　设 $P_{n+m-1}^{n} = m(m+1)\cdots(m+n-1)$ 的生成函数为 $G\{P_n(m)\}$，则

$$G\{P_n(m)\} = \frac{n!x}{(1-x)^{n+1}}.$$

证明　当 $n=1$ 时，

$$G\{P_1(m)\} = G\{m\} = \sum_{m=1}^{\infty} mx^{m-1} = x\left(\sum_{m=1}^{\infty} x^m\right)'$$

$$= x\left(\frac{1}{1-x}\right)' = \frac{x}{(1-x)^2}.$$

此时结论成立．假设 $n=k-1$ 时结论成立，即 $G\{P_{k-1}(m)\} = \dfrac{(k-1)!x}{(1-x)^k}$，则

$$\int_0^x t^{k-2} G\{P_k(m)\} \mathrm{d}t = \int_0^x \sum_{m=1}^{\infty} m(m+1)\cdots(m+k-1) t^{m+k-2} \mathrm{d}t$$

$$= \sum_{m=1}^{\infty} m(m+1)\cdots(m+k-2) x^{m+k-1}$$

$$= x^{k-1} G\{P_{k-1}(m)\} = x^{k-1} \frac{(k-1)!x}{(1-x)^k}.$$

对上式两端求导得

$$x^{k-2} G\{P_k(m)\} = \left(x^{k-1} \frac{(k-1)!x}{(1-x)^k}\right)' = \frac{k!x^{k-1}}{(1-x)^{k+1}},$$

所以 $G\{P_k(m)\} = \dfrac{k!x}{(1-x)^{k+1}}$，即 $n=k$ 时结论也成立．由数学归纳法原理，证毕．

引理 4.15[8]　若 $b_k = \sum_{i=0}^{k} a_i$，则 $G\{b_k\} = \dfrac{G\{a_k\}}{1-x}$.

2. 自然数方幂和的计算方法

为了求自然数方幂和，第 1 步利用定理 4.10 以及数学软件求 n 阶排列数生成矩阵 $\boldsymbol{A}_n$ 的逆矩阵 $\boldsymbol{A}_n^{-1}$，第 2 步根据引理 4.14 与定理 4.11 求出生成函数 $G\{k^t\}$ $(t=1,2,\cdots,n)$，第 3 步利用引理 4.15 求出 $a_s = \sum_{k=1}^{s} k^t$ 的生成函数，第 4 步计算 a_s 的生成函数 $G\{a_s\}$ 中的 x^n 项的系数，此即为所求．

例 4.1　求 $\sum_{k=1}^{n} k^4$.

解　由于 $\boldsymbol{A}_4 = \begin{pmatrix} 0 & 0 & 0 & 1 \\ 0 & 0 & 1 & 6 \\ 0 & 1 & 3 & 11 \\ 1 & 1 & 2 & 6 \end{pmatrix}$，它的逆矩阵为 $\boldsymbol{A}_4^{-1} = \begin{pmatrix} -1 & 1 & -1 & 1 \\ 7 & -3 & 1 & 0 \\ -6 & 1 & 0 & 0 \\ 1 & 0 & 0 & 0 \end{pmatrix}$，

由引理 4.14 与定理 4.11 知

$$
\begin{aligned}
G\{k^4\} &= (-1)\frac{x}{(1-x)^2} + 7 \cdot \frac{2!x}{(1-x)^3} + (-6)\frac{3!x}{(1-x)^4} + 1 \cdot \frac{4!x}{(1-x)^5} \\
&= \frac{(1+11x+11x^2+x^3)x}{(1-x)^5}.
\end{aligned}
$$

设 $a_n = \sum_{k=1}^{n} k^4$，由引理 4.15 知

$$
\begin{aligned}
G\{a_n\} &= \frac{G\{k^4\}}{1-x} = \frac{(1+11x+11x^2+x^3)x}{(1-x)^6} \\
&= (x+11x^2+11x^3+x^4)\sum_{k=0}^{\infty}\binom{k+5}{k}x^k,
\end{aligned}
$$

此式右端 x^n 的系数为

$$
\binom{n+4}{n-1} + 11\binom{n+3}{n-2} + 11\binom{n+2}{n-3} + \binom{n+1}{n-4} = \frac{n(n+1)(2n+1)(3n^2+3n-1)}{30},
$$

所以

$$
\sum_{k=1}^{n} k^4 = \frac{n(n+1)(2n+1)(3n^2+3n-1)}{30}.
$$

例 4.2　求 $\sum_{k=1}^{n} k^{12}$.

解　由于 $\boldsymbol{A}_{12}^{-1}$ 为

$$
\begin{pmatrix}
-1 & 1 & -1 & 1 & -1 & 1 & -1 & 1 & -1 & 1 & -1 & 1 \\
2\,047 & -1\,023 & 551 & -255 & 127 & -63 & 31 & -15 & 7 & -3 & 1 & 0 \\
-86\,526 & 28\,510 & -9\,330 & 3\,025 & -966 & 301 & -90 & 25 & -6 & 1 & 0 & 0 \\
611\,501 & -145\,750 & 34\,105 & -7\,770 & 1\,701 & -350 & 65 & -10 & 1 & 0 & 0 & 0 \\
-1\,379\,400 & 246\,730 & -42\,525 & 6\,951 & -1\,050 & 140 & -15 & 1 & 0 & 0 & 0 & 0 \\
1\,323\,652 & -179\,487 & 22\,827 & -2\,646 & 266 & -21 & 1 & 0 & 0 & 0 & 0 & 0 \\
-627\,396 & 63\,987 & -5\,880 & 462 & -28 & 1 & 0 & 0 & 0 & 0 & 0 & 0 \\
-22\,275 & 1\,155 & -45 & 1 & 0 & 0 & 0 & 0 & 0 & 0 & 0 & 0 \\
1\,705 & -55 & 1 & 0 & 0 & 0 & 0 & 0 & 0 & 0 & 0 & 0 \\
-66 & 1 & 0 & 0 & 0 & 0 & 0 & 0 & 0 & 0 & 0 & 0 \\
1 & 0 & 0 & 0 & 0 & 0 & 0 & 0 & 0 & 0 & 0 & 0
\end{pmatrix},
$$

由引理 4.14 与定理 4.11 知

$$
\begin{aligned}
G\{k^{12}\} = & (-1)\frac{x}{(1-x)^2} + 2\,047\frac{2!x}{(1-x)^3} + (-86\,526)\frac{3!x}{(1-x)^4} \\
& + 611\,501\frac{4!x}{(1-x)^5} + (-1\,379\,400)\frac{5!x}{(1-x)^6} \\
& + 1\,323\,652\frac{6!x}{(1-x)^7} + (-627\,396)\frac{7x}{(1-x)^8} \\
& + 159\,027\frac{8!x}{(1-x)^9} + (-22\,275)\frac{9!x}{(1-x)^{10}} \\
& + 1\,705\frac{10!x}{(1-x)^{11}} + (-66)\frac{11!x}{(1-x)^{12}} + \frac{12!x}{(1-x)^{13}} \\
= & \frac{1}{(1-x)^{13}}(x(1 + 4\,083x + 478\,271x^2 + 10\,187\,685x^3 + 66\,318\,474x^4 \\
& + 162\,512\,286x^5 + 162\,512\,286x^6 + 66\,318\,474x^7 + 10\,187\,685x^8 \\
& + 478\,271x^9 + 4\,083x^{10} + x^{11})).
\end{aligned}
$$

设 $a_n = \sum\limits_{k=1}^{n} k^{12}$，由引理 4.15 可知

$$
\begin{aligned}
G\{a_n\} = & \frac{G\{k^{12}\}}{1-x} = \frac{1}{(1-x)^{14}}(x(1 + 4\,083x + 478\,271x^2 \\
& + 10\,187\,685x^3 + 66\,318\,474x^4 + 162\,512\,286x^5 + 162\,512\,286x^6 \\
& + 66\,318\,474x^7 + 10\,187\,685x^8 + 478\,271x^9 + 4\,083x^{10} + x^{11})) \\
= & (x + 4\,083x^2 + 478\,271x^3 + 10\,187\,685x^4 + 66\,318\,474x^5 \\
& + 162\,512\,286x^6 + 162\,512\,286x^7 + 66\,318\,474x^8 \\
& + 10\,187\,685x^9 + 478\,271x^{10} + 4\,083x^{11} + x^{12})\sum_{k=0}^{\infty}\binom{k+13}{k}x^k.
\end{aligned}
$$

此式右端 x^n 的系数为

$$
\begin{aligned}
& \binom{n+12}{n-1} + 4\,083\binom{n+11}{n-2} + 478\,271\binom{n+10}{n-3} + 10\,187\,685\binom{n+9}{n-4} \\
& + 66\,318\,474\binom{n+8}{n-5} + 162\,512\,286\binom{n+7}{n-6} + 162\,512\,286\binom{n+6}{n-7} \\
& + 66\,318\,474\binom{n+5}{n-8} + 10\,187\,685\binom{n+4}{n-9} + 478\,271\binom{n+3}{n-10} \\
& + 4\,083\binom{n+2}{n-11} + \binom{n+1}{n-12} \\
= & -\frac{691n}{2\,730} + \frac{5n^3}{3} - \frac{33n^5}{10} + \frac{22n^7}{7} - \frac{11n^9}{6} + n^{11} + \frac{n^{12}}{2} + \frac{n^{13}}{13},
\end{aligned}
$$

所以

$$\sum_{k=1}^{n} k^{12} = -\frac{691n}{2\,730} + \frac{5n^3}{3} - \frac{33n^5}{10} + \frac{22n^7}{7} - \frac{11n^9}{6} + n^{11} + \frac{n^{12}}{2} + \frac{n^{13}}{13}.$$

事实上，由定理 4.10 后面的注 2 知，若求出 n 阶的排列数生成矩阵的逆 $\boldsymbol{A}_n^{-1}$，对于任意 $1 \leqslant m \leqslant n$ 的自然数 m，m 阶的排列数生成矩阵的逆 $\boldsymbol{A}_m^{-1}$ 皆为 $\boldsymbol{A}_n^{-1}$ 的右上角子阵，所以，若求出 n 阶的排列数生成矩阵的逆 $\boldsymbol{A}_n^{-1}$，则对于任意 $1 \leqslant m \leqslant n$ 的自然数 m，方幂和 $\sum_{i=1}^{k} i^m$ 皆可用如上方法快速求出．例如，我们利用 $\boldsymbol{A}_{12}^{-1}$ 第一列的数求出 $\sum_{i=1}^{k} i^{12}$，利用 $\boldsymbol{A}_{12}^{-1}$ 第二列的数即可求出 $\sum_{i=1}^{k} i^{11}$，利用 $\boldsymbol{A}_{12}^{-1}$ 第三列的数即可求出 $\sum_{i=1}^{k} i^{10}$，利用 $\boldsymbol{A}_{12}^{-1}$ 第四列的数即可求出 $\sum_{i=1}^{k} i^{9}$…… 利用 $\boldsymbol{A}_{12}^{-1}$ 第九列的数即可求出 $\sum_{i=1}^{k} i^{4}$（见例 4.1）．运用此法求自然数的方幂和可在计算机上编程实施，程序简单，运行速度快．如计算 $\sum_{i=1}^{k} i^{50}$，在普通的计算机上运用 Mathematics 软件，运行不到几分钟即可求出．

3. 又一种计算方法

对于有限项数列 $a_1, a_2, \cdots, a_n$，其方幂和记为 $F(m,n) = \sum_{i=1}^{n} a_i^m$，由此可知 $F(m,n)$ 中每项只含 m 个 a_i 的乘积（$i = 1,2,\cdots,n$），而 $\sum_{i=1}^{n} a_i F(m-1,n)$ 中的项既有 $F(m,n)$ 中的所有项，又有所有形如 $a_j a_i^{n-1}$（$i \neq j$）的项…… $\sum_{1 \leqslant i_1 < \cdots < i_k \leqslant n} a_{i_1} \cdots a_{i_k} \cdot F(m-k,n)$ 中的项既有 $\sum_{1 \leqslant i_1 < \cdots < i_{k-1}} a_{i_1} \cdots a_{i_{k-1}} F(m-k+1,n)$ 中的所有项，又有所有形如 $a_{i_1} \cdots a_{i_k} a_j^{m-k}$（$j \neq i_1, \cdots, i_k, 1 \leqslant i_1 < \cdots < i_k \leqslant n$）的项…… 于是由容斥原理即得如下命题：

命题 4.1　对于有限项数列 $a_1, a_2, \cdots, a_n$，其方幂和记为 $F(m,n) = \sum_{i=1}^{n} a_i^m$（$m \in \mathbf{Z}_+$），则

$$\begin{aligned} F(m,n) = &\sum_{i=1}^{n} a_i F(m-1,n) - \sum_{1 \leqslant i_1 < i_2 \leqslant n} a_{i_1} a_{i_2} F(m-2,n) + \cdots \\ &+ (-1)^{t+1} \sum_{1 \leqslant i_1 < \cdots < i_1 \leqslant n} a_{i_1} \cdots a_{i_t} F(m-t,n) \end{aligned}$$

$$+(-1)^{m+1}\sum_{1\leqslant i_1<\cdots<i_m\leqslant n}a_{i_1}\cdots a_{i_m}F(0,n).$$

从以上可知我们先构造符合容斥原理的对象而得到命题 4.1.这就具有创新性.这个命题为我们研究方幂和的性质又找到新途径,由此命题再利用数学归纳法不难得到如下命题:

命题 4.2　自然数方幂和 $\sum_{i=1}^{n}k^{m}(m,n\in\mathbf{Z}_{+})$ 必有因式$\frac{1}{2}n(n+1)$.

参考文献

[1] 陈景润,黎鉴愚.在 $S_k(n)$上的新结果[J].科学通报,1986,31(6).

[2] 陈景润,黎鉴愚.关于自然数前 n 项幂和[J].厦门大学学报,1984,23(2).

[3] 朱伟义.有关自然数方幂和公式系数的一个新的递推公式[J].数学的实践与认识,2004,10:170-173.

[4] 陈瑞卿.关于幂和问题的新结果[J].数学的实践与认识,1994,1(1):66-69.

[5] 朱豫根,刘玉清.关于幂和公式系数的一个递推关系式[J].数学的实践与认识,2002,2(32):319-323.

[6] Johnson J A. Summing the Powers of the Integers Using Caculus[J]. Mathematics Teacher,1986,79.

[7] 杨国武.有关自然数的有限项幂和[J].武汉理工大学学报,1994(02):222-226.

[8] 孙淑玲,许胤龙.组合数学引论[M].合肥:中国科学技术大学出版社,1999:175-179.

[9] 华罗庚.数论导引[M].北京:科学出版社,1979.

[10] 朱永娥,周宇,王琳.一个积分公式及自然数的方幂和[J].河南师范大学学报:自然科学版,2007,03.

[11] 沈艳平.微分方程与自然数方幂和公式[J].昆明大学学报,1999,2.

4.6　与自然数列有关的几个求和公式

1. 双等差数列对应项积的求和公式

定理 4.12　设$\{a_n\}$,$\{b_n\}$是公差分别为 d 与 d' 的等差数列,令 $s_n=\sum_{k=1}^{n}a_kb_k$,则

$$s_n=n\left(a_1b_1+\frac{n-1}{2}(b_1d+a_1d')+\frac{1}{6}(n-1)(2n-1)dd'\right).\quad(4.20)$$

推论 4.2　设$\{a_n\}$是公差为 d 的等差数列,则

$$s_n = \sum_{k=1}^{n} a_k^2 = n\left(a_1^2 + (n-1)a_1 d + \frac{1}{6}(n-1)(2n-1)d^2\right).$$

定理 4.12 的证明 由于

$$a_k = a_{k-1} + d, \quad b_k = b_{k-1} + d,$$

于是

$$\begin{aligned} s_n &= \sum_{k=1}^{n} a_k b_k \\ &= a_1 b_1 + (a_1 + d)(b_1 + d') + (a_2 + d)(b_2 + d') + \cdots \\ &\quad + (a_{n-1} + d)(b_{n-1} + d') \\ &= a_1 b_1 + s_{n-1} + d(b_1 + \cdots + b_{n-1}) + d'(a_1 + \cdots + a_{n-1}) + (n-1)dd' \\ &= a_1 b_1 + s_{n-1} + (n-1)\left(\frac{d}{2}(b_1 + b_{n-1}) + \frac{d'}{2}(a_1 + a_{n-1})\right) + (n-1)dd' \\ &= a_1 b_1 + s_{n-1} + (n-1)\left(\frac{d}{2}(2b_1 + (n-2)d') + \frac{d'}{2}(2a_1 + (n-2)d)\right) \\ &\quad + (n-1)dd' \\ &= a_1 b_1 + s_{n-1} + (n-1)(b_1 d + a_1 d' + (n-1)dd'), \end{aligned}$$

即

$$s_n - s_{n-1} = a_1 b_1 + (n-1)(b_1 d + a_1 d' + (n-1)dd'). \tag{4.21}$$

故由式(4.21)得

$$\begin{aligned} &s_{n-1} - s_{n-2} = a_1 b_1 + (n-2)(b_1 d + a_1 d' + (n-2)dd'), \\ &s_{n-2} - s_{n-3} = a_1 b_1 + (n-3)(b_1 d + a_1 d' + (n-3)dd'), \\ &\cdots, \\ &s_2 - s_1 = a_1 b_1 + 1(b_1 d + a_1 d' + 1dd'). \end{aligned} \tag{4.22}$$

将式(4.21)与式(4.22)两边分别相加得

$$\begin{aligned} s_n - s_1 &= (n-1)a_1 b_1 + (b_1 d + a_1 d')\sum_{k=1}^{n-1} k + dd'\sum_{k=1}^{n-1} k^2 \\ &= (n-1)a_1 b_1 + (b_1 d + a_1 d')\frac{n-1}{2}n \\ &\quad + dd'\frac{n}{6}(n-1)(2n-1). \end{aligned} \tag{4.23}$$

因 $s_1 = a_1 b_1$，将式(4.23)移项得

$$s_n = n\left(a_1 b_1 + \frac{n-1}{2}(b_1 d + a_1 d') + \frac{1}{6}(n-1)(2n-1)dd'\right).$$

即式(4.20)成立，证毕.

由定理 4.12 即推知如下结论成立：

定理 4.13 $\forall k, h, s, t \in \mathbf{N}$，$a_m = km + h$，$b_m = sm + t$，$m = 1, 2, \cdots$，那么当

$n>6$ 时，$\sum\limits_{m=1}^{n}a_m b_m$ 必是合数.

证明　若$(n,6)=1$,由式(4.20)知

$$\begin{aligned}s_n &= n\left(a_1b_1+\frac{n-1}{2}(b_1d+a_1d')+\frac{1}{6}(n-1)(2n-1)dd'\right)\\ &= n\Big((k+h)(s+t)+\frac{n-1}{2}((s+t)k+(k+h)s)\\ &\quad +\frac{1}{6}(n-1)(2n-1)ks\Big).\end{aligned}\tag{4.24}$$

此时$(k+h)(s+t)+\frac{n-1}{2}((s+t)k+(k+h)s)+\frac{1}{6}(n-1)(2n-1)ks$ 是大于1的自然数,故由式(4.24)知 s_n 是合数.

若$(n,6)=d>1$,则 $n=dn_1$.因 $d\leqslant 6$,所以 $d=2,d=3,d=6$.因 $n>6$,总有 $n_1>1$,所以由式(4.24)知 $s_n=n_1a,a>1$.

故 s_n 总为合数,证毕.

2. 等差与等比数列对应项混合积的求和公式

定理 4.14　设$\{a_n\}$是公差为d 的等差数列,$\{b_n\}$是公比为q 的等比数列,记 $s_n^{(m)}=\sum\limits_{i=1}^{n}b_i\prod\limits_{k=i}^{i+m-1}a_k$,则

$$s_n^{(m)}=\sum_{k=1}^{m}\frac{p_m^{k-1}d^{k-1}}{(1-q)^k}\Big(b_1\prod_{i=0}^{m-k}a_i-b_{n+1}\prod_{i=n}^{n+m-k}a_i\Big)+\frac{p_m^m d^m}{(1-q)^{m=1}}(1-q^n).\tag{4.25}$$

证明　由于

$$qs_n^{(m)}=b_2a_1\cdots a_m+b_3a_2\cdots a_{m+1}+\cdots+b_{n+1}a_n\cdots a_{m+n-1},$$

所以

$$\begin{aligned}(1-q)s_n^{(m)} &= b_1a_1\cdots a_m+b_2a_2\cdots a_m(a_{m+1}-a_1)+b_3a_3\cdots a_{m+1}(a_{m+2}-a_2)\\ &\quad+\cdots+b_na_n\cdots a_{m+n-2}(a_{n+m-1}-a_{n-1})-b_{n+1}a_n\cdots a_{m+n-1}\\ &= b_1a_1\cdots a_m-b_{n+1}a_n\cdots a_{m+n-1}\\ &\quad+md(b_2a_2\cdots a_m+b_3a_3\cdots a_{m+1}+\cdots+b_na_n\cdots a_{m+n-1})\\ &= b_1a_1\cdots a_m-b_{n+1}a_n\cdots a_{m+n-1}+md(s_n^{(m-1)}-b_1a_1\cdots a_{m-1})\\ &= b_1a_1\cdots a_m-mdb_1a_1\cdots a_{m-1}-b_{n+1}a_n\cdots a_{n+m-1}+mds_n^{(m-1)}\\ &= b_1a_1\cdots a_{m-1}(a_m-md)-b_{n+1}a_n\cdots a_{n+m-1}+mds_n^{(m-1)}\\ &= b_1a_0a_1\cdots a_{m-1}-b_{n+1}a_n\cdots a_{n+m-1}+mds_n^{(m-1)},\end{aligned}$$

即

$$s_n^{(m)} = \frac{1}{1-q}(b_1a_0a_1\cdots a_{m-1} - b_{n+1}a_n\cdots a_{n+m-1}) + \frac{md}{1-q}s_n^{(m-1)}. \quad (4.26)$$

由式(4.26)递归即得式(4.25).证毕.

4.7　一类递胀数列的求和

对于十进制小数数列:

$0.a_1a_2a_3\cdots a_m, 0.a_1a_1a_2a_2a_3a_3\cdots a_ma_m, 0.a_1a_1a_1a_2a_2a_2a_3a_3a_3\cdots a_ma_ma_m,$
$\cdots, 0.\underbrace{a_1a_1\cdots a_1}_{k个}\underbrace{a_2a_2\cdots a_2}_{k个}\underbrace{a_3a_3\cdots a_3}_{k个}\cdots\underbrace{a_ma_m\cdots a_m}_{k个}, \cdots$
$(a_1, a_2, \cdots, a_m \in \{0,1,2,\cdots,9\}),$

它的前 n 项和 S_n 是多少?这一节将探讨这类数列的和.称数列 $\{b_k\}$ 为递胀小数数列,假如

$$b_k = 0.\underbrace{a_1a_1\cdots a_1}_{k个}\underbrace{a_2a_2\cdots a_2}_{k个}\underbrace{a_3a_3\cdots a_3}_{k个}\cdots\underbrace{a_ma_m\cdots a_m}_{k个}.$$

由于

$$\begin{aligned}
S_n =\ & 0.a_1a_2\cdots a_m + 0.a_1a_1a_2a_2\cdots a_ma_m \\
& + \cdots + 0.\underbrace{a_1a_1\cdots a_1}_{n个}\underbrace{a_2a_2\cdots a_2}_{n个}\cdots\underbrace{a_ma_m\cdots a_m}_{n个} \\
=\ & (a_1\times 10^{-1} + a_2\times 10^{-2} + \cdots + a_m\times 10^{-m}) \\
& + (a_1(10^{-1}+10^{-2}) + a_2(10^{-3}+10^{-4}) + \cdots + a_m(10^{-2m+1}+10^{-2m})) \\
& + \cdots + (a_1(10^{-1}+10^{-2}+\cdots+10^{-n}) + a_2(10^{-n-1}+10^{-n-2}+\cdots+10^{-2n}) \\
& + \cdots + a_m(10^{-(m-1)n-1}+10^{-(m-1)n-2}+\cdots+10^{-mn})) \\
=\ & a_1(10^{-1} + (10^{-1}+10^{-2}) + \cdots + (10^{-1}+10^{-2}+\cdots+10^{-n})) \\
& + a_2(10^{-2} + (10^{-3}+10^{-4}) + \cdots + (10^{-n-1}+10^{-n-2}+\cdots+10^{-2n})) \\
& + \cdots + a_m(10^{-m} + (10^{-2m+1}+10^{-2m}) \\
& + \cdots + (10^{-(m-1)n-1}+10^{-(m-1)n-2}+\cdots+10^{-mn})) \\
=\ & a_1\left(10^{-1} + \frac{10^{-1}(1-10^{-2})}{1-10^{-1}} + \cdots + \frac{10^{-1}(1-10^{-n})}{1-10^{-1}}\right) \\
& + a_2\left(10^{-2} + \frac{10^{-3}(1-10^{-2})}{1-10^{-1}} + \cdots + \frac{10^{-n-1}(1-10^{-n})}{1-10^{-1}}\right) \\
& + \cdots + a_m\left(10^{-m} + \frac{10^{-2m+1}(1-10^{-2})}{1-10^{-1}} + \cdots + \frac{10^{-(m-1)n-1}(1-10^{-n})}{1-10^{-1}}\right)
\end{aligned}$$

$$= \frac{10^{-1}}{1-10^{-1}} a_1((1-10^{-1})+(1-10^{-2})+\cdots+(1-10^{-n}))$$
$$+ \frac{10^{-1}}{1-10^{-1}} a_2(10^{-1}(1-10^{-1})+10^{-2}(1-10^{-2})+\cdots+10^{-n}(1-10^{-n}))$$
$$+ \frac{10^{-1}}{1-10^{-1}} a_m(10^{-(m-1)}(1-10^{-1})+10^{-2(m-1)}(1-10^{-2})$$
$$+\cdots+10^{-n(m-1)}(1-10^{-n}))$$
$$= \frac{10^{-1}}{1-10^{-1}}\left[a_1\left(n-\frac{10^{-1}(1-10^{-n})}{1-10^{-1}}\right)+a_2\left(\frac{10^{-1}(1-10^{-n})}{1-10^{-1}}-\frac{10^{-2}(1-10^{-2n})}{1-10^{-2}}\right)\right.$$
$$\left.+\cdots+a_m\left(\frac{10^{-(m-1)}(1-10^{-(m-1)n})}{1-10^{-(m-1)}}-\frac{10^{-m}(1-10^{-mn})}{1-10^{-m}}\right)\right]$$
$$= \frac{10^{-1}}{1-10^{-1}}\left[na_1+(a_2-a_1)\frac{10^{-1}}{1-10^{-1}}(1-10^{-n})+(a_3-a_2)\frac{10^{-2}}{1-10^{-2}}(1-10^{-2n})\right.$$
$$\left.+\cdots+(a_m-a_{m-1})\frac{10^{-m+1}}{1-10^{-m+1}}(1-10^{-(m-1)n})-\frac{10^{-m}}{1-10^{-m}}(1-10^{-mn})a_m\right]$$
$$= \frac{10^{-1}}{1-10^{-1}}\left(na_1+\sum_{k=1}^{m-1}(a_{k+1}-a_k)\frac{10^{-k}}{1-10^{-k}}(1-10^{-kn})\right.$$
$$\left.-\frac{10^{-m}}{1-10^{-m}}(1-10^{-mn})a_m\right).$$

于是有如下结论：

定理 4.15　十进制数列$\{b_k\}$的前 n 项和S_n 满足下列等式：

$$S_n = \frac{10^{-1}}{1-10^{-1}}\left(na_1+\sum_{k=1}^{m-1}(a_{k+1}-a_k)\frac{10^{-k}}{1-10^{-k}}(1-10^{-kn})-\frac{10^{-m}}{1-10^{-m}}(1-10^{-mn})a_m\right).$$

其中

$$a_k = 0.\underbrace{a_1a_1\cdots a_1}_{k个}\underbrace{a_2a_2\cdots a_2}_{k个}\underbrace{a_3a_3\cdots a_3}_{k个}\cdots\underbrace{a_ma_m\cdots a_m}_{k个}.$$

同样地，对于一般的 q 进制的递胀小数数列$\{b_{k(q)}\}$：

$$b_{k(q)} = 0.\underbrace{a_1a_1\cdots a_1}_{k个}\underbrace{a_2a_2\cdots a_2}_{k个}\underbrace{a_3a_3\cdots a_3}_{k个}\cdots\underbrace{a_ma_m\cdots a_m}_{k个}{}_{(q)}$$
$$(a_1,a_2,\cdots,a_m\in\{0,1,2,\cdots,q-1\}),$$

有类似的结果.

定理 4.16　q 进制的递胀小数数列$\{b_{k(q)}\}$的前 n 项和$S_{n(q)}$满足下列等式：

$$S_{n(q)} = \frac{q^{-1}}{1-q^{-1}}\left(na_1+\sum_{k=1}^{m-1}(a_{k+1}-a_k)\frac{q^{-k}}{1-q^{-k}}(1-q^{-kn})-\frac{q^{-m}}{1-q^{-m}}(1-q^{-mn})a_m\right).$$

其中

$$b_{k(q)} = 0.\underbrace{a_1a_1\cdots a_1}_{k个}\underbrace{a_2a_2\cdots a_2}_{k个}\underbrace{a_3a_3\cdots a_3}_{k个}\cdots\underbrace{a_ma_m\cdots a_m}_{k个}{}_{(q)}$$

$(a_1,a_2,\cdots,a_m\in\{0,1,2,\cdots,q-1\})$.

定理 4.15 与定理 4.16 给出递胀小数数列求和公式,用同样的方法可以求递胀整数数列的和.

定理 4.17 设 $b_k=\overline{\underbrace{a_1a_1\cdots a_1}_{k个}\underbrace{a_2a_2\cdots a_2}_{k个}\underbrace{a_3a_3\cdots a_3}_{k个}\cdots\underbrace{a_ma_m\cdots a_m}_{k个}}$,那么数列$\{b_k\}$的前 n 项和 S_n 满足下列等式:

$$S_n=\frac{1}{10-1}\left(a_1\frac{10^m}{10^m-1}(10^{mn}-1)+\sum_{k=1}^{m-1}(a_{k+1}-a_k)\frac{10^{m-k}}{10^{m-k}-1}(10^{(m-k)n}-1)-na_m\right).$$

定理 4.18 设 $b_{k(q)}=\overline{\underbrace{a_1a_1\cdots a_1}_{k个}\underbrace{a_2a_2\cdots a_2}_{k个}\underbrace{a_3a_3\cdots a_3}_{k个}\cdots\underbrace{a_ma_m\cdots a_m}_{k个}{}_{(q)}}$,那么数列$\{b_{k(q)}\}$的前 n 项和 S_n 满足下列等式:

$$S_n=\frac{1}{q-1}\left(a_1\frac{q^m}{q^m-1}(q^{mn}-1)+\sum_{k=1}^{m-1}(a_{k+1}-a_k)\frac{q^{m-k}}{q^{m-k}-1}(q^{(m-k)n}-1)-na_m\right).$$

从定理 4.18 可以得到如下结论:

定理 4.19 若$(n,q)=1$,那么 $d\mid S_n$.

证明 由于

$$d\left|\,a_1\frac{q^m}{q^m-1}(q^{mn}-1),\quad d\right|\sum_{k=1}^{m-1}(a_{k+1}-a_k)\frac{q^{m-k}}{q^{m-k}-1}(q^{(m-k)n}-1),$$

$$d\mid na_m,\quad (d,q-1)=1,$$

所以 $d\mid S_n$. 证毕.

4.8 正整数无序分拆的几个计数公式

将正整数进行分拆,有无序与有序之分. 例如将 5 进行 2 分拆,有序分拆有 4 个,即 $5=1+4=4+1=2+3=3+2$;无序分拆有 2 个,即 $5=1+4=3+2$. 有序分拆的计数较为简单,但无序分拆的计数是一个较为困难的问题. 下面用 $B(n,r)$来表示正整数 n 的无序 r 分拆的个数,那么有如下熟知的结论:

定理 4.20 n 的 r 分拆数的生成函数为

$$f(x)=\sum_{n=0}^{\infty}B(n,r)x^n=\frac{x^r}{(1-x)(1-x^2)\cdots(1-x^r)}.$$

由此我们先求出 $B(n,2)$, $B(n,3)$, $B(n,4)$, $B(n,5)$, $B(n,6)$,然后考虑一般

情形.

公式 1

$$B(n,2)=\sum_{k_1+k_2=n-2}\binom{k_1+1}{1}(-1)^{k_2}\quad(n\geqslant 2).$$

证明　因为

$$\begin{aligned}f(x)=\sum_{n=0}^{\infty}B(n,2)x^n&=\frac{x^2}{(1-x)(1-x^2)}=\frac{x^2}{(1-x)^2(1+x)}\\&=x^2\left(\sum_{k=0}^{\infty}\binom{k+1}{1}x^k\right)\left(\sum_{k=0}^{\infty}(-1)^kx^k\right)\\&=x^2\sum_{k=0}^{\infty}\left(\sum_{k_1+k_2=k}\binom{k_1+1}{1}(-1)^{k_2}\right)x^k\\&=\sum_{k=0}^{\infty}\left(\sum_{k_1+k_2=k}\binom{k_1+1}{1}(-1)^{k_2}\right)x^{k+2},\end{aligned}$$

所以当 $k=n-2$ 时,有 $B(n,2)=\sum\limits_{k_1+k_2=n-2}\binom{k_1+1}{1}(-1)^{k_2}$.证毕.

推论 4.3　$\left\lfloor\dfrac{n}{2}\right\rfloor=\sum\limits_{k_1+k_2=n-2}\binom{k_1+1}{1}(-1)^{k_2}\ (n\geqslant 2)$.

证明　由于 $B(n,2)=\left\lfloor\dfrac{n-1}{2}\right\rfloor$,这是我们熟知的结论,由此证毕.

公式 2

$$B(n,3)=\sum_{k_1+k_2+k_3+k_4=n-3}\binom{k_1+2}{2}(-1)^{k_2}e^{\frac{-(k_3+2k_4)2\pi i}{3}}.$$

证明　因为

$$\begin{aligned}f(x)&=\sum_{n=0}^{\infty}B(n,3)x^n=\frac{x^3}{(1-x)(1-x^2)(1-x^3)}\\&=\frac{x^3}{(1-x)^3(1+x)(1-e^{\frac{-2\pi i}{3}}x)(1-e^{\frac{-4\pi i}{3}}x)}\\&=x^3\left(\sum_{k=0}^{\infty}\binom{k+2}{2}x^k\right)\left(\sum_{k=0}^{\infty}(-1)^kx^k\right)\left(\sum_{k=0}^{\infty}e^{\frac{-2\pi ki}{3}}x^k\right)\left(\sum_{k=0}^{\infty}e^{\frac{-4\pi ki}{3}}x^k\right)\\&=\sum_{k=0}^{\infty}\left(\sum_{k_1+k_2+k_3+k_4=k}\binom{k_1+2}{2}(-1)^{k_2}e^{\frac{-(k_3+2k_4)2\pi i}{3}}\right)x^{k+3},\end{aligned}$$

所以当 $k=n-3$ 时,有 $B(n,3)=\sum\limits_{k_1+k_2+k_3+k_4=n-3}\binom{k_1+2}{2}(-1)^{k_2}e^{\frac{-(k_3+2k_4)2\pi i}{3}}$.

证毕.

公式 3

$$B(n,4)=\sum_{k_1+k_2+k_3+k_4+k_5+k_6=n-4}\binom{k_1+3}{3}\binom{k_2+1}{1}(-1)^{k_2}e^{\frac{-(k_3+2k_4)2\pi i}{3}+\frac{-(k_5+3k_6)2\pi i}{4}}.$$

证明 因为

$$\begin{aligned}f(x)=\sum_{n=0}^{\infty}B(n,4)x^n&=\frac{x^4}{(1-x)(1-x^2)(1-x^3)(1-x^4)}\\&=\frac{x^4}{(1-x)^4(1+x)^2(1-e^{\frac{-2\pi i}{3}}x)(1-e^{\frac{-4\pi i}{3}}x)(1-e^{\frac{-2\pi i}{4}}x)(1-e^{\frac{-6\pi i}{4}}x)}\\&=x^4\left(\sum_{k=0}^{\infty}\binom{k+3}{3}x^k\right)\left(\sum_{k=0}^{\infty}\binom{k+1}{1}(-1)^kx^k\right)\\&\quad\cdot\left(\sum_{k=0}^{\infty}e^{\frac{-2\pi ki}{3}}x^k\right)\left(\sum_{k=0}^{\infty}e^{\frac{-4\pi ki}{3}}x^k\right)\left(\sum_{k=0}^{\infty}e^{\frac{-2\pi ki}{4}}x^k\right)\left(\sum_{k=0}^{\infty}e^{\frac{-6\pi ki}{4}}x^k\right)\\&=\sum_{k=0}^{\infty}\left(\sum_{k_1+k_2+k_3+k_4+k_5+k_6=k}\binom{k_1+3}{3}\binom{k_2+1}{1}(-1)^{k_2}e^{\frac{-(k_3+2k_4)2\pi i}{3}+\frac{-(k_5+3k_6)2\pi i}{4}}\right)x^{k+4},\end{aligned}$$

所以当 $k=n-4$ 时,有

$$B(n,4)=\sum_{k_1+k_2+k_3+k_4+k_5+k_6=n-4}\binom{k_1+2}{2}\binom{k_2+1}{1}(-1)^{k_2}e^{\frac{-(k_3+2k_4)2\pi i}{3}+\frac{-(k_5+3k_6)2\pi i}{4}}.$$

证毕.

用如上的方法即可证明如下结论:

公式 4

$$B(n,5)=\sum_{k_1+k_2+\cdots+k_{10}=n-5}\binom{k_1+4}{4}\binom{k_2+1}{1}(-1)^{k_2}e^{-\left(\frac{k_3+2k_4}{3}+\frac{k_5+3k_6}{4}+\frac{k_7+2k_8+3k_9+4k_{10}}{5}\right)2\pi i}.$$

证明 因为

$$\begin{aligned}f(x)=\sum_{n=0}^{\infty}B(n,5)x^n&=\frac{x^5}{(1-x)(1-x^2)(1-x^3)(1-x^4)(1-x^5)}\\&=\frac{x^5}{(1-x)^5(1+x)^2(1-e^{\frac{-2\pi i}{3}}x)(1-e^{\frac{-4\pi i}{3}}x)\prod\limits_{k=1,3}(1-e^{\frac{-2k\pi i}{4}}x)\prod\limits_{k=1}^{4}(1-e^{\frac{-2k\pi i}{5}}x)}\\&=x^5\left(\sum_{k=0}^{\infty}\binom{k+4}{4}x^k\right)\left(\sum_{k=0}^{\infty}\binom{k+1}{1}(-1)^kx^k\right)\\&\quad\cdot\left(\prod_{m=1,2}\left(\sum_{k=0}^{\infty}e^{\frac{-2\pi mki}{3}}x^k\right)\right)\left(\prod_{m=1,3}\left(\sum_{k=0}^{\infty}e^{\frac{-2\pi mki}{4}}x^k\right)\right)\prod_{m=1}^{4}\left(\sum_{k=0}^{\infty}e^{\frac{-2\pi mki}{5}}x^k\right)\\&=\sum_{k=0}^{\infty}\left(\sum_{k_1+k_2+\cdots+k_{10}=k}\binom{k_1+4}{4}\binom{k_2+1}{1}\right.\end{aligned}$$

$$\cdot(-1)^{k_2}\mathrm{e}^{-\left(\frac{k_3+2k_4}{3}+\frac{k_5+3k_6}{4}+\frac{k_7+2k_8+3k_9+4k_{10}}{5}\right)2\pi\mathrm{i}}\Big)x^{k+5},$$

所以当 $k=n-5$ 时，x^n 的系数为

$$B(n,5)=\sum_{k_1+k_2+\cdots+k_{10}=n-5}\binom{k_1+4}{4}\binom{k_2+1}{1}(-1)^{k_2}\mathrm{e}^{-\left(\frac{k_3+2k_4}{3}+\frac{k_5+3k_6}{4}+\frac{k_7+2k_8+3k_9+4k_{10}}{5}\right)2\pi\mathrm{i}}.$$

证毕.

公式 5

$$B(n,6)=\sum_{k_1+k_2+\cdots+k_{14}=n-6}\binom{k_1+5}{3}\binom{k_2+2}{2}$$
$$\cdot(-1)^{k_2}\mathrm{e}^{-\left(\frac{k_3+2k_4}{3}+\frac{k_5+3k_6}{4}+\frac{k_7+2k_8+3k_9+4k_{10}}{5}+\frac{k_{11}+2k_{12}+4k_{13}+5k_{14}}{6}\right)2\pi\mathrm{i}}.$$

证明　因为

$$f(x)=\sum_{n=0}^{\infty}B(n,6)x^n=\frac{x^6}{(1-x)(1-x^2)(1-x^3)(1-x^4)(1-x^5)(1-x^6)}$$
$$=\frac{x^6}{(1-x)^6(1+x)^3\left(\prod_{k=1,2}\left(1-\mathrm{e}^{\frac{-2k\pi\mathrm{i}}{3}}x\right)\right)\left(\prod_{k=1,3}\left(1-\mathrm{e}^{\frac{-2k\pi\mathrm{i}}{4}}x\right)\right)}$$
$$\cdot\frac{1}{\left(\prod_{k=1}^{4}\left(1-\mathrm{e}^{\frac{-2k\pi\mathrm{i}}{5}}x\right)\right)\left(\prod_{k=1,2,4,5}\left(1-\mathrm{e}^{\frac{-2k\pi\mathrm{i}}{6}}x\right)\right)}$$
$$=x^6\left(\sum_{k=0}^{\infty}\binom{k+5}{5}x^k\right)\left(\sum_{k=0}^{\infty}\binom{k+2}{2}(-1)^kx^k\right)$$
$$\cdot\left(\prod_{m=1,2}\left(\sum_{k=0}^{\infty}\mathrm{e}^{\frac{-2\pi mk\mathrm{i}}{3}}x^k\right)\right)\left(\prod_{m=1,3}\left(\sum_{k=0}^{\infty}\mathrm{e}^{\frac{-2\pi mk\mathrm{i}}{4}}x^k\right)\right)\prod_{m=1}^{4}\left(\sum_{k=0}^{\infty}\mathrm{e}^{\frac{-2\pi mk\mathrm{i}}{5}}x^k\right)\prod_{m=1,2,4,5}\left(\sum_{k=0}^{\infty}\mathrm{e}^{\frac{-2\pi mk\mathrm{i}}{6}}x^k\right)$$
$$=\sum_{k=0}^{\infty}\Big(\sum_{k_1+k_2+\cdots+k_{14}=k}\binom{k_1+5}{5}\binom{k_2+2}{2}$$
$$\cdot(-1)^{k_2}\mathrm{e}^{-\left(\frac{k_3+2k_4}{3}+\frac{k_5+3k_6}{4}+\frac{k_7+2k_8+3k_9+4k_{10}}{5}+\frac{k_{11}+2k_{12}+4k_{13}+5k_{14}}{6}\right)2\pi\mathrm{i}}\Big)x^{k+6},$$

所以当 $k=n-6$ 时，x^n 的系数为

$$B(n,6)=\sum_{k_1+k_2+\cdots+k_{14}=n-6}\binom{k_1+5}{3}\binom{k_2+2}{2}$$
$$\cdot(-1)^{k_2}\mathrm{e}^{-\left(\frac{k_3+2k_4}{3}+\frac{k_5+3k_6}{4}+\frac{k_7+2k_8+3k_9+4k_{10}}{5}+\frac{k_{11}+2k_{12}+4k_{13}+5k_{14}}{6}\right)2\pi\mathrm{i}}.$$

证毕.

对于一般的自然数 m，关于 $B(n,m)$ 有如下结论：

定理 4.21　设 $m,n\in\mathbf{N}$，那么：

(1) 当 m 为偶数时，有

$$B(n,m)=\sum_{k_1+k_2+\left(\sum\limits_{k=1}^{\frac{m}{2}-1}\sum\limits_{t=1}^{2k}a_{kt}\right)+\left(\sum\limits_{k=1}^{\frac{m}{2}}\sum\limits_{\substack{t\neq k\\1\leqslant t\leqslant 2k-1}}b_{kt}\right)=n-m}\binom{k_1+m-1}{m-1}\binom{k_2+\frac{m}{2}-1}{\frac{m}{2}-1}$$

$$\cdot(-1)^{k_2}\left(\prod_{k=1}^{\frac{m}{2}-1}\exp\left(-\sum_{t=1}^{2k}\frac{2ta_{kt}\pi\mathrm{i}}{2k+1}\right)\right)\left(\prod_{k=1}^{\frac{m}{2}}\exp\left(-\sum_{\substack{t\neq k\\1\leqslant t\leqslant 2k-1}}\frac{2tb_{kt}\pi\mathrm{i}}{2k}\right)\right).$$

(2) 当 m 为奇数时,有

$$B(n,m)=\sum_{k_1+k_2+\left(\sum\limits_{k=1}^{\frac{m-1}{2}}\sum\limits_{t=1}^{2k}a_{kt}\right)+\left(\sum\limits_{k=1}^{\frac{m-1}{2}}\sum\limits_{\substack{t\neq k\\1\leqslant t\leqslant 2k-1}}b_{kt}\right)=n-m}\binom{k_1+m-1}{m-1}\binom{k_2+\frac{m-1}{2}}{\frac{m-1}{2}}$$

$$\cdot(-1)^{k_2}\left(\prod_{k=1}^{\frac{m-1}{2}}\exp\left(-\sum_{t=1}^{2k}\frac{2ta_{kt}\pi\mathrm{i}}{2k+1}\right)\right)\left(\prod_{k=1}^{\frac{m-1}{2}}\exp\left(-\sum_{\substack{t\neq k\\1\leqslant t\leqslant 2k-1}}\frac{2tb_{kt}\pi\mathrm{i}}{2k}\right)\right).$$

证明 仅证明偶数情形,奇数时同理可证.注意单位共轭复数之积等于 1,因为

$$f(x)=\sum_{n=0}^{\infty}B(n,m)x^n=\frac{x^m}{(1-x)(1-x^2)\cdots(1-x^m)}$$

$$=\frac{x^m}{(1-x)^m(1+x)^{\frac{m}{2}}\left(\prod\limits_{k=1}^{\frac{m}{2}-1}\left(\prod\limits_{t=1}^{2k}\left(1-\mathrm{e}^{\frac{-2ta_{kt}\pi\mathrm{i}}{2k+1}}x\right)\right)\right)\left(\prod\limits_{k=1}^{\frac{m}{2}}\left(\prod\limits_{\substack{t\neq k\\1\leqslant t\leqslant 2k-1}}\left(1-\mathrm{e}^{\frac{-2tb_{kt}\pi\mathrm{i}}{2k}}x\right)\right)\right)}$$

$$=x^m\left(\sum_{k=0}^{\infty}\binom{d+m-1}{m-1}x^d\right)\left(\sum_{k=0}^{\infty}\binom{d+\frac{m}{2}-1}{\frac{m}{2}-1}(-1)^dx^d\right)$$

$$\cdot\left(\prod_{k=1}^{\frac{m}{2}-1}\left(\prod_{t=1}^{2k}\left(\sum_{d=0}^{\infty}\mathrm{e}^{\frac{-2td\pi\mathrm{i}}{2k+1}}x^d\right)\right)\right)\left(\prod_{k=1}^{\frac{m}{2}}\left(\prod_{\substack{t\neq k\\1\leqslant t\leqslant 2k-1}}\left(\sum_{d=0}^{\infty}\mathrm{e}^{\frac{-2td\pi\mathrm{i}}{2k}}x^d\right)\right)\right)$$

$$=\sum_{k=0}^{\infty}\left(\sum_{k_1+k_2+\left(\sum\limits_{k=1}^{\frac{m-1}{2}}\sum\limits_{t=1}^{2k}a_{kt}\right)+\left(\sum\limits_{k=1}^{\frac{m-1}{2}}\sum\limits_{\substack{t\neq k\\1\leqslant t\leqslant 2k-1}}b_{kt}\right)=k}\binom{k_1+m-1}{m-1}\binom{k_2+\frac{m-1}{2}}{\frac{m-1}{2}}\right.$$

$$\left.\cdot(-1)^{k_2}\left(\prod_{k=1}^{\frac{m-1}{2}}\exp\left(-\sum_{t=1}^{2k}\frac{2ta_{kt}\pi\mathrm{i}}{2k+1}\right)\right)\left(\prod_{k=1}^{\frac{m-1}{2}}\exp\left(-\sum_{\substack{t\neq k\\1\leqslant t\leqslant 2k-1}}\frac{2tb_{kt}\pi\mathrm{i}}{2k}\right)\right)\right]x^{k+m},$$

所以当 $k=n-m$ 时，x^n 的系数为

$$B(n,m)=\sum_{k_1+k_2+\left(\sum_{k=1}^{\frac{m}{2}-1}\sum_{t=1}^{2k}a_{kt}\right)+\left(\sum_{k=1}^{\frac{m}{2}}\sum_{\substack{t\neq k\\1\leqslant t\leqslant 2k-1}}b_{kt}\right)=n-m}\binom{k_1+m-1}{m-1}\binom{k_2+\frac{m}{2}-1}{\frac{m}{2}-1}$$

$$\cdot(-1)^{k_2}\left(\prod_{k=1}^{\frac{m}{2}-1}\exp\left(-\sum_{t=1}^{2k}\frac{2ta_{kt}\pi\mathrm{i}}{2k+1}\right)\right)\left(\prod_{k=1}^{\frac{m}{2}}\exp\left(-\sum_{\substack{t\neq k\\1\leqslant t\leqslant 2k-1}}\frac{2tb_{kt}\pi\mathrm{i}}{2k}\right)\right).$$

证毕.

参考文献

[1]　许胤龙，孙淑玲. 组合数学引论[M]. 2 版. 合肥：中国科学技术大学出版社，2010：118-138.

4.9　I. J. Matrix 定理的再推广

文献[1]用初等方法证明：设 $x_1, x_2, \cdots, x_n$ 是 n 个不为零的且互不相同的数，则

$$\sum_{j=1}^{n}\frac{x_j^r}{\prod_{\substack{1<k<n\\k\neq j}}(x_j-x_k)}=\frac{(-1)^{n-1}}{\prod_{1\leqslant j\leqslant n}x_j}\quad(r=-1).$$

但对 $r<-1$ 时未作讨论. 为此，本节将给出 $r\leqslant-1$ 的一般结论. 其次，我们还将从另一方面推广文献[1]的结果，并给出部分结果的一个较为实用的证法.

定理 4.22　设 $x_1, x_2, \cdots, x_n$ 是 n 个不为零的且互不相同的数，则对任意自然数 m，有

$$\sum_{j=1}^{n}\frac{x_j^{-m}}{\prod_{\substack{1<j<n\\j\neq k}}(x_j-x_k)}=\frac{(-1)^{n-1}}{\prod_{1<j<n}x_j}\sum_{\substack{j_1+\cdots+j_n=m-1\\j_1,\cdots,j_n\geqslant 0}}\left(\frac{1}{x_1}\right)^{j_1}\cdots\left(\frac{1}{x_n}\right)^{j_n},$$

其中 $j_1, \cdots, j_n$ 是满足不定方程 $j_1+\cdots+j_n=m-1$ 的非负整数解.

证明　利用留数定理[2]，有

$$\sum_{j=1}^{n}\frac{x_j^{-m}}{\prod\limits_{\substack{1<k<n\\k\neq j}}(x_j-x_k)}=\frac{1}{2\pi\mathrm{i}}\int_{|z|=R}\frac{\mathrm{d}z}{z^m(z-x)\cdots(z-x_n)},$$

其中 $0<R<\lim\limits_{1\leqslant i\leqslant n}\{|x_i|\}$（注意：这里沿圆周 $|z|=R$ 的积分是关于区域D 的负向取的）. $f(z)=z^m\ ((z-x_1)\cdots(z-x_n))^{-1}$，其 Laurent 展式在 $|z|=R$ 上一致收敛，所以

$$f(z)=(-1)^n\frac{z^{-m}}{\prod\limits_{1\leqslant j\leqslant n}x_j}\left(\frac{1}{1-\dfrac{z}{x_1}}\right)\cdots\left(\frac{1}{1-\dfrac{z}{x_n}}\right)$$

$$=\frac{(-1)^nz^{-m}}{\prod\limits_{1\leqslant j\leqslant n}x_j}\left(1+\left(\frac{z}{x_1}\right)+\left(\frac{z}{x_1}\right)^2+\cdots\right)\cdots\left(1+\left(\frac{z}{x_n}\right)+\left(\frac{z}{x_n}\right)^2+\cdots\right)$$

$$=\frac{(-1)^n}{\prod\limits_{1\leqslant j\leqslant n}x_j}\left(z^{-m}+\left(\frac{1}{x_1}+\frac{1}{x_2}+\cdots\right)z^{-m+1}+\left(\left(\frac{1}{x_1}\right)^2+\frac{1}{x_1}\frac{1}{x_2}+\cdots\right)z^{-m+2}+\cdots\right).$$

逐项积分，由于 $\dfrac{1}{2\pi\mathrm{i}}\displaystyle\int_{|z|=R}\frac{\mathrm{d}z}{z}=-1$（因方向是负的），因此除 z^{-1}的系数外，其他全都为零，故定理得证.

定理 4.23　设 $x_1,x_2,\cdots,x_n$ 是n 个互不相同的数，则对任意的数 x，有

$$\sum_{j=1}^{n}\frac{(x_j-x)^r}{\prod\limits_{\substack{1\leqslant k\leqslant n\\k\neq j}}(x_j-x_k)}=\begin{cases}0, & 0\leqslant r<n-1, \quad (4.27)\\ 1, & r=n-1, \quad (4.28)\\ \sum\limits_{\substack{j_1+\cdots+j_1=r-n+1\\j_1,j_2,\cdots,j_n}}(x_1-x)^{j_1}\cdots(x_n-x)^{j_n}, & r\geqslant n-1, \quad (4.29)\end{cases}$$

其中 $j_1,\cdots,j_n$ 是满足不定方程$j_1+\cdots+j_n=r-n+1$ 的非负整数解.

显然，定理 4.22 是这个定理当 $x=0$ 时的特例.

关于定理 4.23 的证明，不难发现，作替换 $X_i=x_i-x(i=1,2,\cdots,n)$，所以

$$X_j-X_k=(x_j-x)-(x_k-x)=(x_j-x_k).$$

而 $X_1,X_2,\cdots,X_n$ 满足文献[1]定理的所有条件，将此代入文献[1]定理即得定理 4.23.

现在给出定理 4.23 中 $1\leqslant r\leqslant n-1$ 时的又一证明，为此需如下引理：

引理 4.16　设 $f(x)$是数域 P 上m 次多项式，如方程 $f(x)=a$（常数）在数域 P 上有超过m 个根，则对数域 P 上任意数x，$f(x)=a$ 恒成立.

此引理由多项式理论用反证法易证，证略.

定理 4.23 中式(4.28)的证明　当 $n=2$ 时，对任意数 x，有

$$\frac{x_1 - x}{x_1 - x_2} + \frac{x_2 - x}{x_2 - x_1} = 1,$$

即式(4.28)成立.

设 $n = s - 1$ 时,对任意数 x,有

$$\sum_{j=1}^{s-1} \frac{(x_j - x)^r}{\prod\limits_{\substack{1 \leqslant k \leqslant s-1 \\ k \neq j}} (x_j - x_k)} = 1 \quad (r = s - 2),$$

对于 $n = s$,令 $f(x) = \sum\limits_{j=1}^{s} \frac{(x_j - x)^r}{\prod\limits_{\substack{1 \leqslant k \leqslant s \\ k \neq j}} (x_j - x_k)}$,有

$$f(x) = \sum_{j=1}^{s} \frac{(x_j - x)^r}{\prod\limits_{\substack{1 \leqslant k \leqslant s \\ k \neq j}} (x_j - x_k)} = \sum_{j=2}^{s} \frac{(x_j - x_1)^{r-1}}{\prod\limits_{\substack{2 \leqslant k \leqslant s \\ k \neq j}} (x_j - x_k)}$$

$$\xlongequal{\text{令 } x_2 = x'_1, x_3 = x'_2, \cdots, x_s = x'_{s-1}} \sum_{j=1}^{s-1} \frac{(x'_j - x_1)^{r-1}}{\prod\limits_{\substack{1 \leqslant k \leqslant s-1 \\ k \neq j}} (x'_j - x'_k)}$$

$$\xlongequal{\text{由归纳假设}} 1 \quad (r - 1 = s - 2).$$

即 $r = s - 1$, $f(x_1) = 1$. 同理可证 $f(x_2) = f(x_3) = \cdots = f(x_s) = 1$. 所以 $n = s$, $r = s - 1$时,$f(x)$有 s 个根,但 $f(x)$是 $s - 1$ 次多项式,由引理知,对任意数 x,有 $f(x) = 1$,即 $n = s$ 时式(4.28)也成立.由数学归纳法原理,式(4.28)得证.

对 $r = 1, 2, \cdots, n - 2$ 时同法可证式(4.27)成立.

值得注意的是引理虽简单,但作用较大.例如可用它证明:设 n 个互不相同的数 $x_1, x_2, \cdots, x_n$,对任意数 x,有

$$\sum_{j=1}^{n} \left(\prod_{\substack{1 \leqslant k \leqslant n \\ k \neq j}} \left(\frac{x - x_k}{x_j - x_k} \right) \right) = 1.$$

(令左端为 $f(x)$,因 $f(x_1) = f(x_2) = \cdots = f(x_s) = 1$. 而 $f(x)$是 $n - 1$ 次多项式,由引理即证.)此外,对于定理 4.22,作替换 $X_i = x_i - x\,(i = 1, 2, \cdots, n)$,我们也有相应定理 4.23 的结论.这样多了一个参数,作为应用,可推出许多恒等式.

参 考 文 献

[1]　李仲来. I. J. Matrix 定理及推广[J]. 数学通报,1988,6.
[2]　钟玉泉. 复变函数论[M]. 北京:高等教育出版社,1979.

4.10 上节定理的进一步探讨

复变函数论中的留数定理在组合数学中具有重要的应用价值,从 4.9 节即可看出,这一节继续利用留数定理导出几个公式,并利用这几个公式给出一些有趣的等式.

定理 4.24 设 $x_1,x_2,\cdots,x_n$ 是 n 个互不相同的数,对任一非负整数 r,有

$$\sum_{s=1}^{n}\left[\frac{x_s^{r-1}}{\prod\limits_{\substack{1\leqslant j\leqslant n\\ j\neq s}}(x_s-x_j)^2}\left(r-2x_s\sum_{\substack{1\leqslant j\leqslant n\\ j\neq s}}\frac{1}{x_s-x_j}\right)\right]
=\begin{cases}0, & 0\leqslant r\leqslant 2n-2,\\ \sum\limits_{k=0}^{r-2n+1}\Delta_k\Delta_{r-2n-k+1}, & r\geqslant 2n-1,\end{cases}$$

其中 $\Delta_k=\sum\limits_{\substack{j_1+j_2+\cdots+j_n=k\\ j\neq s}}x_1^{j_1}x_2^{j_2}\cdots x_n^{j_n}$,$j_1,j_2,\cdots,j_n$ 是由不定方程$j_1+j_2+\cdots+j_n=k$ 的非负整数解确定的.

证明 令 $f(\xi)=\dfrac{\xi^r}{\prod\limits_{1\leqslant j\leqslant n}(\xi-x_j)^2}$,$\varphi_s(\xi)=(\xi-x_s)^2f(\xi)=\dfrac{\xi^r}{\prod\limits_{\substack{1\leqslant j\leqslant n\\ j\neq s}}(\xi-x_j)^2}$,

于是

$$\varphi'_s(\xi)=\frac{r\xi^{r-1}}{\prod\limits_{\substack{1\leqslant j\leqslant n\\ j\neq s}}(\xi-x_j)^2}-\frac{2\xi^r}{\prod\limits_{\substack{1\leqslant j\leqslant n\\ j\neq s}}(\xi-x_j)^2}\sum_{\substack{1\leqslant j\leqslant n\\ j\neq s}}\frac{1}{\xi-x_j}
=\frac{\xi^{r-1}}{\prod\limits_{\substack{1\leqslant j\leqslant n\\ j\neq s}}(\xi-x_j)^2}\left(r-2\xi\sum_{\substack{1\leqslant j\leqslant n\\ j\neq s}}\frac{1}{\xi-x_j}\right),$$

所以

$$\sum_{s=1}^{n}\varphi'_s(x_s)=\sum_{s=1}^{n}\left[\frac{x_s^{r-1}}{\prod\limits_{\substack{1\leqslant j\leqslant n\\ j\neq s}}(x_s-x_i)^2}\left(r-2\xi\sum_{\substack{1\leqslant j\leqslant n\\ j\neq s}}\frac{1}{x_s-x_i}\right)\right]
\xlongequal{\text{由留数定理}}\sum_{s=1}^{n}\operatorname*{Res}_{\xi=x_s}(\xi)=\frac{1}{2\pi\mathrm{i}}\int_{|\xi|=R}f(\xi)\mathrm{d}\xi,$$

其中 $R > \max\limits_{1\leqslant j\leqslant n}\{|x_j|\}$. 另一方面, $f(\xi)$ 的 Laurent 展式在 $|\xi| = R$ 上一致收敛,且

$$f(\xi) = \frac{\xi^r}{\prod\limits_{1\leqslant s\leqslant n}(\xi - x_s)^2} = \frac{\xi^r}{\left(\prod\limits_{1\leqslant s\leqslant n}(\xi - x_s)\right)^2} = \xi^{r-2n}\frac{1}{\prod\limits_{1\leqslant s\leqslant n}\left(1 - \dfrac{x_s}{\xi}\right)^2}$$

$$= \xi^{r-2n}\left(\prod_{1\leqslant s\leqslant n}(1 + x_s^1\xi^{-1} + x_s^2\xi^{-2} + \cdots)\right)^2$$

$$= \xi^{r-2n}(1 + (x_1 + x_2 + \cdots + x_n)\xi^{r-1} + (x_1^2 + x_1x_2 + \cdots)\xi^{r-2} + \cdots)^2.$$

记 $\Delta_k = \sum\limits_{\substack{j_1+j_2+\cdots+j_n=k\\ j\neq s}} x_1^{j_1}x_2^{j_2}\cdots x_n^{j_n}$,其中 $j_1j_2\cdots j_n$ 是由满足不定方程 $j_1 + j_2 + \cdots + j_n = k$ 的非负整数解确定的, k 为非负整数,所以

$$f(\xi) = \xi^{r-2n}(\Delta_0 + \Delta_1\xi^{-1} + \Delta_2\xi^{-2} + \cdots)^2$$

$$= \xi^{r-2n}\left(\Delta_0^2 + \sum_{k=0}^{1}\Delta_k\Delta_{1-k}\xi^{-1} + \sum_{k=0}^{2}\Delta_k\Delta_{2-k}\xi^{-2} + \cdots\right).$$

逐项积分,由于 $\dfrac{1}{2\pi\mathrm{i}}\int_{|\xi|=R}\xi^{-1}\mathrm{d}\xi = 1$,因此除 ξ^{-1} 的系数外,其他全都为零.故有

$$\frac{1}{2\pi\mathrm{i}}\int_{|\xi|=R}f(\xi)\mathrm{d}\xi = \begin{cases}0, & 0\leqslant r\leqslant 2n-2,\\ \sum\limits_{k=0}^{r-2n+1}\Delta_k\Delta_{r-2n-k+1}, & r\geqslant 2n-1.\end{cases}$$

证毕.

现在我们考虑定理中 $x_1, x_2, \cdots, x_n$ 分别是自然数 $1, 2, \cdots, n$ 的情形.首先,对任何自然数 $s\leqslant n$,容易验证下式成立:

$$\sum_{\substack{1\leqslant j\leqslant n\\ j\neq s}}\frac{1}{s-j} = \sum_{\substack{1\leqslant j\leqslant n\\ j\neq n-s-(n-1)}}\frac{1}{n-(s-1)-j}. \tag{4.30}$$

由

$$C_{n-1}^{s-1} = C_{n-1}^{(n-1)-s-1} = C_{n-1}^{n-s}, \tag{4.31}$$

又

$$\prod_{\substack{1\leqslant j\leqslant n\\ j\neq s}}(s-j)^2 = ((-1)^{n-s}(s-1)!(n-s)!)^2 = \left(\frac{(n-1)!}{C_{n-1}^{s-1}}\right)^2,$$

即

$$\frac{1}{\prod\limits_{\substack{1\leqslant j\leqslant n\\ j\neq s}}(s-j)^2} = \left(\frac{C_{n-1}^{s-1}}{(n-1)!}\right)^2. \tag{4.32}$$

另一方面,当 $x_1 = 1, x_2 = 2, \cdots, x_n = n$ 时,有

$$\Delta_0 = 1,\quad \Delta_1 = \sum_{i=1}^{n} i = \frac{n}{2}(n+1),$$

$$\Delta_2 = \sum_{i=1}^{n} i^2 + \sum_{\substack{i\neq j\\ 1\leqslant i\cdot j\leqslant n}} ij = \frac{1}{2}\left((n-1)\sum_{i=1}^{n} i^2 + 2\sum_{\substack{i<j\\ 1\leqslant i,j\leqslant n}} ij + (3-n)\sum_{i=j}^{n} i^2\right)$$

$$= \frac{1}{2}\sum_{\substack{i\neq j\\ 1\leqslant i,j\leqslant n}} (i+j)^2 + (3-n)\frac{n}{12}(n+1)(2n+1).$$

据这些式子及式(4.30)～式(4.32)和定理我们有如下结论:

定理 4.25 当 n 为偶数时,则

$$\left(\frac{1}{(n-1)!}\right)^2\left(\sum_{s=1}^{\frac{n}{2}} (C_{n-1}^{s-1})^2((n-s+1)^r - s^r)\sum_{\substack{1\leqslant j\leqslant n\\ j\neq s}}\frac{1}{s-j} + r\sum_{s=1}^{n} s^{r-1}(C_{n-1}^{s-1})^2\right)$$

$$=\begin{cases} 0, & 0\leqslant r\leqslant 2n-2,\\ 1, & r=2n-1,\\ n(n+1), & r=2n,\\ \left(\dfrac{n(n+1)}{2}\right)^2 + \sum\limits_{\substack{1\leqslant j\leqslant n\\ i\neq j}}(i+j)^2 + \dfrac{n}{6}(n+1)(2n+n)(3-n), & r=2n+1,\\ \cdots. \end{cases}$$

由于当 n 为奇数时,根据式(4.30)有

$$\sum_{\substack{1\leqslant j\leqslant n\\ j\neq\frac{n+1}{2}}}\frac{1}{\dfrac{n+1}{2}-j} = -\sum_{\substack{1\leqslant j\leqslant n\\ j\neq n-\left(\frac{n+1}{2}-1\right)}}\frac{1}{n-\left(\dfrac{n+1}{2}-1\right)-j} = -\sum_{\substack{1\leqslant j\leqslant n\\ j\neq\frac{n+1}{2}}}\frac{1}{\dfrac{n+1}{2}-j},$$

所以

$$\sum_{\substack{1\leqslant j\leqslant n\\ j\neq\frac{n+1}{2}}}\frac{1}{\dfrac{n+1}{2}-j} = 0.$$

故据式(4.30)～式(4.32)和定理即得.

定理 4.26 当 n 为奇数时,则

$$\left(\frac{1}{(n-1)!}\right)^2\left(\sum_{s=1}^{\frac{n-1}{2}} (C_{n-1}^{s-1})^2((n-s+1)^r - s^r)\sum_{\substack{1\leqslant j\leqslant n\\ j\neq s}}\frac{1}{s-j} + r\sum_{s=1}^{n} s^{r-1}(C_{n-1}^{s-1})^2\right)$$

$$=\begin{cases} 0,, & 0\leqslant r\leqslant 2n-2,\\ 1, & r=2n-1,\\ n(n+1), & r=2n,\\ \left(\dfrac{n(n+1)}{2}\right)^2 + \sum\limits_{\substack{1\leqslant j\leqslant n\\ i\neq j}}(i+j)^2 + \dfrac{n}{6}(n+1)(2n+1)(3-n), & r=2n+1,\\ \cdots. \end{cases}$$

定理 4.27 令 $x_1,\cdots,x_n$ 为 n 个不为零且互为不同的数,那么对任意的自然

数 m，有

$$\sum_{s=1}^{n}\left(\frac{x_s^{-m-1}}{\prod\limits_{\substack{1\leqslant j\leqslant n\\ j\neq s}}(x_s-x_i)^2}\left(m+2x_s\sum_{\substack{1\leqslant j\leqslant n\\ j\neq s}}\frac{1}{x_s-x_i}\right)\right)$$

$$=\frac{1}{\prod\limits_{1\leqslant j\leqslant n}x_j^2}\cdot\sum_{\substack{j_1+j_2+\cdots+j_n=m-1\\ j_1,j_2,\cdots,j_n\geqslant 0}}(j_1+1)\left(\frac{1}{x_1}\right)^{j_1}(j_2+1)\left(\frac{1}{x_2}\right)^{j_2}\cdots(j_n+1)\left(\frac{1}{x_n}\right)^{j_n},$$

其中 $j_1,\cdots,j_n$ 是满足不定方程 $j_1+\cdots+j_n=m-1$ 的非负整数解.

证明　令

$$f(z)=\frac{z^{-m}}{\prod\limits_{1\leqslant j\leqslant n}(z-x_j)^2},\quad \varphi_s(z)=(z-x_s)^2f(z)=\frac{z^{-m}}{\prod\limits_{\substack{1\leqslant j\leqslant n\\ j\neq s}}(z-x_j)^2},$$

于是

$$\varphi_s'(z)=\frac{-mz^{-m-1}}{\prod\limits_{\substack{1\leqslant j\leqslant n\\ j\neq s}}(z-x_j)^2}-\frac{2z^{-m}}{\prod\limits_{\substack{1\leqslant j\leqslant n\\ j\neq s}}(z-x_j)^2}\sum_{\substack{1\leqslant j\leqslant n\\ j\neq s}}\frac{1}{z-x_j}$$

$$=\frac{-z^{-m}}{\prod\limits_{\substack{1\leqslant j\leqslant n\\ j\neq s}}(z-x_j)^2}\left(\frac{m}{z}+2\sum_{\substack{1\leqslant j\leqslant n\\ j\neq s}}\frac{1}{z-x_j}\right).$$

所以

$$-\sum_{s=1}^{n}\varphi_s'(x_s)=\sum_{s=1}^{n}\left(\frac{x_s^{-m-1}}{\prod\limits_{\substack{1\leqslant j\leqslant n\\ j\neq s}}(x_s-x_i)^2}\left(m+2x_s\sum_{\substack{1\leqslant j\leqslant n\\ j\neq s}}\frac{1}{x_s-x_i}\right)\right)$$

$$\xlongequal{\text{由留数定理}}\sum_{s=1}^{n}\operatorname*{Res}_{\xi=x_s}(\xi)=\frac{1}{2\pi\mathrm{i}}\int_{|\xi|=R}f(\xi)\mathrm{d}\xi,$$

其中 $0<R<\min\limits_{1\leqslant i\leqslant n}\{|x_i|\}$（注意：这里的沿圆周 $|z|=R$ 的积分是关于区域 D 的负向取的）. 另一方面，$f(z)$ 的 Laurent 展式在 $|\xi|=R$ 上一致收敛，且

$$f(z)=(z^m(z-x_1)^2(z-x_2)^2\cdots(z-x_n)^2)^{-1}.$$

由此

$$f(z)=\frac{z^{-m}}{\prod\limits_{1\leqslant j\leqslant n}x_j^2}\cdot\frac{1}{\left(1-\frac{z}{x_1}\right)^2}\frac{1}{\left(1-\frac{z}{x_2}\right)^2}\cdots\frac{1}{\left(1-\frac{z}{x_n}\right)^2}$$

$$=\frac{z^{-m}}{\prod\limits_{1\leqslant j\leqslant n}x_j^2}\cdot\sum_{k=0}^{\infty}\binom{k+1}{k}\left(\frac{z}{x_1}\right)^k\sum_{k=0}^{\infty}\binom{k+1}{k}\left(\frac{z}{x_2}\right)^k\cdots\sum_{k=0}^{\infty}\binom{k+1}{k}\left(\frac{z}{x_n}\right)^k$$

$$= \frac{z^{-m}}{\prod_{1\leqslant j\leqslant n} x_j^2} \cdot \left(1 + 2\left(\frac{z}{x_1}\right) + 3\left(\frac{z}{x_1}\right)^2 + 4\left(\frac{z}{x_1}\right)^3 + \cdots\right)$$

$$\cdot \left(1 + 2\left(\frac{z}{x_2}\right) + 3\left(\frac{z}{x_2}\right)^2 + 4\left(\frac{z}{x_2}\right)^3 + \cdots\right)$$

$$\cdot \cdots \cdot \left(1 + 2\left(\frac{z}{x_n}\right) + 3\left(\frac{z}{x_n}\right)^2 + 4\left(\frac{z}{x_n}\right)^3 + \cdots\right)$$

$$= \frac{z^{-m}}{\prod_{1\leqslant j\leqslant n} x_j^2} \cdot \frac{1}{\left(1 - \frac{z}{x_1}\right)^2} \frac{1}{\left(1 - \frac{z}{x_2}\right)^2} \cdots \frac{1}{\left(1 - \frac{z}{x_n}\right)^2}$$

$$= \frac{1}{\prod_{1\leqslant j\leqslant n} x_j^2} \cdot \left(z^{-m} + 2\left(\frac{1}{x_1} + \frac{1}{x_1} + \cdots\right) z^{-m+1}\right.$$

$$+ \left(3\left(\frac{1}{x_1^2} + \frac{1}{x_2^2} + \cdots\right) + 4\left(\frac{1}{x_1}\frac{1}{x_2} + \frac{1}{x_2}\frac{1}{x_3} + \cdots\right)\right) z^{-m+2}$$

$$\left. + \cdots + \sum_{\substack{j_1+j_2+\cdots+j_n=m-1\\ j_1,j_2,\cdots,j_n\geqslant 0}} (j_1+1)\left(\frac{1}{x_1}\right)^{j_1} (j_2+1)\left(\frac{1}{x_2}\right)^{j_2} \cdots (j_n+1)\left(\frac{1}{x_n}\right)^{j_n} z^{-1} + \cdots\right),$$

即

$$f(z) = \frac{z^{-m}}{\prod_{1\leqslant j\leqslant n} x_j^2} \cdot \frac{1}{\left(1 - \frac{z}{x_1}\right)^2} \frac{1}{\left(1 - \frac{z}{x_2}\right)^2} \cdots \frac{1}{\left(1 - \frac{z}{x_n}\right)^2}$$

$$= \frac{1}{\prod_{1\leqslant j\leqslant n} x_j^2} \cdot \left(z^{-m} + 2\left(\frac{1}{x_1} + \frac{1}{x_1} + \cdots\right) z^{-m+1}\right.$$

$$+ \left(3\left(\frac{1}{x_1^2} + \frac{1}{x_2^2} + \cdots\right) + 4\left(\frac{1}{x_1}\frac{1}{x_2} + \frac{1}{x_2}\frac{1}{x_3} + \cdots\right)\right) z^{-m+2} + \cdots$$

$$\left. + \sum_{\substack{j_1+j_2+\cdots+j_n=m-1\\ j_1,j_2,\cdots,j_n\geqslant 0}} (j_1+1)\left(\frac{1}{x_1}\right)^{j_1} (j_2+1)\left(\frac{1}{x_2}\right)^{j_2} \cdots (j_n+1)\left(\frac{1}{x_n}\right)^{j_n} z^{-1} + \cdots\right).$$

通过上式可以看出：

第 1 项系数

$$2\left(\frac{1}{x_1} + \frac{1}{x_1} + \cdots\right);$$

第 2 项系数

$$3\left(\frac{1}{x_1^2} + \frac{1}{x_2^2} + \cdots\right) + 4\left(\frac{1}{x_1}\frac{1}{x_2} + \frac{1}{x_2}\frac{1}{x_3} + \cdots\right);$$

……

第 $m-1$ 项系数

$$\sum_{\substack{j_1+j_2+\cdots+j_n=m-1\\ j_1,j_2,\cdots,j_n\geqslant 0}}(j_1+1)\left(\frac{1}{x_1}\right)^{j_1}(j_2+1)\left(\frac{1}{x_2}\right)^{j_2}\cdots(j_n+1)\left(\frac{1}{x_n}\right)^{j_n}.$$

逐项积分，由于 $\frac{1}{2\pi \mathrm{i}}\int_{|z|=R}\frac{\mathrm{d}z}{z}=-1$（因方向是负的），因此除 z^{-1} 的系数外，其他全都为 0，故得证.

注　如上证明中用到等式

$$\begin{aligned}\frac{1}{(1-z)^2}&=\sum_{k=0}^{\infty}\binom{k+1}{k}z^k=\sum_{k=0}^{\infty}(1+k)z^k\\&=1+2z+3z^2+4z^3+\cdots\quad(|z|<1).\end{aligned}$$

例 4.3　在定理 4.27 中，令 $m=1$，$x_1,x_2,\cdots,x_n$ 分别为从 1 到 n 的自然数，计算 $\sum_{s=1}^{n}\left(\frac{x_s^{-m-1}}{\prod_{\substack{1\leqslant j\leqslant n\\ j\neq s}}(x_s-x_i)^2}\left(m+2x_s\sum_{\substack{1\leqslant j\leqslant n\\ j\neq s}}\frac{1}{x_s-x_i}\right)\right)$ 的值.

解　由 $m=1$，有 $j_1+\cdots+j_n=0$. 又因为 $j_1,j_2,\cdots,j_n\geqslant 0$，那么根据定理的结论，有

$$\begin{aligned}&\sum_{s=1}^{n}\left(\frac{x_s^{-m-1}}{\prod_{\substack{1\leqslant j\leqslant n\\ j\neq s}}(x_s-x_i)^2}\left(m+2x_s\sum_{\substack{1\leqslant j\leqslant n\\ j\neq s}}\frac{1}{x_s-x_i}\right)\right)\\
&=\frac{1(1+2((1-2)^{-1}+(1-3)^{-1}+\cdots+(1-n)^{-1}))}{(1-2)^2\times(1-3)^2\times\cdots\times(1-n)^2}\\
&\quad+\frac{\frac{1}{2^2}(1+2\times 2((2-1)^{-1}+(2-3)^{-1}+\cdots+(2-n)^{-1}))}{(2-1)^2\times(2-3)^2\times\cdots\times(2-n)^2}\\
&\quad+\cdots+\frac{\frac{1}{n^2}(1+2n((n-1)^{-1}+(n-2)^{-1}+\cdots+(n-(n-1))^{-1}))}{(n-1)^2\times(n-2)^2\times\cdots\times(n-(n-1))^2},\end{aligned}$$

$$\begin{aligned}&\frac{1}{\prod_{1\leqslant j\leqslant n}x_j^2}\cdot\sum_{\substack{j_1+j_2+\cdots+j_n=0\\ j_1,j_2,\cdots,j_n\geqslant 0}}(j_1+1)\left(\frac{1}{x_1}\right)^{j_1}(j_2+1)\left(\frac{1}{x_2}\right)^{j_2}\cdots(j_n+1)\left(\frac{1}{x_n}\right)^{j_n}\\
&=\frac{1}{(1\times 2\times 3\times\cdots\times n)^2}=\frac{1}{(n!)^2},\end{aligned}$$

因此

$$\begin{aligned}&\frac{1(1+2((1-2)^{-1}+(1-3)^{-1}+\cdots+(1-n)^{-1}))}{(1-2)^2\times(1-3)^2\times\cdots\times(1-n)^2}\\
&\quad+\frac{\frac{1}{2^2}(1+2\times 2((2-1)^{-1}+(2-3)^{-1}+\cdots+(2-n)^{-1}))}{(2-1)^2\times(2-3)^2\times\cdots\times(2-n)^2}\end{aligned}$$

$$+\cdots+\frac{\frac{1}{n^2}(1+2n((n-1)^{-1}+(n-2)^{-1}+\cdots+(n-(n-1))^{-1}))}{(n-1)^2\times(n-2)^2\times\cdots\times(n-(n-1))^2}$$

$$=\frac{1}{(n!)^2}.$$

例 4.4 在定理 4.27 中,令 $m=2, x_1, x_2, \cdots, x_n$ 分别为从 1 到 n 的自然数,计算 $\sum_{s=1}^{n}\left(\frac{x_s^{-m-1}}{\prod\limits_{\substack{1\leqslant j\leqslant n\\ j\neq s}}(x_s-x_i)^2}\left(m+2x_s\sum\limits_{\substack{1\leqslant j\leqslant n\\ j\neq s}}\frac{1}{x_s-x_i}\right)\right)$ 的值.

解 由 $m=2$,有 $j_1+\cdots+j_n=1$.又因为 $j_1, j_2, \cdots, j_n\geqslant 0$,那么根据定理的结论,有

$$\sum_{s=1}^{n}\left(\frac{x_s^{-m-1}}{\prod\limits_{\substack{1\leqslant j\leqslant n\\ j\neq s}}(x_s-x_i)^2}\left(m+2x_s\sum_{\substack{1\leqslant j\leqslant n\\ j\neq s}}\frac{1}{x_s-x_i}\right)\right)$$

$$=\frac{1(2+2((1-2)^{-1}+(1-3)^{-1}+\cdots+(1-n)^{-1}))}{(1-2)^2\times(1-3)^2\times\cdots\times(1-n)^2}$$

$$+\frac{\frac{1}{2^2}(2+2\times 2((2-1)^{-1}+(2-3)^{-1}+\cdots+(2-n)^{-1}))}{(2-1)^2\times(2-3)^2\times\cdots\times(2-n)^2}$$

$$+\cdots+\frac{\frac{1}{n^2}(2+2n((n-1)^{-1}+(n-2)^{-1}+\cdots+(n-(n-1))^{-1}))}{(n-1)^2\times(n-2)^2\times\cdots\times(n-(n-1))^2},$$

$$\frac{1}{\prod\limits_{1\leqslant j\leqslant n}x_j^2}\cdot\sum_{\substack{j_1+j_2+\cdots+j_n=1\\ j_1,j_2,\cdots,j_n\geqslant 0}}(j_1+1)\left(\frac{1}{x_1}\right)^{j_1}(j_2+1)\left(\frac{1}{x_2}\right)^{j_2}\cdots(j_n+1)\left(\frac{1}{x_n}\right)^{j_n}$$

$$=\frac{2}{(n!)^2}\left(1+\frac{1}{2}+\frac{1}{3}+\cdots+\frac{1}{n}\right),$$

因此

$$\frac{1(2+2((1-2)^{-1}+(1-3)^{-1}+\cdots+(1-n)^{-1}))}{(1-2)^2\times(1-3)^2\times\cdots\times(1-n)^2}$$

$$+\frac{\frac{1}{2^2}(2+2\times 2((2-1)^{-1}+(2-3)^{-1}+\cdots+(2-n)^{-1}))}{(2-1)^2\times(2-3)^2\times\cdots\times(2-n)^2}$$

$$+\cdots+\frac{\frac{1}{n^2}(2+2n((n-1)^{-1}+(n-2)^{-1}+\cdots+(n-(n-1))^{-1}))}{(n-1)^2\times(n-2)^2\times\cdots\times(n-(n-1))^2}$$

$$=\frac{2}{(n!)^2}\left(1+\frac{1}{2}+\frac{1}{3}+\cdots+\frac{1}{n}\right).$$

例 4.5　在定理 4.27 中，令 $m=3$，$x_1,x_2,\cdots,x_n$ 为数列 $1,2,\cdots,n$，计算 $\sum_{s=1}^{n}\left[\frac{x_s^{-m-1}}{\prod\limits_{\substack{1\leqslant j\leqslant n\\ j\neq s}}(x_s-x_i)^2}\left(m+2x_s\sum_{\substack{1\leqslant j\leqslant n\\ j\neq s}}\frac{1}{x_s-x_i}\right)\right]$ 的值.

解　由 $m=3$，有 $j_1+\cdots+j_n=2$. 又因为 $j_1,j_2,\cdots,j_n\geqslant 0$，那么根据定理的结论，有

$$\sum_{s=1}^{n}\left[\frac{x_s{}^{-m-1}}{\prod\limits_{\substack{1\leqslant j\leqslant n\\ j\neq s}}(x_s-x_i)^2}\left(3+2x_s\sum_{\substack{1\leqslant j\leqslant n\\ j\neq s}}\frac{1}{x_s-x_i}\right)\right]$$

$$=\frac{1(3+2((1-2)^{-1}+(1-3)^{-1}+\cdots+(1-n)^{-1}))}{(1-2)^2\times(1-3)^2\times\cdots\times(1-n)^2}$$

$$+\frac{\frac{1}{2^2}(3+2\times 2((2-1)^{-1}+(2-3)^{-1}+\cdots+(2-n)^{-1}))}{(2-1)^2\times(2-3)^2\times\cdots\times(2-n)^2}$$

$$+\cdots+\frac{\frac{1}{n^2}(3+2n((n-1)^{-1}+(n-2)^{-1}+\cdots+(n-(n-1))^{-1}))}{(n-1)^2\times(n-2)^2\times\cdots\times(n-(n-1))^2},$$

$$\frac{1}{\prod\limits_{1\leqslant j\leqslant n}x_j^2}\cdot\sum_{\substack{j_1+j_2+\cdots+j_n=2\\ j_1,j_2,\cdots,j_n\geqslant 0}}(j_1+1)\left(\frac{1}{x_1}\right)^{j_1}(j_2+1)\left(\frac{1}{x_2}\right)^{j_2}\cdots(j_n+1)\left(\frac{1}{x_n}\right)^{j_n}$$

$$=\frac{3}{(n!)^2}\left(1+\frac{1}{2}+\frac{1}{3}+\cdots+\frac{1}{n}\right)$$

$$+\frac{4}{(n!)^2}\left(\frac{1}{1\times 2}+\frac{1}{1\times 3}+\cdots+\frac{1}{1\times n}+\frac{1}{2\times 3}+\cdots+\frac{1}{2\times n}+\cdots+\frac{1}{(n-1)n}\right),$$

因此

$$\frac{1(3+2((1-2)^{-1}+(1-3)^{-1}+\cdots+(1-n)^{-1}))}{(1-2)^2\times(1-3)^2\times\cdots\times(1-n)^2}$$

$$+\frac{\frac{1}{2^2}(3+2\times 2((2-1)^{-1}+(2-3)^{-1}+\cdots+(2-n)^{-1}))}{(2-1)^2\times(2-3)^2\times\cdots\times(2-n)^2}$$

$$+\cdots+\frac{\frac{1}{n^2}(3+2n((n-1)^{-1}+(n-2)^{-1}+\cdots+(n-(n-1))^{-1}))}{(n-1)^2\times(n-2)^2\times\cdots\times(n-(n-1))^2}$$

$$=\frac{3}{(n!)^2}\left(1+\frac{1}{2}+\frac{1}{3}+\cdots+\frac{1}{n}\right)$$

$$+\frac{4}{(n!)^2}\left(\frac{1}{1\times 2}+\frac{1}{1\times 3}+\cdots+\frac{1}{1\times n}+\frac{1}{2\times 3}+\cdots+\frac{1}{2\times n}+\cdots+\frac{1}{(n-1)n}\right).$$

从定理 4.25 与定理 4.26 中可看出，组合数与整数方幂和有密切关系. 本节应

用复变函数论中留数定理及罗朗展式,首先给出一类代数恒等式,然后从代数恒等式中取特殊值而得到一类组合数学中的恒等式.这不同于近代组合论中一般是根据留数定理先将组合数用积分表示,然后考虑它的性质.因此本节的方法为研究组合数学提供了又一途径.

参考文献

[1] 钟玉泉.复变函数论[M].2版.北京:高等教育出版社,1988:216-224.

[2] Egoryehev G P. Integral representation and the computation of combinatorial sums Providence R. I.:American Math. Soeiety,1984.

[3] 李仲来.组合数的积分表示及应用简介[J].数学通报,1990(10).

[4] 朱玉扬.I. J. Marrix定理的再推广[J].数学通报,1991(9).

4.11 一类整点数列问题

设 $C_0,C_1,C_2,\cdots,C_n,\cdots$ 是平面上一族圆周,满足如下关系:C_0 是单位圆

$$x^2+y^2=1,$$

对于每个 $n=0,1,2,\cdots$,圆周 C_{n+1} 位于上半平面 $y\geqslant 0$ 内以及 C_n 上方与 C_n 外切,同时与双曲线 $x^2-y^2=1$ 外切于两点,r_n 是圆 C_n 的半径,那么 r_n 是否为整数? $\sum_{n=1}^{\infty}\frac{1}{r_n}$ 是否收敛? 事实上,有如下结论:

定理 4.28 设 $C_0,C_1,C_2,\cdots,C_n,\cdots$ 是平面上一族圆周,满足如下关系:C_0 是单位圆

$$x^2+y^2=1,$$

对于每个 $n=0,1,2,\cdots$,圆周 C_{n+1} 位于上半平面 $y\geqslant 0$ 内以及 C_n 上方与 C_n 外切,同时与双曲线 $x^2-y^2=1$ 外切于两点,r_n 是圆 C_n 的半径,那么 r_n 是整数,$\sum_{n=1}^{\infty}\frac{1}{r_n}$ 收敛.

证明 因为圆周 C_0 与双曲线 $x^2-y^2=1$ 外切于两点,而双曲线 $x^2-y^2=1$ 关于 y 轴对称,因此圆周 C_n 的圆心在 y 轴上,于是可设圆 C_n 的圆心坐标为 $(0,a_n)(a_n>0)$,于是圆 C_n 的方程为

$$x^2+(y-a_n)^2=r_n^2\quad(n=1,2,\cdots).\tag{4.33}$$

由于圆周 C_n 与圆周 C_{n-1} 外切,那么这两个圆的圆心距是其半径之和,于是有

$$a_n-a_{n-1}=r_n+r_{n-1}\quad(n=1,2,\cdots).\tag{4.34}$$

实上，当 $a=1,8,2(a^2+a)$ 时都是完全平方数.实际上，运用 Pell 方程的理论，可以证明，存在无穷多个整数 a 使得 $2(a^2+a)$ 都是完全平方数.因此当 $a=b$ 时，存在无穷多个整数 a 有相应定理 4.28 的结论.

引理 4.17　设 D 是正整数，且它不是一个完全平方数，则 Pell 方程 $x^2-Dy^2=1$ 有无限多组整数解 x,y.若 $x_0^2-Dy_0^2=1,x_0>0,y_0>0$ 是所有 $x>0,y>0$ 的解中使 $x+y\sqrt{D}$ 最小的那组解(称 (x_0,y_0) 为基本解)，则 Pell 方程的全部解 x,y 由

$$x+y\sqrt{D}=\pm(x_0+y_0\sqrt{D})^n$$

表示出，其中 n 是任意正整数.

这个引理在相关数论著作中都有证明，证明略.

由引理 4.17，我们来考虑定理 4.29 中 $a=b$ 的情形.由于 $2(b^2+b)$ 是完全平方数，即

$$2(b^2+b)=t^2\quad(t\in\mathbf{N}),$$

也即

$$b^2+b-\frac{t^2}{2}=0\Rightarrow b=\frac{1}{2}(-1+\sqrt{1+2t^2}),$$

由此知 $1+2t^2$ 是完全平方数，故可设

$$1+2t^2=k^2\Rightarrow k^2-2t^2=1.$$

对于 Pell 方程 $k^2-2t^2=1$ 有最小正解 $(k,t)=(3,2)$，由引理 4.17 知它的所有正整数解为

$$k+t\sqrt{2}=(3+2\sqrt{2})^n\quad(n=1,2,3,\cdots).$$

当 $n=1$ 时，那么 $(k,t)=(3,2)$，此时 $b=1$，因此有定理 4.28 的结果.当 $n=2$ 时，那么 $(k,t)=(17,12)$，此时 $b=8$，因此有下面的结果：

推论 4.5　设 $C_0,C_1,C_2,\cdots,C_n,\cdots$ 是平面上一族圆周，满足如下关系：C_0 是圆

$$x^2+y^2=8^2,$$

对于每个 $n=0,1,2,\cdots$，圆周 C_{n+1} 位于上半平面 $y\geqslant0$ 内以及 C_n 上方与 C_n 外切，同时与双曲线 $x^2-y^2=8$ 外切于两点，r_n 是圆 C_n 的半径，那么 r_n 是整数，$\sum\limits_{n=1}^{\infty}\frac{1}{r_n}$ 收敛.

当 $n=3$ 时，那么 $(k,t)=(99,70)$，此时 $b=49$，因此有下面的结果：

推论 4.6　设 $C_0,C_1,C_2,\cdots,C_n,\cdots$ 是平面上一族圆周，满足如下关系：C_0 是圆

$$x^2+y^2=49^2,$$

对于每个 $n=0,1,2,\cdots$，圆周 C_{n+1} 位于上半平面 $y\geqslant0$ 内以及 C_n 上方与 C_n 外切，同时与双曲线 $x^2-y^2=49$ 外切于两点，r_n 是圆 C_n 的半径，那么 r_n 是整数，$\sum\limits_{n=1}^{\infty}\frac{1}{r_n}$ 收敛.

当 $n=4$ 时，那么 $(k,t)=(577,312)$，此时 $b=288$，此时也有相应的结果.

下面考虑如果在如上定理的条件中，将双曲线换为其他曲线是否有类似的结论.

定理 4.30　设 $C_0,C_1,C_2,\cdots,C_n,\cdots$ 是平面上一族圆周，各圆的圆心都在 y 轴上，满足如下关系：C_0 是圆

$$x^2+y^2=a^2\quad (a\in\mathbf{N}),$$

对于每个 $n=0,1,2,\cdots$，圆周 C_{n+1} 位于上半平面 $y\geqslant 0$ 内以及 C_n 上方与 C_n 外切，同时与直线 $y=kx+h$（$1+k^2$ 是完全平方数，当 $a-h<0$ 时，$\dfrac{h-a}{1+\sqrt{1+k^2}}$ 是整数；当 $\dfrac{\sqrt{5}-1}{2\sqrt{5}}a-\dfrac{1}{\sqrt{5}}h>0$ 时，$\dfrac{a-h}{\sqrt{1+k^2}-1}$ 是整数）外切于两点，r_n 是圆 C_n 的半径，如果对于任意自然数 n，r_n 都是整数，那么 $k=\sqrt{3}$，且 $\sum\limits_{n=1}^{\infty}\dfrac{1}{r_n}$ 收敛.

证明　因为圆周 C_0 与直线 $y=kx+h$ 外切，圆周 C_n 的圆心在 y 轴上，于是可设圆 C_n 的圆心坐标为 $(0,a_n)$ $(a_n>0)$，于是圆 C_n 的方程为

$$x^2+(y-a_n)^2=r_n^2\quad (n=1,2,\cdots).\tag{4.63}$$

由于圆周 C_n 与圆周 C_{n-1} 外切，那么这两个圆的圆心距是其半径之和，于是有

$$a_n-a_{n-1}=r_n+r_{n-1}\quad (n=1,2,\cdots).\tag{4.64}$$

因为圆周 C_n 与直线 $y=kx+h$ 相切，因此方程组

$$\begin{cases} y=kx+h, \\ x^2+(y-a_n)^2=r_n^2 \end{cases}\tag{4.65}$$

恰有两组重解，将式(4.65)中第一个式子代入式(4.65)中第二个式子得到

$$(1+k^2)x^2-2k(h-a_n)x+((h-a_n)^2-r_n^2)=0,$$

由判别式等于零得

$$(a_n-h)^2=(1+k^2)r_n^2.\tag{4.66}$$

由于 $r_0=a$，$a_0=0$，所以式(4.66)对所有非负整数 n 都成立. 用 $n-1$ 代替式(4.66)中的 n，有

$$(a_{n-1}-h)^2=(1+k^2)r_{n-1}^2.\tag{4.67}$$

由式(4.66)与式(4.67)相减得

$$(a_n-a_{n-1})(a_n+a_{n-1}+2h)=(1+k^2)(r_n^2-r_{n-1}^2),\tag{4.68}$$

由式(4.64)与式(4.68)得

$$a_n+a_{n-1}=(1+k^2)(r_n-r_{n-1})-2h,\tag{4.69}$$

由式(4.64)与式(4.69)相加或相减得

$$2a_n=(2+k^2)r_n-k^2r_{n-1}-2h\quad (n\in\mathbf{N}),\tag{4.70}$$

$$2a_{n-1}=k^2r_n-(1+k^2)r_{n-1}-2h\quad (n\in\mathbf{N}),\tag{4.71}$$

在式(4.70)中用 $n-1$ 代替 n,得

$$2a_{n-1}=(2+k^2)r_{n-1}-k^2r_{n-2}-2h\quad(n>1),\tag{4.72}$$

由式(4.71)与式(4.72)得

$$k^2r_n-(3+2k^2)r_{n-1}+k^2r_{n-2}=0\quad(n>1).\tag{4.73}$$

由于 $r_0=a,a_0=0$,现在需要求 r_1.由式(4.64)有 $a_1=r_1+a$,在式(4.66)中取 $n=1$得$(a_1-h)^2=(1+k^2)r_1^2$,将 $a_1=r_1+a$ 代入$(a_1-h)^2=(1+k^2)r_1^2$ 解得

$$r_1=\frac{h-a}{1+\sqrt{1+k^2}}(a-h<0),\quad r_1=\frac{a-h}{\sqrt{1+k^2}-1}(a-h>0).$$

由式(4.73)得

$$r_n-\left(\frac{3}{k^2}+2\right)r_{n-1}+r_{n-2}=0\quad(n>1),\tag{4.74}$$

因此 $k^2\mid 3\Rightarrow k=\pm1,\pm\sqrt{3}$.当 $k=\pm1$ 时,$\sqrt{1+k^2}=\sqrt{2}$不是整数,故舍去.所以 $k=\pm\sqrt{3}$,将 $k=\pm\sqrt{3}$代入式(4.74)得

$$r_n=3r_{n-1}-r_{n-2}\quad(n>1),\tag{4.75}$$

所以 $r_0=a,r_1=\dfrac{h-a}{1+\sqrt{1+k^2}}=\dfrac{h-a}{3}(a-h<0)$或 $r_1=\dfrac{a-h}{\sqrt{1+k^2}-1}=a-h$ $\left(\dfrac{\sqrt{5}-1}{2\sqrt{5}}a-\dfrac{1}{\sqrt{5}}h>0\right)$为整数时,由式(4.75)知对一切自然数 n,r_n 都是整数,这就证明了定理4.30中的第一个结论.下证 $\sum\limits_{n=1}^{\infty}\dfrac{1}{r_n}$ 收敛.

根据式(4.75),它的特征方程为 $x^2-3x+1=0$,两个根为 $x_1=\dfrac{3+\sqrt{5}}{2}$,$x_2=\dfrac{3-\sqrt{5}}{2}$,所以

$$r_n=C_1\left(\frac{3+\sqrt{5}}{2}\right)^n+C_2\left(\frac{3-\sqrt{5}}{2}\right)^n.\tag{4.76}$$

由于 $r_0=a$,当 $a-h<0$ 时,$r_1=\dfrac{h-a}{1+\sqrt{1+k^2}}=\dfrac{h-a}{3}$,所以由式(4.76)得如下方程组:

$$\begin{cases}a=C_1+C_2,\\ \dfrac{h-a}{3}=C_1\dfrac{3+\sqrt{5}}{2}+C_2\dfrac{3-\sqrt{5}}{2}.\end{cases}\tag{4.77}$$

由式(4.77)解得

$$C_1=\frac{3-\sqrt{5}}{6}a+\frac{\sqrt{5}}{15}h,\quad C_2=\frac{\sqrt{5}+3}{6}a-\frac{\sqrt{5}}{15}h.\tag{4.78}$$

将式(4.78)代入式(4.76)得

$$r_n = \left(\frac{3-\sqrt{5}}{6}a + \frac{\sqrt{5}}{15}h\right)\left(\frac{3+\sqrt{5}}{2}\right)^n + \left(\frac{\sqrt{5}+3}{6}a - \frac{\sqrt{5}}{15}h\right)\left(\frac{3-\sqrt{5}}{2}\right)^n. \tag{4.79}$$

由式(4.79)得

$$r_n > \frac{3-\sqrt{5}}{6}\left(\frac{3+\sqrt{5}}{2}\right)^n a = \frac{1}{3}\left(\frac{3+\sqrt{5}}{2}\right)^{n-1} a, \tag{4.80}$$

由式(4.80)得

$$\sum_{n=1}^{\infty}\frac{1}{r_n} < \frac{3}{a}\sum_{n=1}^{\infty}\left(\frac{2}{3+\sqrt{5}}\right)^{n-1} = \frac{3}{a}(2+\sqrt{5}).$$

所以 $\sum\limits_{n=1}^{\infty}\frac{1}{r_n}$ 收敛.

当 $r_1 = \frac{a-h}{\sqrt{1+k^2}-1} = a-h\left(\frac{\sqrt{5}-1}{2\sqrt{5}}a - \frac{1}{\sqrt{5}}h > 0\right)$ 时,由于 $r_0 = a$,所以由式(4.76)得如下方程组:

$$\begin{cases} a = C_1 + C_2, \\ a - h = C_1\dfrac{3+\sqrt{5}}{2} + C_2\dfrac{3-\sqrt{5}}{2}. \end{cases} \tag{4.81}$$

由式(4.81)解得

$$C_1 = \frac{\sqrt{5}-1}{2\sqrt{5}}a - \frac{1}{\sqrt{5}}h, \quad C_2 = \frac{\sqrt{5}+1}{2\sqrt{5}}a + \frac{1}{\sqrt{5}}h. \tag{4.82}$$

将式(4.82)代入式(4.76)得

$$r_n = \left(\frac{\sqrt{5}-1}{2\sqrt{5}}a - \frac{1}{\sqrt{5}}h\right)\left(\frac{3+\sqrt{5}}{2}\right)^n + \left(\frac{\sqrt{5}+1}{2\sqrt{5}}a + \frac{1}{\sqrt{5}}h\right)\left(\frac{3-\sqrt{5}}{2}\right)^n.$$

由于$\frac{\sqrt{5}-1}{2\sqrt{5}}a - \frac{1}{\sqrt{5}}h > 0$,所以

$$r_n > \left(\frac{\sqrt{5}-1}{2\sqrt{5}}a - \frac{1}{\sqrt{5}}h\right)\left(\frac{3+\sqrt{5}}{2}\right)^n,$$

因此

$$\begin{aligned}\sum_{n=1}^{\infty}\frac{1}{r_n} &< \left(\frac{\sqrt{5}-1}{2\sqrt{5}}a - \frac{1}{\sqrt{5}}h\right)\frac{2\sqrt{5}}{(\sqrt{5}-1)a-2h}\sum_{n=1}^{\infty}\left(\frac{2}{3+\sqrt{5}}\right)^n \\ &= \frac{\sqrt{5}(3+\sqrt{5})}{(\sqrt{5}-1)a-2h}(2+\sqrt{5}).\end{aligned}$$

所以 $\sum\limits_{n=1}^{\infty}\frac{1}{r_n}$ 收敛.证毕.

第5章　不 定 方 程

5.1　一类有关组合数的不定方程

在二项式$(a+b)^n$的展开式中,是否存在连续3项的系数成等差数列或成等比数列?下面将讨论这些问题.

定理5.1　不定方程$2C_n^m=C_n^{m-1}+C_n^{m+1}$有无穷多组解.

证明　由

$$\frac{2(n!)}{m!(n-m)!}=\frac{n!}{(m-1)!(n-m+1)!}+\frac{n!}{(m+1)!(n-m-1)!},$$

即

$$2=\frac{m}{n-m+1}+\frac{n-m}{m+1},$$

得

$$4m^2-4n+(n^2-n-2)=0. \tag{5.1}$$

由式(5.1)解得

$$m=\frac{n\pm\sqrt{n+2}}{2}. \tag{5.2}$$

令$n+2=t^2(t\in\mathbf{N})$,则由式(5.2)得

$$m=\frac{(t\pm1)t-2}{2}=\frac{t(t\pm1)}{2}-1, \tag{5.3}$$

即有

$$\begin{cases}n=t^2-2\\ m=\dfrac{t(t\pm1)}{2}-1\end{cases}\quad(t\in\mathbf{N}). \tag{5.4}$$

由式(5.4)知当t为一切大于或等于3的自然数时,原不定方程都有相应的解.故原不定方程有无穷多组解.证毕.

更进一步,我们可以证明如下结论:

定理5.2　不定方程$2C_n^m=C_n^{m-2}+C_n^{m+2}$有无穷多组解.

证明 由于

$$\frac{2(n!)}{m!(n-m)!}=\frac{n!}{(m-2)!(n-m+2)!}+\frac{n!}{(m+2)!(n-m-2)!},\quad(5.5)$$

化简式(5.5)得

$$(m-1)m(m+1)(m+2)+(n-m-1)(n-m)(n-m+1)(n-m+2)$$
$$=2(m+1)(m+2)(n-m+1)(n-m+2).\quad(5.6)$$

展开式(5.6),合并同类项得

$$(n^2+3n+2)(4m^2-4mn+n^2-n-4)=0.\quad(5.7)$$

因对任一自然数 n,$n^2+3n+2\neq0$,所以

$$4m^2-4mn+n^2-n-4=0,$$

即

$$(2m-n)^2=n+4.$$

于是

$$m=\frac{n\pm\sqrt{n+4}}{2}.\quad(5.8)$$

当 $n+4$ 为完全平方数时,即 $n+4=t^2(t\in\mathbf{N})$,那么由式(5.8)得

$$\begin{cases}n=t^2-4\\ m=\dfrac{1}{2}(t^2\pm t-4)\end{cases}\quad(t\in\mathbf{N}).\quad(5.9)$$

由式(5.9)知当 $t\geqslant4$ 时,原不定方程都有解.故原不定方程有无穷多组解.证毕.

在定理 5.1 的证明中,式(5.4)即是原不定方程解的一般形式.当 $t=3,4,5,6,\cdots$时,方程的解分别是

$$(m,n)=\left(7,\frac{3}{2}(3\pm1)-1\right),\left(14,\frac{4}{2}(4\pm1)-1\right),$$
$$\left(23,\frac{5}{2}(5\pm1)-1\right),\left(34,\frac{6}{2}(6\pm1)-1\right),\cdots,$$

对于每个 t,都有两组解.这是二项式系数具有对称性的缘故.同样地,在定理 5.2 的证明中,式(5.9)即是原不定方程解的一般形式.当 $t=4,5,6,7,\cdots$时,方程的解分别是

$$(m,n)=\left(12,\frac{1}{2}(12\pm4)\right),\left(21,\frac{1}{2}(21\pm5)\right),$$
$$\left(32,\frac{1}{2}(32\pm6)\right),\left(45,\frac{1}{2}(45\pm7)\right),\cdots.$$

对于不定方程 $2C_n^m=C_n^{m-3}+C_n^{m+3}$ 是否有解,目前还不知道.由此自然提出如下问题:

问题 1 对于自然数 $s>2$,是否存在自然数 $n,m,n\geqslant m-s\geqslant0$,使 C^{m-s},

C_n^m, C_n^{m+s} 能成等差数列?

下面讨论在二项式系数中,是否有三项成等比数列的问题.

定理 5.3 对任意自然数 $s, n \geqslant m-s \geqslant 0, C_n^{m-s}, C_n^m, C_n^{m+s}$ 不成等比数列,即不定方程

$$(C_n^m)^2 = C_n^{m-s}C_n^{m+s} \tag{5.10}$$

无解.

证明 由式(5.10)得

$$\left(\frac{n!}{m!(n-m)!}\right)^2 = \frac{n!}{(m-s)!(n-m+s)!} \cdot \frac{n!}{(m+s)!(n-m-s)!},$$

由此式得

$$(m!(n-m)!)^2 = (m-s)!(n-m+s)!(m+s)!(n-m-s)!,$$

即

$$\frac{m!}{(m-s)!}\frac{(n-m)!}{(n-m-s)!} = \frac{(n-m+s)!}{(n-m)!}\frac{(m+s)!}{m!}. \tag{5.11}$$

由于

$$\frac{m!}{(m-s)!} = m(m-1)\cdots(m-s+1), \tag{5.12}$$

$$\frac{(m+s)!}{m!} = (m+s)(m+s-1)\cdots(m+1), \tag{5.13}$$

式(5.12)与式(5.13)的左端都是 s 个连续自然数的乘积,而 $m+s>m$,故

$$\frac{m!}{(m-s)!} < \frac{(m+s)!}{m!}. \tag{5.14}$$

同理有

$$\frac{(n-m)!}{(n-m-s)!} < \frac{(n-m+s)!}{(n-m)!}. \tag{5.15}$$

由式(5.14)与式(5.15)知,式(5.11)不可能成立,从而式(5.10)不成立,即它无解.证毕.

猜想 对任意自然数 $t, s, 0 \leqslant m-s \leqslant n, m+t \leqslant n$,不定方程 $(C_n^m)^2 = C_n^{m-s}C_n^{m+t}$ 无解.

5.2 不定方程 $t^3 = n^2 - \left(\frac{3t+1}{2}\right)^2$ 的正整数解

定理 5.4 不定方程 $t^3 = n^2 - \left(\frac{3t+1}{2}\right)^2 (n, t \in \mathbf{N})$ 无正整数解.

证明　由方程 $t^3=n^2-\left(\frac{3t+1}{2}\right)^2(n,t\in\mathbf{N})$，知$\left(\frac{3t+1}{2}\right)^2$ 为正整数. 由 t 为正整数，知$\frac{3t+1}{2}$为正整数. 因为 $t^3=\left(n-\frac{3t+1}{2}\right)\left(n+\frac{3t+1}{2}\right)$，所以令

$$k_1=n-\frac{3t+1}{2},\quad k_2=n+\frac{3t+1}{2}\quad(k_1,k_2\in\mathbf{N}).$$

于是 $k_2-k_1=3t+1$，$t^3=k_1k_2$. 当 $t=1$ 时，代入方程 $t^3=n^2-\left(\frac{3t+1}{2}\right)^2$ 得 $n^2=5$，所以无正整数解.

当 $t>1$ 时，设 $t=p_1^{\alpha_1}p_2^{\alpha_2}\cdots p_s^{\alpha_s}$（$p_i$ 为素数，$\alpha_i\in\mathbf{N}$，$i=1,2,\cdots,s$）. 则由 $t>1$，$k_2>1$ 知 $k_1\geqslant 1$，故可设

$$k_1=p_1^{\beta_1}p_2^{\beta_2}\cdots p_s^{\beta_s},\quad k_2=p_1^{\gamma_1}p_2^{\gamma_2}\cdots p_s^{\gamma_s}.$$

由 $k_2-k_1=3t+1$，得

$$3p_1^{\alpha_1}p_2^{\alpha_2}\cdots p_s^{\alpha_s}+1=p_1^{\gamma_1}p_2^{\gamma_2}\cdots p_s^{\gamma_s}\cdots p_s^{\gamma_s}-p_1^{\beta_1}p_2^{\beta_2}\cdots p_s^{\beta_s},$$

由此可知 $\forall\, i$，γ_i，β_i 不可能同时大于 0，否则有 $p_i\mid 1$，这与 p_i 为素数相矛盾. 所以 $\forall\, i$ 有 $(p_i^{\gamma_i},p_i^{\beta_i})=1$，即 $(k_1,k_2)=1$. 因为 $t^3=k_1k_2$，所以 $t=k_1^{\frac{1}{3}}k_2^{\frac{1}{3}}$，有

$$\begin{aligned}3t+1=3k_1^{\frac{1}{3}}k_2^{\frac{1}{3}}+1&=k_2-k_1=(k_2^{\frac{1}{3}})(k_2^{\frac{2}{3}}+(k_1k_2)^{\frac{1}{3}}+k_1^{\frac{2}{3}})\\&>(k_2^{\frac{1}{3}}-k_1^{\frac{1}{3}})\cdot 3k_1^{\frac{1}{3}}k_2^{\frac{1}{3}},\end{aligned}$$

即

$$3k_1^{\frac{1}{3}}k_2^{\frac{1}{3}}+1>(k_2^{\frac{1}{3}}-k_1^{\frac{1}{3}})\cdot 3k_1^{\frac{1}{3}}k_2^{\frac{1}{3}}. \tag{5.16}$$

而对于两互素的正整数 k_1 与 k_2，若 $t^3=k_1k_2(t\in\mathbf{N})$，则 $k_1^{\frac{1}{3}}$ 与 $k_2^{\frac{1}{3}}$ 皆为正整数. 因为 $k_2>k_1$，所以 $k_2^{\frac{1}{3}}-k_1^{\frac{1}{3}}\geqslant 1$. 由于 $k_2^{\frac{1}{3}}-k_1^{\frac{1}{3}}$ 为正整数，由式(5.16)知 $k_2^{\frac{1}{3}}-k_1^{\frac{1}{3}}\leqslant 1$. 故 $k_2^{\frac{1}{3}}-k_1^{\frac{1}{3}}=1$.

由 $k_2^{\frac{1}{3}}-k_1^{\frac{1}{3}}=1$ 及 $k_1^{\frac{1}{3}}$ 与 $k_2^{\frac{1}{3}}$ 为正整数知 k_1 必是某正整数的立方. 令 $k_1=q^3$ $(q\in\mathbf{N})$，由于 $k_2^{\frac{1}{3}}-k_1^{\frac{1}{3}}=1$，所以 $k_2=(q+1)^3$.

因为 $k_1=n-\frac{3t+1}{2}$，$k_2=n+\frac{3t+1}{2}$，所以

$$k_1+k_2=2n. \tag{5.17}$$

由 $k_1=q^3$，$k_2=(q+1)^3$ 知 k_1 与 k_2 一奇一偶，所以 k_1+k_2 是奇数，与式(5.17)矛盾. 故当 $t>1$ 时，不定方程无正整数解.

综上所述，不定方程 $t^3=n^2-\left(\frac{3t+1}{2}\right)^2$ 无正整数解.

5.3 一些方幂性的不定方程的探讨

1. 不定方程 $x^2+y^2=z^n$ 的正整数解

定理 5.5 对任何自然数 n,不定方程 $x^2+y^2=z^n$ 都有正整数解.

证明 当 $n=1$ 时,有解(1,1,2);当 $n=2$ 时,有解(3,4,5).假如 $n=k\geqslant 2$ 时命题为真,即存在正整数 x_0,y_0,z_0 使得 $x_0^2+y_0^2=z_0^k$.取 $x=x_0z_0,y=y_0z_0$ 得出

$$x^2+y^2=z_0^2(x_0^2+y_0^2)=z_0^2z_0^k=z_0^{k+2}.$$

即知当 $n=k+2$ 时,$x^2+y^2=z^n$ 亦有正整数解.故可得出对任何自然数 n,方程 $x^2+y^2=z^n$ 都有正整数解.

2. 不定方程 $x^2+y^2+z^2=t^n$ 的正整数解

定理 5.6 对任何自然数 n,不定方程 $x^2+y^2+z^2=t^n$ 都有正整数解.

证明 当 $n=1$ 时,有解(1,1,1,3);当 $n=2$ 时,有解(1,2,2,3).任给非负正整数 s,$(x,y,z,t)=(s^2,2s^2,3s^2)$为原方程的解.假如 $n=k\geqslant 2$ 时命题为真,即存在正整数 x_0,y_0,z_0,t_0 得 $x_0^2+y_0^2+z_0^2=t_0^k$,那么当 $n=k+2$ 时,令 $x=x_0t_0,y=y_0t_0,z=z_0t_0$,则

$$x^2+y^2+z^2=(x_0t_0)^2+(y_0t_0)^2+(z_0t_0)^2=(x_0^2+y_0^2+z_0^2)t_0^2=t_0^{k+2}.$$

因为 $x_0,y_0,z_0,t_0\in\mathbf{N}$,所以 $x_0t_0,y_0t_0,z_0t_0,t_0\in\mathbf{N}$ 且$(x_0t_0,y_0t_0,z_0t_0,t_0)$为方程 $x^2+y^2+z^2=t^{k+2}$的解.故 $n=k+2$ 时,命题为真.由数学归纳法原理知,对所有自然数 n,方程 $x^2+y^2+z^2=t^n$ 都有正整数解.

3. 不定方程 $x^3+y^3+z^3=t^n$ 的正整数解

定理 5.7 对任何自然数 n,不定方程 $x^3+y^3+z^3=t^n$ 都有正整数解.

证明 当 $n=1$ 时,有解(1,1,1,3);当 $n=2$ 时,有解(1,2,1,3),即任给非负正整数 s,有$(x,y,z,t)=(3s^2,3s^2,3s^2,9s^3)$为原方程的解;当 $n=3$ 时,有解(3,3,3,3).假设 $n=k\geqslant 3$ 时命题为真,即存在正整数 x_0,y_0,z_0,t_0 使得 $x_0^3+y_0^3+z_0^3=t_0^k$,那么当 $n=k+3$ 时,令 $x=x_0t_0,y=y_0t_0,z=z_0t_0$,则

$$x^3+y^3+z^3=(x_0t_0)^3+(y_0t_0)^3+(z_0t_0)^3=(x_0^3+y_0^3+z_0^3)t_0^3=t_0^{k+3}.$$

因为 $x_0,y_0,z_0,t_0\in\mathbf{N}$,所以 $x_0t_0,y_0t_0,z_0t_0,t_0\in\mathbf{N}$ 且$(x_0t_0,y_0t_0,z_0t_0,t_0)$为方程 $x_0^3+y_0^3+z_0^3=t_0^{k+3}$ 的解.故 $n=k+3$ 时,命题为真.由数学归纳法原理知,对所

有自然数 n，方程 $x^3+y^3+z^3=t^n$ 都有正整数解.

4. 不定方程 $x_1^2+X_2^2+X_3^2+X_4^2=t^n$ 的正整数解

定理 5.8 对任何自然数 n，不定方程 $x_1^2+x_2^2+x_3^2+x_4^2=t^n$ 都有正整数解.

证明 当 $n=1$ 时，有解(1,1,1,1,4)；当 $n=2$ 时，有解(1,1,1,1,2). 假设 $n=k\geqslant 2$ 时命题为真，即存在正整数 x_1',x_2',x_3',x_4',t_0 使得 $(x_1')^2+(x_2')^2+(x_3')^2+(x_4')^2=t_0^k$，那么当 $n=k+2$ 时，令

$$x_1=x_1't_0,\quad x_2=x_2't_0,\quad x_3=x_3't_0,\quad x_4=x_4't_0,$$

则

$$\begin{aligned}x_1^2+x_2^2+x_3^2+x_4^2&=(x_1't_0)^2+(x_2't_0)^2+(x_3't_0)^2+(x_4't_0)^2\\&=((x_1')^2+(x_2')^2+(x_3')^2+(x_4')^2)t_0^2=t_0^{k+2}.\end{aligned}$$

因为 $x_1',x_2',x_3',x_4',t_0\in\mathbf{N}$，所以 $x_1't_0,x_2't_0,x_3't_0,x_4't_0,t_0\in\mathbf{N}$ 且 $x_1't_0,x_2't_0,x_3't_0,x_4't_0$ 为方程 $x_1^2+x_2^2+x_3^2+x_4^2=t^{k+2}$的解. 故 $n=k+2$ 时，命题为真. 由数学归纳法原理知，对所有自然数 n，方程 $x_1^2+x_2^2+x_3^2+x_4^2=t^n$ 都有正整数解.

5. 不定方程 $2x_1^2+2x_2^3+2x_3^3+2x_4^3=t^n$ 的正整数解

定理 5.9 对任何自然数 n，不定方程 $2x_1^3+2x_2^3+2x_3^3+2x_4^3=t^n$ 都有正整数解.

证明 当 $n=1$ 时，有解(1,1,1,1,8)；当 $n=2$ 时，有解(2,2,2,2,8)；当 $n=3$ 时，有解(1,1,1,1,2). 假设 $n=k\geqslant 3$ 时命题为真，即存在正整数 x_1',x_2',x_3',x_4',t_0 使得 $2(x_1')^3+2(x_2')^3+2(x_3')^3+2(x_4')^3=t_0^k$，那么当 $n=k+3$ 时，令

$$x_1=x_1't_0,\quad x_2=x_2't_0,\quad x_3=x_3't_0,\quad x_4=x_4't_0,$$

则

$$\begin{aligned}2x_1^3+2x_2^3+2x_3^3+2x_4^3&=2(x_1't_0)^3+2(x_2't_0)^3+2(x_3't_0)^3+2(x_4't_0)^3\\&=2(x_1')^3+2(x_2')^3+2(x_3')^3+2(x_4')^3)t_0^3=t_0^{k+3}.\end{aligned}$$

因为 $x_1',x_2',x_3',x_4',t_0\in\mathbf{N}$，所以 $x_1't_0,x_2't_0,x_3't_0,x_4't_0,t_0\in\mathbf{N}$ 且 $x_1't_0,x_2't_0,x_3't_0,x_4't_0$为方程 $2x_1^2+2x_2^3+2x_3^3+2x_4^3=t^{k+3}$的解. 故 $n=k+3$ 时，命题为真. 由数学归纳法原理知，对所有自然数 n，方程 $2x_1^3+2x_2^3+2x_3^3+2x_4^3=t^n$ 都有正整数解.

6. 不定方程 $x_1^4+x_2^4+x_3^4+x_4^4=t^n$ 的正整数解

定理 5.10 对任何自然数 n，不定方程 $x_1^4+x_2^4+x_3^4+x_4^4=t^n$ 都有正整数解.

证明 当 $n=1$ 时，显然有解；当 $n=2$ 时，有解 $(x_1,x_2,x_3,x_4,t)=(1,1,1,1,2)$；当 $n=3$ 时，有解 $(x_1,x_2,x_3,x_4,t)=(2,2,2,2,4)$；当 $n=4$ 时，有解 $(x_1,x_2,x_3,x_4,t)=(30,120,272,315,353)$. 假设 $n=k\geqslant 4$ 时命题为真，即存在正整数 x_1'，

x_2', x_3', x_4', t_0 使得 $(x_1')^4+(x_2')^4+(x_3')^4+(x_4')^4=t_0^k$，那么当 $n=k+4$ 时，令

$$x_1 = x_1' t_0,\quad x_2 = x_2' t_0,\quad x_3 = x_3' t_0,\quad x_4 = x_4' t_0,$$

则

$$\begin{aligned} x_1^4+x_2^4+x_3^4+x_4^4 &= (x_1' t_0)^4+(x_2' t_0)^4+(x_3' t_0)^4+(x_4' t_0)^4 \\ &= ((x_1')^4+(x_2')^4+(x_3')^4+(x_4')^4)t_0^4 = t_0^k t_0^4 = t_0^{k+4}. \end{aligned}$$

因为 $x_1', x_2', x_3', x_4', t_0 \in \mathbf{N}$，所以 $x_1' t_0, x_2' t_0, x_3' t_0, x_4' t_0, t_0 \in \mathbf{N}$，$x_1' t_0, x_2' t_0, x_3' t_0, x_4' t_0$ 为方程 $x_1^4+x_2^4+x_3^4+x_4^4=t_0^{k+4}$ 的解. 故 $n=k+4$ 时，命题为真. 由数学归纳法原理知，对所有自然数 n，方程 $x_1^4+x_2^4+x_3^4+x_4^4=t^n$ 都有正整数解.

一般地，有如下猜想：

猜想 对任何自然数 n，以及 $\forall s \leqslant m, s, m \in \mathbf{N}$，不定方程 $\sum\limits_{k=1}^{m} x_k^s = t^n$ 都有正整数解.

5.4 一类无理不定方程的研究

1. 不定方程 $\sqrt[3]{x+\sqrt{y}}+\sqrt[3]{x-\sqrt{y}}=1\ (x, y \in \mathbf{N})$ 的正整数解研究

自然数 1 是一个重要的数，它可以有多种表示，一个著名的表示为 $1=|\mathrm{e}^{\mathrm{i}\theta}|$ $(\theta \in \mathbf{R})$，易验证有 $(2+\sqrt{5})^{\frac{1}{3}}+(2-\sqrt{5})^{\frac{1}{3}}=(5+2\sqrt{13})^{\frac{1}{3}}+(5-2\sqrt{13})^{\frac{1}{3}}=1$. 这种共轭型分拆使人觉得其形式对称而优美，由此，一个自然的问题是不定方程

$$\sqrt[3]{x+\sqrt{y}}+\sqrt[3]{x-\sqrt{y}}=1 \quad (x, y \in \mathbf{N})$$

的正整数解有多少？其解的形式如何？

性质 5.1 对任意的正整数 n，有

$$\left(3n-1+\sqrt{(3n-1)^2+(2n-1)^3}\right)^{\frac{1}{3}}+\left(3n-1-\sqrt{(3n-1)^2+(2n-1)^3}\right)^{\frac{1}{3}}=1.$$

证明 令上式的左端为 x，则

$$x^3 = 2(3n-1)-3(2n-1)x, \tag{5.18}$$

即

$$(x-1)(x^2+x+2(3n-1)) = 0. \tag{5.19}$$

但 $x^2+x+2(3n-1) \geqslant x^2+x+4=\left(x+\dfrac{1}{2}\right)^2+\dfrac{15}{4}>0$，所以 $x=1$. 证毕.

性质 5.2 对任何正整数 n，

$$\left(3n-1+\sqrt{(3n-1)^2+(2n-1)^3}\right)^{\frac{1}{3}} \quad 与 \quad \left(3n-1-\sqrt{(3n-1)^2+(2n-1)^3}\right)^{\frac{1}{3}}$$

都是无理数.

证明 用反证法证明其中一个是无理数.另一个同理可证.

若前一个为有理数,即

$$(3n-1+\sqrt{(3n-1)^2+(2n-1)^3})^{\frac{1}{3}}=\frac{p_1}{q_1}\quad(p_1,q_1\in\mathbf{Z}_+),$$

那么 $n\sqrt{8n-3}=\sqrt{(3n-1)^2+(2n-1)^3}=\frac{p_1^3}{q_1^3}-(3n-1)$. 从而 $\sqrt{8n-3}=\frac{1}{n}\left(\frac{p_1^3}{q_1^3}-(3n-1)\right)$是正有理数.故可设$\sqrt{8n-3}=\frac{p}{q}(p,q\in\mathbf{Z}_+)$,即 $q\sqrt{8n-3}=p$,于是$(8n-3)q^2=p^2$,由此即知 $8n-3$ 为奇完全平方数. 于是 $8n-3=(2k-1)^2$ $(k\in\mathbf{Z}_+)$,所以 $k^2-k=2n-1$. 而 $k^2-k=k(k-1)$为偶数,又 $2n-1$ 为奇数,矛盾. 证毕.

定理 5.11 不定方程$(x+\sqrt{y})^{\frac{1}{3}}+(x-\sqrt{y})^{\frac{1}{3}}=1$ 的所有正整数解为

$$(x,y)=(3n-1,(3n-1)^2+(2n-1)^3).$$

这里 n 为正整数.

证明 原不定方程两边同时立方得 $2x+3(x^2-y)^{\frac{1}{3}}=1$,进而有

$$y=x^2+\left(\frac{2x-1}{3}\right)^3. \tag{5.20}$$

因 x,y 是正整数,由式(5.20) 知$\left(\frac{2x-1}{3}\right)^3$ 是正整数,所以 $\frac{2x-1}{3}$也是正整数. 设 $\frac{2x-1}{3}=k(k\in\mathbf{Z}_+)$,故 $x=\frac{1}{2}(3k+1)$. 由于 x 是正整数,故 k 只能为正奇数,即 $k=2n-1(n\in\mathbf{Z}_+)$,所以

$$x=\frac{1}{2}(3k+1)=\frac{1}{2}(3(2n-1)+1)=3n-1,$$

$$y=x^2+\left(\frac{2x-1}{3}\right)^3=(3n-1)^2+(2n-1)^3.$$

于是

$$\begin{cases}x=3n-1\\ y=(3n-1)^2+(2n-1)^3\end{cases}\quad(n\in\mathbf{Z}_+), \tag{5.21}$$

即不定方程$(x+\sqrt{y})^{\frac{1}{3}}+(x-\sqrt{y})^{\frac{1}{3}}=1$ 的正整数解必为式(5.21)的形式. 反之,由性质 5.1 知式(5.21)给出的一定是不定方程$(x+\sqrt{y})^{\frac{1}{3}}+(x-\sqrt{y})^{\frac{1}{3}}=1$ 的正整数解. 证毕.

由性质 5.1 知

$$
\begin{aligned}
(8+3\sqrt{21})^{\frac{1}{3}}+(8-3\sqrt{21})^{\frac{1}{3}} &= (11+4\sqrt{29})^{\frac{1}{3}}+(11-4\sqrt{29})^{\frac{1}{3}} \\
&= (14+5\sqrt{37})^{\frac{1}{3}}+(14-5\sqrt{37})^{\frac{1}{3}} \\
&= (17+6\sqrt{45})^{\frac{1}{3}}+(17-6\sqrt{45})^{\frac{1}{3}} \\
&= \cdots = 1.
\end{aligned}
$$

由性质5.1、性质5.2与定理5.11,我们完全解决了1的所有形如$(a+\sqrt{b})^{\frac{1}{3}}+(a-\sqrt{b})^{\frac{1}{3}}$(其中$a,b$为正整数)的无理分拆问题,可见这种分拆有无穷多个.

2. 不定方程$\sqrt[3]{x+\sqrt{y}}-\sqrt[3]{x-\sqrt{y}}=1(x,y\in\mathbf{N})$的正整数解研究

定理5.12 不定方程$\sqrt[3]{x+\sqrt{y}}-\sqrt[3]{x-\sqrt{y}}=1(x,y\in\mathbf{N})$无正整数解.

证明 将不定方程两边立方,得

$$-1+2\sqrt{y}=3\sqrt[3]{x^2-y}\quad(x,y\in\mathbf{N}),$$

即

$$\left(\frac{2\sqrt{y}-1}{3}\right)^3=x^2-y\quad(x,y\in\mathbf{N}).\tag{5.22}$$

因为$y\geqslant1$,所以$\frac{2\sqrt{y}-1}{3}>0$.令$x^2-y=t(t\in\mathbf{N})$,则式(5.22)变为$\frac{2\sqrt{y}-1}{3}=t^{\frac{1}{3}}$,即$(2\sqrt{y}-1)^3=27t$,化简整理得

$$y^{\frac{1}{2}}(y+3)=27t+1+3y.\tag{5.23}$$

由式(5.23)知y是平方数(如果y不是平方数,则由式(5.23)知等式左边为无理数,右边为正整数,故矛盾.所以y是平方数).所以可令$\sqrt{y}=k(k\in\mathbf{N})$,即有

$$\left(\frac{2k-1}{3}\right)^3=x^2-k^2\quad(x,k\in\mathbf{N}).\tag{5.24}$$

由式(5.24)知$\left(\frac{2k-1}{3}\right)^3$为正整数,又由$k\in\mathbf{N}$知$\frac{2k-1}{3}$为正整数.所以再令$m=\frac{2k-1}{3}(m\in\mathbf{N})$,则有$k=\frac{3m+1}{2}(k\in\mathbf{N})$.于是

$$m^3=\left(x-\frac{3m+1}{2}\right)\left(x+\frac{3m+1}{2}\right).\tag{5.25}$$

令$k_1=x-\frac{3m+1}{2}$,$k_2=x+\frac{3m+1}{2}(k_1,k_2\in\mathbf{N})$,则$k_2-k_1=3m+1$,$m^3=k_1k_2$.当$m=1$时,由式(5.25)得$x^2=5$,不定方程无正整数解.故必有$m>1$.

当$m>1$时,设$m=p_1^{\alpha_1}p_2^{\alpha_2}\cdots p_s^{\alpha_s}$($p_i$为素数,$\alpha_i\in\mathbf{N},i=1,2,\cdots,s$),由$m>1,k_2>1$,知$k_1\geqslant1$.故可设$k_1=p_1^{\beta_1}p_2^{\beta_2}\cdots p_s^{\beta_s}$,$k_2=p_1^{\gamma_1}p_2^{\gamma_2}\cdots p_s^{\gamma_s}$,由$k_2-k_1=3m$

$+1$，得

$$3p_1^{\alpha_1}p_2^{\alpha_2}\cdots p_s^{\alpha_s}+1=p_1^{\gamma_1}p_2^{\gamma_2}\cdots p_s^{\gamma_s}-p_1^{\beta_1}p_2^{\beta_2}\cdots p_s^{\beta_s},$$

由此知$\forall i,\gamma_i,\beta_i$不可能同时大于0，否则有$p_i|1$，这与$p_i$为素数相矛盾. 所以对于$\forall i$有$(p_i^{\gamma_1},p_i^{\beta_i})=1$，即$(k_1,k_2)=1$. 因为$m^3=k_1k_2$，所以$m=k_1^{\frac{1}{3}}k_2^{\frac{1}{3}}$，于是

$$\begin{aligned}3m+1&=3k_1^{\frac{1}{3}}3k_2^{\frac{1}{3}}+1=k_2-k_1=(3k_2^{\frac{1}{3}}-3k_1^{\frac{1}{3}})(3k_2^{\frac{2}{3}}+(k_1k_2)^{\frac{1}{3}}+3k_1^{\frac{2}{3}})\\&>(k_2^{\frac{1}{3}}-k_1^{\frac{1}{3}})3k_1^{\frac{1}{3}}3k_2^{\frac{1}{3}},\end{aligned}$$

即

$$3k_1^{\frac{1}{3}}k_2^{\frac{1}{3}}+1>(k_2^{\frac{1}{3}}-k_1^{\frac{1}{3}})3k_1^{\frac{1}{3}}k_2^{\frac{1}{3}},\tag{5.26}$$

而对于两互素的正整数k_1与k_2，因为$m^3=k_1k_2(m\in\mathbf{N})$，所以$k_1^{\frac{1}{3}}$与$k_2^{\frac{1}{3}}$皆为正整数.

因为$k_2>k_1$，所以$k_2^{\frac{1}{3}}-k_1^{\frac{1}{3}}\geqslant1$. 由于$k_2^{\frac{1}{3}}-k_1^{\frac{1}{3}}$为整数，由式(5.26)知$k_2^{\frac{1}{3}}-k_1^{\frac{1}{3}}\leqslant1$，故$k_2^{\frac{1}{3}}-k_1^{\frac{1}{3}}=1$.

当$k_2^{\frac{1}{3}}-k_1^{\frac{1}{3}}=1$时，由$k_2^{\frac{1}{3}}-k_1^{\frac{1}{3}}=1$及$k_1^{\frac{1}{3}}$与$k_2^{\frac{1}{3}}$为正整数知$k_1$必是某正整数的立方. 令$k_1=q^3(q\in\mathbf{N})$，由于$k_2^{\frac{1}{3}}-k_1^{\frac{1}{3}}=1$，所以$k_2=(q+1)^3$.

因为$k_1=x-\dfrac{3m+1}{2}$，$k_2=x+\dfrac{3m+1}{2}$，所以

$$k_1+k_2=2x.\tag{5.27}$$

由$k_1=q^3$，$k_2=(q+1)^3$知k_1与k_2一奇一偶，所以k_1+k_2是奇数与式(5.27)矛盾. 故当$k_2^{\frac{1}{3}}-k_1^{\frac{1}{3}}=1$时，不定方程无正整数解.

综上所述，不定方程$\sqrt[3]{x+\sqrt{y}}-\sqrt[3]{x-\sqrt{y}}=1$无正整数解.

3. 不定方程$\sqrt[3]{x+\sqrt{y}}-\sqrt[3]{x-\sqrt{y}}=2(x,y\in\mathbf{N})$的正整数解研究

定理 5.13 不定方程$\sqrt[3]{x+\sqrt{y}}-\sqrt[3]{x-\sqrt{y}}=2(x,y\in\mathbf{N})$有正整数解

$$(x,y)=(4,16),\quad (x,y)=(14,169).$$

证明 将不定方程两边立方，得

$$-8+2\sqrt{y}=(3\sqrt[3]{x^2-y})\times2,$$

即

$$\left(\frac{\sqrt{y}-4}{3}\right)^3=x^2-y\quad(x,y\in\mathbf{N}).\tag{5.28}$$

(1) y不是平方数时，则$\sqrt{y}$是无理数，所以$\left(\dfrac{\sqrt{y}-4}{3}\right)^3$为无理数，而式(5.28)右

边为整数，矛盾. 故不定方程无正整数解.

(2) y 是平方数时，则$\sqrt{y}$是正整数. 若$\frac{\sqrt{y}-4}{3}$为分数，则$\left(\frac{\sqrt{y}-4}{3}\right)^3$为分数，与式(5.28)右边为整数矛盾，所以$\frac{\sqrt{y}-4}{3}$应为整数. 令$\frac{\sqrt{y}-4}{3}=k(k\in\mathbf{Z})$，则有

$$\sqrt{y}=3k+4,\quad y=(4+3k)^2,\quad x^2=k^3+(4+3k)^2.$$

因为 $x,y\in\mathbf{N}$，所以$\sqrt{y}=3k+4\geqslant1$，得到 $k\geqslant-1(k\in\mathbf{Z})$.

当 $k=0$ 时，得 $x=4,y=16$.

当 $k=3$ 时，得 $x=14,y=169$.

综上所述，不定方程$\sqrt[3]{x+\sqrt{y}}-\sqrt[3]{x-\sqrt{y}}=2$有正整数解

$$(x,y)=(4,16),\quad (x,y)=(14,169).$$

定理 5.14　设 $k=p_1^{\alpha_1}p_2^{\alpha_2}\cdots p_m^{\alpha_m}(\alpha_1,\alpha_2,\cdots,\alpha_m\in\mathbf{N},p_1,p_2,\cdots,p_m$ 为素数)，那么不定方程

$$\sqrt[3]{x+\sqrt{y}}-\sqrt[3]{x-\sqrt{y}}=2$$

的正整数解满足如下关系：

$$\begin{cases}x=\frac{1}{2}(p_1^{3\alpha_1-\beta_1}p_2^{3\alpha_2-\beta_2}\cdots p_m^{3\alpha_m-\beta_m}+p_1^{\beta_1}p_2^{\beta_2}\cdots p_m^{\beta_m}),\\ y=(4+3p_1^{\alpha_1}p_2^{\alpha_2}\cdots p_m^{\alpha_m})^2,\\ p_1^{\alpha_1}p_2^{\alpha_2}\cdots p_m^{\alpha_m}=\frac{1}{6}(p_1^{\beta_1}p_2^{\beta_2}\cdots p_m^{\beta_m}-p_1^{3\alpha_1-\beta_1}p_2^{3\alpha_2-\beta_2}\cdots p_m^{3\alpha_m-\beta_m}-8),\end{cases}$$

其中 $\beta_1,\beta_2,\cdots,\beta_m\in\mathbf{N},3\alpha_1-\beta_1,3\alpha_2-\beta_2,\cdots,3\alpha_m-\beta_m\in\mathbf{Z}\backslash\mathbf{Z}_-$.

证明　从定理 5.13 的证明即知 $y=(4+3k)^2=(4+3p_1^{\alpha_1}p_2^{\alpha_2}\cdots p_m^{\alpha_m})^2,x^2=k^3+(4+3k)^2$. 由 $x^2=k^3+(4+3k)^2$ 得到$(x-4-3k)(x+4+3k)=k^3\Rightarrow(x-4-3k),(x+4+3k)\mid k^3$. 故可令

$$x+4+3k=p_1^{\beta_1}p_2^{\beta_2}\cdots p_m^{\beta_m},\quad x-4-3k=p_1^{3\alpha_1-\beta_1}p_2^{3\alpha_2-\beta_2}\cdots p_m^{3\alpha_m-\beta_m}.\tag{5.29}$$

由于 $x-4-3k<x+4+3k$，所以

$$\beta_1,\beta_2,\cdots,\beta_m\in\mathbf{N},\quad 3\alpha_1-\beta_1,3\alpha_2-\beta_2,\cdots,3\alpha_m-\beta_m\in\mathbf{Z}\backslash\mathbf{Z}_-.$$

将式(5.29)两端相加减即得证.

定理 5.14 给出不定方程$\sqrt[3]{x+\sqrt{y}}-\sqrt[3]{x-\sqrt{y}}=2$正整数解的一般形式，但要求具体解就需要借助计算机的计算.

4. 不定方程$\sqrt[3]{x+k}-\sqrt[3]{x-k}=1(x,k\in\mathbf{N})$的正整数解研究

定理 5.15　不定方程$\sqrt[3]{x+k}-\sqrt[3]{x-k}=1(x,k\in\mathbf{N})$无正整数解.

证明　将不定方程两边立方,得

$$-1+2k=3\sqrt[3]{x^2-k^2}\quad (x,k\in \mathbf{N}),$$

即

$$\left(\frac{2k-1}{3}\right)^3=x^2-k^2\quad (x,k\in \mathbf{N}).\tag{5.30}$$

由式(5.30)知$\left(\frac{2k-1}{3}\right)$为正整数,又由 $k\in \mathbf{N}$ 知$\frac{2k-1}{3}$为正整数.故可令 $m=\frac{2k-1}{3}(m\in \mathbf{N})$,则有 $k=\frac{3m+1}{2}(k\in \mathbf{N})$,所以

$$m^3=\left(x-\frac{3m+1}{2}\right)\left(x+\frac{3m+1}{2}\right).\tag{5.31}$$

令 $k_1=x-\frac{3m+1}{2}$,$k_2=x+\frac{3m+1}{2}$,于是 $k_2-k_1=3m+1$,$m^3=k_1k_2$.当 $m=1$ 时,代入式(5.31)得 $x^2=5$,不定方程无正整数解,故必有 $m>1$.

当 $m>1$ 时,设 $m=p_1^{\alpha_1}p_2^{\alpha_2}\cdots p_s^{\alpha_s}$($p_i$ 为素数,$\alpha_i\in \mathbf{N}$,$i=1,2,\cdots,s$).由 $m>1$,$k_2>1$ 知 $k_1\geqslant 1$,可设 $k_1=p_1^{\beta_1}p_2^{\beta_2}\cdots p_s^{\beta_s}$,$k_2=p_1^{\gamma_1}p_2^{\gamma_2}\cdots p_s^{\gamma_s}$.

由 $k_2-k_1=3m+1$,得

$$3p_1^{\alpha_1}p_2^{\alpha_2}\cdots p_s^{\alpha_s}+1=p_1^{\gamma_1}p_2^{\gamma_2}\cdots p_s^{\gamma_s}-p_1^{\beta_1}p_2^{\beta_2}\cdots p_s^{\beta_s},$$

由此知 $\forall i$,γ_i,β_i 不可能同时大于0,否则 $p_i\mid 1$,这与 p_i 为素数相矛盾.所以对于 $\forall i$ 有$(p_i^{\gamma_i},p_i^{\beta_i})=1$,即$(k_1,k_2)=1$.因为 $m^3=k_1k_2$,所以 $m=k_1^{\frac{1}{3}}k_2^{\frac{1}{3}}$,于是

$$\begin{aligned}3m+1&=3k_1^{\frac{1}{3}}k_2^{\frac{1}{3}}+1=k_2-k_1=(k_2^{\frac{1}{3}}-k_1^{\frac{1}{3}})(k_2^{\frac{2}{3}}+(k_1k_2)^{\frac{1}{3}}+k_1^{\frac{2}{3}})\\&>(k_2^{\frac{1}{3}}-k_1^{\frac{1}{3}})3k_1^{\frac{1}{3}}k_2^{\frac{1}{3}},\end{aligned}$$

即

$$3k_1^{\frac{1}{3}}k_2^{\frac{1}{3}}+1>(k_2^{\frac{1}{3}}-k_1^{\frac{1}{3}})3k_1^{\frac{1}{3}}k_2^{\frac{1}{3}},\tag{5.32}$$

而对于两互素的正整数 k_1 与 k_2,若 $m^3=k_1k_2(m\in \mathbf{N})$,则 $k_1^{\frac{1}{3}}$ 与 $k_2^{\frac{1}{3}}$ 皆为正整数.

因为 $k_2>k_1$,所以 $k_2^{\frac{1}{3}}-k_1^{\frac{1}{3}}\geqslant 1$.由于 $k_2^{\frac{1}{3}}-k_1^{\frac{1}{3}}$ 为整数,由式(5.32)知 $k_2^{\frac{1}{3}}-k_1^{\frac{1}{3}}\leqslant 1$,故 $k_2^{\frac{1}{3}}-k_1^{\frac{1}{3}}=1$.

当 $k_2^{\frac{1}{3}}-k_1^{\frac{1}{3}}=1$ 时,由 $k_2^{\frac{1}{3}}-k_1^{\frac{1}{3}}=1$ 及 $k_2^{\frac{1}{3}}$ 为正整数知 k_1 必是某正整数的立方.令 $k_1=q^3(q\in \mathbf{N})$,由于 $k_2^{\frac{1}{3}}-k_1^{\frac{1}{3}}=1$,所以 $k_2=(q+1)^3$.因为 $k_1=x-\frac{3m+1}{2}$,$k_2=x+\frac{3m+1}{2}$,所以

$$k_1+k_2=2x.\tag{5.33}$$

由 $k_1=q^3,k_2=(q+1)^3$ 知 k_1 与 k_2 一奇一偶,所以 k_1+k_2 是奇数,与式(5.33)矛盾.故当 $k_2^{\frac{1}{3}}-k_1^{\frac{1}{3}}=1$ 时,不定方程无正整数解.

综上所述,不定方程 $\sqrt[3]{x+k}-\sqrt[3]{x-k}=1$ 无正整数解.

5. 不定方程 $\sqrt[3]{x+\sqrt{y}}+\sqrt[3]{x-\sqrt{y}}=k(k\in\mathbf{Z}_+)$ 的正整数解研究

前面研究了不定方程 $\sqrt[3]{x+\sqrt{y}}+\sqrt[3]{x-\sqrt{y}}=1$,我们已经给出它的全部正整数的解,这一节将研究更一般的不定方程

$$\sqrt[3]{x+\sqrt{y}}+\sqrt[3]{x-\sqrt{y}}=k\quad(k\in\mathbf{Z}_+)$$

的正整数解.

由于 $\sqrt[3]{x+\sqrt{y}}+\sqrt[3]{x-\sqrt{y}}=k$,两边立方得 $2x+3k\,(x^2-y)^{\frac{1}{3}}=k^3$,由此知

$$x^2-y=\left(\frac{k^3-2x}{3k}\right)^3,$$

所以 $\frac{k^3-2x}{3k}$ 为整数.设 $\frac{k^3-2x}{3k}=t$,那么 $x=\frac{k^3-3kt}{2}$,由于 $x^2-y=t^3$,于是

$$y=\left(\frac{k^3-3kt}{2}\right)^2-t^3.$$

故

$$\begin{cases}x=\dfrac{k^3-3kt}{2}\\ y=\left(\dfrac{k^3-3kt}{2}\right)^2-t^3\end{cases}\quad(t\in\mathbf{Z}).$$

由于 $x,y>0$,所以 $k^3-3kt>0,\left(\frac{k^3-3kt}{2}\right)^2-t^3>0$,由此得

$$t<\frac{k^2}{3},\quad 4t^3-9k^2t^2+6k^4t-k^6<0,$$

这是整数 t 要满足的必要条件.当 $k=1$ 时,5.3 节已经解决.当 $k=2$ 时,那么

$$\begin{cases}x=4-3t\\ y=(4-3t)^2-t^3\end{cases}\quad(t\in\mathbf{Z}),$$

$$t<\frac{4}{3},\quad t^3-9t^2+24t-16<0.$$

由 $t<\frac{4}{3},t^3-9t^2+24t-16<0$ 得 $t<\frac{4}{3},(t-1)(t-4)^2<0$,所以 $t<1$,即 $t\in\mathbf{Z}\backslash\mathbf{Z}_+$.

故有如下定理:

定理 5.16 不定方程 $\sqrt[3]{x+\sqrt{y}}+\sqrt[3]{x-\sqrt{y}}=2$ 的无穷多组正整数解为

$$\begin{cases}x=4-3t\\ y=(4-3t)^2-t^3\end{cases}\quad(t\in\mathbf{Z}\backslash\mathbf{Z}_+).$$

当 $k=3$ 时，由 $t<\frac{k^2}{3}$，$4t^3-9k^2t^2+6k^4t-k^6<0$ 得 $t\leqslant 2$，且 t 为奇数，所以有 $t=2m+1$，$m\in\mathbf{Z}\backslash\mathbf{Z}_+$，因此有如下结论：

定理 5.17 不定方程 $\sqrt[3]{x+\sqrt{y}}+\sqrt[3]{x-\sqrt{y}}=3$ 的无穷多组正整数解为

$$\begin{cases}x=9(1-m)\\y=81(1-m)^2-(2m+1)^3\end{cases}\quad(m\in\mathbf{Z}\backslash\mathbf{Z}_+).$$

总之，对一切正整数 k，有如下结论：

定理 5.18 不定方程 $\sqrt[3]{x+\sqrt{y}}+\sqrt[3]{x-\sqrt{y}}=k\ (k\in\mathbf{Z}_+)$ 的正整数解满足且仅满足如下条件：

$$\begin{cases}x=\dfrac{k^3-3kt}{2}\\y=\left(\dfrac{k^3-3kt}{2}\right)^2-t^3\\t<\dfrac{k^2}{3},4t^3-9k^2t^2+6k^4t-k^6<0,\dfrac{k^3-3kt}{2}\in\mathbf{Z}_+\end{cases}\quad(t\in\mathbf{Z}).$$

实际上，当 $k\in\mathbf{Z}\backslash\mathbf{Z}_+$ 时，也有类似定理 5.18 的结论，这里不再论述.

6. 不定方程 $\sqrt[3]{x+\sqrt[m]{y}}+\sqrt[3]{x-\sqrt[m]{y}}=k\ (k\in\mathbf{Z}_+)$ 的正整数解研究

在上文中，对于不定方程 $\sqrt[3]{x+\sqrt{y}}+\sqrt[3]{x-\sqrt{y}}=k\ (k\in\mathbf{Z}_+)$ 的正整数解给出一般性的结论（定理 5.18），这一部分研究更一般的不定方程

$$\sqrt[3]{x+\sqrt[m]{y}}+\sqrt[3]{x-\sqrt[m]{y}}=k\quad(k\in\mathbf{Z}_+).\tag{5.34}$$

将式(5.34)两边立方得 $2x+3k\sqrt[3]{x^2-\sqrt[m]{y^2}}=k^3$，由此知

$$x^2-\sqrt[m]{y^2}=\left(\frac{k^3-2x}{3k}\right)^3.$$

设 $\frac{k^3-2x}{3k}=t$，那么 $x=\frac{k^3-3kt}{2}$，由于 $x^2-\sqrt[m]{y^2}=t^3$，于是

$$y=\left(\left(\frac{k^3-3kt}{2}\right)^2-t^3\right)^{\frac{m}{2}}.$$

故

$$\begin{cases}x=\dfrac{k^3-3kt}{2}\\y=\left(\left(\dfrac{k^3-3kt}{2}\right)^2-t^3\right)^{\frac{m}{2}}\end{cases}\quad(t\in\mathbf{Z}).$$

由于 $x,y>0$，所以 $k^3-3kt>0$，$\left(\frac{k^3-3kt}{2}\right)^2-t^3>0$，由此得

$$t<\frac{k^2}{3},\quad 4t^3-9k^2t^2+6k^4t-k^6<0.$$

总之,有如下结论:

定理 5.19 (1) 当 m 为偶数时,不定方程 $\sqrt[3]{x+\sqrt[m]{y}}+\sqrt[3]{x-\sqrt[m]{y}}=k\,(k\in\mathbf{Z}_+)$ 的正整数解满足且仅满足如下条件:

$$\begin{cases}x=\dfrac{k^3-3kt}{2}\\ y=\left(\left(\dfrac{k^3-3kt}{2}\right)^2-t^3\right)^{\frac{m}{2}}\\ t<\dfrac{k^2}{3},4t^3-9k^2t^2+6k^4t-k^6<0,\dfrac{k^3-3kt}{2}\in\mathbf{Z}_+\end{cases}\quad(t\in\mathbf{Z}).$$

(2) 当 m 为奇数时,不定方程 $\sqrt[3]{x+\sqrt[m]{y}}+\sqrt[3]{x-\sqrt[m]{y}}=k\,(k\in\mathbf{Z}_+)$ 的正整数解满足且仅满足如下条件:

$$\begin{cases}x=\dfrac{k^3-3kt}{2}\\ y=\left(\left(\dfrac{k^3-3kt}{2}\right)^2-t^3\right)^{\frac{m}{2}}\\ t<\dfrac{k^2}{3},4t^3-9k^2t^2+6k^4t-k^6<0,\dfrac{k^3-3kt}{2}\in\mathbf{Z}_+\\ \left(\dfrac{k^3-3kt}{2}\right)^2-t^3\text{ 为完全平方数}\end{cases}\quad(t\in\mathbf{Z}).$$

显然,定理 5.18 是定理 5.19 中 $m=2$ 时的特例.

7. 不定方程 $\sqrt[3]{x+\sqrt{y}}-\sqrt[3]{x-\sqrt{y}}=k\,(k\in\mathbf{Z}_+)$ 的正整数解研究

对于不定方程 $\sqrt[3]{x+\sqrt{y}}-\sqrt[3]{x-\sqrt{y}}=1$,我们已经证明其无正整数解,对于不定方程 $\sqrt[3]{x+\sqrt{y}}-\sqrt[3]{x-\sqrt{y}}=2$,我们已经证明其有正整数解.对于不定方程

$$\sqrt[3]{x+\sqrt{y}}-\sqrt[3]{x-\sqrt{y}}=k,$$

将两边立方得

$$2\sqrt{y}-3k(x^2-y)^{\frac{1}{3}}=k^3,$$

所以 $\left(\dfrac{2\sqrt{y}-k^3}{3k}\right)^3=x^2-y$.令 $\dfrac{2\sqrt{y}-k^3}{3k}=t$,则 $t^3=x^2-y$,$y=\left(\dfrac{k^3+3kt}{2}\right)^2$,故

$$\begin{cases}x=\left(t^3+\left(\dfrac{k^3+3kt}{2}\right)^2\right)^{\frac{1}{2}}\\ y=\left(\dfrac{k^3+3kt}{2}\right)^2\end{cases}\quad(t\in\mathbf{Z}).$$

当 $k=1$ 时，$t^3+\left(\frac{1+3t}{2}\right)^2=x^2$，由 5.2 节知，此不定方程无正整数解，故不定方程$\sqrt[3]{x+\sqrt{y}}-\sqrt[3]{x-\sqrt{y}}=1$ 无正整数解.

当 $k=2$ 时，$t^3+(4+3t)^2=x^2$，$y=(4+3t)^2$，由 $t^3+(4+3t)^2=x^2$ 得 $(x+(4+3t))(x-(4+3t))=t^3$. 当 $t=0$ 时，有唯一一组解 $y=16$，$x=4$. 当 $t\neq 0$ 时，有

$$\begin{cases} x-(4+3t)=m \\ x+(4+3t)=\dfrac{t^3}{m} \end{cases} \quad (m,t\in\mathbf{Z},m\mid t^3).$$

由此得

$$\begin{cases} x=\dfrac{1}{2}\left(\dfrac{t^3}{m}+m\right) \\ 4+3t=\dfrac{1}{2}\left(\dfrac{t^3}{m}-m\right) \end{cases} \quad (m,t\in\mathbf{Z},m\mid t^3).$$

令 $t=ms$，$s\in\mathbf{Z}$，由 $4+3t=\frac{1}{2}\left(\frac{t^3}{m}-m\right)$ 得 $8+6ms=m^2s^3-m$，所以 $m\mid 8$，故 m 只能取值为 1,2,4 或 8. 当 $m=1$ 时，$8+6s=s^3-1$，此方程仅有整数解 $s=3$，此时 $x=14$，$y=169$.

当 $m=2$ 时，$4+6s=2s^3-1$，此时无整数解. 当 $m=4$ 时，$2+6s=4s^3-1$，此时无整数解. 当 $m=8$ 时，$1+6s=8s^3-1$，此时仅有整数解 $s=1$，解得 $x=36$，$y=784$. 总之，不定方程$\sqrt[3]{x+\sqrt{y}}-\sqrt[3]{x-\sqrt{y}}=2$ 至少有 3 组正整数解：$x=4$，$y=16$；$x=14$，$y=169$；$x=36$，$y=784$. 实际上，可以证明不定方程$\sqrt[3]{x+\sqrt{y}}-\sqrt[3]{x-\sqrt{y}}=2$ 有无穷多组正整数解.

对于一般的自然数 k，由 $x^2=t^3+\left(\frac{k^3+3kt}{2}\right)^2$ 得

$$\left(x-\frac{k^3+3kt}{2}\right)\left(x+\frac{k^3+3kt}{2}\right)=t^3.$$

令 $x-\frac{k^3+3kt}{2}=m$，则 $x+\frac{k^3+3kt}{2}=\frac{t^3}{m}$，所以有

$$\begin{cases} x-\dfrac{k^3+3kt}{2}=m \\ x+\dfrac{k^3+3kt}{2}=\dfrac{t^3}{m} \end{cases} \quad (m,t\in\mathbf{Z},m\mid t^3).$$

由此得

$$\begin{cases} x=\dfrac{1}{2}\left(\dfrac{t^3}{m}+m\right) \\ k^3+3kt=\dfrac{t^3}{m}-m \end{cases} \quad (m,t\in\mathbf{Z},m\mid t^3).$$

由 $m\mid t^3, k^3+3kt=\dfrac{t^3}{m}-m$ 知,直接求解这个不定方程较为困难,因此要从另一途径来求解.由 $\sqrt[3]{x+\sqrt{y}}-\sqrt[3]{x-\sqrt{y}}=k$ 知,$x+\sqrt{y}=(a+k)^3, x-\sqrt{y}=a^3$,即

$$\begin{cases} x=\dfrac{1}{2}((a+k)^3+a^3) \\ y=\dfrac{1}{4}((a+k)^3-a^3)^2 \end{cases} \quad (a\in\mathbf{Z});$$

或者 $x-\sqrt{y}=-(a+k)^3, x+\sqrt{y}=-a^3$,即

$$\begin{cases} x=-\dfrac{1}{2}((a+k)^3+a^3) \\ y=\dfrac{1}{4}((a+k)^3-a^3)^2. \end{cases} \quad (a\in\mathbf{Z}).$$

由此即知,当 k 为奇数时,不定方程无整数解;当 k 为偶数时,不定方程有无穷多组整数解,也有无穷多组正整数解.特别地,当 $k=2$ 时,若 $a=0,1,2,3,4,\cdots$,则不定方程的正整数解分别为 $(x,y)=(4,16),(14,169),(36,784),(76,2\,401),(140,5\,776),\cdots$.综上所述,有下列结论:

定理 5.20　不定方程 $\sqrt[3]{x+\sqrt{y}}-\sqrt[3]{x-\sqrt{y}}=k\ (k\in\mathbf{Z}_+)$,当 k 为偶数时,有无穷多组整数解,也有无穷多组正整数解,解由如下公式给出:

$$\begin{cases} x=\dfrac{1}{2}((a+k)^3+a^3) \\ y=\dfrac{1}{4}((a+k)^3-a^3)^2 \end{cases} \quad (a\in\mathbf{Z});$$

或者

$$\begin{cases} x=-\dfrac{1}{2}((a+k)^3+a^3) \\ y=\dfrac{1}{4}((a+k)^3-a^3)^2 \end{cases} \quad (a\in\mathbf{Z}).$$

由上面的分析即得如下结论:

定理 5.21　$x^2=t^3+\left(\dfrac{k^3+3kt}{2}\right)^2$,当 k 为偶数时,有无穷多组整数解,其解为

$$\begin{cases} x=\dfrac{1}{2}((a+k)^3+a^3) \\ t=a^2+ak \end{cases} \quad (a\in\mathbf{Z});$$

或者

$$\begin{cases} x=-\dfrac{1}{2}((a+k)^3+a^3) \\ t=a^2+ak \end{cases} \quad (a\in\mathbf{Z}).$$

对于定理 5.20 与定理 5.21 来说，当 k 为奇数时，不定方程 $\sqrt[3]{x+\sqrt{y}}-\sqrt[3]{x-\sqrt{y}}=k$ 是否有整数解？这是一个值得探讨的问题.

8. 不定方程 $\sqrt{x+\sqrt{y}}-\sqrt{x-\sqrt{y}}=2k$ 与 $(x+y^{\frac{1}{b}})^{\frac{1}{a}}-(x-y^{\frac{1}{b}})^{\frac{1}{a}}=n$ 的正整数解研究

前面介绍了关于 1 的一种无理分拆（即求不定方程 $(x+y^{\frac{1}{2}})^{\frac{1}{3}}+(x-y^{\frac{1}{2}})^{\frac{1}{3}}=1$ 的正整数解的问题）. 易证有 $\sqrt{3+\sqrt{8}}-\sqrt{3-\sqrt{8}}=\sqrt{4+\sqrt{12}}-\sqrt{4-\sqrt{12}}=2$. 先考虑不定方程

$$\sqrt{x+\sqrt{y}}-\sqrt{x-\sqrt{y}}=2 \tag{5.35}$$

的正整数解 x,y 有哪些，继而又研究不定方程

$$\sqrt{x+\sqrt{y}}-\sqrt{x-\sqrt{y}}=n \tag{5.36}$$

（n 为正整数）的正整数解 x,y 有哪些. 若正整数 x,y 满足如上方程，那么 $\sqrt{x+\sqrt{y}}$ 与 $\sqrt{x-\sqrt{y}}$ 是有理数还是无理数？经研究发现，当 n 为偶数时方程(5.36)必有正整数解，而且有无穷多组解. 还给出在所有的正整数解中，使 $\sqrt{x\pm\sqrt{y}}$ 为有理数及使 $\sqrt{x\pm\sqrt{y}}$ 为无理数的比的一个不等式. 进一步还研究不定方程 $(x+y^{\frac{1}{b}})^{\frac{1}{a}}-(x-y^{\frac{1}{b}})^{\frac{1}{a}}=n$（$a,b,n$ 都是正整数）的正整数解.

性质 5.3 方程(5.35)有且仅有如下形式的正整数解：

$$\begin{cases} x=m, \\ y=4(m-1). \end{cases} \tag{5.37}$$

这里 m 为任意不小于 2 的正整数.

证明 将式(5.35)的两边平方得 $2x-2\sqrt{x^2-y}=4$，即 $\sqrt{x^2-y}=x-2$，将此式两边再平方后整理得 $y=4(x-1)$，由于 $\sqrt{x-\sqrt{y}}$ 为实数，所以 $x\geqslant\sqrt{y}$，即 $x\geqslant\sqrt{4(x-1)}$，再由方程(5.35)得 $x\geqslant 2$，故式(5.35)的正整数解必为

$$\begin{cases} x=m \\ y=4(m-1) \end{cases} \quad (m\geqslant 2, m \text{ 为整数}).$$

反之，若有式(5.37)，将式(5.37)代入式(5.35)即知式(5.35)成立. 证毕.

性质 5.4 若方程(5.35)的正整数解 x 与 y 分别为形如 $1+t^2$ 与 $4t^2$（t 为正整数）的数，则 $\sqrt{x+\sqrt{y}}$ 与 $\sqrt{x-\sqrt{y}}$ 皆为有理数，否则 $\sqrt{x+\sqrt{y}}$ 与 $\sqrt{x-\sqrt{y}}$ 皆为无理数.

证明 只证明 $\sqrt{x+\sqrt{y}}$ 这一情形，对于 $\sqrt{x-\sqrt{y}}$ 同理可证. 若 $\sqrt{x+\sqrt{y}}$ 为有理

数,则$\sqrt{x+\sqrt{y}}=\frac{q}{p}$($p\neq 0,p,q$ 为整数),于是 $p^2(x+\sqrt{y})=q^2$,从而 $x+\sqrt{y}$为一整数的平方.另一方面,由性质 5.3 知 $y=4(x-1)$,所以 $x+\sqrt{y}=x+\sqrt{4(x-1)}=(\sqrt{x-1}+1)^2$,故$\sqrt{x-1}+1$ 为整数,所以 $x-1$ 为整数的平方,即 $x-1=t^2$(t 为整数),故 $x=1+t^2$,从而 $y=4(x-1)=4t^2$,于是我们就证明了若$\sqrt{x+\sqrt{y}}$为有理数,则 $x=1+t^2$,$y=4t^2$.反之,若 $x=1+t^2$,$y=4t^2$(t 为整数),则$\sqrt{x+\sqrt{y}}=\sqrt{1+t^2+\sqrt{4t^2}}=1+t$ 为整数,即$\sqrt{x+\sqrt{y}}$为有理数.证毕.

性质 5.5 对于任意不小于 2 的自然数 N,在不定方程(5.35)的解中,当 $x=2,\cdots,N$ 时,记$\sqrt{x+\sqrt{y}}$是有理数与$\sqrt{x+\sqrt{y}}$是无理数之比为$\rho(N)$,则有

$$\rho(N)\leqslant\frac{[\sqrt{N-1}]}{N-1-[\sqrt{N-1}]}.$$

这里$[\sqrt{N-1}]$表示不超过$\sqrt{N-1}$的最大整数.

证明 由性质 5.3 知,方程(5.35)的正整数解为

$$\begin{cases}x=m\\y=4(m-1)\end{cases}\quad(m\geqslant 2).$$

故方程(5.35)有无穷多组解.我们只需考虑 x(因 $y=4(x-1)$),由性质 5.4 可知,当 x 是形如 $1+t^2$ 的数时,$\sqrt{x\pm\sqrt{y}}$才为有理数,否则它为无理数.对任意不小于 2 的自然数 N,那么在 2~N 之间的自然数中,形如 $1+t^2$ 的数的个数必小于或等于$[\sqrt{N-1}]$,故对于任意不小于 2 的自然数 N,在不定方程(5.35)的解中,当 $x=2,\cdots,N$ 时,$\sqrt{x\pm\sqrt{y}}$是有理数与$\sqrt{x\pm\sqrt{y}}$是无理数之比 $\rho(N)\leqslant\frac{[\sqrt{N-1}]}{N-1-[\sqrt{N-1}]}$.证毕.

类似性质 5.3~5.5 的证明,同样可得如下性质 5.6~5.8.

性质 5.6 不定方程$\sqrt{x+\sqrt{y}}-\sqrt{x-\sqrt{y}}=2k$($k$ 为正整数)有且仅有如下形式的正整数解:

$$\begin{cases}x=m\\y=4k^2(m-k^2)\end{cases}.$$

这里 m 为任意不小于 $2k^2$ 的整数.

性质 5.7 若不定方程$\sqrt{x+\sqrt{y}}-\sqrt{x-\sqrt{y}}=2k$($k$ 为正整数)的正整数解 x 与 y 分别为形如k^2+t^2 与 $4k^2t^2$(t 为正整数)的数,则$\sqrt{x+\sqrt{y}}$与$\sqrt{x-\sqrt{y}}$皆为有理数,否则$\sqrt{x+\sqrt{y}}$与$\sqrt{x-\sqrt{y}}$皆为无理数.

定理 5.22 对于任意不小于 $2k^2$(k 为正整数)的自然数 N,在方程$\sqrt{x+\sqrt{y}}-\sqrt{x-\sqrt{y}}=2k$ 的正整数解中,当 $x=2k^2,\cdots,N$ 时,记$\sqrt{x+\sqrt{y}}$是有理数与$\sqrt{x+\sqrt{y}}$是无理数之比为$\rho(N)$,则有

$$\rho(N)\leqslant\frac{[\sqrt{N-k^2}-(k-1)]}{N-2k^2+1-[\sqrt{N-k^2}-(k-1)]}.$$

这里$[\sqrt{N-k^2}-(k-1)]$表示不超过$\sqrt{N-k^2}-(k-1)$的最大整数.

注记 1 对于不定方程(5.36),将两边平方即知 n 为奇数时方程无正整数解.

注记 2 我们用构造的方法可得如下定理:

定理 5.23 如不定方程

$$(x+y^{\frac{1}{b}})^{\frac{1}{a}}-(x-y^{\frac{1}{b}})^{\frac{1}{a}}=n \tag{5.38}$$

有正整数解,则

$$\begin{cases}x=\dfrac{1}{2}((t+n)^a+t^a)\\ y=\dfrac{1}{2^b}((t+n)^a-t^a)^b\end{cases} \tag{5.39}$$

为式(5.38)的正整数解,这里 a,b,n,t 都为正整数.

证明 其实式(5.39)是通过如下方法构造出来的,从式(5.38)的左边可以看出,若令

$$\begin{cases}x+y^{\frac{1}{b}}=s^a\\ x-y^{\frac{1}{b}}=t^a\end{cases}\quad(s,t\text{ 为正整数}),$$

则由式(5.38)知 $s-t=n$,代入上式即得

$$\begin{cases}x=\dfrac{1}{2}((t+n)^a+t^a),\\ y=\dfrac{1}{2^b}((t+n)^a-t^a)^b.\end{cases}$$

由此得到 $x+y^{\frac{1}{b}}=(t+n)^a$,$x-y^{\frac{1}{b}}=t^a$.故有

$$(x+y^{\frac{1}{b}})^{\frac{1}{a}}-(x-y^{\frac{1}{b}})^{\frac{1}{a}}=t+n-t=n.$$

证毕.

由定理 5.23,自然就提出这样一个问题:若式(5.38)有正整数解,那么除了式(5.39)是它的解以外,还有哪些形式的正整数是式(5.38)的解呢? 这是一个值得探讨的问题.

注记 3 当 $x-\sqrt{y}\leqslant 0$ 时,不定方程(5.35)中的项$\sqrt{x-\sqrt{y}}$虽是复数,但

$$\begin{cases} x = m \\ y = 4(m-1) \end{cases} \quad (m \leqslant 2, m \text{ 为整数})$$

也满足不定方程$\sqrt{x+\sqrt{y}}+\sqrt{x-\sqrt{y}}=2$.此方程与不定方程(5.35)左边仅相差一个正负号.同样地,$\begin{cases} x=m \\ y=4k^2(m-k^2) \end{cases}$($m \leqslant 2k^2, k>0, m, k$ 皆为整数)也满足不定方程$\sqrt{x+\sqrt{y}}+\sqrt{x-\sqrt{y}}=2k$.

9. 不定方程$\sqrt[3]{\sqrt[m]{x}+\sqrt[n]{y}}+\sqrt[3]{\sqrt[m]{x}-\sqrt[n]{y}}=k(m,n,k\in \mathbf{Z}_+)$的整数解研究

将不定方程$\sqrt[3]{\sqrt[m]{x}+\sqrt[n]{y}}+\sqrt[3]{\sqrt[m]{x}-\sqrt[n]{y}}=k(m,n,k\in \mathbf{Z}_+)$两边立方得

$$2\sqrt[m]{x}+3k(\sqrt[m]{x^2}-\sqrt[n]{y^2})^{\frac{1}{3}}=k^3,$$

所以$\left(\dfrac{2\sqrt[m]{x}-k^3}{3k}\right)^3=\sqrt[m]{x^2}-\sqrt[n]{y^2}$.令$\dfrac{k^3-2\sqrt[m]{x}}{3k}=t$,则 $x=\left(\dfrac{k^3-3kt}{2}\right)^m$,$t^3=\sqrt[m]{x^2}-\sqrt[n]{y^2}$,故

$$\begin{cases} x = \left(\dfrac{k^3-3kt}{2}\right)^m \\ y^2 = \left(\left(\dfrac{k^3-3kt}{2}\right)^2-t^3\right)^n \end{cases} \quad (t\in \mathbf{Z}). \tag{5.40}$$

由此即知有如下结论:

定理 5.24 若不定方程 $y^2=\left(\left(\dfrac{k^3-3kt}{2}\right)^2-t^3\right)^n$ 有解,那么

$$\begin{cases} x = \left(\dfrac{k^3-3kt}{2}\right)^m \\ y^2 = \left(\left(\dfrac{k^3-3kt}{2}\right)^2-t^3\right)^n \end{cases} \quad (t\in \mathbf{Z})$$

是不定方程$\sqrt[3]{\sqrt[m]{x}+\sqrt[n]{y}}+\sqrt[3]{\sqrt[m]{x}-\sqrt[n]{y}}=k(m,n,k\in \mathbf{Z}_+)$的解.

由$\sqrt[3]{\sqrt[m]{x}+\sqrt[n]{y}}+\sqrt[3]{\sqrt[m]{x}-\sqrt[n]{y}}=k$ 知,$\sqrt[m]{x}+\sqrt[n]{y}=(a+k)^3$,$\sqrt[m]{x}-\sqrt[n]{y}=(-a)^3$,即

$$\begin{cases} \sqrt[m]{x} = \dfrac{1}{2}((a+k)^3-a^3) \\ \sqrt[n]{y} = \dfrac{1}{2}((a+k)^3+a^3) \end{cases} (a\in \mathbf{Z}) \Rightarrow \begin{cases} x = \left(\dfrac{1}{2}((a+k)^3-a^3)\right)^m \\ y = \left(\dfrac{1}{2}((a+k)^3+a^3)\right)^n \end{cases} (a\in \mathbf{Z}),$$

或者$\sqrt[m]{x}-\sqrt[n]{y}=(a+k)^3$,$\sqrt[m]{x}+\sqrt[n]{y}=-a^3$,即

$$\begin{cases} \sqrt[m]{x} = \dfrac{1}{2}((a+k)^3-a^3) \\ \sqrt[n]{y} = -\dfrac{1}{2}((a+k)^3+a^3) \end{cases} (a\in \mathbf{Z}) \Rightarrow \begin{cases} x = \left(\dfrac{1}{2}((a+k)^3-a^3)\right)^m \\ y = \left(-\dfrac{1}{2}((a+k)^3+a^3)\right)^n \end{cases} (a\in \mathbf{Z}),$$

所以当 k 为偶数时,不定方程 $\sqrt[3]{\sqrt[m]{x}+\sqrt[n]{y}}+\sqrt[3]{\sqrt[m]{x}-\sqrt[n]{y}}=k$ 有无穷多组解.由此即知有无穷多个 t 适合式(5.40),即不定方程 $y^2=\left(\left(\frac{k^3-3kt}{2}\right)^2-t^3\right)^n$ 有无穷多组解.令 $k=2K, X=t, Y=x$,那么不定方程 $y^2=\left(\left(\frac{k^3-3kt}{2}\right)^2-t^3\right)^n$ 即为 $Y^2=((4K^2-3X)^2-X^3)^n$,由此有下面结论:

定理 5.25　对于任意给定的正整数 k,不定方程 $Y^2=((4k^2-3X)^2-X^3)^n$ 必有无穷多个非平凡解.

10. 不定方程 $\sqrt[3]{\sqrt[m]{x}+\sqrt[n]{y}}-\sqrt[3]{\sqrt[m]{x}-\sqrt[n]{y}}=k(m,n,k\in \mathbf{Z}_+)$ 的整数解研究

将不定方程 $\sqrt[3]{\sqrt[m]{x}+\sqrt[n]{y}}-\sqrt[3]{\sqrt[m]{x}-\sqrt[n]{y}}=k(m,n,k\in \mathbf{Z}_+)$ 两边立方得

$$2\sqrt[n]{y}-3k(\sqrt[m]{x^2}-\sqrt[n]{y^2})^{\frac{1}{3}}=k^3,$$

所以 $\left(\frac{2\sqrt[n]{y}-k^3}{3k}\right)^3=\sqrt[m]{x^2}-\sqrt[n]{y^2}$.令 $\frac{2\sqrt[n]{y}-k^3}{3k}=t$,则 $y=\left(\frac{k^3+3kt}{2}\right)^n$,$t^3=\sqrt[m]{x^2}-\sqrt[n]{y^2}$,故

$$\begin{cases} y=\left(\frac{k^3+3kt}{2}\right)^n \\ x^2=\left(\left(\frac{k^3+3kt}{2}\right)^2+t^3\right)^m \end{cases} \quad (t\in \mathbf{Z}). \tag{5.41}$$

由此即知有如下结论:

定理 5.26　若不定方程 $x^2=\left(\left(\frac{k^3+3kt}{2}\right)^2+t^3\right)^m$ 有解,那么

$$\begin{cases} y=\left(\frac{k^3+3kt}{2}\right)^n \\ x^2=\left(\left(\frac{k^3+3kt}{2}\right)^2+t^3\right)^m \end{cases} \quad (t\in \mathbf{Z})$$

是不定方程 $\sqrt[3]{\sqrt[m]{x}+\sqrt[n]{y}}-\sqrt[3]{\sqrt[m]{x}-\sqrt[n]{y}}=k(m,n,k\in \mathbf{Z}_+)$ 的解.

由 $\sqrt[3]{\sqrt[m]{x}+\sqrt[n]{y}}-\sqrt[3]{\sqrt[m]{x}-\sqrt[n]{y}}=k$ 知,$\sqrt[m]{x}+\sqrt[n]{y}=(a+k)^3$,$\sqrt[m]{x}-\sqrt[n]{y}=a^3$,即

$$\begin{cases} \sqrt[m]{x}=\frac{1}{2}((a+k)^3+a^3) \\ \sqrt[n]{y}=\frac{1}{2}((a+k)^3-a^3) \end{cases} (a\in \mathbf{Z}) \Rightarrow \begin{cases} x=\left(\frac{1}{2}((a+k)^3+a^3)\right)^m \\ y=\left(\frac{1}{2}((a+k)^3-a^3)\right)^n \end{cases} \quad (a\in \mathbf{Z}),$$

或者 $\sqrt[m]{x}-\sqrt[n]{y}=-(a+k)^3$,$\sqrt[m]{x}+\sqrt[n]{y}=-a^3$,即

$$\begin{cases} \sqrt[m]{x}=-\frac{1}{2}((a+k)^3+a^3) \\ \sqrt[n]{y}=\frac{1}{2}((a+k)^3-a^3) \end{cases} (a\in \mathbf{Z}) \Rightarrow \begin{cases} x=\left(-\frac{1}{2}((a+k)^3+a^3)\right)^m \\ y=\left(\frac{1}{2}((a+k)^3-a^3)\right)^n \end{cases} \quad (a\in \mathbf{Z}),$$

所以当 k 为偶数时,不定方程$\sqrt[3]{\sqrt[m]{x}+\sqrt[n]{y}}-\sqrt[3]{\sqrt[m]{x}-\sqrt[n]{y}}=k$ 有无穷多组解.由此即知有无穷多个 t 适合式(5.41),即不定方程 $y^2=\left(\left(\frac{k^3+3kt}{2}\right)^2+t^3\right)^n$ 有无穷多组解.令 $k=2K,X=t,Y=x$,那么不定方程 $y^2=\left(\left(\frac{k^3+3kt}{2}\right)^2+t^3\right)^n$ 即为 $Y^2=((4K^2+3X)^2+X^3)^n$,由此有下面结论:

定理 5.27 对任意给定的正整数 k,不定方程 $Y^2=((4k^2+3X)^2+X^3)^n$ 必有无穷多个非平凡解.

5.5 一类线性不定方程的整数解的个数

对于不定方程 $x_1+x_2+\cdots+x_k=n$ 的非负整数解,我们熟知它的解的个数为[1]$\binom{n+k-1}{k-1}$,而它的正整数解的个数为$\binom{n-1}{k-1}$.这一节我们将探讨不定方程 $ax_1+bx_2=n$ 以及不定方程$ax_1+bx_2+cx_3=n$ 的非负整数解的个数问题.

定理 5.28 设 $a,b,n\in\mathbf{N},(a,b)=1$,记不定方程 $ax_1+bx_2=n$ 的非负整数解的个数为$\omega(2,n)$,那么

$$\begin{aligned}\omega(2,n)=&\sum_{k=1}^{a-1}\frac{1}{(\mathrm{e}^{\frac{2bk\pi\mathrm{i}}{a}}-1)\mathrm{e}^{\frac{2k\pi\mathrm{i}}{a}}\prod\limits_{\substack{t\neq k\\1\leqslant t\leqslant a-1}}(\mathrm{e}^{\frac{2t\pi\mathrm{i}}{a}}-\mathrm{e}^{\frac{2k\pi\mathrm{i}}{a}})}\\&+\sum_{k=1}^{b-1}\frac{1}{(\mathrm{e}^{\frac{2ak\pi\mathrm{i}}{b}}-1)\mathrm{e}^{\frac{2k\pi\mathrm{i}}{b}}\prod\limits_{\substack{t\neq k\\1\leqslant t\leqslant b-1}}(\mathrm{e}^{\frac{2t\pi\mathrm{i}}{b}}-\mathrm{e}^{\frac{2k\pi\mathrm{i}}{b}})}+\frac{n+1}{ab}+\frac{a-1}{2ab}+\frac{b-1}{2ab}.\end{aligned}$$

证明 由组合数学中的生成函数理论知[1],不定方程 $ax_1+bx_2=n$ 的非负整数解的个数 $\omega(2,n)$所对应的生成函数是 $g(x)=\frac{1}{(1-x^a)(1-x^b)}=\sum\limits_{k=0}^{\infty}\omega(2,k)x^k$,其中当 $k=n$ 时即为所求.由此即知,$f(x)=\frac{1}{x^{n+1}(1-x^a)(1-x^b)}$所展开的形式幂级数中 x^{-1}项中的系数即为所求.为此,只要求出 $f(z)$在 $z=0$ 处的留数即可.即 $\omega(2,n)=\operatorname{Res}(f(z),0)$,由于 $f(z)$在 $z=\infty$处解析,由留数定理知,$f(z)$在 $z=\infty$处的留数等于零,而 $f(z)$在复平面中的极点为 $z=0,z=1,z_k=\mathrm{e}^{\frac{2k\pi\mathrm{i}}{a}}(k=1,2,\cdots,a-1),z_k=\mathrm{e}^{\frac{2k\pi\mathrm{i}}{b}}(k=1,2,\cdots,b-1)$,再由留数定理知

$$\omega(2,n)=\operatorname{Res}(f(z),0)$$

$$= -\left(\operatorname{Res}(f(z),1) + \sum_{k=1}^{a-1}\operatorname{Res}(f(z),e^{\frac{2k\pi i}{a}}) + \sum_{k=1}^{b-1}\operatorname{Res}(f(z),e^{\frac{2k\pi i}{b}})\right). \tag{5.42}$$

在这些非零的极点中，$z=1$ 为 2 阶极点，其余是 1 阶极点，所以

$$\operatorname{Res}(f(z),e^{\frac{2k\pi i}{a}}) = ((z-e^{\frac{2k\pi i}{a}})f(z))\Big|_{z=e^{\frac{2k\pi i}{a}}} = \frac{-1}{(e^{\frac{2bk\pi i}{a}}-1)e^{\frac{2k\pi i}{a}}\prod\limits_{\substack{t\neq k\\1\leqslant t\leqslant a-1}}(e^{\frac{2t\pi i}{a}}-e^{\frac{2k\pi i}{a}})}$$

$$(k=1,2,\cdots,a-1). \tag{5.43}$$

$$\operatorname{Res}(f(z),e^{\frac{2k\pi i}{b}}) = ((z-e^{\frac{2k\pi i}{b}})f(z))\Big|_{z=e^{\frac{2k\pi i}{b}}} = \frac{-1}{(e^{\frac{2ak\pi i}{b}}-1)e^{\frac{2k\pi i}{b}}\prod\limits_{\substack{t\neq k\\1\leqslant t\leqslant b-1}}(e^{\frac{2t\pi i}{b}}-e^{\frac{2k\pi i}{b}})}$$

$$(k=1,2,\cdots,b-1). \tag{5.44}$$

下面求 $\operatorname{Res}(f(z),1)=((z-1)^2f(z))'\big|_{z=1}$.

$$((z-1)^2f(z))' = \left(\frac{(1-z)^2}{z^{n+1}(1-z^a)(1-z^b)}\right)'$$
$$= \frac{-2(1-z)}{z^{n+1}(1-z^a)(1-z^b)} + \frac{az^{a-1}(1-z)^2}{z^{n+1}(1-z^a)^2(1-z^b)}$$
$$+ \frac{bz^{b-1}(1-z)^2}{z^{n+1}(1-z^a)(1-z^b)^2} - \frac{(n+1)(1-z)^2}{z^{n+2}(1-z^a)(1-z^b)}, \tag{5.45}$$

而

$$\lim_{z\to1}\frac{(n+1)(1-z)^2}{z^{n+2}(1-z^a)(1-z^b)} = \frac{n+1}{ab}. \tag{5.46}$$

$$\lim_{z\to1}\left(\frac{az^{a-1}(1-z)^2}{z^{n+1}(1-z^a)^2(1-z^b)} - \frac{1-z}{z^{n+1}(1-z^a)(1-z^b)}\right)$$
$$= \lim_{z\to1}\frac{(1-z)^2}{z^{n+1}(1-z^a)(1-z^b)}\left(\frac{az^{a-1}}{1-z^a}-\frac{1}{1-z}\right), \tag{5.47}$$

$$\lim_{z\to1}\frac{(1-z)^2}{z^{n+1}(1-z^a)(1-z^b)} = \frac{1}{ab}, \tag{5.48}$$

$$\lim_{z\to1}\left(\frac{az^{a-1}}{1-z^a}-\frac{1}{1-z}\right)$$
$$= \lim_{z\to1}\frac{1}{1+z+z^2+\cdots+z^{a-1}}\cdot\left(\frac{az^{a-1}-(1+z+z^2+\cdots+z^{a-1})}{1-z}\right)$$
$$= \frac{1}{a}\lim_{z\to1}\frac{az^{a-1}-(1+z+z^2+\cdots+z^{a-1})}{1-z},$$

由于 $\lim\limits_{z\to1}(az^{a-1}-(1+z+z^2+\cdots+z^{a-1}))=\lim\limits_{z\to1}(1-z)=0$，由 L'Hospital 法则得

$$\lim_{z\to 1}\frac{az^{a-1}-(1+z+z^2+\cdots+z^{a-1})}{1-z}$$
$$=\lim_{z\to 1}\frac{(az^{a-1}-(1+z+z^2+\cdots+z^{a-1}))'}{(1-z)'}$$
$$=\lim_{z\to 1}\frac{a(a-1)z^{a-2}-(1+2z+3z^2+\cdots+(a-1)z^{a-2})}{-1}$$
$$=-\frac{a(a-1)}{2},$$

于是 $\lim\limits_{z\to 1}\left(\frac{az^{a-1}}{1-z^a}-\frac{1}{1-z}\right)=-\frac{1}{a}\frac{a(a-1)}{2}=\frac{-(a-1)}{2}$，从而由式(5.47)与式(5.48)得

$$\lim_{z\to 1}\left(\frac{az^{a-1}(1-z)^2}{z^{n+1}(1-z^a)^2(1-z^b)}-\frac{1-z}{z^{n+1}(1-z^a)(1-z^b)}\right)=-\frac{a-1}{2ab}. \tag{5.49}$$

同理有

$$\lim_{z\to 1}\left(\frac{bz^{b-1}(1-z)^2}{z^{n+1}(1-z^a)(1-z^b)^2}-\frac{1-z}{z^{n+1}(1-z^a)(1-z^b)}\right)=-\frac{b-1}{2ab}. \tag{5.50}$$

由式(5.45)、式(5.46)、式(5.49)、式(5.50)得

$$\begin{aligned}\mathrm{Res}(f(z),1)&=((z-1)^2f(z))'\big|_{z=1},\\&=\lim_{z\to 1}\left(\frac{-2(1-z)}{z^{n+1}(1-z^a)(1-z^b)}+\frac{az^{a-1}(1-z)^2}{z^{n+1}(1-z^a)^2(1-z^b)}\right.\\&\quad\left.+\frac{bz^{b-1}(1-z)^2}{z^{n+1}(1-z^a)(1-z^b)^2}-\frac{(n+1)(1-z)^2}{z^{n+2}(1-z^a)(1-z^b)}\right)\\&=-\frac{a-1}{2ab}-\frac{b-1}{2ab}-\frac{n+1}{ab}.\end{aligned} \tag{5.51}$$

由式(5.42)～式(5.44)、式(5.51)定理得证.

推论 5.1　设 $a,b,n\in\mathbf{N},(a,b)=1$，记不定方程 $ax_1+bx_2=n$ 的非负整数解的个数为 $\omega(2,n)$，当 n 充分大时，有 $\omega(2,n)\sim\frac{n}{ab}$.

定理 5.29　设 $a,b,c,n\in\mathbf{N},(a,b)=(a,c)=(b,c)=1$，记不定方程 $ax_1+bx_2+cx_3=n$ 的非负整数解的个数为 $\omega(3,n)$，那么

$$\begin{aligned}\omega(3,n)&=\sum_{k=1}^{a-1}\frac{1}{(e^{\frac{2bk\pi i}{a}}-1)(e^{\frac{2ck\pi i}{a}}-1)e^{\frac{2k\pi i}{a}}\prod\limits_{\substack{t\neq k\\1\leqslant t\leqslant a-1}}(e^{\frac{2t\pi i}{a}}-e^{\frac{2k\pi i}{a}})}\\&\quad+\sum_{k=1}^{b-1}\frac{1}{(e^{\frac{2ak\pi i}{b}}-1)(e^{\frac{2ck\pi i}{b}}-1)e^{\frac{2k\pi i}{b}}\prod\limits_{\substack{t\neq k\\1\leqslant t\leqslant b-1}}(e^{\frac{2t\pi i}{b}}-e^{\frac{2k\pi i}{b}})}\end{aligned}$$

$$+\sum_{k=1}^{c-1}\frac{1}{(\mathrm{e}^{\frac{2ak\pi\mathrm{i}}{c}}-1)(\mathrm{e}^{\frac{2bk\pi\mathrm{i}}{c}}-1)\mathrm{e}^{\frac{2k\pi\mathrm{i}}{c}}\prod\limits_{\substack{t\neq k\\1\leqslant t\leqslant c-1}}(\mathrm{e}^{\frac{2t\pi\mathrm{i}}{c}}-\mathrm{e}^{\frac{2k\pi\mathrm{i}}{c}})}$$

$$+\frac{(n+1)}{2abc}(n+a+b+c-1)$$

$$+\frac{1}{24abc}((a-1)(5a-1)+(b-1)(5b-1)+(c-1)(5c-1))$$

$$+\frac{1}{2abc}((a-1)(b-1)+(b-1)(c-1)+(c-1)(a-1)).$$

证明　由于不定方程 $ax_1+bx_2+cx_3=n$ 的非负整数解的个数 $\omega(3,n)$ 所对应的生成函数是 $g(x)=\dfrac{1}{(1-x^a)(1-x^b)(1-x^c)}=\sum\limits_{k=0}^{\infty}\omega(3,k)x^k$，其中当 $k=n$ 时即为所求. 由此即知，$f(x)=\dfrac{1}{x^{n+1}(1-x^a)(1-x^b)(1-x^c)}$ 所展开的形式幂级数中 x^{-1} 项的系数即为所求. 为此，只要求出 $f(z)$ 在 $z=0$ 处的留数即可. 即 $\omega(3,n)=\mathrm{Res}(f(z),0)$，由于 $f(z)$ 在 $z=\infty$ 处解析，由留数定理知，$f(z)$ 在 $z=\infty$ 处的留数等于零，而 $f(z)$ 在复平面中的极点为 $z=0$，$z=1$ 以及

$$z_k=\mathrm{e}^{\frac{2k\pi\mathrm{i}}{a}}\quad(k=1,2,\cdots,a-1),$$

$$z_k=\mathrm{e}^{\frac{2k\pi\mathrm{i}}{b}}\quad(k=1,2,\cdots,b-1),$$

$$z_k=\mathrm{e}^{\frac{2k\pi\mathrm{i}}{c}}\quad(k=1,2,\cdots,c-1).$$

再由留数定理知

$$\begin{aligned}\omega(3,n)&=\mathrm{Res}(f(z),0)\\&=-\mathrm{Res}(f(z),1)-\sum_{k=1}^{a-1}\mathrm{Res}(f(z),\mathrm{e}^{\frac{2k\pi\mathrm{i}}{a}})\\&\quad-\sum_{k=1}^{b-1}\mathrm{Res}(f(z),\mathrm{e}^{\frac{2k\pi\mathrm{i}}{b}})-\sum_{k=1}^{c-1}\mathrm{Res}(f(z),\mathrm{e}^{\frac{2k\pi\mathrm{i}}{c}}).\end{aligned}\tag{5.52}$$

在这些非零的极点中，$z=1$ 为 3 阶极点，其余是 1 阶极点，所以

$$\begin{aligned}&\mathrm{Res}(f(z),\mathrm{e}^{\frac{2k\pi\mathrm{i}}{a}})\\&=((z-\mathrm{e}^{\frac{2k\pi\mathrm{i}}{a}})f(z))\Big|_{z=\mathrm{e}^{\frac{2k\pi\mathrm{i}}{a}}}\\&=\frac{-1}{(\mathrm{e}^{\frac{2bk\pi\mathrm{i}}{a}}-1)(\mathrm{e}^{\frac{2ck\pi\mathrm{i}}{a}}-1)\mathrm{e}^{\frac{2k\pi\mathrm{i}}{a}}\prod\limits_{\substack{t\neq k\\1\leqslant t\leqslant a-1}}(\mathrm{e}^{\frac{2t\pi\mathrm{i}}{a}}-\mathrm{e}^{\frac{2k\pi\mathrm{i}}{a}})}\end{aligned}\tag{5.53}$$

$(k=1,2,\cdots,a-1).$

$$\mathrm{Res}(f(z),\mathrm{e}^{\frac{2k\pi\mathrm{i}}{b}})=((z-\mathrm{e}^{\frac{2k\pi\mathrm{i}}{b}})f(z))\Big|_{z=\mathrm{e}^{\frac{2k\pi\mathrm{i}}{b}}}$$

$$= \frac{-1}{(e^{\frac{2ak\pi i}{b}}-1)(e^{\frac{2ck\pi i}{b}}-1)e^{\frac{2k\pi i}{b}}\prod\limits_{\substack{t\neq k\\1\leqslant t\leqslant b-1}}(e^{\frac{2t\pi i}{b}}-e^{\frac{2k\pi i}{b}})} \tag{5.54}$$

$(k=1,2,\cdots,b-1)$.

$$\mathrm{Res}(f(z),e^{\frac{2k\pi i}{c}}) = ((z-e^{\frac{2k\pi i}{c}})f(z))\big|_{z=e^{\frac{2k\pi i}{c}}}$$

$$= \frac{-1}{(e^{\frac{2ak\pi i}{c}}-1)(e^{\frac{2bk\pi i}{c}}-1)e^{\frac{2k\pi i}{c}}\prod\limits_{\substack{t\neq k\\1\leqslant t\leqslant c-1}}(e^{\frac{2t\pi i}{c}}-e^{\frac{2k\pi i}{c}})} \tag{5.55}$$

$(k=1,2,\cdots,c-1)$.

下面求 $\mathrm{Res}(f(z),1)=\frac{1}{2}((z-1)^3f(z))''\big|_{z=1}$.

$$\begin{aligned}
&((z-1)^3f(z))' \\
&= \left(\frac{(z-1)^3}{z^{n+1}(1-z^a)(1-z^b)(1-z^c)}\right)' \\
&= \frac{3(1-z)^2}{z^{n+1}(1-z^a)(1-z^b)(1-z^c)}+\frac{(n+1)(1-z)^3}{z^{n+2}(1-z^a)(1-z^b)(1-z^c)} \\
&\quad -\frac{az^{a-1}(1-z)^3}{z^{n+1}(1-z^a)^2(1-z^b)(1-z^c)}-\frac{bz^{b-1}(1-z)^3}{z^{n+1}(1-z^a)(1-z^b)^2(1-z^c)} \\
&\quad -\frac{cz^{c-1}(1-z)^3}{z^{n+1}(1-z^a)(1-z^b)(1-z^c)^2}.
\end{aligned} \tag{5.56}$$

$$\begin{aligned}
&\left(\frac{(n+1)(1-z)^3}{z^{n+2}(1-z^a)(1-z^b)(1-z^c)}\right)' \\
&= (n+1)\left(\frac{-3(1-z)^2}{z^{n+2}(1-z^a)(1-z^b)(1-z^c)}\right. \\
&\quad +\frac{az^{a-1}(1-z)^3}{z^{n+2}(1-z^a)^2(1-z^b)(1-z^c)}+\frac{bz^{b-1}(1-z)^3}{z^{n+2}(1-z^a)(1-z^b)^2(1-z^c)} \\
&\quad \left.+\frac{cz^{c-1}(1-z)^3}{z^{n+2}(1-z^a)(1-z^b)(1-z^c)^2}-\frac{(n+2)(1-z)^3}{z^{n+3}(1-z^a)(1-z^b)(1-z^c)}\right).
\end{aligned} \tag{5.57}$$

$$\lim_{z\to1}\frac{(n+2)(1-z)^3}{z^{n+3}(1-z^a)(1-z^b)(1-z^c)}=\frac{n+2}{abc}. \tag{5.58}$$

$$\begin{aligned}
&\lim_{z\to1}\left(\frac{az^{a-1}(1-z)^3}{z^{n+2}(1-z^a)^2(1-z^b)(1-z^c)}-\frac{(1-z)^2}{z^{n+2}(1-z^a)(1-z^b)(1-z^c)}\right) \\
&= \lim_{z\to1}\frac{(1-z)^3}{z^{n+2}(1-z^a)(1-z^b)(1-z^c)}\left(\frac{az^{a-1}}{1-z^a}-\frac{1}{1-z}\right) \\
&= \lim_{z\to1}\frac{(1-z)^3}{z^{n+2}(1-z^a)(1-z^b)(1-z^c)}\lim_{z\to1}\left(\frac{az^{a-1}}{1-z^a}-\frac{1}{1-z}\right)
\end{aligned}$$

$$= \frac{1}{abc}\lim_{z\to 1}\left(\frac{az^{a-1}}{1-z^a}-\frac{1}{1-z}\right).$$

由定理 5.28 中的证明知$\lim\limits_{z\to 1}\left(\frac{az^{a-1}}{1-z^a}-\frac{1}{1-z}\right)=-\frac{1}{a}\frac{a(a-1)}{2}=\frac{-(a-1)}{2}$,于是

$$\lim_{z\to 1}\left(\frac{az^{a-1}(1-z)^3}{z^{n+2}(1-z^a)^2(1-z^b)(1-z^c)}-\frac{(1-z)^2}{z^{n+2}(1-z^a)(1-z^b)(1-z^c)}\right)$$
$$=\frac{-(a-1)}{2abc}. \tag{5.59}$$

同理

$$\lim_{z\to 1}\left(\frac{bz^{b-1}(1-z)^3}{z^{n+2}(1-z^a)(1-z^b)^2(1-z^c)}-\frac{(1-z)^2}{z^{n+2}(1-z^a)(1-z^b)(1-z^c)}\right)$$
$$=\frac{-(b-1)}{2abc}, \tag{5.60}$$

$$\lim_{z\to 1}\left(\frac{cz^{c-1}(1-z)^3}{z^{n+2}(1-z^a)(1-z^b)(1-z^c)^2}-\frac{(1-z)^2}{z^{n+2}(1-z^a)(1-z^b)(1-z^c)}\right)$$
$$=\frac{-(c-1)}{2abc}. \tag{5.61}$$

由式(5.57)～式(5.61)得

$$\left(\frac{(n+1)(1-z)^3}{z^{n+2}(1-z^a)(1-z^b)(1-z^c)}\right)'\Bigg|_{z=1}$$
$$=\lim_{z\to 1}(n+1)\left(\frac{-3(1-z)^2}{z^{n+2}(1-z^a)(1-z^b)(1-z^c)}\right.$$
$$+\frac{az^{a-1}(1-z)^3}{z^{n+2}(1-z^a)^2(1-z^b)(1-z^c)}+\frac{bz^{b-1}(1-z)^3}{z^{n+2}(1-z^a)(1-z^b)^2(1-z^c)}$$
$$\left.+\frac{cz^{c-1}(1-z)^3}{z^{n+2}(1-z^a)(1-z^b)(1-z^c)^2}-\frac{(n+2)(1-z)^3}{z^{n+3}(1-z^a)(1-z^b)(1-z^c)}\right)$$
$$=-(n+1)\left(\frac{n+2}{abc}+\frac{a-1}{2abc}+\frac{b-1}{2abc}+\frac{c-1}{2abc}\right).$$

以下考虑

$$h(a,z)=\frac{(1-z)^2}{z^{n+1}(1-z^a)(1-z^b)(1-z^c)}-\frac{az^{a-1}(1-z)^3}{z^{n+1}(1-z^a)^2(1-z^b)(1-z^c)}$$

在 $z=1$ 处的导数.由式(5.59)知 $h(a,1)=\frac{a-1}{2abc}$,所以

$$h'(a,1)=\lim_{z\to 1}\frac{h(a,z)-h(a,1)}{z-1}$$
$$=\lim_{z\to 1}\frac{1}{z-1}\left(\frac{(1-z)^2}{z^{n+1}(1-z^a)(1-z^b)(1-z^c)}\right.$$
$$\left.-\frac{az^{a-1}(1-z)^3}{z^{n+1}(1-z^a)^2(1-z^b)(1-z^c)}-\frac{a-1}{2abc}\right)$$

$$= \lim_{z\to 1}\frac{(1-z)^3}{z^{n+1}(1-z^a)(1-z^b)(1-z^c)}$$

$$\cdot\left(\frac{1}{1-z}-\frac{az^{a-1}}{1-z^a}-\frac{(a-1)z^{n+1}(1-z^a)(1-z^b)(1-z^c)}{2abc\,(1-z)^3}\right)\frac{1}{z-1}$$

$$= \frac{1}{abc}\lim_{z\to 1}\left(\frac{1}{1-z}-\frac{az^{a-1}}{1-z^a}-\frac{(a-1)z^{n+1}(1-z^a)(1-z^b)(1-z^c)}{2abc\,(1-z)^3}\right)\frac{1}{z-1}. \tag{5.62}$$

由前面的证明知$\lim\limits_{z\to 1}\left(\frac{az^{a-1}}{1-z^a}-\frac{1}{1-z}\right)=\frac{-(a-1)}{2}$,而

$$\lim_{z\to 1}\frac{z^{n+1}(1-z^a)(1-z^b)(1-z^c)}{(1-z)^3} = abc,$$

因此

$$\lim_{z\to 1}\left(\frac{1}{1-z}-\frac{az^{a-1}}{1-z^a}-\frac{(a-1)z^{n+1}(1-z^a)(1-z^b)(1-z^c)}{2abc\,(1-z)^3}\right)=0.$$

又$\lim\limits_{z\to 1}(z-1)=0$,由式(5.62)知,可用 L'Hospital 法则求 $h'(1)$的值,因此要求

$$\lim_{z\to 1}\left(\frac{1}{1-z}-\frac{az^{a-1}}{1-z^a}-\frac{(a-1)z^{n+1}(1-z^a)(1-z^b)(1-z^c)}{2abc\,(1-z)^3}\right)'$$

的值.

$$\lim_{z\to 1}\left(\frac{1}{1-z}-\frac{az^{a-1}}{1-z^a}-\frac{(a-1)z^{n+1}(1-z^a)(1-z^b)(1-z^c)}{2abc\,(1-z)^3}\right)'$$

$$= \lim_{z\to 1}\left(\frac{1}{(1-z)^2}-\frac{a(a-1)z^{a-2}}{1-z^a}-\frac{a^2z^{2a-2}}{(1-z^a)^2}\right.$$

$$-\frac{(a-1)(n+1)z^n(1-z^a)(1-z^b)(1-z^c)}{2abc(1-z)^3}$$

$$-\frac{3(a-1)z^{n+1}(1-z^a)(1-z^b)(1-z^c)}{2abc(1-z)^4}+\frac{(a-1)z^{n+1}az^{a-1}(1-z^b)(1-z^c)}{2abc(1-z)^3}$$

$$\left.+\frac{(a-1)z^{n+1}bz^{b-1}(1-z^a)(1-z^c)}{2abc(1-z)^3}+\frac{(a-1)z^{n+1}cz^{c-1}(1-z^a)(1-z^b)}{2abc(1-z)^3}\right). \tag{5.63}$$

先考虑式(5.63)右边前三项的极限:

$$\lim_{z\to 1}\left(\frac{1}{(1-z)^2}-\frac{a(a-1)z^{a-2}}{1-z^a}-\frac{a^2z^{2a-2}}{(1-z^a)^2}\right)$$

$$= \lim_{z\to 1}\frac{1}{(1-z^a)^2}((1+z+z^2+\cdots+z^{a-1})^2$$

$$-a(a-1)z^{a-2}(1-z^a)-a^2z^{2a-2}), \tag{5.64}$$

由于$\lim\limits_{z\to 1}((1+z+z^2+\cdots+z^{a-1})^2-a(a-1)z^{a-2}(1-z^a)-a^2z^{2a-2})=0=\lim\limits_{z\to 1}(1-z^a)^2$,所以式(5.64)的极限可用 L'Hospital 法则求,即有

$$\lim_{z\to1}\frac{1}{(1-z^a)^2}((1+z+z^2+\cdots+z^{a-1})^2-a(a-1)z^{a-2}(1-z^a)-a^2z^{2a-2})$$
$$=\lim_{z\to1}\frac{1}{((1-z^a)^2)'}((1+z+z^2+\cdots+z^{a-1})^2$$
$$-a(a-1)z^{a-2}(1-z^a)-a^2z^{2a-2})'$$
$$=\lim_{z\to1}\frac{-1}{2az^{a-1}(1-z^a)}(2(1+z+z^2+\cdots+z^{a-1})$$
$$\cdot(1+2z+3z^2+\cdots+(a-1)z^{a-2})$$
$$+a^2(a-1)z^{2a-3}-a(a-1)(a-2)z^{a-3}(1-z^a)$$
$$-a^2(2a-2)z^{2a-3}).\tag{5.65}$$

由于式(5.65)的右边仍是$\frac{0}{0}$型的，故可再次运用 L'Hospital 法则求极限，即

$$\lim_{z\to1}\frac{-1}{2az^{a-1}(1-z^a)}(2(1+z+z^2+\cdots+z^{a-1})(1+2z+3z^2+\cdots+(a-1)z^{a-2})$$
$$+a^2(a-1)z^{2a-3}-a(a-1)(a-2)z^{a-3}(1-z^a)-a^2(2a-2)z^{2a-3})$$
$$=\lim_{z\to1}\frac{-1}{(2az^{a-1}(1-z^a))'}(2(1+z+z^2+\cdots+z^{a-1})$$
$$\cdot(1+2z+3z^2+\cdots+(a-1)z^{a-2})$$
$$+a^2(a-1)z^{2a-3}-a(a-1)(a-2)z^{a-3}(1-z^a)-a^2(2a-2)z^{2a-3})'$$
$$=\lim_{z\to1}\frac{-1}{2a(a-1)z^{a-2}(1-z^a)-2a^2z^{2a-2}}(2(1+2z+3z^2+\cdots+(a-1)z^{a-2})^2$$
$$+2(1+z+z^2+\cdots+z^{a-1})(1\cdot2+2\cdot3z+3\cdot4z^2+\cdots+(a-1)(a-2)z^{a-3})$$
$$+a^2(a-1)(2a-3)z^{2a-4}-a(a-1)(a-2)(a-3)z^{a-4}(1-z^a)$$
$$+a^2(a-1)(a-2)z^{2a-4}-a^2(2a-2)(2a-3)z^{2a-4})$$
$$=\frac{1}{2a^2}\Big(\frac{a^2(a-1)^2}{2}+\frac{2a^2(a-1)(a-2)}{3}+a^2(a-1)(2a-3)$$
$$+a^2(a-1)(a-2)-2a^2(a-1)(2a-3)\Big)$$
$$=\frac{1}{12}(a-1)(a-5).\tag{5.66}$$

由式(5.64)～式(5.66)有

$$\lim_{z\to1}\Big(\frac{1}{(1-z)^2}-\frac{a(a-1)z^{a-2}}{1-z^a}-\frac{a^2z^{2a-2}}{(1-z^a)^2}\Big)=\frac{1}{12}(a-1)(a-5).\tag{5.67}$$

下面求极限

$$\lim_{z\to1}\Big(\frac{(a-1)z^{n+1}az^{a-1}(1-z^b)(1-z^c)}{2abc(1-z)^3}-\frac{(a-1)z^{n+1}(1-z^a)(1-z^b)(1-z^c)}{2abc(1-z)^4}\Big)$$
$$=\lim_{z\to1}\frac{(a-1)z^{n+1}(1-z^a)(1-z^b)(1-z^c)}{2abc(1-z)^3}\Big(\frac{az^{a-1}}{1-z^a}-\frac{1}{1-z}\Big)$$

$$= \frac{(a-1)abc}{2abc} \lim_{z\to 1}\left(\frac{az^{a-1}}{1-z^a} - \frac{1}{1-z}\right) = \frac{(a-1)}{2} \lim_{z\to 1}\left(\frac{az^{a-1}}{1-z^a} - \frac{1}{1-z}\right). \tag{5.68}$$

由前面的证明知$\lim\limits_{z\to 1}\left(\frac{az^{a-1}}{1-z^a} - \frac{1}{1-z}\right) = \frac{-(a-1)}{2}$,所以由式(5.68)得

$$\lim_{z\to 1}\left(\frac{(a-1)z^{n+1}az^{a-1}(1-z^b)(1-z^c)}{2abc\,(1-z)^3} - \frac{(a-1)z^{n+1}(1-z^a)(1-z^b)(1-z^c)}{2abc\,(1-z)^4}\right)$$
$$= \frac{-(a-1)^2}{2}. \tag{5.69}$$

同样地有

$$\lim_{z\to 1}\left(\frac{(a-1)z^{n+1}bz^{b-1}(1-z^a)(1-z^c)}{2abc\,(1-z)^3} - \frac{(a-1)z^{n+1}(1-z^a)(1-z^b)(1-z^c)}{2abc\,(1-z)^4}\right)$$
$$= \lim_{z\to 1}\frac{(a-1)z^{n+1}(1-z^a)(1-z^b)(1-z^c)}{2abc\,(1-z)^3}\left(\frac{bz^{b-1}}{1-z^b} - \frac{1}{1-z}\right)$$
$$= \frac{(a-1)abc}{2abc} \lim_{z\to 1}\left(\frac{bz^{b-1}}{1-z^b} - \frac{1}{1-z}\right) = \frac{(a-1)}{2} \lim_{z\to 1}\left(\frac{bz^{b-1}}{1-z^b} - \frac{1}{1-z}\right). \tag{5.70}$$

由前面的证明知$\lim\limits_{z\to 1}\left(\frac{bz^{b-1}}{1-z^b} - \frac{1}{1-z}\right) = \frac{-(b-1)}{2}$,所以由式(5.70)得

$$\lim_{z\to 1}\left(\frac{(a-1)z^{n+1}bz^{b-1}(1-z^a)(1-z^c)}{2abc(1-z)^3} - \frac{(a-1)z^{n+1}(1-z^a)(1-z^b)(1-z^c)}{2abc(1-z)^4}\right)$$
$$= \frac{-(a-1)(b-1)}{2}. \tag{5.71}$$

类似地有

$$\lim_{z\to 1}\left(\frac{(a-1)z^{n+1}cz^{c-1}(1-z^a)(1-z^b)}{2abc(1-z)^3} - \frac{(a-1)z^{n+1}(1-z^a)(1-z^b)(1-z^c)}{2abc(1-z)^4}\right)$$
$$= \frac{-(a-1)(c-1)}{2}. \tag{5.72}$$

因为

$$\lim_{z\to 1}\frac{(a-1)(n+1)z^n(1-z^a)(1-z^b)(1-z^c)}{2abc\,(1-z)^3}$$
$$= \frac{(a-1)(n+1)abc}{2abc} = \frac{(a-1)(n+1)}{2}, \tag{5.73}$$

由式(5.63)、式(5.67)、式(5.69)、式(5.71)～式(5.73)得

$$\lim_{z\to 1}\left(\frac{1}{1-z} - \frac{az^{a-1}}{1-z^a} - \frac{(a-1)z^{n+1}(1-z^a)(1-z^b)(1-z^c)}{2abc\,(1-z)^3}\right)'$$
$$= \frac{1}{12}(a-1)(a-5) - \frac{(a-1)^2}{2} - \frac{(a-1)(b-1)}{2}$$
$$- \frac{(a-1)(c-1)}{2} - \frac{(a-1)(n+1)}{2}$$

$$= (a-1)\left(\frac{1}{12}(a-5) - \frac{a-1}{2} - \frac{b-1}{2} - \frac{c-1}{2} - \frac{n+1}{2}\right). \quad (5.74)$$

由式(5.62)、式(5.74)与 L'Hospital 法则得

$$h'(a,1) = \lim_{z\to 1}\frac{h(a,z)-h(a,1)}{z-1}$$
$$= \frac{1}{abc}\lim_{z\to 1}\left(\frac{1}{1-z} - \frac{az^{a-1}}{1-z^a} - \frac{(a-1)z^{n+1}(1-z^a)(1-z^b)(1-z^c)}{2abc\,(1-z)^3}\right)' \cdot \frac{1}{(z-1)'}$$
$$= \frac{1}{abc}\lim_{z\to 1}\left(\frac{1}{1-z} - \frac{az^{a-1}}{1-z^a} - \frac{(a-1)z^{n+1}(1-z^a)(1-z^b)(1-z^c)}{2abc\,(1-z)^3}\right)'$$
$$= \frac{(a-1)}{abc}\left(\frac{1}{12}(a-5) - \frac{a-1}{2} - \frac{b-1}{2} - \frac{c-1}{2} - \frac{n+1}{2}\right). \quad (5.75)$$

同样地有

$$h(b,z) = \frac{(1-z)^2}{z^{n+1}(1-z^a)(1-z^b)(1-z^c)} - \frac{bz^{b-1}\,(1-z)^3}{z^{n+1}(1-z^a)\,(1-z^b)^2(1-z^c)},$$

$$h'(b,1) = \lim_{z\to 1}\frac{h(b,z)-h(b,1)}{z-1}$$
$$= \frac{1}{abc}\lim_{z\to 1}\left(\frac{1}{1-z} - \frac{bz^{b-1}}{1-z^b} - \frac{(b-1)z^{n+1}(1-z^a)(1-z^b)(1-z^c)}{2abc(1-z)^3}\right)' \cdot \frac{1}{(z-1)'}$$
$$= \frac{1}{abc}\lim_{z\to 1}\left(\frac{1}{1-z} - \frac{bz^{b-1}}{1-z^b} - \frac{(b-1)z^{n+1}(1-z^a)(1-z^b)(1-z^c)}{2abc(1-z)^3}\right)'$$
$$= \frac{(b-1)}{abc}\left(\frac{1}{12}(b-5) - \frac{a-1}{2} - \frac{b-1}{2} - \frac{c-1}{2} - \frac{n+1}{2}\right). \quad (5.76)$$

$$h(b,z) = \frac{(1-z)^2}{z^{n+1}(1-z^a)(1-z^b)(1-z^c)} - \frac{bz^{b-1}\,(1-z)^3}{z^{n+1}(1-z^a)\,(1-z^b)^2(1-z^c)},$$

$$h'(c,1) = \lim_{z\to 1}\frac{h(c,z)-h(c,1)}{z-1}$$
$$= \frac{1}{abc}\lim_{z\to 1}\left(\frac{1}{1-z} - \frac{cz^{c-1}}{1-z^c} - \frac{(c-1)z^{n+1}(1-z^a)(1-z^b)(1-z^c)}{2abc(1-z)^3}\right)' \cdot \frac{1}{(z-1)'}$$
$$= \frac{1}{abc}\lim_{z\to 1}\left(\frac{1}{1-z} - \frac{cz^{c-1}}{1-z^c} - \frac{(c-1)z^{n+1}(1-z^a)(1-z^b)(1-z^c)}{2abc\,(1-z)^3}\right)'$$
$$= \frac{c-1}{abc}\left(\frac{1}{12}(c-5) - \frac{a-1}{2} - \frac{b-1}{2} - \frac{c-1}{2} - \frac{n+1}{2}\right). \quad (5.77)$$

由式(5.56)知

$$
\begin{aligned}
&((z-1)^3 f(z))''\big|_{z=1}\\
&=\left(\frac{(z-1)^3}{z^{n+1}(1-z^a)(1-z^b)(1-z^c)}\right)''\bigg|_{z=1}\\
&=\left(\frac{3(1-z)^2}{z^{n+1}(1-z^a)(1-z^b)(1-z^c)}+\frac{(n+1)(1-z)^3}{z^{n+2}(1-z^a)(1-z^b)(1-z^c)}\right.\\
&\quad-\frac{az^{a-1}(1-z)^3}{z^{n+1}(1-z^a)^2(1-z^b)(1-z^c)}-\frac{bz^{b-1}(1-z)^3}{z^{n+1}(1-z^a)(1-z^b)^2(1-z^c)}\\
&\quad\left.-\frac{cz^{c-1}(1-z)^3}{z^{n+1}(1-z^a)(1-z^b)(1-z^c)^2}\right)'\bigg|_{z=1}\\
&=h'(a,1)+h'(b,1)+h'(c,1)+\left(\frac{(n+1)(1-z)^3}{z^{n+2}(1-z^a)(1-z^b)(1-z^c)}\right)'\bigg|_{z=1}.
\end{aligned}
$$

而前面已证

$$
\begin{aligned}
&\left(\frac{(n+1)(1-z)^3}{z^{n+2}(1-z^a)(1-z^b)(1-z^c)}\right)'\bigg|_{z=1}\\
&\quad=-(n+1)\left(\frac{n+2}{abc}+\frac{a-1}{2abc}+\frac{b-1}{2abc}+\frac{c-1}{2abc}\right).
\end{aligned}
$$

由上式以及式(5.75)～式(5.77)得

$$
\begin{aligned}
&((z-1)^3 f(z))''\big|_{z=1}\\
&=-(n+1)\left(\frac{n+2}{abc}+\frac{a-1}{2abc}+\frac{b-1}{2abc}+\frac{c-1}{2abc}\right)\\
&\quad+\frac{(a-1)}{abc}\left(\frac{1}{12}(a-5)-\frac{a-1}{2}-\frac{b-1}{2}-\frac{c-1}{2}-\frac{n+1}{2}\right)\\
&\quad+\frac{(b-1)}{abc}\left(\frac{1}{12}(b-5)-\frac{a-1}{2}-\frac{b-1}{2}-\frac{c-1}{2}-\frac{n+1}{2}\right)\\
&\quad+\frac{(c-1)}{abc}\left(\frac{1}{12}(c-5)-\frac{a-1}{2}-\frac{b-1}{2}-\frac{c-1}{2}-\frac{n+1}{2}\right)\\
&=\frac{-(n+1)}{abc}(n+a+b+c-1)\\
&\quad-\frac{1}{12abc}((a-1)(5a-1)+(b-1)(5b-1)+(c-1)(5c-1))\\
&\quad-\frac{1}{abc}((a-1)(b-1)+(b-1)(c-1)+(c-1)(a-1)).
\end{aligned}
\tag{5.78}
$$

由式(5.52)～式(5.55)、式(5.78)以及 $\mathrm{Res}(f(z),1)=\dfrac{1}{2}((z-1)^3 f(z))''\big|_{z=1}$ 定理 5.29 获证.

推论 5.2 设 $a,b,c,n\in\mathbf{N}$, $(a,b)=(a,c)=(b,c)=1$,记不定方程 $ax_1+bx_2+cx_3=n$ 的非负整数解的个数为 $\omega(3,n)$,那么当 n 充分大时,有

$$\omega(3,n) \sim \frac{n}{2abc}(n+a+b+c).$$

参 考 文 献

[1] 许胤龙,孙淑玲.组合数学引论[M].2 版.合肥:中国科学技术大学出版社,2010:118-138.

5.6 一个高次不定方程

设 p 为素数,n 为正整数,那么如何求解不定方程 $p^x=y^n+1$ 或 $p^x=y^n-1$?这是与 Catalan 猜想相关的问题,2004 年,Mihăilescu P 已经解决了 Catalan 猜想.

定理 5.30 设 p 为素数,那么不定方程 $p^x=y^2-1$ 仅有解 $(x,y)=(2,3)$.

证明 因为 $p^x=y^2-1=(y-1)(y+1)$,可设

$$y-1=p^k \quad (k\in \mathbf{N}), \tag{5.79}$$

所以

$$y+1=p^{x-k}. \tag{5.80}$$

由于 $y-1<y+1$,因此 $x-k>k\geqslant 1$,由式(5.79)与式(5.80)得

$$p^{x-k}-p^k=2, \tag{5.81}$$

$$p^{x-k}+p^k=2y. \tag{5.82}$$

由于 $x-k>k\geqslant 1$,再根据式(5.81)得 $p\mid 2$,于是 $p=2$,再代入式(5.81)得

$$2^{x-k}-2^k=2,$$

即

$$2^{k-1}(2^{x-2k}-1)=1,$$

所以 $x-2k=1$,$k-1=0$,于是 $k=1$,$x=3$,将其代入式(5.82)得 $y=3$.证毕.

定理 5.31 设 p 为素数,不定方程 $p^x=y^2+1$ 若有解,则 x 必为奇数,且 $p\equiv 1 \pmod 4$.

证明 若 x 为偶数,那么 $x=2k(k\in\mathbf{N})$,因此 $p^{2k}=y^2+1$,于是

$$(p^k-y)(p^k+y)=1, \tag{5.83}$$

但是 $|(p^k-y)(p^k+y)|>1$,所以式(5.83)不可能成立,因此 x 必为奇数.另一方面,若不定方程有解,由 $p^x=y^2+1$ 得 $y^2\equiv -1 \pmod p$,由此知,Legendre 符号 $\left(\frac{-1}{p}\right)=1$,又 $\left(\frac{-1}{p}\right)=(-1)^{\frac{p-1}{2}}=1$,由此得 $p\equiv 1 \pmod 4$.证毕.

事实上,不定方程 $p^x=y^2+1$ 有解.因为当 $x=1$ 时,若 $p=5$,则有 $y=2$;若 $p=17$,则有 $y=4$;若 $p=37$,则有 $y=6$;若 $p=101$,则有 $y=10$;若 $p=197$,则有

$y=14$;若 $p=257$,则有 $y=16$ 等.但当 $x=1$ 时,不定方程是否有无穷多个解?这是一个著名的未解问题.

定理 5.32 设 p 为素数,那么不定方程 $p^x=y^{2k}-1$ 当 $k>1(k\in\mathbf{N})$时无解.

证明 由 $p^x=y^{2k}-1$ 得

$$p^x = (y^k+1)(y^k-1), \tag{5.84}$$

由此得

$$\begin{cases} p^t = y^k-1, \\ p^{x-t} = y^k+1. \end{cases} \tag{5.85}$$

由式(5.85)知 $x-t>t\geqslant 1$, $p^{x-t}-p^t=2$,因此有

$$p^t(p^{x-2t}-1)=2, \tag{5.86}$$

由式(5.86)得

$$\begin{cases} p^t = 2, \\ p^{x-2t}-1 = 1, \end{cases} \tag{5.87}$$

或

$$\begin{cases} p^t = 1, \\ p^{x-2t}-1 = 2. \end{cases} \tag{5.88}$$

在式(5.87)中 $p^t=2$,由此得 $p=2$, $t=1$,由式(5.85)得 $p^t=y^k-1$,此时 $y^k=p^t+1=3$,但是 $k>1$,所以 $y^k=3$ 不可能成立,因此式(5.87)不可能成立.若为式(5.88)的情形,那么 $p^t=1$,由式(5.85)知,$p^t=y^k-1$,由此得 $y^k=p^t+1=2$,但 $k>1$,所以 $y^k=2$ 不可能成立,因此式(5.88)不可能成立.这样得到矛盾,因此不定方程 $p^x=y^{2k}-1$ 当 $k>1(k\in\mathbf{N})$时无解.证毕.

猜想 设 m 为正整数,那么不定方程 $m^x=y^{2k}-1$ 当 $k>1(k\in\mathbf{N})$以及 $x>1$ 时只有有限个解.

定理 5.33 设 p, $2k+1$ 为素数,不定方程 $p^x=y^{2k+1}+1$ 若有 $y>1$ 的解,则 $p=2k+1$.

证明 由于

$$p^x = y^{2k+1}+1 = (y+1)(y^{2k}-y^{2k-1}+y^{2k-2}-y^{2k-3}+\cdots-y+1), \tag{5.89}$$

所以 $y+1=p^n$, $n\in\mathbf{N}$, $1\leqslant n\leqslant x$,于是由式(5.89)得

$$p^{x-n} = y^{2k}-y^{2k-1}+y^{2k-2}-y^{2k-3}+\cdots-y+1, \tag{5.90}$$

由于 $y>1$,由式(5.90)知 $x-n\geqslant 1$,将 $y+1=p^n$ 代入式(5.90)得

$$p^{x-n} = p^{2ka} - (C_{2k}^1+C_{2k-1}^0)p^{(2k-1)a} + (C_{2k}^2+C_{2k-1}^1+C_{2k-2}^0)p^{(2k-2)a} + \cdots + \left((-1)^s\sum_{t=0}^{s}C_{2k-t}^{s-t}\right)p^{(2k-s)a} + \cdots + \sum_{t=0}^{2k-1}C_{2k-t}^{2k-1-t}p^a + \sum_{t=0}^{2k}C_{2k-t}^{2k-t}p^{0a}$$

$$= \sum_{s=0}^{2k-1}\left((-1)^s \sum_{t=0}^{s} C_{2k-t}^{s-t}\right)p^{(2k-s)a} + \sum_{t=0}^{2k} C_{2k-t}^{2k-t}p^{0a}$$

$$= \sum_{s=0}^{2k-1}\left((-1)^s \sum_{t=0}^{s} C_{2k-t}^{s-t}\right)p^{(2k-s)a} + (2k+1). \tag{5.91}$$

由于 $p \mid p^{x-n}$，$p \mid \sum_{s=0}^{2k-1}\left((-1)^s \sum_{t=0}^{s} C_{2k-t}^{s-t}\right)p^{(2k-s)a}$，由式(5.91)知

$$p \mid (2k+1). \tag{5.92}$$

但 p，$2k+1$ 都是素数，所以由式(5.92)知 $p=2k+1$. 证毕.

Mihäilescu 于 2004 年解决了著名的 Catalan 猜想[1]，即如下引理 5.1.

引理 5.1 设 p，q 为素数，不定方程 $x^q - y^p = 1$ 仅当 $(p,q)=(3,2)$ 时有解 $(x,y)=(3,2)$.

由此引理，可以证明如下结论：

定理 5.34 设 p，$2k+1$ 为素数，不定方程 $p^x = y^{2k+1}+1$ 仅有两组解 $(x,y)=(2,2)$ 与 $(x,y)=(1,1)$.

证明 显然 $(x,y)=(1,1)$ 是不定方程 $p^x = y^{2k+1}+1$ 的解，当 $(p,2k+1)=(3,3)$ 时显然 $(x,y)=(2,2)$，$(x,y)=(1,1)$ 是不定方程 $p^x = y^{2k+1}+1$ 的解.

下证不定方程 $p^x = y^{2k+1}+1$ 无其他解.

当 $x>1$ 时，由引理 5.1 知，那么 x 至少有一个素因子 q，于是 $x = q \cdot k\ (k \in \mathbf{N})$，$p^x = (p^k)^q$，原不定方程即为 $(p^k)^q - y^{2k+1} = 1$. 而 q，$2k+1$ 为素数，由引理 5.1知，不定方程 $(p^k)^q - y^{2k+1} = 1$，仅当 $(p,q)=(3,2)$ 时有解 $(p^k,y)=(3,2)$，即仅当 $(p,k)=(3,1)$ 时有解，且解为 $(p^k,y)=(3,2)$，即当 $x>1$ 时，原不定方程 $p^x = y^{2k+1}+1$ 仅有一组解 $(x,y)=(2,2)$.

当 $x=1$ 时，由定理知，若不定方程 $p^x = y^{2k+1}+1$ 有解，则 $p=2k+1$，此时，原不定方程即为 $p=y^p+1$，由于 p 为素数，所以当 y 为大于 1 的整数时，有 $p<y^p$，故 $x=1$ 时，原不定方程仅有 $y=1$ 的解. 至此定理得证.

参考文献

[1] Mihäilescu P. Primary cyclotomic units and a proof of Catalan's conjecture[J]. J. Reine Angew. Math., 2004, 572: 167-195.

第 6 章　数论的几个应用问题

6.1　关于欧氏空间中的一个计数问题

1. 引言

n 维欧氏空间 $\mathbf{R}^n$ 可以由可数个单位正方体(边长为 1 的正 $2n$ 面体)胶合而成,将这些单位正方体所构成的集合记为 Λ_n,每个单位正方体的顶点也称为格点. $\mathbf{R}^n$ 中一条曲线段 Γ 从格点 P 到格点 T,那么它至少经过 Λ_n 中的多少个元素?

设 $\mathbf{R}^n$ 中所有经格点 P 与格点 T 的连续曲线段所构成的集合为 L_{PT}, $\forall\, \Gamma \in L_{PT}, \alpha \in \Lambda_n$,定义 Γ 对 α 的影响特征函数为

$$\chi_\Gamma(\alpha) = \begin{cases} 1, & \mu(\alpha \cap \Gamma) > 0, \\ 0, & \mu(\alpha \cap \Gamma) = 0, \end{cases}$$

这里 $\mu(\alpha \cap \Gamma)$表示点集 $\alpha \cap \Gamma$ 的 Lebesgue 测度[8]. 由于 Γ 是连续曲线,因此,若 $(\mathrm{int}\ \alpha) \cap \Gamma \neq \varnothing$,则 $\chi_\Gamma(\alpha) = 1$.

对于 L_{PT} 中的元素 Γ, Γ 与 Λ_n 中所有交非空的元素设为 $\alpha_{\Gamma(1)}, \alpha_{\Gamma(2)}, \cdots, \alpha_{\Gamma(r(\Gamma))}$,设 $\alpha_{\Gamma(k)}(k=1,2,\cdots,r(\Gamma))$关于 Γ 的影响权重系数为$\lambda_k(\alpha_{\Gamma(k)})$,那么

$$\inf_{\Gamma \in L_{PT}} \left\{ \sum_{k=1}^{r(\Gamma)} \lambda_k(\alpha_{\Gamma(k)}) \chi(\alpha_{\Gamma(k)}) \right\}$$

的值如何确定?

研究这些问题具有现实意义. 例如龙卷风所经之地,必然会受到不同程度的影响. 由于各个地域之间的重要性不一样,所以研究影响特征函数与影响权重系数的乘积之和的下确界具有一定应用价值;这些问题与文献[1-7]等都属于离散几何的极值问题. 但探讨这些问题,有时需要数论中的相关理论.

本节只讨论 Λ_n 中所有元素关于 $\mathbf{R}^n$ 中任意曲线段的影响权重系数恒等于 1 的情形. 其他情形较为复杂,有待另文讨论. 设格点 P 与格点 T 的坐标分别为 $P(s_1, s_2, \cdots, s_n)$, $T(t_1, t_2, \cdots, t_n)$,记 $m_i = |s_i - t_i|(i=1,2,\cdots,n)$,下面将证明

$$\inf_{\Gamma\in L_{PT}}\left\{\sum_{k=1}^{r(\Gamma)}\chi(\alpha_{\Gamma(k)})\right\}\leqslant\sum_{k=1}^{n}(-1)^{k-1}\sum_{1\leqslant i_1<i_2<\cdots<i_k\leqslant n}\gcd(m_{i_1},m_{i_2},\cdots,m_{i_k}).$$

2. 主要结果

定理 6.1(朱玉扬,1997) 设在一个 n 维欧氏空间 $\mathbf{R}^n$ 中的各维方向的长分别为

$$m_1,m_2,\cdots,m_n\quad(m_1,m_2,\cdots,m_n\in\mathbf{N})$$

的长方体是由 $m_1m_2\cdots m_n$ 个$\underbrace{1\times1\times\cdots\times1}_{n个}$单位立方体胶合而成的.那么这个长方体的对角线共穿过

$$S=\sum_{k=1}^{n}(-1)^{k-1}\sum_{1\leqslant i_1<i_2<\cdots<i_k\leqslant n}\gcd(m_{i_1},m_{i_2},\cdots,m_{i_k})$$

个单位立方体.这里 $\gcd(m_{i_1},m_{i_2},\cdots,m_{i_k})$($1\leqslant k\leqslant n$)表示 $m_{i_1},m_{i_2},\cdots,m_{i_k}$ 的最大公约数.

证明 设 n 维欧氏空间 $\mathbf{R}^n$ 的直角坐标轴分别为 $x_1,x_2,\cdots,x_n$,作 $n-1$ 维超平面:

$$\begin{aligned}&x_1=1,x_1=2,\cdots,x_1=m_1;\\&x_2=1,x_2=2,\cdots,x_2=m_2;\\&\cdots;\\&x_n=1,x_n=2,\cdots,x_n=m_n.\end{aligned}$$

这些超平面相交组成 $m_1m_2\cdots m_n$ 个 n 维 $1\times1\times\cdots\times1$ 的单位立方体.不妨设长方形的对角线所在的两个顶点的坐标分别是 $O(0,0,\cdots,0)$ 与 $A(m_1,m_2,\cdots,m_n)$,那么,线段$\overline{OA}$每穿过一个 $n-1$ 维超平面时,它就穿过一个$\underbrace{1\times1\times\cdots\times1}_{n个}$的单位立方体.约定如下所述的 $n-1$ 维超平面皆是如上定义的 $n-1$ 维超平面,记 A_i($1\leqslant i\leqslant n$)为线段$\overline{OA}$穿过垂直于 x_i 轴的 $n-1$ 维超平面的全体的集合.由于垂直于 x_i 轴的 $n-1$ 维超平面分别为 $x_i=1,x_i=2,\cdots,x_i=m_i$,所以集合 A_i 的基数 $|A_i|=m_i$.

一般地,以 $A_{i_1}\cap A_{i_2}\cap\cdots\cap A_{i_k}$($1\leqslant k\leqslant n$)表示线段$\overline{OA}$穿过如上所作垂直于 $x_{i_1},x_{i_2},\cdots,x_{i_k}$ 轴的 $n-1$ 维超平面相交部分的集合.而直线 OA 的方程为

$$\frac{x_1}{m_1}=\frac{x_2}{m_2}=\cdots=\frac{x_n}{m_n},$$

该直线在 $x_{i_1},x_{i_2},\cdots,x_{i_k}$ 轴所确定的 k 维超平面上看即是直线 l:

$$\frac{x_{i_1}}{m_{i_1}}=\frac{x_{i_2}}{m_{i_2}}=\cdots=\frac{x_{i_k}}{m_{i_k}}.\tag{6.1}$$

所以，直线 OA 同时经过的 k 组 $n-1$ 维超平面是

$$\begin{cases} x_{i_1}=1, x_{i_1}=2, \cdots, x_{i_1}=m_{i_1}, \\ x_{i_2}=1, x_{i_2}=2, \cdots, x_{i_2}=m_{i_2}, \\ \cdots, \\ x_{i_k}=1, x_{i_k}=2, \cdots, x_{i_k}=m_{i_k}. \end{cases} \tag{6.2}$$

方程(6.1)是一个含 k 元的齐次线性方程组，它的系数矩阵为

$$\boldsymbol{M}=\begin{pmatrix} -m_{i_2} & m_{i_1} & 0 & \cdots & 0 \\ -m_{i_3} & 0 & m_{i_1} & \cdots & 0 \\ \vdots & \vdots & \vdots & & \vdots \\ -m_{i_k} & 0 & 0 & \cdots & m_{i_1} \end{pmatrix},$$

显然系数矩阵 $\boldsymbol{M}$ 的秩 $\mathrm{R}(\boldsymbol{M})=k-1$，故原齐次线性方程组有无穷多个解，但在式(6.2)的约束下，用反证法可以证明它仅有如下 $d=\gcd(m_{i_1}, m_{i_2}, \cdots, m_{i_k})$ 组解[9]：

$$\begin{cases} x_{i_1}=\dfrac{m_{i_1}}{d}\times 1, \\ x_{i_2}=\dfrac{m_{i_2}}{d}\times 1, \\ \cdots, \\ x_{i_k}=\dfrac{m_{i_k}}{d}\times 1, \end{cases} \quad \begin{cases} x_{i_1}=\dfrac{m_{i_1}}{d}\times 2, \\ x_{i_2}=\dfrac{m_{i_2}}{d}\times 2, \\ \cdots, \\ x_{i_k}=\dfrac{m_{i_k}}{d}\times 2, \end{cases} \quad \cdots, \quad \begin{cases} x_{i_1}=\dfrac{m_{i_1}}{d}\times d, \\ x_{i_2}=\dfrac{m_{i_2}}{d}\times d, \\ \cdots, \\ x_{i_k}=\dfrac{m_{i_k}}{d}\times d. \end{cases}$$

所以集合 $A_{i_1}\cap A_{i_2}\cap\cdots\cap A_{i_k}$ 的基数为

$$|A_{i_1}\cap A_{i_2}\cap\cdots\cap A_{i_k}|=\gcd(m_{i_1}, m_{i_2}, \cdots, m_{i_k}),$$

这里 $d=\gcd(m_{i_1}, m_{i_2}, \cdots, m_{i_k})$表示 $m_{i_1}, m_{i_2}, \cdots, m_{i_k}$ 的最大公约数.

由于线段$\overline{OA}$每穿过一个 $n-1$ 维超平面就穿过一个单位立方体，反之亦然，故要计算动点经过单位立方体数就只需要计算它穿过的 $n-1$ 维超平面数. 据容斥原理[10]知

$$\begin{aligned} S &= |A_1\cup A_2\cup\cdots\cup A_n| \\ &= \sum_{k=1}^{n}(-1)^{k-1}\sum_{1\leqslant i_1<i_2<\cdots<i_k\leqslant n}|A_{i_1}\cap A_{i_2}\cap\cdots\cap A_{i_k}| \\ &= \sum_{k=1}^{n}(-1)^{k-1}\sum_{1\leqslant i_1<i_2<\cdots<i_k\leqslant n}\gcd(m_{i_1}, m_{i_2}, \cdots, m_{i_k}). \end{aligned}$$

证毕.

在定理 6.1 中，当 $n=3, m_1=150, m_2=324, m_3=375$ 时，有

$$S=150+324+375-(150,324)-(324,375)$$

$$-(375,150)+(150,324,375)=768.$$

定理 6.2 设格点 P 与格点 T 的坐标分别为 $P(s_1,s_2,\cdots,s_n)$，$T(t_1,t_2,\cdots,t_n)$，记 $m_i=|s_i-t_i|(i=1,2,\cdots,n)$，那么

$$\max\{m_1,m_2,\cdots,m_n\}\leqslant\inf_{\Gamma\in L_{PT}}\left\{\sum_{k=1}^{r(\Gamma)}\chi(\alpha_{\Gamma(k)})\right\}$$
$$\leqslant\sum_{k=1}^{n}(-1)^{k-1}\sum_{1\leqslant i_1<i_2<\cdots<i_k\leqslant n}\gcd(m_{i_1},m_{i_2},\cdots,m_{i_k}).$$

证明 作格平移，将格点 P 移到原点 $O(0,0,\cdots,0)$，所以格点 T 被平移到如定理 6.1 中所述的各维方向的长分别为 $m_1,m_2,\cdots,m_n(m_i=|s_i-t_i|(i=1,2,\cdots,n))$ 的长方体的一个顶点上，且 $\overline{PT}$ 为这个长方体的对角线. 由定理 6.1 知，线段 $\overline{PT}$ 必经过 Λ_n 中

$$S=\sum_{k=1}^{n}(-1)^{k-1}\sum_{1\leqslant i_1<i_2<\cdots<i_k\leqslant n}\gcd(m_{i_1},m_{i_2},\cdots,m_{i_k})$$

个元素的内部，设这些元素分别为 $\alpha_1,\alpha_2,\cdots,\alpha_S$，而线段 $\overline{PT}\in L_{PT}$，由于 $(\operatorname{int}\alpha_i)\cap\overline{PT}\neq\varnothing$，所以 $\chi_{\overline{PT}}(\alpha_i)=1(i=1,2,\cdots,S)$，于是

$$\inf_{\Gamma\in L_{PT}}\left\{\sum_{k=1}^{r(\Gamma)}\chi(\alpha_{\Gamma(k)})\right\}\leqslant\left\{\sum_{i=1}^{S}\chi_{\overline{PT}}(\alpha_i)\right\}\Big|_{\overline{PT}\in L_{PT}}=S$$
$$=\sum_{k=1}^{n}(-1)^{k-1}\sum_{1\leqslant i_1<i_2<\cdots<i_k\leqslant n}\gcd(m_{i_1},m_{i_2},\cdots,m_{i_k}).$$

另一方面，$\forall\,\Gamma\in L_{PT}$，$\Gamma$ 至少经过 $\max\{m_1,m_2,\cdots,m_n\}$ 个单位立方体的内部，所以这些单位立方体与 Γ 的交的 Lebesgue 测度大于零，故

$$\max\{m_1,m_2,\cdots,m_n\}\leqslant\inf_{\Gamma\in L_{PT}}\left\{\sum_{k=1}^{r(\Gamma)}\chi(\alpha_{\Gamma(k)})\right\}.$$

证毕.

3. 几点注记

(1) 定理 6.1 是证明定理 6.2 的关键，因此，定理 6.2 的证明是构造性的. 显然，寻找一个最优的构造方法来求出 $\inf\limits_{\Gamma\in L_{PT}}\left\{\sum\limits_{k=1}^{r(\Gamma)}\chi(\alpha_{\Gamma(k)})\right\}$ 的值，将是一项很有意义的工作.

(2) 在定理 6.1 中，当 $n=2$ 时它即是平面中单位方格的计数结果. 如图 6.1(a)所示. 线段 $\overline{OA}$ 经过的单位方格数为 $S=m_1+m_2-\gcd(m_1,m_2)$.

(3) 将单位方格换为全等的平行四边形(图 6.1(b))，定理 6.1 的结论仍然成立. 同样地，在 n 维欧氏空间 $\mathbf{R}^n$ 中，将单位立方体换为全等的平行 $2n$ 面长方体，

定理 6.1 的结论仍然成立.

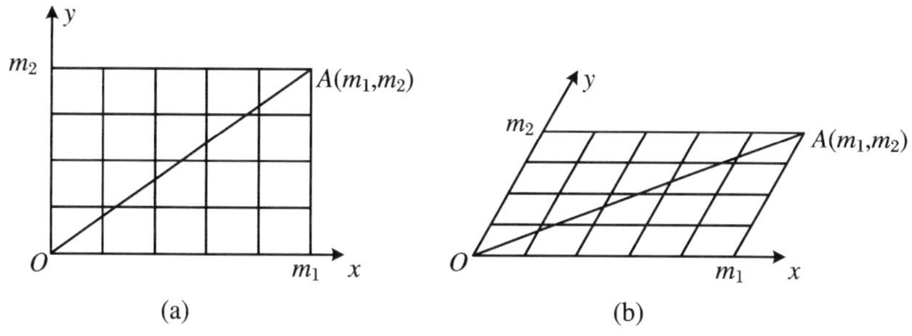

图 6.1　定理 6.1 中当 $n=2$ 时的结论示意图

(4) 对于平面全等的三角形的计数,恰是定理 6.1 中 $n=3$ 的情形.这是因为三角形三条边的方向与大小可以用平面中的三维仿射坐标来表示.如图 6.2 所示,动点从原点 O 到点 $A(3,8,5)$ 共经过

$$3+5+8-\gcd(3,5)-\gcd(5,8)-\gcd(8,3)+\gcd(3,5,8)=14$$

个小三角形.另一方面,由于

$$3+5-\gcd(3,5)=7,$$

所以

$$\begin{aligned}&3+5+8-\gcd(3,5)-\gcd(5,8)-\gcd(8,3)+\gcd(3,5,8)\\&\quad=14=2\times7=2(3+5-\gcd(3,5)).\end{aligned}$$

因为每个平行四边形可以剖分成两个三角形,所以有此结果.

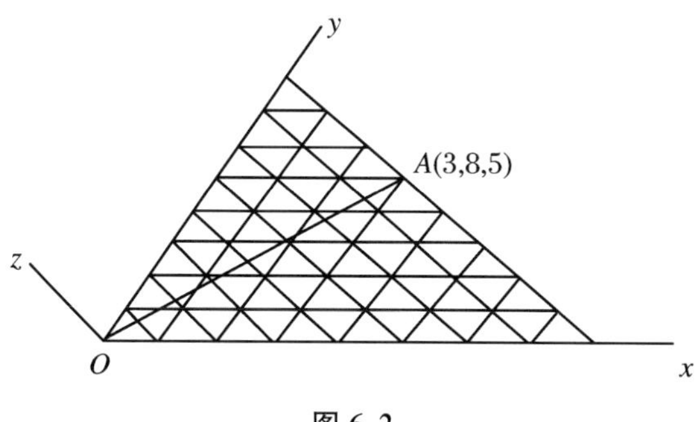

图 6.2

(5) 同样地,对于 3 维欧氏空间 $\mathbf{R}^3$ 中规则地相处[11]的全等的楔体(即将长方体沿两相对侧棱剖分成两个相等的几何体)的计数问题,恰是定理 6.1 中当 $n=4$ 时的结论.由此推知,对一般 n 维欧氏空间 $\mathbf{R}^n$ 中规则地相处且具 $2n-1$ 个面全等的楔体的计数问题,恰是定理 6.1 中当 n 换为 $n+1$ 时的结果.由于楔体的顶点即为单位正方体(边长为 1 的正 $2n$ 面体)的顶点,即格点,所以关于楔体的影响特征

函数和的下确界也有类似于定理 6.2 的结论.若记上述的楔体全体的集合为 $\overline{\Lambda}_n$，那么 $\forall\, \overline{\alpha}\in\overline{\Lambda}_n$，它关于一条曲线 Γ 的影响特征函数定义如下：

$$\overline{\chi}_\Gamma(\overline{\alpha})=\begin{cases}1, & \mu(\overline{\alpha}\cap\Gamma)>0,\\ 0, & \mu(\overline{\alpha}\cap\Gamma)=0.\end{cases}$$

这里 $\mu(\overline{\alpha}\cap\Gamma)$ 表示点集 $\overline{\alpha}\cap\Gamma$ 的 Lebesgue 测度，那么有如下定理：

定理 6.3 设格点 P 与格点 T 的坐标分别为 $P(s_1,s_2,\cdots,s_n)$，$T(t_1,t_2,\cdots,t_n)$，记 $m_i=|s_i-t_i|\,(i=1,2,\cdots,n)$，那么

$$\max\{m_1,m_2,\cdots,m_n\}\leqslant\inf_{\Gamma\in L_{PT}}\left\{\sum_{k=1}^{r(\Gamma)}\overline{\chi}(\overline{\alpha}_{\Gamma(k)})\right\}$$
$$\leqslant 2\sum_{k=1}^{n}(-1)^{k-1}\sum_{1\leqslant i_1<i_2<\cdots<i_k\leqslant n}\gcd(m_{i_1},m_{i_2},\cdots,m_{i_k}).$$

证明 由定理 6.2 知当 Γ 为线段 $\overline{PT}$ 时，它经过

$$\sum_{k=1}^{n}(-1)^{k-1}\sum_{1\leqslant i_1<i_2<\cdots<i_k\leqslant n}\gcd(m_{i_1},m_{i_2},\cdots,m_{i_k})$$

个单位立方体的内部，故它最多经过

$$2\sum_{k=1}^{n}(-1)^{k-1}\sum_{1\leqslant i_1<i_2<\cdots<i_k\leqslant n}\gcd(m_{i_1},m_{i_2},\cdots,m_{i_k})$$

个楔体的内部，所以不等式的右边成立.左边不等式显然成立.证毕.

参考文献

[1] 朱玉扬.一种场站设置问题中的几个结论[J].数学学报，2011，54(4)：669-676.

[2] 陶志穗，洪毅. R^3 中的一个 Heilbronn 型问题[J].数学学报，2000，43(5)：797-806.

[3] Du D Z, Hwang F K. The Steiner ratio conjecture of Gilbert and Pollak is true[J]. Proceedings of the National Academy of Sciences, 1990, 87: 9464-9466.

[4] Brass P, Moser W, Pach J. Research Problems in Discrete Geometry[M]. New York: Springer, 2005: 417-430.

[5] 朱玉扬.离散与组合几何引论[M].合肥：中国科学技术大学出版社，2008：5.

[6] 朱玉扬.一种场站设置问题[J].中国科学技术大学学报，2011，41(6)：480-491.

[7] Torchinsky A. Real Variables[M]. New York: Addsion-Wesley Pub. Comp. Inc., 1988.

[8] 华罗庚.数论导引[M].北京：科学出版社，1979：68-122.

[9] 柯召，魏万迪.组合论[M].北京：科学出版社，1981：86-88.

[10] 江泽涵.拓扑学引论[M].上海：上海科学技术出版社，1978：84-85.

6.2　一个平面整点问题

定理 6.4　平面内存在一个有限点集 S，对每个点 $a\in S$，存在 S 的内点 a_1，a_2，…，a_n，使得点 a 和 a_k（$1\leqslant k\leqslant n$）的距离都是 1.

证明　构造如下集合：

$$A=\left\{\left(\pm\frac{t^2-1}{t^2+1},\pm\frac{2t}{t^2+1}\right)\middle|\,1\leqslant t\leqslant n,t\in\mathbf{N}\right\}.\tag{6.3}$$

由于

$$\left(\pm\frac{t^2-1}{t^2+1}\right)^2+\left(\pm\frac{2t}{t^2+1}\right)^2=\left(\frac{1}{t^2+1}\right)^2((t^2-1)^2+4t^2)=1,\tag{6.4}$$

故点

$$\left(\frac{t^2-1}{t^2+1},\frac{2t}{t^2+1}\right),\left(\frac{t^2-1}{t^2+1},-\frac{2t}{t^2+1}\right),\left(-\frac{t^2-1}{t^2+1},\frac{2t}{t^2+1}\right),\left(-\frac{t^2-1}{t^2+1},-\frac{2t}{t^2+1}\right)$$

都在单位圆周 $x^2+y^2=1$ 上，且 A 的 4 个子集

$$\left\{\left(\frac{t^2-1}{t^2+1},\frac{2t}{t^2+1}\right)\in A\,\middle|\,1\leqslant t\leqslant n,t\in\mathbf{N}\right\},$$

$$\left\{\left(-\frac{t^2-1}{t^2+1},\frac{2t}{t^2+1}\right)\in A\,\middle|\,1\leqslant t\leqslant n,t\in\mathbf{N}\right\},$$

$$\left\{\left(-\frac{t^2-1}{t^2+1},-\frac{2t}{t^2+1}\right)\in A\,\middle|\,1\leqslant t\leqslant n,t\in\mathbf{N}\right\},$$

$$\left\{\left(\frac{t^2-1}{t^2+1},-\frac{2t}{t^2+1}\right)\in A\,\middle|\,1\leqslant t\leqslant n,t\in\mathbf{N}\right\}$$

分别在平面的第 1、第 2、第 3、第 4 象限内.

记

$$\alpha=\prod_{i=1}^{n}(1+i^2).\tag{6.5}$$

又记集合

$$B=\left\{0,\frac{1}{\alpha},\frac{2}{\alpha},\frac{3}{\alpha},\cdots,\frac{2\alpha}{\alpha}\right\}.\tag{6.6}$$

定义

$$S=\{(b_1,b_2)\in\mathbf{R}^2\mid a_i\in B,i=1,2\}.\tag{6.7}$$

下面证明集合 S 满足要求.

在集合 S 内任取一点 $b=(b_1,b_2)=\left(\frac{j}{\alpha},\frac{k}{\alpha}\right)$，这里 $j,k\in\{0,1,2,3,\cdots,2\alpha\}$.

由于点 a 在正方形$[0,2]\times[0,2]$内，两条直线 $x=1$，$y=1$ 将这个正方形等分为 4 个小正方形，点 b 必落在其中一个小正方形内. 如果点 b 落在直线 $x=1$ 或 $y=1$ 上，则将点 b 归入含 b 的相邻两个小正方形之一. 以点 b 为圆心，作一个单位圆，那么这个单位圆必有$\frac{1}{4}$圆周 Γ 落在正方形$[0,2]\times[0,2]$内，这$\frac{1}{4}$圆周两端点与点 b 连线平行于 x，y 轴. 将点 b 平移到原点 O，则这$\frac{1}{4}$圆周 Γ 平移后必与以原点 O 为圆心的$\frac{1}{4}$圆周 Γ'重合. 这平移后的$\frac{1}{4}$圆周必落在第 1、第 2、第 3、第 4 象限之一. 取 A 中 n 个点 $x_1,x_2,\cdots,x_n$，使得这 n 个点全部落在平移后的$\frac{1}{4}$圆周上，即取上述 A 的 4 个子集之一内的全部点作为 $x_1,x_2,\cdots,x_n$，则 x_t 的坐标为$\left(\pm\frac{t^2-1}{t^2+1},\pm\frac{2t}{t^2+1}\right)$，这里 $t=1,2,\cdots,n$，当然上述纵、横坐标前的正负号是取定的. 令

$$a_t=\left(b_1\pm\frac{t^2-1}{t^2+1},b_2\pm\frac{2t}{t^2+1}\right). \tag{6.8}$$

显然，这 n 个点 $a_1,a_2,\cdots,a_n$ 落在平移后的$\frac{1}{4}$圆周 Γ 上，这些点与 b 的距离恰分别等于平移后的点 $x_1,x_2,\cdots,x_n$ 与原点 O 的距离，即恰全部等于 1. 由式(6.8)以及前面叙述，有

$$a_t=\left(\frac{j}{\alpha}\pm\frac{t^2-1}{t^2+1},\frac{k}{\alpha}\pm\frac{2t}{t^2+1}\right)\quad(1\leqslant t\leqslant n). \tag{6.9}$$

利用式(6.5)，可知$\frac{\alpha}{t^2+1}$是一个正整数，这里 $t=1,2,\cdots,n$，记此整数为 β_t，那么

$$a_t=\left(\frac{j\pm\beta_t(t^2-1)}{\alpha},\frac{k\pm 2\beta_t t}{\alpha}\right). \tag{6.10}$$

这里 $j\pm\beta_t(t^2-1)$，$k\pm 2\beta_t t$ 都是整数. 而点 $a_t(1\leqslant t\leqslant n)$全落在$\frac{1}{4}$圆周 Γ 上，那么 n 个点 $a_1,a_2,\cdots,a_n$ 全部落在正方形$[0,2]\times[0,2]$内，$0\leqslant j\pm\beta_t(t^2-1)\leqslant 2\alpha$，$0\leqslant k\pm 2\beta_t t\leqslant 2\alpha$. 于是点 $a_1,a_2,\cdots,a_n$ 全部在集合 S 内. 证毕.

6.3　最大公约数性质的一个应用

1. 问题提出

有三个无刻度的容器 A,B,C,容量分别为 10 升、7 升、3 升.现容器 A 中装满 10 升油,B,C 均空,如何利用三个容器将 10 升油二等分?

解　这是一道古老的分油益智游戏问题.对于这样的智力游戏,此问题的解决方案为:由 A 倒向 B,B 倒向 C,C 倒向 A,B 倒向 C,C 倒向 A,B 倒向 C,A 倒向 B,B 倒向 C.各容器内油量的变化过程如表 6.1 所示.

表 6.1　各容器内油量(单位:升)的变化过程示意表

操作顺序	A	B	C
	10	0	0
$A\to B$	3	7	0
$B\to C$	3	4	3
$C\to A$	6	4	0
$B\to C$	6	1	3
$C\to A$	9	1	0
$B\to C$	9	0	1
$A\to B$	2	7	1
$B\to C$	2	5	3

上面只是一个特例,下面我们通过大量例子研究一下当 A,B,C 三个无刻度的容器的容量具有什么关系时,可以按照某种一定的方法实现均分问题并用数学归纳法给予证明.

如果有三个无刻度的容器 A,B,C,容量分别为 10 升、6 升、4 升.现容器 A 中装满 10 升油,B,C 均空,能否利用这三个容器将 10 升油二等分?显然这是不可能的.因为三个容器容量都是偶数,无论怎么转倒,各个容器所装的油都是偶数升,故分不出 5 升油.由此即知有如下结论:

结论 1　三个无刻度的容器 A,B,C,容量分别为 $2n$ 升、a 升、b 升,且 $a+b=2n$,那么能将 $2n$ 升溶液均分的必要条件是 $(a,b)\mid n$.

在结论 1 中,$(a,b)\mid n$是否为溶液均分的充分条件?这是一个难以解决的问题,因为在均分的过程中,要受到容器的容量所限制,所以这是有约束条件的问题,故充分条件是否成立是一个值得研究的问题.

2. 几类均分问题的解决

(1) 第一类均分问题的解决

有三个无刻度的容器 A,B,C,容量分别为 $2n$ 升、$n-1$ 升、$n+1$ 升($n\in\mathbf{N}$).现容器 A 中装满 $2n$ 升油,B,C 均空,如何利用这三个容器将 $2n$ 升油二等分?

解　把 n 分成奇数和偶数两种情况进行讨论。

① 当 $n=2k(k\in\mathbf{N})$时,其均分步骤如表 6.2 所示.

表 6.2　各容器中油量(单位:升)的变化过程示意表

操作顺序	A	B	C
A	$2n$	0	0
$A\to B$	$n+1$	$n-1$	0
$B\to C$	$n+1$	0	$n-1$
$A\to B$	2	$n-1$	$n-1$
$B\to C$	2	$n-3$	$n+1$
$C\to A$	$n+3$	$n-3$	0
$B\to C$	$n+3$	0	$n-3$
$A\to B$	4	$n-1$	$n-3$
$B\to C$	4	$n-5$	$n+1$
$C\to A$	$n+5$	$n-5$	0
$B\to C$	$n+5$	0	$n-5$
$A\to B$	6	$n-1$	$n-5$
$B\to C$	6	$n-7$	$n+1$
$C\to A$	…	…	…
$B\to C$	…	…	…
$A\to B$	…	…	…
$B\to C$	…	…	…

分析表 6.2,我们可以发现:只要无限循环 $C\to A,B\to C,A\to B,B\to C$ 四个步

骤，我们便可以依次得到所有的偶数. 由此我们可以得到：有三个无刻度的容器 A，B，C，容量分别为 $2n$ 升、$n-1$ 升、$n+1$ 升（$n\in\mathbf{N}$），现容器 A 中装满 $2n$ 升油，B，C 均空，当 $n=2k(k\in\mathbf{N})$ 时，可以利用这三个容器将 $2n$ 升油二等分.

② 当 $n=2k+1(k\in\mathbf{N})$ 时，无法实现均分.

因为 $2n$ 为偶数，均分后为 n，n 为奇数，而 B 容器容量为 $n-1$ 升，C 容器容量为 $n+1$ 升，二者均为偶数. 即每次溶液的操作过程中出现的溶液体积都是偶数，不可能出现奇数. 所以，当 $n=2k+1(k\in\mathbf{N})$ 时，无法实现均分.

结论 2　有三个无刻度的容器 A，B，C，容量分别为 $2n$ 升、$n-1$ 升、$n+1$ 升（$n\in\mathbf{N}$）. 现容器 A 中装满 $2n$ 升油，B，C 均空. 当 $n=2k(k\in\mathbf{N})$ 时，可以利用这三个容器将 $2n$ 升油二等分；当 $n=2k+1(k\in\mathbf{N})$ 时，无法实现均分.

证明　① 当 $n=2$，即容器 A，B，C 的容量分别为 4 升、1 升、3 升时，其均分步骤如表 6.3 所示.

表 6.3　各容器中油量(单位:升)的变化过程示意表

操作顺序	A	B	C
	4	0	0
$A\to B$	3	1	0
$B\to C$	3	0	1
$A\to B$	2	1	1
$B\to C$	2	0	2

② 假设当 $n=2k(k\in\mathbf{N})$ 时，可以实现均分. 由上述解析我们可以得到容器 A，B，C 的容量分别为 $2k$ 升、$n-2k-1$ 升、$n+1$ 升.

当 $n=2(k+1)(k\in\mathbf{N})$ 时，由表 6.4 中的步骤可以实现均分.

表 6.4　各容器中油量(单位:升)的变化过程示意表

操作顺序	A	B	C
	$2k$	$n-2k-1$	$n+1$
$C\to A$	$n+(2k+1)$	$n-2k-1$	0
$B\to C$	$n+(2k+1)$	0	$n-2k-1$
$A\to B$	$2(k+1)$	$n-1$	$n-2k-1$
$B\to C$	$2(k+1)$	0	$2n-2(k+1)$

证毕.

(2) 第二类均分问题的解决

有三个无刻度的容器 A,B,C,容量分别为 $2n$ 升、$n-2$ 升、$n+2$ 升($n\in\mathbf{N}$).现容器 A 中装满 $2n$ 升油,B,C 均空,如何利用这三个容器将 $2n$ 升油二等分?

解 对于这个问题,可以按照表 6.5 进行操作.

表 6.5 各容器中油量(单位:升)的变化过程示意表

操作顺序	A	B	C
	$2n$	0	0
$A\to B$	$n+2$	$n-2$	0
$B\to C$	$n+2$	0	$n-2$
$A\to B$	4	$n-2$	$n-2$
$B\to C$	4	$n-6$	$n+2$
$C\to A$	$n+6$	$n-6$	0
$B\to C$	$n+6$	0	$n-6$
$A\to B$	8	$n-2$	$n-6$
$B\to C$	8	$n-10$	$n+2$
$C\to A$	$n+10$	$n-10$	0
$B\to C$	$n+10$	0	$n-10$
$A\to B$	12	$n-2$	$n-10$
$B\to C$	12	$n-14$	$n+2$
$C\to A$	…	…	…
$B\to C$	…	…	…
$A\to B$	…	…	…
$B\to C$	…	…	…

分析表 6.5,可以发现:只要无限循环 $C\to A,B\to C,A\to B,B\to C$ 四个步骤,我们便可以依次得到所有的 4 的倍数.由此得到:有三个无刻度的容器 A,B,C,容量分别为 $2n$ 升、$n-2$ 升、$n+2$ 升($n\in\mathbf{N}$),现容器 A 中装满 $2n$ 升油,B,C 均空,当 $n=4k(k\in\mathbf{N})$时,可以利用这三个容器将 $2n$ 升油二等分.

结论 3 有三个无刻度的容器 A,B,C,容量分别为 $2n$ 升、$n-2$ 升、$n+2$ 升($n\in\mathbf{N}$).现容器 A 中装满 $2n$ 升油,B,C 均空,当 $n=4k(k\in\mathbf{N})$时,可以利用这三个容器将 $2n$ 升油二等分.

证明　① 当 $n=4$，即容器 A，B，C 的容量分别为 8 升、2 升、6 升时，其均分步骤如表 6.6 所示.

表 6.6　各容器中油量(单位:升)的变化过程示意表

操作顺序	A	B	C
	8	0	0
$A\to B$	6	2	0
$B\to C$	6	0	2
$A\to B$	4	2	2
$B\to C$	4	0	4

② 假设当 $n=4k(k\in\mathbf{N})$ 时可以实现均分. 由上述解析我们可以得到容器 A，B，C 的容量分别为 $4k$ 升、$n-(4k+2)$ 升、$n+2$ 升.

当 $n=4(k+1)(k\in\mathbf{N})$ 时，由表 6.7 中的步骤可以实现均分.

表 6.7　各容器中油量(单位:升)的变化过程示意表

操作顺序	A	B	C
	$4k$	$n-(4k+2)$	$n+2$
$C\to A$	$n+(4k+2)$	$n-(4k+2)$	0
$B\to C$	$n+(4k+2)$	0	$n-(4k+2)$
$A\to B$	$4(k+1)$	$n-2$	$n-(4k+2)$
$B\to C$	$4(k+1)$	0	$2n-4(k+1)$

当 $n=4k+1$，$n=4k+2$，$n=4k+3(k\in\mathbf{N})$ 时，是否有类似结论，是一个值得探讨的问题，下面通过实例给出某些特殊情形下的解.

① $n=4k+1(k\in\mathbf{N})$.

例 6.1　有三个无刻度的容器 A，B，C 容量分别为 18 升、7 升、11 升. 现容器 A 中装满 18 升油，B，C 均空，是否可以利用这三个容器将 18 升油二等分？

解　对于这个问题，可以按照表 6.8 进行操作.

表 6.8　各容器中油量(单位:升)的变化过程示意表

操作顺序	A	B	C
	18	0	0
$A\to B$	11	7	0

续表

操作顺序	A	B	C
$B\to C$	11	0	7
$A\to B$	4	7	7
$B\to C$	4	3	11
$C\to A$	15	3	0
$B\to C$	15	0	3
$A\to B$	8	7	3
$B\to C$	8	0	10
$A\to B$	1	7	10
$B\to C$	1	6	11
$C\to A$	12	6	0
$B\to C$	12	0	6
$A\to B$	5	7	6
$B\to C$	5	2	11
$C\to A$	16	2	0
$B\to C$	16	0	2
$A\to B$	9	7	2

通过大量类似的例子我们可以猜测：有三个无刻度的容器 A,B,C，容量分别为 $2n$ 升、$n-2$ 升、$n+2$ 升（$n\in\mathbf{N}$），现容器 A 中装满 $2n$ 升油，B,C 均空，当 $n=4k+1(k\in\mathbf{N})$时，可以利用这三个容器将 $2n$ 升油二等分.

用 $r(A)$表示容器 A 中的油量，$r(B)$表示容器 B 中的油量，$r(C)$表示容器 C 中的油量，解题思路为：

当 $r(A)>r(B)$时，施以步骤 $A\to B,B\to C$ 直至$r(A)<r(B)$；

当 $r(A)<r(B)$时，施以步骤 $C\to A,B\to C$；

当 $r(A)=r(B)$时，已经实现均分了.

② $n=4k+2(k\in\mathbf{N})$.

例 6.2　有三个无刻度的容器 A,B,C，容量分别为 12 升、4 升、8 升. 现容器中装满 12 升油，B,C 均空，是否可以利用这三个容器将 18 升油二等分?

解　因为 $r(A),r(B),r(C)$都是 4 的倍数，所以每次操作过程中油量转移量也是 4 的倍数. 但均分过后为 6 升，所以无法实现均分.

由此我们给出：有三个无刻度的容器 A,B,C，容量分别为 $2n$ 升、$n-2$ 升、$n+2$ 升$(n\in\mathbf{N})$，现容器 A 中装满 $2n$ 升油，B,C 均空，当 $n=4k+2(k\in\mathbf{N})$时，不能利用这三个容器将 $2n$ 升油二等分.

③ $n=4k+3(k\in\mathbf{N})$.

当 $n=4k+3(k\in\mathbf{N})$时，讨论的情况与 $n=4k+2(k\in\mathbf{N})$时类似，这里我们就不给出例题，而直接给出推测：有三个无刻度的容器 A,B,C，容量分别为 $2n$ 升、$n-2$ 升、$n+2$ 升$(n\in\mathbf{N})$. 现容器 A 中装满 $2n$ 升油，B,C 均空，当 $n=4k+3(k\in\mathbf{N})$时，可以利用这三个容器将 $2n$ 升油二等分.

(3) 第三类均分问题的解决

有三个无刻度的容器 A,B,C，容量分别为 $2n$ 升、$n-3$ 升、$n+3$ 升$(n\in\mathbf{N})$. 现容器 A 中装满 $2n$ 升油，B,C 均空，如何利用这三个容器将 $2n$ 升油二等分？

解　对于这个问题，可以按照表 6.9 进行操作.

表 6.9　各容器中油量(单位:升)的变化过程示意表

操作顺序	A	B	C
	$2n$	0	0
$A\to B$	$n+3$	$n-3$	0
$B\to C$	$n+3$	0	$n-3$
$A\to B$	6	$n-3$	$n-3$
$B\to C$	6	$n-9$	$n+3$
$C\to A$	$n+9$	$n-9$	0
$B\to C$	$n+9$	0	$n-9$
$A\to B$	12	$n-3$	$n-9$
$B\to C$	12	$n-15$	$n+3$
$C\to A$	$n+15$	$n-15$	0
$B\to C$	$n+15$	0	$n-15$
$A\to B$	18	$n-3$	$n-15$
$B\to C$	18	$n-21$	$n+3$
$C\to A$	…	…	…
$B\to C$	…	…	…
$A\to B$	…	…	…
$B\to C$	…	…	…

分析表 6.9,可以发现:只要无限循环 $C\to A$,$B\to C$,$A\to B$,$B\to C$ 四个步骤,我们便可以依次得到所有的 4 的倍数.由此得到:有三个无刻度的容器 A,B,C,容量分别为 $2n$ 升、$n-3$ 升、$n+3$ 升($n\in\mathbf{N}$),现容器 A 中装满 $2n$ 升油,B,C 均空,当 $n=6k(k\in\mathbf{N})$时,可以利用这三个容器将 $2n$ 升油二等分.

结论 4　有三个无刻度的容器 A,B,C,容量分别为 $2n$ 升、$n-3$ 升、$n+3$ 升($n\in\mathbf{N}$).现容器 A 中装满 $2n$ 升油,B,C 均空,当 $n=6k(k\in\mathbf{N})$时,可以利用这三个容器将 $2n$ 升油二等分.

证明　① 当 $n=6$,即容器 A,B,C 的容量分别为 12 升、3 升、9 升时,其均分步骤如表 6.10 所示.

表 6.10　各容器中油量(单位:升)的变化过程示意表

操作顺序	A	B	C
	12	0	0
$A\to B$	9	3	0
$B\to C$	9	0	3
$A\to B$	6	3	3
$B\to C$	6	0	6

② 假设当 $n=6k(k\in\mathbf{N})$时可以实现均分.由上述解析我们可以得到容器 A,B,C 的容量分别为 $6k$ 升、$n-(6k+3)$升、$n+3$ 升.

当 $n=6(k+1)(k\in\mathbf{N})$时,由表 6.11 中的步骤可以实现均分.

表 6.11　各容器中油量(单位:升)的变化过程示意表

操作顺序	A	B	C
	$6k$	$6k$	$6k$
$C\to A$	$n+(6k+3)$	$n+(6k+3)$	$n+(6k+3)$
$B\to C$	$n+(6k+3)$	$n+(6k+3)$	$n+(6k+3)$
$A\to B$	$6(k+1)$	$6(k+1)$	$6(k+1)$
$B\to C$	$6(k+1)$	$6(k+1)$	$6(k+1)$

证毕.

当 $n=6k+1$,$n=6k+2$,$n=6k+3$,$n=6k+4$,$n=6k+5(k\in\mathbf{N})$时,是否有类似结论,是一个值得探讨的问题,下面通过实例给出某些特殊情形下的解.

① $n=6k+1(k\in\mathbf{N})$.

因为 $r(A)$,$r(B)$,$r(C)$均为偶数,所以每次操作过程中油量转移量也是偶数.但均分过后为奇数,所以无法实现均分.

② $n=6k+2(k\in\mathbf{N})$.

例 6.3　有三个无刻度的容器 A,B,C,容量分别为 16 升、5 升、11 升.现容器中装满 16 升油,B,C 均空,是否可以利用这三个容器将 16 升油二等分?

解　对于这个问题,经过思考,我们可以按照表 6.12 进行操作.

表 6.12　各容器中油量(单位:升)的变化过程示意表

操作顺序	A	B	C
	16	0	0
$A\to B$	11	5	0
$B\to C$	11	0	5
$A\to B$	6	5	5
$B\to C$	6	0	10
$A\to B$	1	5	10
$B\to C$	1	4	11
$C\to A$	12	4	0
$B\to C$	12	0	4
$A\to B$	7	5	4
$B\to C$	7	0	9
$A\to B$	2	5	9
$B\to C$	2	3	11
$C\to A$	13	3	0
$B\to C$	13	0	3
$A\to B$	8	5	3
$B\to C$	8	0	8

通过实例我们可以推测:有三个无刻度的容器 A,B,C,容量分别为 $2n$ 升、$n-3$ 升,$n+3$ 升($n\in\mathbf{N}$),现容器 A 中装满 $2n$ 升油,B,C 均空,当 $n=6k+2(k\in\mathbf{N})$时,可以利用这三个容器将 $2n$ 升油二等分.用 $r(A)$表示容器 A 中的油量,$r(B)$表示容器 B 中的油量,$r(C)$表示容器 C 中的油量.解题思路为:

当 $r(A)>r(B)$时,施以步骤 $A\to B,B\to C$ 直至 $r(A)<r(B)$;

当 $r(A)<r(B)$时,施以步骤 $C\to A,B\to C$;

当 $r(A)=r(B)$时,已经实现均分了.

③ $n=6k+3(k\in\mathbf{N})$.

因为 $r(A),r(B),r(C)$都是 6 的倍数,则每次操作过程中油量转移量也是 6 的倍数.但均分过后为 $6k+3$ 升,所以无法实现均分.

由此我们给出:有三个无刻度的容器 A,B,C,容量分别为 $2n$ 升、$n-3$ 升、$n+3$ 升($n\in\mathbf{N}$),现容器 A 中装满 $2n$ 升油,B,C 均空,当 $n=6k+3(k\in\mathbf{N})$时,不能利用这三个容器将 $2n$ 升油二等分.

④ $n=6k+4(k\in\mathbf{N})$.

讨论情况与 $n=6k+2(k\in\mathbf{N})$时的情况类似,下面我们只给出推测:有三个无刻度的容器 A,B,C,容量分别为 $2n$ 升、$n-3$ 升、$n+3$ 升($n\in\mathbf{N}$),现容器 A 中装满 $2n$ 升油,B,C 均空,当 $n=6k+4(k\in\mathbf{N})$时,可以利用这三个容器将 $2n$ 升油二等分.用 $r(A)$表示容器 A 中的油量,$r(B)$表示容器 B 中的油量,$r(C)$表示容器 C 中的油量.解题思路为:

当 $r(A)>r(B)$时,施以步骤 $A\to B,B\to C$ 直至 $r(A)<r(B)$;

当 $r(A)<r(B)$时,施以步骤 $C\to A,B\to C$;

当 $r(A)=r(B)$时,已经实现均分了.

⑤ $n=6k+5(k\in\mathbf{N})$.

因为 $r(A),r(B),r(C)$均为偶数,所以每次操作过程中油量转移量也是偶数.但均分过后为奇数,所以无法实现均分.

由结论 2~结论 4,可以得到如下结论:

结论 5 有三个无刻度的容器 A,B,C,容量分别为 $2n$ 升、$n-a$ 升、$n+a$ 升($a,n\in\mathbf{N}$).现容器 A 中装满 $2n$ 升油,B,C 均空,当 $n=2ak(k\in\mathbf{N})$时,可以利用这三个容器将 $2n$ 升油二等分.

证明 ① 当 $k=1$,即容器 A,B,C 的容量分别为 $4a$ 升、a 升、$3a$ 升时,其均分步骤如表 6.13 所示.

表 6.13 各容器中油量(单位:升)的变化过程示意表

操作顺序	A	B	C
	$4a$	0	0
$A\to B$	$3a$	a	0
$B\to C$	$3a$	0	a
$A\to B$	$2a$	a	a
$B\to C$	$2a$	0	$2a$

② 假设当 $k=m(m\in\mathbf{N})$,即 $n=2am$ 时可以实现均分.其均分步骤如表 6.14 所示.

表 6.14　各容器中油量(单位:升)的变化过程示意表

操作顺序	A	B	C
	$2n$	0	0
$A \to B$	$n+a$	$n-a$	0
$B \to C$	$n+a$	0	$n-a$
$A \to B$	$2a$	$n-a$	$n-a$
$B \to C$	$2a$	$n-3a$	$n+a$
$C \to A$	$n+3a$	$n-3a$	0
$B \to C$	$n+3a$	0	$n-3a$
$A \to B$	$4a$	$n-a$	$n-3a$
$B \to C$	$4a$	$n-5a$	$n+a$
$C \to A$	$n+5a$	$n-5a$	0
$B \to C$	$n+5a$	0	$n-5a$
$A \to B$	$6a$	$n-a$	$n-5a$
$B \to C$	$6a$	$n-7a$	$n+a$
$C \to A$	…	…	…
$B \to C$	…	…	…
$A \to B$	…	…	…
$B \to C$	…	…	…

分析表 6.14,我们可以发现:只要无限循环 $C \to A, B \to C, A \to B, B \to C$ 四个步骤,我们便可以依次得到所有的 $2a$ 的倍数.由此我们可以得到:当 $k=m(m \in \mathbf{N})$,即 $n=2am$ 时可以实现均分,且容器 A,B,C 的容量分别为 $2am$ 升、$n-(2m+1)a$ 升、$n+a$ 升.

当 $k=m+1(m \in \mathbf{N})$,即 $n=2a(m+1)$ 时可以实现均分.其均分步骤如表 6.15 所示.

表 6.15　各容器中油量(单位:升)的变化过程示意表

操作顺序	A	B	C
	$2am$	$n-(2m+1)a$	$n+a$
$C \to A$	$n+(2m+1)a$	$n-(2m+1)a$	0
$B \to C$	$n+(2m+1)a$	0	$n-(2m+1)a$

续表

操作顺序	A	B	C
$A\to B$	$2(m+1)a$	$n-a$	$n-(2m+1)a$
$B\to C$	$2(m+1)a$	$n-(2m+3)a$	$n+a$

证毕.

上述内容中只讨论了三个容器的操作问题,如果当容器增加到四个甚至更多的时候,是否依然可以找到一定的规律来实现均分?下面我们给出关于四个容器的一个特例.

例 6.4 有四个无刻度的容器 A,B,C,D,容量分别为 15 升、2 升、6 升、7 升.容器 A 中装满 15 升油,B,C,D 均空,是否可以利用这四个容器将 15 升油三等分?

解析 对于这个问题,经过思考,我们可以按照表 6.16 进行操作.

表 6.16 各容器中油量(单位:升)的变化过程示意表

操作顺序	A	B	C	D
	15	0	0	0
$A\to B$	13	2	0	0
$B\to C$	13	0	2	0
$A\to B$	11	2	2	0
$B\to C$	11	0	4	0
$A\to B$	9	2	4	0
$B\to D$	9	0	4	2
$A\to B$	7	2	4	2
$B\to D$	7	0	4	4
$A\to B$	5	2	4	4
$C\to D$	5	2	1	7
$B\to C$	5	0	3	7
$D\to B$	5	2	3	5
$B\to C$	5	0	5	5

因此,可以实现均分.

一般地,有如下问题:对于 k 个不同的容器,容量分别是

$$m_1, m_2, \cdots, m_k (m_i, k \in \mathbf{N}, i = 1, 2, \cdots, k, k > 2), \quad \sum_{i=1}^{k-1} m_i = m_k,$$

第 k 个容器装满一种液体，其他容器是空的，能否利用这些容器转倒液体，使得分出一个 $\frac{m_k}{k-1}$ 的液体？若能分出，自然数 $m_1, m_2, \cdots, m_k$ 应具备什么条件？显然一个必要条件是

$$(m_1, m_2, \cdots, m_{k-1}) \mid m_k,$$

但这是否为充分条件？

6.4　正整数的分拆的一个极值问题

正整数的分拆理论在组合分析以及数论中都有重要的应用.下面讨论的是将一个正整数分拆成若干整数之和，使分解的若干整数乘积达到最大值.

定义 6.1　设 $n_1, n_2, \cdots, n_r$ 是 r 个正整数，$n_1 \geqslant n_2 \geqslant \cdots \geqslant n_r$，如果 $n = n_1 + n_2 + \cdots + n_r$，则分解式 $n = n_1 + n_2 + \cdots + n_r$ 称为 n 的一个恰有 r 个部分的（无序）分解，或称为一个部分数为 r 的 n-分拆，$n_i (i = 1, 2, \cdots, r)$ 称为该分拆的一个部分.

由定义知，$n_i (i = 1, 2, \cdots, r)$ 为正整数，因为 $n = n_1 + n_2 + \cdots + n_r$，所以 n 也为正整数.

已知正整数 $n = n_1 + n_2 + \cdots + n_r$，$n_i (i = 1, 2, \cdots, r)$ 为正整数，求 $\max\left\{\prod_{k=1}^{r} n_k\right\}$，$k$ 为正整数.

由 $n = n_1 + n_2 + \cdots + n_r \geqslant r(n_1 n_2 \cdots n_r)^{\frac{1}{r}}$ 得

$$n_1 n_2 \cdots n_r \leqslant \left(\frac{n}{r}\right)^r. \tag{6.11}$$

所以要求 $n_1 n_2 \cdots n_r$ 的最大值，需先求 $\left(\frac{n}{r}\right)^r$ 的最大值.

构造函数 $y = f(r) = \left(\frac{n}{r}\right)^r$，对函数求导，$f'(r) = \left(\frac{n}{r}\right)^r (\ln n - \ln r - 1)$.

令 $f'(r) = 0$，因为 $\left(\frac{n}{r}\right)^r > 0$，所以 $\ln n - \ln r - 1 = 0$，即 $r = \frac{n}{\mathrm{e}}$.　(6.12)

当 $r < \frac{n}{\mathrm{e}}$ 时，$f'(r) > 0$，所以 $r \subset \left(0, \frac{n}{\mathrm{e}}\right)$ 时函数为增函数.

当 $r > \frac{n}{\mathrm{e}}$ 时，$f'(r) < 0$，所以 $r \subset \left(\frac{n}{\mathrm{e}}, n\right)$ 时函数为减函数.

故函数在 $r=\frac{n}{\mathrm{e}}$ 时取最大值.

又因为 r 为正整数,所以 r 的真正取值为 $\left[\frac{n}{\mathrm{e}}\right]+1$ 或 $\left[\frac{n}{\mathrm{e}}\right]+2$,此即为部分数.

下面考虑各个部分的取值.

由式(6.11)有

$$\prod_{k=1}^{r} n_k \leqslant \left(\frac{n}{r}\right)^r,$$

所以当 $\left(\frac{n}{r}\right)^r$ 取最大值,$\prod_{k=1}^{r} n_k$ 与 $\left(\frac{n}{r}\right)^r$ 取等号时,$\prod_{k=1}^{r} n_k$ 与 $\left(\frac{n}{r}\right)^r$ 才能同时取最大值.

再通过不等式等号成立的条件,我们得知当且仅当

$$n_1 = n_2 = \cdots = n_r$$

时等号成立.

所以有 $r \cdot n_r = n$,即 $n_r = \frac{n}{r}$.

由式(6.12)得 $\mathrm{e}=\frac{n}{r}$.因为 n_r 为正整数,所以 $n_r=[\mathrm{e}]$或$[\mathrm{e}]+1$,即 $n_r=2$ 或 3.

下面再考虑各部分取 2 和 3 的优先情况.

由于部分取 2 或 3,所以我们可以把 n 分成 $2\times3=6$ 种情况.现在将 6 种情况列于表 6.17 中,其中 k 取非负整数.

表 6.17　部分数取 2 和 3 的数值比较表

n	优先取值 2	比较	优先取值 3
$6k+1$	$2^{3k-1}\times3$	<	$2^2\times3^{2k-1}$
$6k+2$	2^{3k+1}	<	$3^{2k}\times2$
$6k+3$	3×2^{3k}	<	3^{2k+1}
$6k+4$	2^{3k+2}	<	$3^{2k}\times2^2$
$6k+5$	$3\times2^{3k+1}$	<	$2\times3^{2k+1}$
$6k+6$	$2^{3(k+1)}$	<	$3^{2(k+1)}$

通过表 6.17,我们得出的结论是:部分应优先取值 3,且取 2 的个数不宜超过 2 个.

下面考虑最大值解析表达式.

由上面的分析可知我们应该优先取 3,所以可将 n 分成 $3k+1,3k+2,3k+3$

三种情形，其中 k 为非负正整数. 列于表 6.18 中.

表 6.18　最大值分析表

n	分拆	部分数个数	最大值
$3k+1$	$k-1$ 个 3 和 2 个 2	$k+1$	$\frac{4}{9}\times 3^{k+1}$
$3k+2$	k 个 3 和 1 个 2	$k+1$	$\frac{2}{3}\times 3^{k+1}$
$3k+3$	$k+1$ 个 3	$k+1$	$1\times 3^{k+1}$

通过表 6.18 我们知道它们的部分数的个数全为 $k+1$ 个，为了统一，可以把它们全用含字母 n 的函数表达，因为

$$\left[\frac{(3k+1)+2}{3}\right]=\left[\frac{(3k+2)+2}{3}\right]=\left[\frac{(3k+3)+2}{3}\right]=k+1=\left[\frac{n+2}{3}\right],$$

所以可以用 $\left[\frac{n+2}{3}\right]$ 表示. 通过表 6.18 知道 3^{k+1} 前面的系数为等比数列，现在只要求下面的变换就可以求出最大值表达式，如下所示：

$$3k+1\rightarrow 2,$$
$$3k+2\rightarrow 1,$$
$$3k+3\rightarrow 0.$$

$3k+1, 3k+2, 3k+3$ 可以用 n 表示，又因为 $k+1=\left[\frac{n+2}{3}\right]$，所以求出最大值表达式为 $3^{\left[\frac{n+2}{3}\right]}\left(\frac{2}{3}\right)^{3-\frac{n}{\left[\frac{n+2}{3}\right]-1}}$. 由此得到如下定理：

定理 6.5　将正整数 n 分拆成一些正整数的和，那么这些正整数的乘积的最大值为

$$3^{\left[\frac{n+2}{3}\right]}\left(\frac{2}{3}\right)^{3-\frac{n}{\left[\frac{n+2}{3}\right]-1}}.$$

现在考虑另一情形.

如果 $n=\prod_{k=1}^{r} n_k$，求 $\min\left\{\sum_{k=1}^{r} n_k\right\}$，这里 k 为正整数. 事实上，有如下定理：

定理 6.6　设 $n=p_1^{\alpha_1}p_2^{\alpha_2}\cdots p_t^{\alpha_t}$（$p_1, p_2, \cdots, p_t$ 为素数，$\alpha_1, \alpha_2, \cdots, \alpha_t\in\mathbf{N}$），则

$$\min\left\{\sum_{k=1}^{r} n_k\right\}=p_1\alpha_1+p_2\alpha_2+\cdots+p_t\alpha_t. \tag{6.13}$$

证明　(1) 先证 n 为一个素数方幂的情形，即 $n=p^{\alpha}$（$\alpha\in\mathbf{N}$）. 当 $\alpha=1$ 时为平凡情形，故重点考虑 $\alpha>1$ 的情形.

设 $n=\prod_{k=1}^{r}n_k$，则 $n_k=p^{\beta_k}$，$k=1,2,\cdots,r$，$\beta_k\geqslant 1$，于是 $\sum_{k=1}^{r}\beta_k=\alpha$，此时要证 $\sum_{k=1}^{r}n_k\geqslant \alpha p$，即要证明 $\sum_{k=1}^{r}n_k=\sum_{k=1}^{r}p^{\beta_k}\geqslant(\sum_{k=1}^{r}\beta_k)p$，所以只需证明 $p^{\beta_k}\geqslant\beta_k p$ 即可.

考虑函数 $f(x)=p^x-xp$，当 $x=1$ 时，有 $f(1)=p^1-p=0$. 故只需考虑 $x\geqslant 2$ 的情形. 导函数 $f'(x)=p^x\ln p-p$，当 $x\geqslant 2$ 时，因为 $p\geqslant 2$，所以 $f'(x)=p^x\ln p-p>0$，故 $f(x)$ 单调增. $f(2)=p^2-2p=p(p-2)\geqslant 0$，所以当 $x\geqslant 2$ 时，$f(x)=p^x-xp\geqslant 0$. 总之，必有 $p^{\beta_k}\geqslant\beta_k p$，于是

$$\sum_{k=1}^{r}n_k=\sum_{k=1}^{r}p^{\beta_k}\geqslant(\sum_{k=1}^{r}\beta_k)p,$$

即 $\sum_{k=1}^{r}n_k\geqslant\alpha p$.

(2) 当 $n=p_1^{\alpha_1}p_2$ 时，要证 $\sum_{k=1}^{r}n_k\geqslant\alpha_1 p_1+p_2$.

① 如果存在 $n_i=p_2$，那么 $p_1^{\alpha_1}=\prod_{\substack{k\neq i\\1\leqslant k\leqslant r}}n_k$，由(1)知 $\sum_{\substack{k\neq i\\1\leqslant k\leqslant r}}n_k\geqslant\alpha_1 p_1$，于是

$$\sum_{k=1}^{r}n_k=p_2+\sum_{\substack{k\neq i\\1\leqslant k\leqslant r}}n_k\geqslant\alpha_1 p_1+p_2.$$

此时结论成立.

② 如果 $n_i=p_1^t p_2$，则 $p_1^{\alpha_1-t}=\prod_{\substack{k\neq i\\1\leqslant k\leqslant r}}n_k$，由(1)知 $\sum_{\substack{k\neq i\\1\leqslant k\leqslant r}}n_k\geqslant(\alpha_1-t)p_1$，于是

$$\sum_{k=1}^{r}n_k=p_1^t p_2+\sum_{\substack{k\neq i\\1\leqslant k\leqslant r}}n_k\geqslant(\alpha_1-t)p_1+p_1^t p_2.$$

现要证 $(\alpha_1-t)p_1+p_1^t p_2\geqslant\alpha_1 p_1+p_2$，即要证 $p_1^t p_2\geqslant tp_1+p_2$. 令 $f(t)=p_1^t p_2-(tp_1+p_2)$，当 $t=1$ 时，则 $f(1)=p_1p_2-(p_1+p_2)$，而 $p_1\geqslant 2$，$p_2\geqslant 2$，不妨设 $p_1\geqslant p_2\geqslant 2$，于是 $f(1)=p_1p_2-(p_1+p_2)\geqslant 2p_1-(p_1+p_2)\geqslant 2p_1-2p_1=0$. 由于当 $p_1\geqslant 2$，$p_2\geqslant 2$ 时，$f'(t)=p_1^t p_2\ln p_1-p_1>0\ (t\geqslant 1)$，即当 $t\geqslant 1$ 时 $f(t)$ 单调增，所以有

$$(\alpha_1-t)p_1+p_1^t p_2\geqslant\alpha_1 p_1+p_2,$$

即

$$\sum_{k=1}^{r}n_k=p_1^t p_2+\sum_{\substack{k\neq i\\1\leqslant k\leqslant r}}n_k\geqslant(\alpha_1-t)p_1+p_1^t p_2\geqslant\alpha_1 p_1+p_2.$$

由①与②，证明了当 $n=p_1^{\alpha_1}p_2$ 时，有 $\sum_{k=1}^{r}n_k\geqslant\alpha_1 p_1+p_2$.

假设当 $n = p_1^{\alpha_1} p_2^m$ 时，有 $\sum_{k=1}^{r} n_k \geqslant \alpha_1 p_1 + mp_2$，那么当 $n = p_1^{\alpha_1} p_2^{m+1}$ 时，要证

$$\sum_{k=1}^{r} n_k \geqslant \alpha_1 p_1 + (m+1) p_2.$$

不妨设 $n_r = p_1^a p_2^b, a \geqslant 0, b \geqslant 1$，那么 $p_1^{\alpha_1 - a} p_2^{m+1-b} = \prod_{k=1}^{r-1} n_k$. 因为 $m+1-b \leqslant m$，由假设知 $\sum_{k=1}^{r-1} n_k \geqslant (\alpha_1 - a) p_1 + (m+1-b) p_2$，所以

$$\sum_{k=1}^{r} n_k = n_r + \sum_{k=1}^{r-1} n_k \geqslant (\alpha_1 - a) p_1 + (m+1-b) p_2 + p_1^a p_2^b.$$

现在要证

$$(\alpha_1 - a) p_1 + (m+1-b) p_2 + p_1^a p_2^b \geqslant \alpha_1 p_1 + (m+1) p_2,$$

即要证

$$p_1^a p_2^b \geqslant ap_1 + bp_2. \tag{6.14}$$

当 $a=0$ 或 $b=0$ 时，由(1)的证明知式(6.14)成立. 当 $a \geqslant 1, b \geqslant 1$ 时，令 $f(a,b) = p_1^a p_2^b - ap_1 - bp_2$，那么

$$f'_a(a,b) = p_1^a p_2^b \ln p_1 - p_1, \quad f'_b(a,b) = p_1^a p_2^b \ln p_2 - p_2. \tag{6.15}$$

由于 $a \geqslant 1, b \geqslant 1, p_1 \geqslant 2, p_2 \geqslant 2$，由式(6.15)得 $f'_a(a,b) > 0, f'_b(a,b) > 0$，所以 $f(a,b)$ 关于 a 以及 b 都是严格单调增的，即 $f(a,b) \geqslant f(1,1)$. 而 $f(1,1) = p_1 p_2 - p_1 - p_2$，由于 $p_1 \geqslant 2, p_2 \geqslant 2$，所以 $f(1,1) = p_1 p_2 - p_1 - p_2 \geqslant 2\max\{p_1, p_2\} - p_1 - p_2 \geqslant 0$，故当 $a \geqslant 1, b \geqslant 1$ 时，$f(a,b) \geqslant f(1,1) \geqslant 0$. 总之，式(6.14)必成立. 于是由数学归纳法原理，对一切素数 p_1, p_2，以及正整数 α_1, α_2，当 $n = p_1^{\alpha_1} p_2^{\alpha_2}$ 时，式(6.13)都成立.

(3) 当 $n = p_1^{\alpha_1} p_2^{\alpha_2} \cdots p_t^{\alpha_t}$ 时，$t > 2$，同(2)的证明方法即得证.

6.5　整系数多项式有理根一个新求法的再探讨

1. 引言

设 $f(x) = a_0 x^n + a_1 x^{n-1} + \cdots + a_{n-1} x + a_n$ 是一个整系数多项式. 文献[1]指出用如下方法可求 $f(x)$ 的有理根：首先求出 a_0, a_n 的所有因数，以 a_0 的因数为分母，a_n 的因数为分子作所有可能的有理数，若 $f(x)$ 有有理根，则必须在这些有理数中任取一个数 α，若 $\frac{f(-1)}{-1-\alpha}, \frac{f(0)}{0-\alpha}, \frac{f(1)}{1-\alpha}, \cdots, \frac{f(n-2)}{n-2-\alpha}$ 中有一个不是整数即知 α

不是根，否则计算 $g_\alpha(-2)$，若 $f(-2)=(-2-\alpha)g_\alpha(-2)$，则 α 是 $f(x)$ 的根，若 $f(-2)\neq(-2-\alpha)g_\alpha(-2)$，则 α 不是根. 再另取一个有理数 β 如此试验下去，直至试验完. 作者读后，甚感奇巧，然又觉此法应有更一般的形式. 经研究发现，确实如此.

2. 定理及证明

定理 6.7 设 $f(x)=a_0x^n+a_1x^{n-1}+\cdots+a_{n-1}x+a_n$ 是一个整系数多项式，α 是一个有理数，且 $g_\alpha(i)=\dfrac{f(i)}{i-\alpha}$ 都是整数，$i=t+1,t+2,\cdots,t+n$，这里 $t\in\mathbf{Z}$，$n\in\mathbf{N}$. 令

$$g_\alpha(t)=C_n^1g_\alpha(t+1)-C_n^2g_\alpha(t+2)+\cdots+(-1)^nC_n^ng_\alpha(t+n),$$

则 α 是 $f(x)$ 的根的充要条件是 $f(t)=(t-\alpha)g_\alpha(t)$.

在这个定理中，当 $t=-2$ 时即为文献[1]中的定理.

定理 6.7 的证明 用 Lagrange 插值公式构造一个次数不超过 $n-1$ 的唯一多项式 $\overline{g}_\alpha(x)$ 使得

$$\overline{g}_\alpha(i)=\frac{f(i)}{i-\alpha},\quad i=t+1,t+2,\cdots,t+n(t\in\mathbf{Z},n\in\mathbf{N}),\tag{6.16}$$

其中

$$\overline{g}_\alpha(t)=\sum_{i=t+1}^{t+n}\frac{(x-(t+1))\cdots(x-(i-1))(x-(i+1))\cdots(x-(t+n))}{(i-(t+1))\cdots(i-(i-1))(i-(i+1))\cdots(i-(t+n))}g_\alpha(i),$$

于是

$$\begin{aligned}\overline{g}_\alpha(t)&=\sum_{i=t+1}^{t+n}\frac{(t-(t+1))\cdots(t-(i-1))(t-(i+1))\cdots(t-(t+n))}{(i-(t+1))\cdots(i-(i-1))(i-(i+1))\cdots(i-(t+n))}g_\alpha(i)\\&=\sum_{i=t+1}^{t+n}\frac{(-1)^n\dfrac{n!}{t-i}}{(-1)^{t+n-i}(i-(t+1))!(t+n-i)!}g_\alpha(i)\\&=\sum_{i=t+1}^{t+n}(-1)^{i-t-1}\frac{n!}{(i-t)!(t+n-i)!}g_\alpha(i)\\&=\sum_{i=t+1}^{t+n}(-1)^{i-(t+1)}C_n^{i-t}g_\alpha(i)\\&=C_n^1g_\alpha(t+1)-C_n^2g_\alpha(t+2)+\cdots+(-1)^{n-1}g_\alpha(t+n)=g_\alpha(t).\end{aligned}$$

当 $f(t)=(t-\alpha)g_\alpha(t)$ 时，$f(t)=(t-\alpha)\overline{g}_\alpha(t)$，由式(6.16)知

$$f(i)=(i-\alpha)\overline{g}_\alpha(i),\quad i=t+1,t+2,\cdots,t+n.$$

考察多项式 $f(x)$ 和 $(x-\alpha)\overline{g}_\alpha(x)$，它们是次数不超过 n 的多项式，且有 $n+1$ 个不同的数 $t,t+1,\cdots,t+n$ 使它们取等值，故[2]